电镀液配方与制作

DIANDUYE PEIFANG YU ZHIZUO

李东光 主编

·北京·

本书中精选了200余种电镀液的制备实例，包括镀铬液、镀铜液、镀银液、镀镍液、镀合金液、镀金液、镀锡液、镀锌液及其他镀液，详细介绍了产品的原料配比、制备方法、原料配伍、产品应用、产品特性等，所选品种和配方环保、经济、可操作性强。

本书主要供精细化工、电镀行业进行电镀液研发、生产的相关科研人员、企业管理者、生产加工人员使用，同时可供电镀液经营人员、采购人员及电镀工人作为了解和学习资料使用。

图书在版编目（CIP）数据

电镀液配方与制作/李东光主编. —北京：化学工业出版社，2016.9（2024.5重印）

ISBN 978-7-122-27834-0

Ⅰ. ①电… Ⅱ. ①李… Ⅲ. ①电镀液－配方②电镀液－制作 Ⅳ. ①TQ153

中国版本图书馆CIP数据核字（2016）第188520号

责任编辑：张 艳 靳星瑞　　文字编辑：陈 雨
责任校对：边 涛　　装帧设计：王晓宇

出版发行：化学工业出版社(北京市东城区青年湖南街13号 邮政编码100011)
印 装：北京七彩京通数码快印有限公司
850mm×1168mm 1/32 印张12 字数370千字
2024年5月北京第1版第8次印刷

购书咨询：010-64518888　　售后服务：010-64518899
网 址：http://www.cip.com.cn
凡购买本书，如有缺损质量问题，本社销售中心负责调换。

定 价：48.00元

前 言
FOREWORDS

电镀就是通过化学置换反应或电化学反应在镀件表面沉积一层金属镀层，通过氧化反应也可在金属制品表面形成一层氧化膜，从而改变镀件或金属制品表面的性能状态，使其满足使用者对制品性能的要求。

电镀制品得到的金属镀层化学纯度高、结晶细致、结合力强，可获得多方面的使用性能。根据实际要求，电镀的主要目的是：①获得金属保护层，提高金属的耐蚀性；②改变金属表面的硬度，提高金属表面的韧性或耐磨性能；③提高金属表面的导电性能，降低表面接触电阻，提高金属的焊接能力；④增强金属表面的致密性，防止局部渗碳和渗氮；⑤改变金属表面色调，使装饰品更加美观，更有欣赏性、时代感；⑥提高金属的导磁性能，如铁镍镀层是很好的磁性镀层，在电子工业有特殊用途；⑦提高金属表面的光亮度，改善金属表面的光反射能力，在光学仪器中有广泛的应用；⑧修复金属零件的尺寸；⑨使非金属表面金属化。

电镀液通常包括：①主盐，提供电沉积金属的离子，它以络合离子形式或水化离子形式存在于不同的电镀液中；②导电盐，用于增加溶液的导电能力，从而扩大允许使用的电流密度范围；③络合剂；④缓冲剂；⑤其他添加剂，如整平剂、光亮剂、抗针孔剂，以及有助于阳极溶解的活化剂等。除主盐和导电盐外，并非所有电镀液都必须含有上述各种成分。

为了满足市场的需求，我们在化学工业出版社的组织下编写了本书，书中收集了200余种电镀液制备实例，详细介绍了产品的原料配比、制备方法、原料配伍、产品应用、产品特性等，旨在为电镀工业的发展尽点微薄之力。如无特殊说明，书中的水指去离子水。

本书由李东光主编，参加编写的还有翟怀凤、李桂芝、吴宪民、吴慧芳、蒋永波、邢胜利、李嘉等，由于编者水平所限，不足之处在所难免，请读者在使用过程中发现问题时及时指正。主编的电子邮箱地址：ldguang@163.com。

编者

2016年6月

目 录
CONTENTS

1 镀铬液

2 镀铜液

3 镀银液

4 镀镍液

5 镀合金液

6 镀 金 液

7 镀 锡 液

8 镀 锌 液

9 其他镀液

1 镀铬液

采用三价铬的电镀液

原料配比

原 料	配 比				
	1#	2#	3#	4#	5#
硫酸铬	55g	65g	58g	62g	60g
硫酸钠	220g	200g	215g	205g	210g
硼酸	140g	160g	145g	155g	150g
甲酸	0.18mol	0.12mol	0.16mol	0.14mol	0.15mol
草酸	0.2mol	0.24mol	0.21mol	0.23mol	0.22mol
酒石酸钾	0.48mol	0.42mol	0.46mol	0.44mol	0.45mol
十二烷基磺酸钠	0.005mol	0.007mol	0.0055mol	0.0065mol	0.006mol
水	加至 1L	加至 1L	加至 1L	加至 1L	加至 1L

制备方法 将各组分原料混合均匀即可。

原料配伍 本品各组分配比范围为：硫酸铬 55～65g，硫酸钠 200～220g，硼酸 140～160g，甲酸 0.12～0.18mol，草酸 0.2～0.24mol，酒石酸钾 0.42～0.48mol，十二烷基磺酸钠 0.005～0.007mol，水加至 1L。

产品应用 本品是一种采用三价铬的电镀液。

产品特性

（1）优化了电镀液的组分，使其不含氯化物，除常规成分硫酸铬和硫酸钠之外，特别是选择了硼酸、甲酸、草酸和酒石酸钠四种辅助成分，优化了其组分含量的选择，使得制备的镀层白亮，且具有高硬度，该镀层经 200℃处理后，镀层硬度可达 1520HV。

（2）本产品的电镀液可使镀层与基体的结合为冶金结合，并且提高镀层的耐磨和抗腐蚀性能。

插秧机船板用电镀液

原料配比

原料	配比		
	1#	2#	3#
铬酐	150g	300g	225g
硫酸	1.30g	3.09g	2.3g
三价铬	2.00g	6.00g	2.00g
硬铬添加剂	8mL	10mL	10mL
Dw-026 铬雾抑制剂	0.02g	0.04g	0.03g
水	加至 1L	加至 1L	加至 1L

制备方法　将各组分原料混合均匀即可。

原料配伍　本品各组分配比范围为：铬酐 150～300g；硫酸 1.30～3.09g；三价铬 2.00～6.00g；硬铬添加剂 8～10mL；Dw-026 铬雾抑制剂 0.02～0.04g；水加至 1L。

产品应用　本品主要用作插秧机船板用电镀液。

产品特性　本产品对船板进行电镀，能够有效地提高船板的耐腐蚀性能及耐磨性能，保证了插秧机的使用寿命。

常温环保型三价铬电镀液

原料配比

原料	配比（质量份）					
	1#	2#	3#	4#	5#	6#
三氯化铬	150	160	170	200	190	150
硫代硫酸钾	80	80	85	90	82	90
氯化钾	75	65	65	75	73	75
硼酸	50	30	40	40	45	50
草酸铵	10	15	12	12	10	15
溴化铵	5	10	10	5	10	5
香豆素	0.2	0.5	0.2	0.5	0.25	0.2

续表

原料	配比（质量份）					
	1#	2#	3#	4#	5#	6#
十二烷基硫酸钠	0.02	0.04	0.03	0.04	0.02	0.02
磺基丁二酸钠二辛酯	0.02	0.2	0.1	0.02	0.15	0.02
去离子水	加至1000	加至1000	加至1000	加至1000	加至1000	加至1000

制备方法 将各组分原料混合均匀即可。

原料配伍 本品各组分质量份配比范围为：三氯化铬150～200，硫代硫酸钾80～90，氯化钾65～75，硼酸30～50，草酸铵10～15，溴化铵5～10，香豆素0.2～0.5，十二烷基硫酸钠0.02～0.04，磺基丁二酸钠二辛酯0.02～0.2，去离子水加至1000。

主盐为三氯化铬，氯化物镀液导电好，使用电压低，镀液分散能力、覆盖能力和电流效率较高，但阳极会析出有毒的 Cl_2，且对设备腐蚀较重；通过加入溴化铵能极大地减少气体的发生，从而本产品三价铬电镀液比现有氯化物三价铬体系电镀液更加环保，但是溴化铵的添加量不能超过10g/L，否则会影响电镀的电解效率。

基质为去离子水。

络合剂采用硫代硫酸钾，在不影响镀层结合力、焊接性能和导电性能的情况下能较普通三价铬电镀工艺提高铬镀层硬度2倍以上，选用硫代硫酸钾作为络合剂来提高镀层硬度的方法在现有三价铬电镀工艺中尚未见报道，且该体系三价铬电镀液的镀液稳定性更高，使用寿命比现有的三价铬电镀液普遍要长1.5倍以上。

导电盐选用氯化钾和草酸铵，用以提高镀液的电导率，导电盐的含量受到溶解度的限制，而且大量导电盐的存在还会降低其他盐类的溶解度，对于含有较多表面活性剂的溶液，过多的导电盐会降低它们的溶解度，使溶液在较低的温度下发生乳浊现象，严重的会影响镀液的性能，所以导电盐的含量也应适当。

缓冲剂采用硼酸，用来稳定溶液的pH值，特别是阴极表面附近的pH值。

整平剂采用香豆素，该物质具有使镀层将基体表面细微不平处填平的作用。

润湿剂采用十二烷基硫酸钠和磺基丁二酸钠二辛酯两种，具有降低溶液与阴极间的界面张力，使氢气泡容易脱离阴极表面，从而防止镀层产生针孔的显著效果。

产品应用 本品是一种常温环保型三价铬电镀液。

电镀方法：高纯石墨作为阳极放入电镀液中，将工件按照常规镀前处理进行清洗和活化后放入上述常温环保型三价铬电镀液中作为阴极，在温度为10～25℃、pH值为2.0～4.0，电流密度为8～12A/dm^2的条件下，电镀20～30min即可沉积得到厚度为10～15μm的镀铬层。

产品特性 镀液组分简单、体系稳定、工艺易控，进一步降低了阳极析出的有害氯气量，减少了对设备的腐蚀，同时提高了镀层硬度。

镀铬电镀液

原料配比

镀铬添加剂

原 料	配比（质量份）		
	1#	2#	3#
甲苯二磺酸钠	22	22	22
氨基磺酸钠	8	8	8
氨基乙酸	5	5	5
氧化镁	3	3	3
硫酸锶	2.5	2.5	2.5
硼酸	5	5	5
蒸馏水	54.5	54.5	54.5

电镀液

原 料	配 比		
	1#	2#	3#
铬酸酐（CrO_3）	200g	270g	250g
硫酸（H_2SO_4）	3.0g	2.0g	2.5g
镀铬添加剂	30mL	20mL	25mL
水	加至1L	加至1L	加至1L

制备方法

（1）镀铬添加剂配制方法：常温下，在不锈钢搅拌罐内，按比例先加入蒸馏水，加入甲苯二磺酸钠和氨基磺酸钠，搅拌至完全溶解，再依次加入氨基乙酸、硼酸、氧化镁、硫酸锶，搅拌至完全溶解，静置，过滤，灌装。

（2）电镀液：将各组分原料混合均匀，溶于水。

原料配伍 本品各组分质量份配比范围为：铬酸酐 200～270g，硫酸 2.0～3.0g，镀铬添加剂 20～30mL，水加至 1L。

镀铬添加剂（质量份）：甲苯二磺酸钠 22，氨基磺酸钠 8，氨基乙酸 5，氧化镁 3，硫酸锶 2.5，硼酸 5，蒸馏水 54.5。

甲基二磺酸钠，一种阴离子表面活性剂，分子式：$CH_2(SO_3Na)_2$，白色粉末。溶于水，被广泛地应用在电镀硬铬工艺中，作为主添加剂（催化剂），可以明显地改善镀液对阳极极板的腐蚀，镀出的硬铬产品表面更光亮、镀层硬度更高、微裂纹数更多，具有更高的耐腐蚀性。用 99%含量的工业品。

氨基磺酸钠，一种阴离子表面活性剂，分子式：NH_2SO_3Na，白色晶体。熔点 174℃。溶于水，水溶液呈弱碱性。标准状况下水中溶解度 84.4g/100g 水，有吸湿性。用 99.5%含量的工业品。在电镀硬铬工艺中，作为主添加剂，具有沉积速率快，镀层内应力低，镀液分散能力好，提高镀层表面光泽，提高镀层硬度，增强力学性能。

氨基乙酸，分子式 $C_2H_5NO_2$，分子量 75.07，结构简式 NH_2CH_2COOH，熔点 232～236℃（分解），白色单斜晶系或六方晶系晶体，或白色结晶粉末。无臭，有特殊甜味。相对密度 1.1607。熔点 248℃（分解）。易溶于水。可以极大地提高阴极电流效率，阴极电流效率可达 45%。三价铬还原为金属铬的标准电极电位很负，在阴极有大量氢气析出，使阴极表面附近的 pH 值迅速提高。当 pH 值>4 后，水合三价铬会发生羟桥化，聚合为长链的聚合物胶体沉淀物，阻碍三价铬的还原，电流效率降至最低值。氨基乙酸可防止 $Cr(OH)_3$ 沉淀的生成，稳定镀液的 pH 值。氨基乙酸的另一作用是掩蔽有害金属离子的干扰。氨基乙酸是杂质离子的优良配位体，使杂质离子的析出电位大幅负移，从而不再干扰铬的析出。用 99%含量的工业品。

氧化镁，化学式：MgO，白色非晶粉末。无臭、无味、无毒。一种无机物。可溶于稀酸。镀液加入氧化镁，因镁离子的存在使阴极极化作用降低，从而保证了在高电流密度下不降低电流效率。用 99%含量的工业品。

硼酸，分子式习惯写成 H_3BO_3，仅从表面上看是个三元酸，有三级电离平衡常数，实际上，硼酸的分子式应该是 $B(OH)_3$，是一元酸。在镀液中作为缓冲剂使用，以稳定镀液的酸碱度。用 99%含量的工业品。另外一个作用是镀液加入硼酸及氧化镁，可使用很高的电流密度，电流密度可达 $150A/dm^2$，从而提高镀铬速度。

硫酸锶，化学式：$SrSO_4$，无机物，白色结晶性粉末，无气味。镀液中加入硫酸锶，主要是控制镀液中氯离子和游离硫酸根离子的含量，减少氯离子和硫酸根离子对镀件工件低电区的腐蚀。用 99%含量的工业品。

产品应用 本品主要用作镀铬电镀液。

电镀工艺参数：镀液温度 55～65℃，阴极电流密度 90～$150A/dm^2$，控制溶液中三价铬离子（Cr^{3+}）含量 2～6g/L。

电镀操作工艺的要点是：工件电镀前处理（镀前检验—装挂具—化学除油—电解除油—水洗—活化酸洗—水洗）可按常规操作，电镀上电时，先以正常电流值的 0.5 倍的电流，电镀 1～2min，再以正常电流值的 2 倍的电流，电镀 2～4min，然后恢复到正常电流值，进行电镀。

产品特性

（1）阴极电流效率高达 35%～45%，沉积速率很快，相同的镀层厚度，施镀时间可以缩短一半。

（2）镀层硬度高（900～1200HV），呈均匀密集的网状裂纹，耐磨性能好；能产生微裂纹，微裂纹数可达 800～2000 条/cm（根据需要调节），提高抗腐蚀能力。油缸伸缩件中性耐盐雾试验可达 72h 以上。

（3）镀液分散能力好，镀层厚度均匀，不易产生粗糙疱瘤现象，铬层外观光亮平滑。

（4）镀层与基体结合力强，前处理与传统工艺相似，操作容易。

（5）镀液不含氟化物，不含稀土元素，工件无低电区的腐蚀。

高耐蚀环保三价铬电镀液

原料配比

原料		配比（质量份）							
		1#	2#	3#	4#	5#	6#	7#	8#
主盐	硫酸铬	120	120	120	120	—	140	—	200
	硫酸铬钾	—	—	—	—	80	—	10	—

续表

原料		配比（质量份）							
		1#	2#	3#	4#	5#	6#	7#	8#
稳定剂	硼酸	—	—	50	50	—	80	—	120
	草酸钠	45	45	—	—	20	—	1	—
络合剂	叔丁基对苯二酚	6	—	6	—	—	10	—	120
	邻羟基肉桂酸酯	—	6	—	6	2	—	1	—
润湿剂	十六烷基三甲基溴化铵	—	—	0.08	0.08	0.05	—	0.01	—
	聚氧乙烯聚丙烯苯酚醚	0.1	0.1	—	—	—	2	—	8
添加剂	纳米二氧化硅/氧化铝复配物	5	5	5	5	2	8	1	10
导电盐	硫酸钾	250	250	250	250	—	—	—	—
	硫酸钠	—	—	—	—	200	—	10	—
	硫酸铵	—	—	—	—	—	300	—	120
水		加至1000	加至1000	加至1000	加至1000	加至1000	加至1000	加至1000	加至1000

制备方法 将各组分原料混合均匀即可。

原料配伍 本品各组分质量份配比范围为：主盐10～200、络合剂1～120、稳定剂1～120、湿润剂0.01～8、添加剂1～10、导电盐10～300、水加至1000。

所述主盐为硫酸铬、硫酸铬钾中的至少一种。

所述络合剂为叔丁基对苯二酚、邻羟基肉桂酸酯中的至少一种。

所述稳定剂为草酸钠和硼酸。

所述润湿剂为聚氧乙烯聚丙烯苯酚醚、十六烷基三甲基溴化铵中的至少一种。

所述添加剂为纳米二氧化硅/氧化铝复配物；所述导电盐为硫酸钾、硫酸钠、硫酸铵中的至少一种。

产品应用 本品是一种高耐蚀环保三价铬电镀液。电镀高耐蚀环保三价铬镀层的方法：

（1）工件酸洗和水洗。

（2）以上述高耐蚀环保三价铬电镀液进行电镀，电镀的条件为：

温度 20～60℃、阴极电流密度 5～30A/dm²（平均电流密度）、pH 值 2～4，电镀 10～40min，电镀过程中所使用的阳极为 DSA（dimensionally stable anode）铱钛涂层阳极。

（3）电镀后用水将镀件清洗干净，然后吹干。

产品特性

（1）本产品清洁无污染，镀层外观均匀光亮，耐蚀性高。

（2）本产品引入硫酸铬钾，可有效提高电流效率至 30%～40%，电镀速率提高至 0.3～0.4μm/min，有助于镀层厚度的增加。

（3）本产品引入了纳米二氧化硅/氧化铝复配物作为添加剂，极大地提高了三价铬镀层的耐蚀性，增加了镀层和基体之间的结合力，使工件的整体耐磨性能得以提升。

高浓度三价铬电镀液

原料配比

原料	配比（质量份）					
	1#	2#	3#	4#	5#	6#
硫酸铬	110	130	150	170	180	210
氯化钠	60	80	100	120	140	150
氯化铵	50	60	70	80	90	100
溴化铵	8	8	9	9	10	10
硼酸	30	40	45	50	60	70
氟化铵	30	40	50	60	70	80
甲酸、乙酸、草酸、氨基乙酸的铵盐或钠盐中的一种	10	12	14	16	18	20
苹果酸、酒石酸、柠檬酸、EDTA 的盐类中的一种	20	22	24	26	28	30
聚乙二醇	0.1	0.15	0.2	0.3	0.4	0.5
纯水	加至 1000	加至 1000	加至 1000	加至 1000	加至 1000	加至 1000

制备方法

（1）在电镀槽中先加入预定总镀液体积 2/3 的纯水，加热至 55～

60℃，再加入缓冲剂硼酸，搅拌完全溶解；

（2）分别加入导电盐氯化钠，氯化铵，主络合剂氟化铵，阳极抑制剂溴化铵，搅拌完全溶解；

（3）加入辅助络合剂，搅拌完全溶解后，用浓盐酸调整溶液的 pH 值为 2.5～3.0；

（4）加入主盐硫酸铬，搅拌完全溶解后，用质量分数 20%NaOH 溶液调整溶液的 pH 值为 2.8～3；

（5）加入润湿剂聚乙二醇，补充纯水至预定的总镀液体积；保持镀液的温度为 55～60℃，保温陈化 12h 以上，即可。

原料配伍 本品各组分质量份配比范围为：硫酸铬 110～210[以 $Cr_2(SO_4)_3·6H_2O$ 计]，氯化钠 60～150，氯化铵 50～100，硼酸 30～70，氟化铵 30～80，溴化铵 8～10，辅助络合剂羧酸盐总量为 30～50，润湿剂聚乙二醇 0.1～0.5，其余为溶剂水。

所述的辅助络合剂羧酸盐由两种低分子有机弱酸盐组成，一类选自甲酸、乙酸、草酸、氨基乙酸的铵盐或钠盐中的一种，另一类选自酒石酸、苹果酸、柠檬酸、EDTA 的盐类中的一种；其中后一类低分子有机弱酸盐的用量为前一类的 1.5～2 倍。

产品应用 本品主要应用于机械、电子、电器、仪器仪表、汽车等零部件的表面装饰镀铬，以提高这些零部件的耐蚀性和装饰性。是一种高浓度三价铬电镀液

所述的电镀液的工艺参数为：工作温度 20～40℃，阴极电流密度 10～20A/dm^2，镀液 pH 值 2.5～3.2，电镀时间 2～15min，阳极为石墨阳极。

产品特性

（1）采用高浓度的硫酸铬作为电镀主盐，以较高的金属铬离子含量来提高电镀液的电流效率和沉积速度，延长镀液的生产补料周期提高生产稳定性，同时保持了所得镀铬层具有硫酸盐工艺体系结晶细致、白、亮度高的优点。所得镀铬层在外观装饰性上优于氯化物三价铬工艺体系。

（2）采用氯化钠、氯化铵作为导电盐，具有比一般全硫酸盐三价铬镀液导电性好、电流效率高、沉积速度快的电化学优势，在实际生产中提高效率、节能降耗。由于卤素离子在阳极上优先于三价铬离子的放电氧化，从而有效抑制了三价铬氧化为六价铬的电极过程，消除

了六价铬杂质对镀液污染失效的隐患。

（3）通过对多种络合剂的优选复配，以氟化铵作为主络合剂，低分子羧酸盐作为辅助络合剂的溶液体系，使本产品中三价铬离子所形成的多元络合物具有电化学稳定性适中，高低区电位放电均衡走位宽阔，所得镀层均匀性好色泽一致的优点，并且可在主盐铬离子含量较高和浓度变化较大时（23～45g/L）得到外观优良的镀铬层。

（4）采用普遍使用的硼酸作为缓冲剂，并在镀液中其他有机弱酸盐的协同作用下综合发挥抗 pH 值变化的缓冲性能，有效保证了镀液抗 pH 值变化的生产稳定性，使得电镀时间可以延长，镀层可以增厚。

（5）采用低分子聚乙二醇（聚合度 200～400）作为润湿剂，对本产品的镀层具有促进作用，表现为明显提高镀铬层的结晶致密度和光亮度，增强了镀铬层的外观装饰性效果。

（6）采用石墨阳极降低了电镀生产成本，本产品在电镀生产过程中不生成有害的六价铬杂质，因此解决了全硫酸盐三价铬电镀一般不能使用石墨阳极的技术难题。

（7）本产品采用高浓度硫酸铬为主盐，金属铬浓度可达 45g/L，是一般全硫酸盐三价铬电镀液的 3～10 倍，因而延长了镀液生产补料周期，提高了电镀生产的稳定性和工作效率。

（8）本产品采用卤化物为导电盐，比全硫酸盐三价铬工艺体系的导电性好，电流效率高，沉积速率快；电镀过程中槽电压降低，电耗减少，在实际生产中节能降耗。并且加入的卤素离子改变了在阳极上析氧的电极行为，有效抑制了三价铬离子氧化为六价铬的现象，因此可以不使用价格昂贵的贵金属涂膜阳极，也不用加入还原性物质以抑制六价铬的积累。

（9）以无机盐氟化铵为主配位剂可以使得硫酸铬在较高浓度下保持优良的电镀适应性。

（10）镀液抗 pH 值变化的范围宽，稳定性好，使用周期长，镀液使用温度低，可在常温下工作，工艺操作简便。

（11）本产品采用石墨阳极电镀，生产成木低，电镀过程中不产生有害的六价铬杂质，因此相比全硫酸盐三价铬工艺体系具有明显的实用性优势。

环保电镀液

原料配比

原料	配比（质量份）		
	1#	2#	3#
硫酸铬	240	280	200
硫酸钠	70	60	65
甲酸铵	12	10	10
草酸钠	120	80	150
氨基乙酸	3	5	4
尿素	15	35	10
硼酸钠	60	80	100
硫酸钾	125	120	100
柠檬酸钾	3	4	2
氯化钾	60	50	80
甘氨酸	6	3	5
去离子水	加至1000	加至1000	加至1000

制备方法 将各组分原料混合均匀即可。

原料配伍 本品各组分质量份配比范围为：硫酸铬180～280、硫酸钠50～80、甲酸铵10～15、草酸钠40～160、氨基乙酸1～5、尿素5～40、硼酸钠50～100、硫酸钾100～150、柠檬酸钾1～5、氯化钾40～80和甘氨酸2～8，去离子水加至1000。

产品应用 本品主要用作环保电镀液。

产品特性 本产品具有无毒、无害、无腐蚀、储存稳定等特点，环保性较佳，且由此制成的电镀层对电镀产品的表面覆盖能力增强。

环保滚镀型三价铬电镀液

原料配比

原料		配比（质量份）											
		1#	2#	3#	4#	5#	6#	7#	8#	9#	10#	11#	12#
导电盐	硫酸钾	140	140	140	140	140	140	140	140	—	—	—	—
	硫酸钠	—	—	—	—	—	—	—	—	250	—	100	—
	硫酸铵	—	—	—	—	—	—	—	—	—	350	—	200

续表

原料		配比（质量份）											
		1#	2#	3#	4#	5#	6#	7#	8#	9#	10#	11#	12#
主盐	硫酸铬钾	70	70	70	70	70	70	70	70	—	70	—	120
	硫酸铬	—	—	—	—	—	—	—	—	40	—	10	—
配位剂	甲酸/乙酸/三溴乙酸(1:1:1)	8	8	8	8	8	8	8	8	—	—	—	—
	乙酸	—	—	—	—	—	—	—	—	—	20	—	120
	甲酸	—	—	—	—	—	—	—	—	5	—	1	—
稳定剂	山梨酸钠	—	—	—	—	—	—	—	—	10	—	10	—
	次磷酸钠	—	—	—	—	—	—	—	—	—	50	—	10
	氨基乙酸	30	30	30	—	—	—	30	—	—	—	—	—
	硫代苹果酸钠	—	—	—	30	30	30	—	30	—	—	—	—
湿润剂	烷基酚聚氧乙烯醚	2	2	2	—	—	—	—	2	1	—	1	—
	十六烷基二乙醇胺聚氧乙烯醚	—	—	—	2	2	2	2	—	—	5	—	8
走位剂	丙烯酸均聚物钠盐	8	—	—	8	—	—	—	—	—	12	—	120
	硫脲衍生物	—	8	—	—	8	—	—	—	—	—	—	—
	乙烯基磺酸钠	—	—	—	—	—	—	—	—	5	—	1	—
	α-噻吩衍生物	—	—	8	—	—	8	8	8	—	—	—	—
缓冲剂	硼酸	60	60	60	60	60	60	60	60	—	—	—	—
	硼酸钠	—	—	—	—	—	—	—	—	50	—	1	—
	磷酸钠	—	—	—	—	—	—	—	—	—	80	—	120
水		加至1000	加至1000	加至1000	加至1000	加至1000	加至1000	加至1000	加至1000	加至1000	加至1000	加至1000	加至1000

制备方法 将各组分原料混合均匀即可。

原料配伍 本品各组分质量份配比范围为：导电盐 100～350、主盐 10～120、配位剂 1～120、稳定剂 1～120、湿润剂 1～8、缓冲剂 1～120、走位剂 1～120，水加至 1000。

所述主盐为硫酸铬或硫酸铬钾中至少一种。

所述配位剂为甲酸、乙酸和三溴乙酸及其盐中至少一种。

所述稳定剂为氨基乙酸、硫代苹果酸钠、山梨酸钠和次磷酸钠中至少一种。

所述湿润剂为烷基酚聚氧乙烯醚、十六烷基二乙醇胺聚氧乙烯醚中至少一种。

所述走位剂为丙烯酸均聚物钠盐、乙烯基磺酸钠、硫脲衍生物和含 C═S 杂环化合物中至少一种。

所述缓冲剂为硼酸、硼酸钠、磷酸钠和柠檬酸钠中至少一种。

所述导电盐为硫酸钾、硫酸钠、硫酸铵中至少一种。

质量指标

配方	外观		螺钉（栓）镀敷厚度/μm	螺钉（栓）耐蚀性（NSST）/h	分散能力（槽片）/%	电流效率/%	成品率/%
	螺钉	槽片					
1#	白亮、均匀	白亮，覆盖率为 90%	0.23	15	35	30	80
2#	白亮、均匀	白亮，覆盖率为 90%	0.25	16	38	31	85
3#	白亮、均匀	白亮，覆盖率为 95%	0.28	18	40	32	90
4#	白亮、均匀	白亮，覆盖率为 90%	0.22	15	35	30	80
5#	白亮、均匀	白亮，覆盖率为 90%	0.24	16	38	31	85
6#	白亮、均匀	白亮，覆盖率为 95%	0.28	18	40	32	90
7#	白亮、均匀	白亮，覆盖率为 95%	0.28	18	40	32	90
8#	白亮、均匀	白亮，覆盖率为 95%	0.28	18	40	32	90
9#	白亮、均匀	白亮，覆盖率为 90%	0.21	16	36	30	85
10#	白亮、均匀	白亮，覆盖率为 90%	0.27	18	40	32	90
11#	白亮、均匀	白亮，覆盖率为 90%	0.20	16	36	31	85
12#	白亮、均匀	白亮，覆盖率为 90%	0.24	18	38	32	90

产品应用　本品主要用作环保滚镀型三价铬电镀液。滚镀方法：

（1）将工件用酸洗和水洗。

（2）以上述一种环保滚镀型三价铬电镀液进行滚镀，条件为：温度为 40～60℃、阴极电流密度为 0.1～15A/dm^2、pH 值为 3～6，滚镀时间 1～30min，滚筒的转速为 0.5～10r/min，使用的阳极为 DSA（dimensionally stable anode）铱钛涂层阳极。

（3）以水将镀件清洗干净，然后吹干。

产品特性

（1）采用本产品电镀液及其滚镀方法，清洁无污染，镀层外观均匀光亮，耐蚀性比常规滚镀铬至少提高一倍。

（2）本产品不含氟硅酸，其工艺酸度控制适中，即使停电也不会出现镀层溶解现象。

（3）本产品引入走位剂后，能有效提高镀层走位和分散能力。

（4）本产品可有效提高电流效率，达 30%左右，同时提高成品率 80%～90%，适用于在工件上滚镀三价铬。

环保三价铬电镀液

原料配比

原料		配比（质量份）								
		1#	2#	3#	4#	5#	6#	7#	8#	9#
硫酸铁		0.5	0.6	0.7	0.8	0.9	1.0	1.5	0.7	0.7
硫酸钴		7.5	6.5	6.0	5.5	4.5	3.5	2.0	5.0	5.0
硫酸铬		100	150	135	120	120	150	—	—	—
开缸剂	硼酸	55	50	60	58	53	53	70	55	60
	硫酸钾	—	—	—	—	—	—	190	—	280
	硫酸铵	—	—	—	—	—	—	—	200	—
水溶性三价铬盐	硫酸铬钾	—	—	—	—	—	—	150	180	120
稳定剂	氯化钾	200	150	250	200	180	200	—	—	—
	溴化钾	100	5	20	12	8	15	—	—	—
	甲酸甲酯	—	—	—	—	—	—	—	60	—
	乙二醇	—	—	—	—	—	—	—	—	60
	甲酸钠	7	10	5	7	8	7	—	—	—
	草酸钠	—	—	—	—	—	—	50	—	—
	草酸盐	—	—	—	—	—	—	—	—	—
氨基乙酸		10	5	15	12	7	6	—	—	—
磺基丁二酸盐		0.2	0.1	0.3	0.3	0.1	0.2	—	—	—

续表

原料		配比（质量份）								
		1#	2#	3#	4#	5#	6#	7#	8#	9#
甘油三脂肪酸酯		0.5	0.2	1	0.4	0.6	0.7	—	—	—
湿润剂	戊二酸磺酸盐	—	—	—	—	—	—	—	—	—
	磺基琥珀酸酯	—	—	—	—	—	—	2.5	—	—
	十二烷基硫酸盐	—	—	—	—	—	—	—	5	—
配位剂	琥珀酸盐	—	—	—	—	—	—	3	—	—
	戊烷硫酸盐	—	—	—	—	—	—	—	—	3
	甘氨酸	—	—	—	—	—	—	—	—	4
水		加至1000	加至1000	加至1000	加至1000	加至1000	加至1000	加至1000	加至1000	加至1000

原料		配比（质量份）				
		10#	11#	12#	13#	14#
硫酸铁		0.7	3.0	0.7	0.7	0.7
硫酸钴		5.0	2.0	5.0	5.0	5.0
水溶性三价铬	硫酸铬钾	150	150	180	120	150
稳定剂	甲酸铵	90	—	—	—	90
	甲酸甲酯	—	—	120	—	—
	乙二醇	—	—	—	60	—
	草酸钠	—	140	—	—	—
开缸剂	硫酸铵	210	—	270	—	450
	硫酸钾	—	250	—	380	—
	硼酸	65	—	—	—	—
湿润剂	二十五烷基硫酸盐	1.5	—	—	—	1.5
	十二烷基硫酸盐	—	—	5	—	—
	磺基琥珀酸酯	—	2.5	—		
配位剂	戊烷硫酸盐	—	—	—	3	—
	琥珀酸盐	—	3	—	—	—
	苹果酸盐	—	—	5	—	—
	甘氨酸	—	—	—	1	—
水		加至1000	加至1000	加至1000	加至1000	加至1000

制备方法 将各组分原料混合均匀即可。

原料配伍 本品各组分质量份配比范围为：包含开缸剂、稳定剂、湿润剂、配位剂和水，还包含有硫酸铁和硫酸钴，所述硫酸铁为0.3～3，所述硫酸钴为2～10。

所述开缸剂包括水溶性三价铬盐和一种混合物，该混合物选自硼酸、硫酸钾、硫酸铵中的一种或几种，所述开缸剂为250～600。

所述水溶性三价铬盐优选硫酸铬钾，为100～180。

所述稳定剂选自乙二醇、甲酸甲酯、甲酸铵、草酸钠、溴化钾等中的至少一种，所述稳定剂为40～140。

所述湿润剂选自戊二酸磺酸盐、磺基琥珀酸酯、碳原子数为5～25的烷基硫酸盐中的至少一种，所述湿润剂为0.5～5。

所述配位剂选自乙二酸盐、琥珀酸盐、苹果酸盐、甘氨酸等中的至少一种，所述配位剂为1～5。

所述电镀液的pH值为2.5～3.0；用氨水或盐酸调整。

产品应用 本品主要用作环保三价铬电镀液。电镀方法：

（1）将石墨板放入前述的一种环保三价铬电镀液中，作为阳极。

（2）将工件放入前述的一种环保三价铬电镀液中，作为阴极。

（3）通入直流电流，阴极电流密度3～33A/dm^2，电镀液温度28～45℃，电镀时间0.2～5min。

产品特性

（1）本产品通过在镀液中加入硫酸铁和硫酸钴，可显著提高镀液的覆盖能力。

（2）本产品通过在镀液中加入硫酸铁和硫酸钴，可明显提高铬镀层抗腐蚀能力。

环保型三价铬电镀液

原料配比

原料	配比						
	1#	2#	3#	4#	5#	6#	7#
硫酸铬	0.8mol	1.0mol	0.8mol	1.0mol	0.85mol	0.95mol	0.9mol
硫酸钠	2.2mol	1.8mol	1.8mol	2.2mol	2.1mol	1.9mol	2.0mol

续表

原　料	配　比						
	1#	2#	3#	4#	5#	6#	7#
硫酸铵	0.6mol	0.8mol	0.6mol	0.8mol	0.65mol	0.75mol	0.7mol
硼酸钠	1.8mol	1.6mol	1.6mol	1.8mol	1.75mol	1.65mol	1.7mol
次亚磷酸钠	1.2mol	1.4mol	1.2mol	1.4mol	1.25mol	1.35mol	1.3mol
硫酸亚铁	0.4mol	0.2mol	0.2mol	0.4mol	0.35mol	0.25mol	0.3mol
氨基乙酸	1.4mol	1.6mol	1.4mol	1.6mol	1.45mol	1.55mol	1.5mol
尿素	1.0mol	0.8mol	0.8mol	1.0mol	0.95mol	0.85mol	0.9mol
水	加至 1L	加至 1L	加至 1L	加至 1L	加至 1L	加至 1L	加至 1L

制备方法 将各组分原料混合均匀即可。

原料配伍 本品各组分配比范围为：硫酸铬 0.8～1.0mol，硫酸钠 1.8～2.2mol，硫酸铵 0.6～0.8mol，硼酸钠 1.6～1.8mol，次亚磷酸钠 1.2～1.4mol，硫酸亚铁 0.2～0.4mol，氨基乙酸 1.4～1.6mol，尿素 0.8～1.0mol，水加至 1L。

产品应用 本品主要用作环保型三价铬电镀液。

产品特性

（1）优化了电镀液的组分，使其不含氯化物，电镀过程中阳极仅析出氧气，清洁无污染。

（2）本产品对缓冲剂和配位剂的成分进行了优化设计，并在大量实验的基础上确定了其含量，使其可长时间稳定镀液的 pH 值，抑制 Cr^{3+}氢氧化物的形成和沉积。

（3）采用本产品的电镀液可使制备的镀层厚度达 30～50μm，镀层外观光亮，无裂纹，结合力好，经处理后其硬度可达 1460～1550HV。

氯化物装饰性三价铬电镀液

原料配比

原　料	配　比
主盐	0.3～0.5mol
配位剂	0.1～1.0mol

续表

原　　料	配　　比
缓冲剂	0.3～1.0mol
导电盐	1.0～2.0mol
稳定剂	0.05～0.2mol
去极化剂	3×10^{-4}～9×10^{-4}mol
光亮剂	0.2～0.5mol
去离子水	加至 1L

制备方法

（1）根据所述电镀液组成比例以及所需电镀液体积称取所需主盐、配位剂、缓冲剂、导电盐、稳定剂、去极化剂和光亮剂，分别加入适量去离子水将其溶解。

（2）向配位剂溶液中加入主盐，然后与导电盐溶液混合，调整 pH 值至 1.5～4.0，加入稳定剂、缓冲剂、去极化剂和光亮剂，调至所需水量，20～50℃老化 2h，最后静置 24h。

原料配伍 本品各组分配比范围为：主盐 0.3～0.5mol、配位剂 0.1～1.0mol、缓冲剂 0.3～1.0mol、导电盐 1.0～2.0mol、稳定剂 0.05～0.2mol、去极化剂 3×10^{-4}～9×10^{-4}mol 和光亮剂为 0.2～0.5mol，去离子水加至 1L。

所述主盐为六水合三氯化铬（$CrCl_3\cdot6H_2O$）。

所述配位剂最好选自低碳羧酸类化合物及其盐类，如甲酸、乙酸、草酸、甲酸铵、乙酸铵等，或由这些低碳羧酸类化合物及其盐类复配得到。

所述缓冲剂为硼酸、甲酸、乙酸等及其盐中的至少一种。

所述导电盐为氯化钾、氯化钠、氯化铵、氯化镁等中的至少一种。

所述稳定剂为溴化钾、次亚磷酸盐、抗坏血酸等中的至少一种。

所述去极化剂为三氯化铁。

所述光亮剂为氟化钠、氟化钾、氟化铵等盐中的至少一种。

产品应用 本品主要用作氯化物装饰性三价铬电镀液。电镀工艺参数为：阳极可使用钛基贵金属氧化物电极，镀液操作温度 20～30℃，镀液 pH 值 1.5～4.0，阴极电流密度为 2～18A/dm^2，阴阳极面积比为 1:2，镀液循环过滤使用，气体搅拌。根据实际需要对温度、电流密度、电镀时间等参数进行调整可以得到不同厚度的镀层。

产品特性 本产品具有价格低廉，稳定性高，所得镀层美观等特点。

纳米氮化铝复合铬电镀液

原料配比

原料	配比（质量份）					
	1#	2#	3#	4#	5#	6#
六水合三氯化铬	150	210	180	160	185	180
柠檬酸钠	120	120	130	125	115	125
草酸钠	40	60	50	55	45	55
尿素	60	90	75	80	85	70
甲酸	10	20	15	18	14	18
溴化铵	90	120	100	105	110	110
纳米氮化铝	4	8	5	4.5	7	6
十六烷基三甲基溴化铵	0.06	0.24	0.15	0.15	0.23	0.2
十二烷基苯磺酸钠	0.024	0.06	0.05	0.038	0.06	0.05
水	加至1000	加至1000	加至1000	加至1000	加至1000	加至1000

制备方法

（1）纳米分散液的制备。将脂肪烷基甲基卤化和烷基苯磺酸盐加入三口烧瓶中溶解后用搅拌机低速搅拌几分钟。然后，转移至烧杯中并安装剪切分散机后，将纳米氮化铝的粉体加入三口烧瓶中，调节剪切分散机的转速为300～500r/min，剪切分散5～10min后调节转速至1500～2000r/min，剪切分散10～15min即得到纳米浆。采用激光粒度分析仪对纳米分散液的平均粒径进行测试。

（2）用适量水分别溶解各组分原料并将其混合均匀倒入烧杯中，加入纳米分散液采用多频超声波细胞粉碎仪进行超声波分散，设定功率为600～1000W，分散时间为3～6min，然后，加水调至预定体积，加酸调节pH值至2.5～4。

原料配伍 本品各组分质量份配比范围为：六水合三氯化铬150～210，柠檬酸钠120～140，草酸钠40～60，尿素60～90，甲酸10～20，溴化铵90～120，纳米氮化铝4～8，脂肪烷基甲基卤化盐0.06～0.24和烷基苯磺酸盐0.024～0.06，水加至1000。

所述纳米氮化铝的平均粒径为20～50nm。

脂肪烷基甲基卤化盐选自十六烷基三甲基溴化铵、十二烷基三甲基溴化铵、十二烷基二甲基溴化铵中的一种或两种。

所述烷基苯磺酸盐选自十二烷基苯磺酸钠、十六烷基苯磺酸钠、十八烷基苯磺酸钠中的一种或两种。

选用的纳米氮化铝粉体的密度为3.2～3.3g/cm^3，为立方晶系结构，晶格常数为0.346～0.364nm，平均粒径为45nm。将纳米氮化铝分散于镀液中有两方面的作用，一方面，纳米氮化铝均匀分布在镀层的晶粒和晶界之间，减小镀层的孔隙尺寸而增加镀层致密度，防止腐蚀液浸润镀层内的微孔；或者通过缠绕覆盖于晶粒表面以把腐蚀介质和晶粒隔离。另一方面，纳米氮化铝的化学活性很低，此时纳米氮化铝的电位较之铬更正。当铬和碳相接触后，此时铬作为阳极发生阳极极化，可能促进铬的钝化过程，减少铬在介质中的腐蚀，使铬层对基体金属的保护作用增强。由此，提高了镀层的耐腐蚀性。

复合选用柠檬酸盐、草酸盐和尿素作为配位剂。柠檬酸盐、草酸盐通过羧基均能与三价铬离子配位，尿素主要通过氨基与三价铬离子配位，从而缩小三价铬离子沉积电位，三种配位剂能产生较强的协同效应，推动三价铬离子和二价镍离子的共沉积。三价铬离子配位能力很强，三价铬离子几乎能与所有的路易斯碱的离子或分子配位。加入柠檬酸盐、草酸盐和尿素前，三价铬离子主要与镀液中的水分子配位形成羟基桥式化合物；加入柠檬酸盐、草酸盐和尿素后，由于阴离子渗透反应，三价铬离子与羧基发生配位，从而将置换水与三价铬离子的配位，以破坏羟基桥式化合物，从而降低其对三价铬离子在阴极沉积的阻碍作用。柠檬酸盐和草酸盐的阴离子配位渗透能力较强，当其浓度达到一定程度时，可提高镀层的厚度。尿素还能提高氢的析出电位，抑制三价铬离子与溶液中的水及氢氧根形成$Cr(OH)_3$，避免了$Cr(OH)_3$与$Cr(OH)_3$之间继续配合形成羟基桥式化合物，并提高电流效率，促进三价铬离子的沉积。

选用溴化铵为导电盐，其中的铵根离子可以提高电流效率、稳定镀液及改善镀层质量；其中的溴离子可以抑制六价铬离子的生成和氯气的析出。电镀过程中阳极析出的具有毒性的氯气不仅会污染环境，而且会增加镀层内应力使之缓慢脱落。电镀过程中在阳极生成的六价铬离子会阻碍铬单质的沉积，影响镀层的质量。

甲酸既可作为三价铬离子与配位剂配位的催化剂，又可作为缓冲剂通过其酸性稳定镀液的pH。当浓度较高时，主要发挥缓冲剂作用；当浓度达到一定程度时，可通过自身含有的羧基与三价铬离子和二价镍离子配位，起到协同配位的作用。

选用三氯化铬作为铬的主盐。相比于硫酸铬，三氯化铬的溶解度要大得多，加入镀液后，能更好地通过溶解离解出三价铬离子与配位剂配位。

质量指标

测试项目	1#	2#	3#	4#	5#	6#
分散能力/%	34.1	33.4	38.2	40.7	41.6	43.9
深镀能力/%	86.7	87.6	88.9	91.6	92.8	93.5
电流效率/%	14.04	15.47	15.94	16.26	17.84	19.37
腐蚀速率/[$\times10^{-3}$g/($m^2\cdot h$)]	11.56	10.48	9.94	9.11	8.78	8.31
磨损量/（$10^{-3}mm^3$）	21.5	19.4	16.7	14.2	11.5	10.4
硬度/HV	860	914	987	1050	1127	1206
孔隙率/（个/cm^2）	5	4	4	4	3	3
结合力	不剥落	不剥落	不剥落	不剥落	不剥落	不剥落
镀层外观	C	B	B	B	B	A

产品应用　本品是一种纳米氮化铝复合铬电镀液。电镀方法：

（1）阴极采用 6mm×6mm×0.2mm 的铜锌板。将紫铜板先用 200 目水砂纸初步打磨后再用 W28 金相砂纸打磨至表面露出金属光泽。依次经温度为 50～70℃的碱液除油、蒸馏水冲洗、95%乙醇除油、蒸馏水冲洗。碱液的配方为 40～60g/L NaOH、50～70g/L Na_3PO_4 20～30g/L Na_2CO_3 和 3.5～10g/L Na_2SiO_3。

（2）以直径为 5mm 的碳棒为阳极电极，电镀前先用砂纸打磨平滑，然后用去离子水冲洗及烘干。

（3）将预处理后的阳极电极和阴极电极浸入电镀槽中的电镀液中，调节水浴温度使得电镀液温度维持在 25～50℃。将机械搅拌转速调为 200～400r/min。接通脉冲电源，脉冲电流的脉宽为 1～3ms，占空比为 5%～30%，平均电流密度为 4～8A/dm^2。待通电 50～120min 后，切断电镀装置的电源。取出铜锌板，用蒸馏水清洗烘干。

产品特性 本产品中含有纳米氮化铝，由于纳米氮化铝自身的刚性，提高了镀层的硬度和耐磨性；纳米氮化铝一方面可通过填充镀层的孔隙和缠绕覆盖于铬金属晶粒表面以阻止腐蚀液的渗入，另一方面通过与铬金属微晶体构成微型原电池，促进铬的钝化，由此提高了镀层的耐腐蚀性。

硫酸盐三价铬电镀液

原料配比

原料	配比					
	1#	2#	3#	4#	5#	6#
主盐	0.4mol	1mol	1.7mol	2.4mol	3mol	3.5mol
导电盐	0.7mol	0.8mol	0.9mol	1mol	1.1mol	1.2mol
缓冲剂	0.6mol	0.7mol	0.7mol	0.8mol	0.9mol	1mol
配位剂	0.5mol	1.5mol	2mol	3mol	3.5mol	4mol
稳定剂	0.05mol	0.08mol	0.11mol	0.14mol	0.17mol	0.2mol
表面活性剂	1×10^{-5}mol	5×10^{-5}mol	1×10^{-4}mol	5×10^{-4}mol	1×10^{-3}mol	5×10^{-3}mol
促进剂	1×10^{-4}mol	5×10^{-4}mol	1×10^{-3}mol	5×10^{-3}mol	1×10^{-2}mol	5×10^{-2}mol
水	加至1L	加至1L	加至1L	加至1L	加至1L	加至1L

制备方法

（1）在水中加入配位剂，搅拌溶解，得溶液A。

（2）在溶液A中加入主盐，搅拌溶解，在88～96℃下保温至少1h，得溶液B。

（3）在水中加入导电盐，搅拌溶解，得溶液C。

（4）将溶液B和溶液C混合，用硫酸或氢氧化钠等调pH值至2.0～4.5，得溶液D。

（5）在溶液D中加入添加剂，加水定容至所需体积，得硫酸盐三价铬电镀液后，即可使用。

原料配伍 本品各组分配比范围为：主盐0.4～3.5mol、导电盐0.7～1.2mol、缓冲剂0.6～1mol、配位剂0.5～4mol、稳定剂0.05～0.2mol、表面活性剂1×10^{-5}～5×10^{-3}mol、促进剂1×10^{-4}～5×10^{-2}mol、水加

至1L。

所述配位剂最好为低碳羧酸化合物，所述低碳羧酸化合物可通过常规方法对甲酸、乙酸、草酸、氨基乙酸、酒石酸、柠檬酸、丙二酸等及其盐类及尿素的优选复配得到。

所述导电盐最好选自硫酸钠、硫酸钾、硫酸铵、硫酸镁等中的至少一种。在电镀液中加入导电盐，可以提高溶液电导和镀液的分散能力，并使镀层光泽一致，减少电耗。

所述pH稳定剂最好选自甲酸、乙酸、草酸、硼酸、酒石酸、氨基乙酸等及其盐中的至少一种。在电镀液中加入pH稳定剂，可使镀液的pH保持稳定，以防止阴极膜中析出碱式盐而影响镀层的质量。

所述镀液稳定剂为具有还原性的物质，镀液稳定剂最好选自醛类、酚类、醇类、草酸、抗坏血酸、亚硫酸盐、次亚磷酸盐等中的至少一种，在电镀液中加入镀液稳定剂可以有效防止阳极上Cr（Ⅲ）被电化学氧化，同时将已生成的Cr（Ⅵ）还原成Cr（Ⅲ），从而使得镀液中的Cr（Ⅵ）含量在工艺的允许范围内。

所述表面活性剂最好选自烷基化合物、聚醚类化合物、聚醇类化合物、胶类化合物等中的至少一种，烷基化合物可选用十二烷基磺酸钠等，聚醚类化合物可选用聚氧乙烯醚等，聚醇类化合物可选用聚乙二醇等，胶类化合物可选用明胶、平平加、阿拉伯胶、动物胶、果胶等中的至少一种，在电镀液中加入表面活性剂，可以有效提高镀层光亮度、质量和光亮电流密度范围。

所述促进剂最好选自含氮化合物、含硫化合物等中的至少一种，含氮化合物可选用偶氮染料等，含硫化合物可选用亚乙基硫脲、丙烯基硫脲、2-巯基苯并咪唑、聚二硫丙烷磺酸钠、苯磺酸钠和苯亚磺酸钠等及其衍生物中的至少一种。在电镀液中加入促进剂，可以促进三价铬的阴极还原，提高电镀电流效率。

使用本品所述硫酸盐三价铬电镀液的电镀工艺参数为：镀液操作温度为25～50℃，阴极电流密度为0.5～15.0A/dm^2，电镀时间为0.5～15.0min，镀液pH值为2.0～4.5，镀液循环过滤，适当搅拌或阴极移动。显然，其工艺参数范围宽，特别是pH允许范围宽，提高了镀液的稳定性。

使用本品所述硫酸盐三价铬电镀液进行电镀时，可采用不锈钢阳极作为硫酸盐三价铬电镀阳极。所述不锈钢阳极为奥氏体型不锈钢阳极、奥氏体-铁素体型不锈钢阳极、铁素体型不锈钢阳极或马氏体型不锈钢阳极等；所述不锈钢阳极最好为 304 不锈钢阳极、305 不锈钢阳极、316 不锈钢阳极、317 不锈钢阳极、329 不锈钢阳极、420 不锈钢阳极或 430 不锈钢阳极等。

采用不锈钢阳极作为硫酸盐三价铬电镀阳极，不仅具有材料易得、价格便宜、导电性良好、耐腐蚀性优良、析氧电位适宜、成本低等优点，而且提高了镀液的稳定性、分散能力和深镀能力。

使用不锈钢阳极时，通过在硫酸盐体系三价铬镀液中，添加稳定剂和还原性物质，可在不锈钢阳极只产生少量的 Cr（Ⅵ），并可以使产生的 Cr（Ⅵ）迅速被还原成 Cr（Ⅲ），而且硫酸盐体系三价铬镀液中的 Cr（Ⅵ）含量在允许范围内。

产品应用 本品主要用作硫酸盐三价铬电镀液。

产品特性

（1）硫酸盐三价铬电镀液配制过程简单，在硫酸盐三价铬电镀液中无卤素，镀液稳定且易调整，工艺容易控制，光亮电流密度范围宽。

（2）由于在硫酸盐三价铬电镀液中加入特殊表面活性剂和促进剂，因此可以使得光亮电流密度范围宽，并具有较高的电流效率。

（3）硫酸盐三价铬电镀液的原料易得，镀液组分较少；Hull Cell 试片光亮范围达 10cm；镀液分散能力较高；抗杂质能力强；采用的正常沉积电流密度较低，通常为 $2\sim3A/dm^2$；镀液装载容量较高，可达 $1dm^2/L$；镀液稳定性好，容易调整；电流效率较高可达 30%以上；镀液的 pH 范围宽，当 pH 值过高时，经调整后，镀液仍可使用；阳极材料易得、价格便宜，大幅度降低阳极的成本，具有广阔的应用前景。

（4）如本品在使用时，采用不锈钢阳极，通过加入镀液稳定剂，在阳极只产生少量的 Cr（Ⅵ），并使产生的 Cr（Ⅵ），迅速被还原成 Cr（Ⅲ），从而使得镀液中的 Cr（Ⅵ）含量在允许范围内；而阳极本身可能产生一些含碳、硅、磷、硫的固体杂质，可以通过镀液循环过滤的方法除去；阳极可能溶出的一些杂质离子，如铁离子、镍离子、锰离子、铝离子等，可通过定期铁氰化钾沉淀处理，保证镀液可以长期稳定使用。

硫酸盐体系三价铬电镀液

原料配比

原料	配比			
	1#	2#	3#	4#
硫酸铬	0.4mol	0.4mol	0.5mol	0.6mol
硼酸	0.5mol	0.8mol	1.2mol	1mol
甲酸铵	0.5mol	—	—	—
乙酸钠	—	1mol	—	—
氨三乙酸	—	1mol	—	—
氨基乙酸	0.5mol	—	1.5mol	—
丁二酸	—	—	1.5mol	—
草酸	—	—	—	2mol
尿素	—	—	—	2mol
硫酸钾	0.5mol	1mol	1.2mol	1.5mol
次亚磷酸钠	0.3mol	0.5mol	0.8mol	1mol
溴化铵	0.02mol	0.2mol	0.3mol	0.5mol
硫酸亚铁	0.01mol	0.02mol	0.09mol	0.1mol
增厚剂	0.01mol	0.2mol	0.4mol	0.5mol
蒸馏水	加至1L	加至1L	加至1L	加至1L

制备方法　取硫酸铬，溶于蒸馏水中，搅拌至完全溶解；取硼酸溶于60～70℃的蒸馏水中，搅拌至溶解；将上述所得硫酸铬溶液与硼酸溶液混合，搅拌；加入配位剂在60℃搅拌0.5h，随后依次加入硫酸钾、次亚磷酸钠、溴化铵、硫酸亚铁、增厚剂，边加边搅拌，直至完全溶解，静止12h；添加蒸馏水至接近1L；然后检测pH值、用氨水或硫酸溶液调整镀液的pH值为1.0；定容后控温至30℃。

原料配伍　本品各组分配比范围为：硫酸铬0.2～0.6mol、硫酸钾0.5～1.5mol、溴化铵0.02～0.5mol、硼酸0.5～1.2mol、次亚磷酸钠0.1～1mol、硫酸亚铁0.01～0.1mol、配位剂0.2～2mol、增厚剂0.01～0.5mol、水余量。

所述配位剂可以是甲酸盐、乙酸盐、乙酸、氨基乙酸、氨三乙酸、丁二酸、草酸、尿素中的一种或几种。前述的甲酸盐或乙酸盐对应的阳离子为钾离子、钠离子或铵根离子。所述复配配位剂不仅可以保持了铬的持续沉积，还可提高三价铬的沉积速率和电流效率。

所述增厚剂为多元羧酸与Al^{3+}的配合物，多元羧酸为柠檬酸、酒石酸、羟基乙酸、氨基乙酸、氨三乙酸、丁二酸、乙二酸、苹果酸中的一种或几种。它可以有效防止长时间电镀过程中镀层的起皮和脱落，可提高长时间电镀层的结合力和光亮度。

本品配方组分中硫酸铬为镀液提供铬离子，硫酸钾和溴化铵为导电盐，用来增加镀液导电性，提高镀液分散能力并减少电耗；硼酸为镀液缓冲剂，用来维持镀液的 pH 值在工艺范围内；次亚磷酸钠用来防止三价铬离子被氧化为六价铬离子，同时将镀液中已存在的六价铬离子还原为三价铬离子以提高镀液的稳定性和增加使用寿命。增厚剂可有效防止长时间电镀过程中镀层的起皮和脱落，可提高长时间电镀层的结合力和光亮度；配位剂与三价铬离子配位，将惰性的三价铬水合物转化为电活性高的易沉积的配离子，以提高镀液的沉积速率和电流效率，改善镀层质量；硼酸、多元羧酸配位剂和增厚剂具有协同作用，可有效稳定镀液的 pH 值，维持长时间电镀镀液酸度的稳定，保证镀层的持续增厚。

产品应用 本品是一种硫酸盐体系三价铬电镀液，主要应用于化学镀铬。

电镀方法：将工件按照常规的镀前预处理进行清洗、除锈和活化后，在 10～45A/dm^2 的电流密度下电镀 20min～5h，取出后用水冲洗干净，试片干后即得到厚度为 20～80μm 的光亮平整、无裂纹的三价铬硬铬镀层。

产品特性

（1）本品镀铬过程中阳极仅析出氧气，清洁无污染，镀铬厚度可达 80μm，镀层外观光亮，裂纹少，结合力好，原料来源丰富，成本较低，具有优异的性价比。

（2）本品电镀液中引入增厚剂后，有效防止了长时间电镀镀层的起皮和脱落，提高了硬铬镀层的结合力和光亮度，使三价铬镀硬铬镀层具有良好的结合力和外观，克服了原镀硬铬过程中镀层灰暗、裂纹多、附着力差、镀层容易起皮等弊病，使其镀硬铬工艺具有了巨大的实用价值和广阔的应用前景。

全硫酸盐三价铬镀厚铬溶液

原料配比

原料	配比				
	1#	2#	3#	4#	5#
硫酸铬	100g	100g	125g	90g	75g
硫酸钠	180g	140g	100g	120g	180g
硫酸钾	75g	60g	50g	65g	100g
硼酸	50g	40g	60g	60g	60g
甘氨酸	0.7mol	—	—	—	—
草酸	—	—	—	—	0.6mol
乙酸	—	0.8mol	—	—	—
甲酸	—	—	0.5mol	—	—
柠檬酸盐	—	—	—	0.4mol	—
十二烷基硫酸钠	0.0005mol	0.0005mol	—	—	—
苯亚磺酸钠	—	—	0.0015mol	—	—
丁二酸钠	—	—	—	0.0025mol	—
乙基己基硫酸钠	—	—	—	—	0.0035mol
水	加至1L	加至1L	加至1L	加至1L	加至1L

制备方法　将各组分溶于水混合均匀即可。

原料配伍　本品各组分配比范围为：硫酸铬75～120g、硫酸钠100～180g、硫酸钾50～100g、硼酸40～60g、配位剂0.4～0.8mol、润湿剂0.0005～0.0015mol、水加至1L。

优选地，所述配位剂为甲酸、乙酸、甘氨酸、草酸、柠檬酸盐和酒石酸盐中的一种。

优选地，所述润湿剂为十二烷基硫酸钠、苯亚磺酸钠、乙基己基硫酸钠和丁二酸钠中的一种。

产品应用　本品是一种全硫酸盐三价铬镀厚铬溶液。

产品特性

（1）镀液是全硫酸盐体系，不含卤素化合物，是一种环境友好型镀液。

（2）采用三价铬镀液可以获得30～50μm均匀致密且高硬度的铬

镀层，能取代六价铬镀液在功能性方面的应用。

（3）阳极采用 DSA 阳极和流动式搅拌，能实现镀层的持续沉积。

全硫酸盐体系三价铬电镀液

原料配比

原料	配比						
	1#	2#	3#	4#	5#	6#	7#
硫酸铬	0.05mol	0.07mol	0.1mol	0.12mol	0.15mol	0.2mol	0.25mol
硫酸钠	0.4mol	0.45mol	0.6mol	0.5mol	0.7mol	0.65mol	0.8mol
硼酸	0.7mol	0.75mol	0.85mol	0.8mol	1mol	1.1mol	1.2mol
硫酸铝	0.075mol	0.01mol	0.14mol	0.09mol	0.12mol	0.16mol	0.18mol
十二烷基硫酸钠	0.0001mol	0.005mol	0.0015mol	0.0025mol	0.003mol	0.004mol	0.0035mol
甲酸或乙酸或草酸或羟基乙酸或乳酸和苹果酸或酒石酸或丙二酸或氨基乙酸或氨三乙酸	0.2mol	0.4mol	0.6mol	0.8mol	0.7mol	0.9mol	1mol
甲醇或亚硫酸钠或硫酸亚铁或次亚磷酸钠或其中任意两种	0.2mol	0.3mol	0.35mol	0.04mol	0.4mol	0.1mol	0.5mol
纯净水或蒸馏水	加至 1L	加至 1L	加至 1L	加至 1L	加至 1L	加至 1L	加至 1L

制备方法

（1）将硫酸铬溶于蒸馏水或纯净水中。

（2）将硼酸溶于 60～70℃蒸馏水或纯净水中，搅拌至溶解，由于硼酸在水中的溶解度较低，所以需要将硼酸溶液加热至 60～70℃使其溶解。

（3）将硼酸溶液和硫酸铬溶液混合，搅拌。

（4）加入配位剂，在 50～70℃条件下搅拌 0.5～2h，使其配位完全。

（5）加入硫酸钠、硫酸铝、稳定剂及十二烷基硫酸钠，边加边搅拌，直至溶解，并在50～70℃搅拌2～4h。

（6）当所有组分都加入后，调整镀液的pH值为2～3.5，控温50～70℃充分搅拌2～4h，然后静置12h以使三价铬离子配位完全，提高镀液的稳定性。

原料配伍 本品各组分配比范围为：硫酸铬0.05～0.25mol、硫酸钠0.4～0.8mol、硼酸0.7～1.2mol、硫酸铝0.075～0.18mol、十二烷基硫酸钠0.0001～0.005mol、配位剂0.2～1mol、稳定剂0.04～0.5mol、蒸馏水或纯净水加至1L。

本品配方组分中硫酸铬为镀液提供铬离子，硫酸钠为导电盐，用来增加镀液电导，提高镀液分散能力并减少电耗；硼酸为镀液缓冲剂，用来维持镀液的pH值在工艺范围内；硫酸铝一方面作为导电盐增加镀液电导率，另一方面它在pH值4～5具有很好的缓冲能力，可有效防止三价铬氢氧化物的生成和沉积；十二烷基硫酸钠作为润湿剂，用来降低镀液的表面张力，减少镀层针孔；配位剂与三价铬离子配位，将惰性的三价铬水合物转化为电活性高的易沉积配离子，以提高镀液的沉积速率和电流效率，改善镀层质量；稳定剂用来防止三价铬离子被氧化为六价铬离子，同时将镀液中已存在的六价铬离子还原为三价铬离子以提高镀液的稳定性和延长使用寿命。

所述的配位剂为两种羧酸组成的混合物。一种选自甲酸、乙酸、草酸、羟基乙酸、乳酸，另一种选自苹果酸、酒石酸、丙二酸、氨基乙酸、氨三乙酸，用量为0.2～1mol。这两种配位剂的配合使用不仅可以保持铬的持续沉积，还可提高三价铬的沉积速率和电流效率。

所述的稳定剂为甲醇、亚硫酸钠、硫酸亚铁、次亚磷酸钠中的一种或两种的混合物，用量为0.04～0.5mol。

产品应用 本品是一种全硫酸盐体系三价铬电镀液，主要应用于镀铬。

本品电镀液的工艺参数如下：工作温度为25～40℃，电流密度为2～15A/dm^2，镀液pH值为2.0～3.5，电镀时间为2～30min，阳极为钛基二氧化铱电极。

产品特性

（1）本品电镀过程中阳极仅析出氧气，清洁无污染。

（2）该电镀液的光亮区电流密度范围宽，pH能长期保持稳定，工艺操作简单，镀液稳定性好、寿命长。

（3）该电镀液原料来源丰富，成本较低，具有优异的性价比。

全硫酸盐型三价铬电镀液（1）

原料配比

原料	配比				
	1#	2#	3#	4#	5#
蒸馏水	600mL	600mL	600mL	600mL	600mL
硫酸钾	115g	115g	70g	90g	110g
硫酸钠	35g	35g	30g	40g	15g
硼酸	70g	70g	90g	80g	85g
甲酸钾	10g	10g	—	—	—
乙酸钾	—	—	5g	—	—
草酸钾	—	—	—	—	10g
乙醇酸钠	—	—	—	—	8g
甲酸钠	—	—	—	10g	—
酒石酸钠	—	—	—	—	—
柠檬酸钾	—	—	—	8g	—
苹果酸钠	—	—	5g	—	—
乙酸钾	10g	10g	—	—	—
硫酸铬	15g	15g	40g	25g	25g
蒸馏水	加至 900mL	加至 900mL	加至 900mL	加至 900mL	加至 900mL
OP-10	0.05g	0.05g	—	—	—
OP-4	—	—	2g	—	—
OP-15	—	—	—	0.1g	—
OP-20	—	—	—	—	—
OP-6	—	—	—	—	0.2g
乙二醇	—	—	—	—	1g
硫脲	—	—	—	—	—
磺基丁二酸钠	—	—	—	—	1g
邻苯甲酰磺酰亚胺	0.05g	0.05g	—	—	—
胱氨酸	—	0.05g	—	—	—

续表

原料	配比				
	1#	2#	3#	4#	5#
氟硅酸钠	—	—	2g	—	—
氟硼酸钠	—	—	—	0.1g	—
丙三醇	—	—	4g	—	—
碳原子数为2的烷基醚硫酸钠	—	—	—	0.1g	—
碳原子数为16的烷基醚硫酸钠	—	—	—	—	—
蒸馏水	加至1L	加至1L	加至1L	加至1L	加至1L

制备方法 在烧杯中加入600mL的蒸馏水，将其加热至60℃，然后加入硫酸钾、硫酸钠、硼酸和配位剂，搅拌至完全溶解；用浓硫酸将溶液pH值调节到1.8，加入硫酸铬，加蒸馏水至900mL，用浓度为20%的NaOH缓慢将pH值调节至3.4，将溶液在47℃下保温12h，向溶液中加入添加剂A和添加剂B，加蒸馏水至终体积1L，得到电镀液。

原料配伍 本品各组分配比范围为：硫酸铬12.5～250g、硫酸钾和/或硫酸钠70～180g、硼酸60～100g、配位剂4～40g、添加剂A 0.003～5g、添加剂B 0.05～4g、蒸馏水加至1L。

所述配位剂可以是本领域常规使用的各种配位剂，例如，可以为各种水溶性有机酸盐，如选自水溶性甲酸盐、水溶性乙酸盐、水溶性草酸盐、水溶性丁二酸盐、水溶性酒石酸盐、水溶性柠檬酸盐、水溶性苹果酸盐和水溶性乙醇酸盐中的一种或几种。所述盐为上述有机酸的钾盐、钠盐和铵盐中的一种或几种。所述配位剂可以商购得到，例如上马公司的TVC-EXT配位剂、国际化工公司的Trich-6561辅助剂和罗门哈斯公司的3C配位剂。

所述添加剂A选自OP乳化剂、水溶性氟硼酸盐、水溶性氟硅酸盐、乙烯基二胺乙酸、胱氨酸、1,4-丁炔二醇、硫脲、乙二醇中的一种或几种；其中，所述OP乳化剂是一种非离子型乳化剂，主要化学成分为烷基酚与环氧乙烷缩合物，易溶于油及其他有机溶剂，在水中呈分散状，具有良好的乳化功能。OP乳化剂可以商购得到，例如，上海如发化工的OP-4、OP-6、OP-7、OP-9、OP-10、OP-15、OP-20、OP-40。

所述水溶性氟硼酸盐可以选自各种水溶性氟硼酸盐，例如氟硼酸钠和/或氟硼酸钾。

所述水溶性氟硅酸盐可以选自各种水溶性氟硼酸盐，例如氟硅酸钠和/或氟硅酸钾。

所述添加剂B选自邻苯甲酰磺酰亚胺、丙三醇、水溶性磺基丁二酸盐、磺基丁二酸二钠二辛酯、碳原子数为2～20的水溶性烷基醚硫酸盐中的一种或几种。

其中，所述水溶性磺基丁二酸盐可以选自各种水溶性磺基丁二酸盐，例如，磺基丁二酸钠和/或磺基丁二酸钾。碳原子数为2～16的水溶性烷基醚硫酸盐可以为各种水溶性的盐，例如钾盐和或钠盐。

产品应用 本品是一种全硫酸盐型三价铬电镀液。

本品的电镀方法是将工件放入电镀液中作为阴极，钛基二氧化铱放入电镀液中作为阳极，然后在电镀条件下进行电镀，其中，电镀的条件包括：电镀的温度为30～50℃，优选为40～45℃；阴极电流密度为3～10A/dm^2，优选为4～7A/dm^2，电镀时间为1.5～15min，优选为3～10min。

产品特性 本品电镀液由于还含有添加剂A和添加剂B，因此可以大幅度地提高镀层电流密度范围和光亮区电流密度范围，使得电镀的效果更好。

全硫酸盐型三价铬电镀液（2）

原料配比

原料	配比				
	1#	2#	3#	4#	5#
硫酸铬	275g	325g	290g	310g	300g
硫酸钾	120g	100g	115g	105g	110g
硫酸钠	100g	120g	105g	115g	110g
硼酸	110g	90g	105g	95g	100g
硼酸钠	30g	50g	35g	45g	40g
柠檬酸钾	0.35mol	0.25mol	0.32mol	0.28mol	0.30mol
酒石酸钠	0.40mol	0.50mol	0.43mol	0.47mol	0.45mol
乙烯基二胺乙酸	7g	5g	6.5g	5.5g	6g
邻苯甲酰磺酰亚胺	2g	3g	2.3g	2.7g	2.5g

续表

原 料	配 比				
	1#	2#	3#	4#	5#
丙三醇	1.5g	0.5g	1.2g	0.8g	1.0g
水	加至1L	加至1L	加至1L	加至1L	加至1L

制备方法　将各组分原料混合均匀即可。

原料配伍　本品各组分配比范围为：硫酸铬275～325g，硫酸钾100～120g，硫酸钠100～120g，硼酸90～110g，硼酸钠30～50g，柠檬酸钾0.25～0.35mol，酒石酸钠0.40～0.50mol，乙烯基二胺乙酸5～7g，邻苯甲酰磺酰亚胺2～3g，丙三醇0.5～1.5g，水加至1L。

产品应用　本品是一种全硫酸盐型三价铬电镀液。

所述电镀液的电镀方法为电镀液的pH值为2.0～2.8，温度为45～55℃，阴极电流密度为12～14A/dm^2，电镀时间为25～35min。

产品特性

（1）优化了电镀液的组分，使其不含氯化物，除常规成分硫酸铬，导电盐硫酸钠和硫酸钾之外，特别确定了缓冲剂为硼酸、硼酸钠，配位剂为柠檬酸钾和酒石酸钠，以及选择了三种添加剂乙烯基二胺乙酸、邻苯甲酰磺酰亚胺和丙三醇，优化了这几种组分的含量的选择，使其与基础镀液的硫酸铬、硫酸钠和硫酸钾之间达到协同作用技术效果，从而确保可获得较厚的镀层。

（2）本产品的电镀方法也是针对电镀液成分进行了适当的调整，降低镀液的pH值，在较强的酸性环境中电镀，稍微提高电流密度，并适当延长电镀的时间，使得镀层增厚，可达30～40μm，并使镀层与基体的结合为冶金结合，并且镀层的外观及综合性能优异。

三价铬电镀液（1）

原料配比

三价铬稳定剂水溶液

原 料	配比/（mol/L）			
	1#	2#	3#	4#
甲醇	2	0.5	1	0.5
亚硫酸钠	0.5	0.4	2	0.4
硫酸亚铁	1	0.5	2.5	2.5

三价铬电镀液

原　　料	配比/（mol/L）			
	1#	2#	3#	4#
硫酸铬	0.2	0.6	0.6	0.4
硼酸	0.5	0.8	0.8	1
溴化铵	0.5	0.2	0.2	0.5
氨基乙酸	0.5	2	2	1.5
硫酸钾	0.5	1	1	1.5
次亚磷酸钠	0.3	0.5	0.5	0.4
稳定剂水溶液	5mL	30mL	1mL	15mL

制备方法

（1）取甲醇、亚硫酸钠、硫酸亚铁配制成稳定剂水溶液。

（2）取硫酸铬，溶于蒸馏水，搅拌至完全溶解，取硼酸溶于水中，搅拌至溶解；将上述所得硫酸铬溶液与硼酸溶液混合，搅拌；加入溴化铵和氨基乙酸，搅拌 0.5h，随后依次加入硫酸钾、次亚磷酸钠。最后加入稳定剂水溶液，添加水至接近 1L；然后检测、调整溶液的 pH 值为 2.0，定容后控温 30℃，将工件按照常规的镀前预处理进行清洗、除锈和活化后，在 $10A/dm^2$ 电流密度下电镀 3min，取出后用水冲洗干净，试片干后即得到厚度 2μm 左右的光亮平整、无裂纹的三价铬硬铬镀层。

原料配伍 本品各组分配比范围如下：

三价铬稳定剂水溶液：甲醇 0.5～2mol/L、亚硫酸钠 0.4～2mol/L、硫酸亚铁 0.5～2.5mol/L。

三价铬电镀液：硫酸铬 0.2～0.6mol/L、硫酸钾 0.5～1.5mol/L、溴化铵 0.2～0.5mol/L、硼酸 0.5～1.2mol/L、次亚磷酸钠 0.2～0.5mol/L、氨基乙酸 0.2～2mol/L。

本品的三价铬电镀液配方组分中硫酸铬为镀液提供铬离子，硫酸钾和溴化铵为导电盐，用来增加镀液电导率，提高镀液分散能力并减少电耗；硼酸为镀液缓冲剂，用来维持镀液的 pH 值在工艺范围内；氨基乙酸与三价铬离子配位，将惰性的三价铬水合物转化为电活性高的易沉积配离子，以提高镀液的沉积速率和电流效率，改善镀层质量；硼酸可有效稳定镀液的 pH 值，长时间维持电镀液酸度的稳定，保证镀层的持续增厚。稳定剂用来防止三价铬离子被氧化为六价铬离子，同时将镀液中已存在的六价铬离子还原为三价铬离子以提高镀液的稳定性和使用寿命。

产品应用　本品是一种三价铬电镀液，主要应用于化学镀铬。

产品特性

（1）本品进行镀铬过程中阳极仅析出氧气，清洁无污染，镀层外观光亮，裂纹少，结合力好，原料来源丰富，成本较低，具有优异的性价比。

（2）本品稳定剂引入后，有效提高镀液的稳定性，有助于其工业化推广。

三价铬电镀液（2）

原料配比

原料	配比					
	1#	2#	3#	4#	5#	6#
六水氯化铬	15g	20g	18g	15g	20g	18g
氯化铵	90g	100g	95g	90g	100g	95g
甲酸铵	40g	60g	50g	40g	60g	50g
溴化铵	8g	12g	10g	8g	12g	10g
氯化钾	70g	80g	70g	70g	80g	70g
硼酸	40g	70g	60g	40g	70g	60g
硫酸钾	40	50g	45g	40g	50g	45g
OP	2mL	2mL	2mL	2mL	2mL	2mL
丙三醇	2mL	2mL	2mL	2mL	2mL	2mL
水	加至1L	加至1L	加至1L	加至1L	加至1L	加至1L

制备方法

（1）在氯化铬溶液中加入氯化铵溶液后，充分搅拌至其溶解在氯化铬溶液中。

（2）再加入配位剂甲酸铵、氯化钾、硫酸钾、溴化铵、缓冲剂硼酸、乳化剂聚氧乙烯辛烷基酚醚以及光亮剂丙三醇。

（3）然后低温40℃水浴加热使配制过程中的不溶物溶解。

（4）配制完成后抽滤、陈化得三价铬电镀液。

原料配伍 本品各组分配比范围为：六水氯化铬15～20g、甲酸铵40～60g、氯化钾70～80g、硫酸钾40～50g、氯化铵90～100g、溴化铵8～12g、硼酸40～70g、聚氧乙烯辛烷基酚醚（OP）2mL、丙三醇2mL、水加至1L。

产品应用 本品是一种三价铬电镀液，主要应用于金属电镀。

本品应用于镀镍及镀铝工件的镀铬方法是：镀镍及镀铝工件先经过酸洗后，用本品的三价铬电镀液进行电镀，电镀的条件为：工作温度为室温，电流密度为15～30A/dm^2，适量硫酸调节镀液pH值4～5，电镀时间10～40min，阳极电极为高纯石墨电极；电镀后用水将工件清洗干净，吹干。

产品特性

（1）本品的镀液易制备、低毒。

（2）本品的镀液中使用OP为润湿剂，OP相对于其他润湿剂（如：十二烷基苯磺酸钠）有更好的润湿效果，镀层结合力好、较厚且均匀及其光亮度接近于六价铬电镀镀层的光亮度。

三价铬电镀液（3）

原料配比

原料	配比（质量份）							
	1#	2#	3#	4#	5#	6#	7#	8#
氯化铬	130	110	108	90	140	120	95	115
甘氨酸	50	—	30	—	—	—	—	—
亮氨酸	—	40	20	—	—	—	—	—
苏氨酸	—	—	—	35	—	—	—	—
丝氨酸	—	—	—	30	45	36	—	25
丙氨酸	—	—	—	—	35	36	36	20
氯化铵	100	120	90	—	—	105	90	90
氯化钾	80	—	—	—	—	—	—	—
氯化镁	—	—	—	60	45	—	—	—
氟硼酸钠	—	50	80	—	—	—	—	—
氨基磺酸铵	—	—	—	55	55	95	—	—
硼酸	40	40	50	75	45	45	25	55
氯化钠	50	50	100	—	—	—	—	65
氯化钾	—	—	—	65	100	100	90	90

续表

原料	配比（质量份）							
	1#	2#	3#	4#	5#	6#	7#	8#
氯化铝	—	—	—	—	45	40	—	—
OP 乳化剂	1.2	2	—	—	—	—	—	—
磺基丁二酸钠	—	—	2.5	—	—	—	—	—
OT 气溶胶	—	—	—	3.5	—	—	—	10
十二烷基醚硫酸钠	—	—	—	—	5	8	1	—
水	加至1000	加至1000	加至1000	加至1000	加至1000	加至1000	加至1000	加至1000

制备方法 将各组分溶于水，搅拌均匀即可。

原料配伍 本品各组分质量份配比范围为：开缸剂由三价铬盐 90～140、导电盐 180～300、pH 缓冲剂 25～90 组成，稳定剂 1～100、湿润剂 1～10、水加至 1000。

所述稳定剂为中性氨基酸，中性氨基酸为甘氨酸、丙氨酸、亮氨酸、苏氨酸、丝氨酸中的至少一种。

所述三价铬盐为氯化铬。

所述导电盐为氯化钾、氯化钠、氯化镁、氯化铵、氟硼酸钠、氟硼酸钾、氨基磺酸铵中的至少一种。

所述 pH 缓冲剂为硼酸、氯化铝中的至少一种。

所述湿润剂为 OP 乳化剂、磺基丁二酸钠、OT 气溶胶、十二烷基醚硫酸钠中的至少一种。

产品应用 本品是一种三价铬电镀液，主要应用于电镀。

产品特性 电镀液的成分简单，维护方便，镀层抗腐蚀性能较好，镀层高电流密度区不会烧焦。

三价铬电镀液（4）

原料配比

原料	配比	
	1#	2#
$Cr_2(SO_4)_3 \cdot 6H_2O$	17g	24g
$HCOONH_4$	55～60g	20g
NH_4Cl	90～95g	—

续表

原　料	配　比	
	1#	2#
CH_3COONH_4	—	20g
NH_4Br	8～12g	20g
KCl	70～80g	—
H_3BO_3	40～50g	70g
Na_2SO_4	40～45g	100g
OP	1mL	1mL
丙三醇	2mL	2mL
水	加至1L	加至1L

制备方法

（1）按上述配方中组分的量，在硫酸铬溶液中加入甲酸铵、乙酸铵溶液后，搅拌均匀后静止，使三者充分形成配合物。

（2）再按配方加入导电盐、缓冲剂、乳化剂以及光亮剂。

（3）然后低温40℃水浴加热使配制过程中的不溶物溶解。

（4）配制完成后抽滤、陈化得三价铬电镀液。

原料配伍 本品各组分配比范围为：六水硫酸铬17～24g、甲酸铵20～60g、乙二酸铵0～20g、导电盐120～232g、缓冲剂40～70g、乳化剂1mL/L、光亮剂2mL/L、水加至1L。

所述导电盐为碱金属或铵的硫酸盐或卤化物。

所述缓冲剂为硼酸。

所述乳化剂为聚氧乙烯辛烷基酚醚（OP）。

所述光亮剂为丙三醇。

产品应用 本品是一种三价铬电镀液。

本品用于不锈钢的镀铬，具体方法是：不锈钢先经过除油、侵蚀后，用本品的三价铬电镀液进行电镀，电镀的条件为：工作温度室温，电流密度为 12～24A/dm^2，镀液pH值2.5～3.5，电镀时间40～120min，阳极电极为高纯石墨电极；电镀后进行中和浸渍处理。

上述电镀方法中的所说的除油，其除油液的组成为：NaOH 8～12g/L，Na_2CO_3 50～60g/L，Na_3PO_4 50～60g/L，Na_2SiO_3 5～10g/L。

上述电镀方法中的所说的浸蚀，其浸蚀液的组成为：H_2SO_4 600～800g/L，HCl 5～15g/L，HNO_3 400～600g/L。温度30～50℃。

上述电镀方法中的所说的中和浸渍，其中和浸渍液的组成为

Na_2CO_3 25g/L，Na_3PO_4 25g/L。

产品特性

（1）本品研制的镀液易制备、低毒。

（2）本品的镀液中使用 OP 为润湿剂，OP 乳化剂相对于其他润湿剂（如十二烷基苯磺酸钠）有更好的润湿效果，镀层结合力好、较厚且均匀。

三价铬电镀液（5）

原料配比

导电盐

原料	配比					
	1#	2#	3#	4#	5#	6#
硼酸	60g	90g	75g	70g	80g	65g
硫酸铵	15g	8g	11.5g	9g	10g	12g
硫酸钾	40g	80g	60g	70g	75g	65g
硫酸镁	10g	5g	7.5g	8g	9g	7g
水	加至 1L	加至 1L	加至 1L	加至 1L	加至 1L	加至 1L

开缸剂

原料	配比					
	1#	2#	3#	4#	5#	6#
硫酸铬	30g	70g	50g	40g	60g	65g
硫酸镁	5g	3g	4g	4.5g	3.5g	2g
硫酸钾	10g	5g	7.5g	9g	6g	7g
水	加至 1L	加至 1L	加至 1L	加至 1L	加至 1L	加至 1L

辅加剂

原料	配比					
	1#	2#	3#	4#	5#	6#
甲酸盐	0.005g	0.025g	0.015g	0.009g	0.02g	0.015g
乙酸盐	0.015g	0.001g	0.051g	0.08g	0.012g	0.01g
酒石酸盐	0.28g	0.12g	0.19g	0.18g	0.2g	0.15g
柠檬酸盐	0.002g	0.015g	0.0067g	0.01g	0.009g	0.0075g
丙三醇	0.0002g	0.008g	0.0042g	0.0022g	0.0012g	0.0068g
水	加至 1L	加至 1L	加至 1L	加至 1L	加至 1L	加至 1L

三价铬电镀槽液

原 料	配比/(g/L)							
	1#	2#	3#	4#	5#	6#	7#	8#
主盐硫酸铬	50g	100g	75g	60g	70g	80g	90g	85g
导电盐	260g	340g	300g	260g	340g	280g	320g	290g
开缸剂	90mL	120mL	105mL	120mL	90mL	100mL	110mL	115mL
辅加剂	9mL	12mL	10.5mL	12mL	9mL	10mL	11mL	10.5mL
湿润剂	4mL	4mL	3mL	4mL	2mL	2.5mL	3.5mL	4mL
水	加至1L	加至1L	加至1L	加至1L	加至1L	加至1L	加至1L	加至1L

制备方法

（1）镀槽洗干净后，用5%～15%（体积分数）的硫酸浸3～5h；用纯水冲洗干净，然后装入55%～70%（体积分数）的水，加热至55～70℃。

（2）加入260～340g/L的导电盐，搅拌溶解。

（3）加入硫酸调溶液的pH值为1.6～2.2以下。

（4）加入8%～12%的开缸剂，加入接近足量的水，检查pH值小于2.0，混合完全后调节温度为45～49℃。

（5）在强烈搅拌下，用18%～22%的氢氧化钠，花上2～4h的时间非常缓慢地调整溶液的pH值为3.2～3.8，然后至少保温10h以上。

（6）加入0.8%～1.2%的辅加剂并混合完全。

（7）加入0.2%～0.5%的湿润剂。

原料配伍 本品各组分配比范围为：主盐50～100g、导电盐260～340g、开缸剂90～120mL、辅加剂9～12mL、湿润剂2～4mL、水加至1L。

硫酸铬作为主盐，硼酸、硫酸钠和硫酸钾作为导电盐，硫酸铬、硫酸镁、硫酸钾作为开缸剂，甲酸盐、乙酸盐、酒石酸盐、柠檬酸盐、丙三醇作为辅加剂，乙基己基硫酸钠、脂肪族和芳香族化合物如胺、醛类作为湿润剂来构成三价铬镀铬的基础溶液，不仅具有良好的导电性，而且环保性好。

本品采用硫酸钾的目的在于：由于硫酸钾具有良好的导电性，其导电性能远远好于钠盐。

本品采用硫酸铵的目的在于：由于硫酸铵能够起到缓冲剂的作

用，缓冲槽液的 pH 值。

本品采用硫酸镁的目的在于：能够有效地提高电镀深镀能力，适用于任何复杂产品的电镀。

本品采用硫酸铬、硫酸镁、硫酸钾构成开缸剂，不仅极大地提高了电镀深镀的能力，而且对于复杂产品的电镀能够达到镀层到位、均匀。

辅加剂的选择是三价铬镀铬溶液能否成功的关键，不仅可以配位三价铬离子有效放电，而且配位金属杂质（主要是铜、镍、铁），保证槽液的稳定，提高抗腐蚀性能。实践表明，次磷酸盐、氨基酸盐、甲酸盐、草酸盐等都可以作为辅加剂。辅加剂的主要作用是配位溶液中的 Cr^{3+}，使之以配合物的形式在一定的电位范围内放电，电沉积出铬镀层；其次还可以配位溶液中的金属杂质，维持槽液的稳定。

本品采用湿润剂的目的在于：一是降低零件的表面张力，便于铬沉积；二是辅助提高阳极极化，从而保证镀层的均匀性和致密性。

在研发中采用的硫酸盐体系基础溶液，使用 Hull 试验方法，并根据能否上镀、镀层的外观、镀液的覆盖能力、长时间电解观察镀液的稳定性等各方面的情况，对一大批有机羧酸或盐进行了筛选，发现次磷酸盐和氨基酸盐不上镀，甲酸盐镀层的镀液不稳定，草酸盐镀层的走位差，酒石酸盐镀层不均匀，根据以上每种物品的特性，经过有效组合后，使三价铬镀层较白、走位很好，从而解决了单一成本所造成的缺陷，初步确定了硫酸盐体系中的配位剂及用量范围。

产品应用 本品主要应用于电镀。

产品特性 本品当 Hull 槽标准片（3A，5min，50℃），覆盖能力可达 8.5cm 以上，必要时，可以达到 10cm，适合于复杂产品的电镀要求。

三价铬电镀液（6）

原料配比

原　料	配比（质量份）			
	1#	2#	3#	4#
氯化铬	50	80	115	50
硫酸铬	30	60	90	120
氯化钠	50	75	100	120

续表

原　料	配比（质量份）			
	1#	2#	3#	4#
硼酸	40	55	60	80
稳定剂	20	45	70	90
配位剂	5	12	18	25
光亮剂	7	20	33	45
去离子水	加至1000	加至1000	加至1000	加至1000

制备方法 按配方称取适量的稳定剂、配位剂，加入去离子水，搅拌至溶解；再称取适量的氯化铬、硫酸铬、氯化钠加入到上述溶液中，常温下搅拌至溶解；然后将上述溶液用水浴锅加热至65℃，搅拌至溶解，再加入适量光亮添加剂，用硼酸调节溶液的pH值。

原料配伍 本品各组分质量份配比范围为：氯化铬 50～150，硫酸铬30～120，氯化钠50～120，硼酸40～80，稳定剂20～90，配位剂5～25，光亮剂7～45，去离子水加至1000。

所述稳定剂选自乙二醇、甲酸甲酯、草酸钠、溴化钾的一种。

所述配位剂选自乙二酸盐、苹果酸盐、甘氨酸的一种。

所述光亮剂为糖精。

产品应用 本品是一种三价铬电镀液。

产品特性 电镀液形成的镀层耐磨、耐腐蚀性好，镀层光亮度高，电镀液在存放和使用过程中稳定性好。加入稳定剂可以减慢反应，保持化学平衡，降低表面张力，防止光、热分解或氧化分解等作用；加入光亮剂可以保持镀层外部的洁净、光泽度、色牢度。

三价铬电镀液（7）

原料配比

原　料	配比（质量份）		
	1#	2#	3#
硫酸铬	5	20	12.5
L-苹果酸	2	10	6
硫酸钾	100	—	—
硫酸钠	—	180	—
硼酸	—	—	140

续表

原　　料	配比（质量份）		
	1#	2#	3#
糖精	1	—	3
乙烯基磺酸钠	—	5	—
乙硫氮	0.01	—	—
硫脲	—	0.5	0.25
水	加至 1000	加至 1000	加至 1000

制备方法 将各组分原料混合均匀即可。

原料配伍 本品各组分质量份配比范围为：硫酸铬 5～20，L-苹果酸 2～10，导电盐 100～180，辅助剂 1～5，除杂剂 0.01～0.5，水加至 1000。

所述的导电盐为硫酸钾、硫酸钠或硼酸；所述的辅助剂为糖精或乙烯基磺酸钠；所述的除杂剂为乙硫氮或硫脲。

产品应用 本品是一种三价铬电镀液。

使用时采用如下技术参对工件进行镀铬，温度 48～58℃，优选 55℃；pH3.2～3.8，优选 3.4；电流密度 7～15A/dm^2；电压低于 12V；溶液密度约 1.180g/L；阳极为三价铬电镀专用阳极，有保护措施，要求要在低于 6A/dm^2 的阳极电流密度下工作，其余工艺按常规方法进行。

产品特性 电镀液中不含六价铬等有毒物质，所述的硫酸铬能提供 Cr^{3+}，因此实现了电镀液清洁生产，便于废水处理；加入乙硫氮或硫脲作为除杂剂，使本技术电镀液性能稳定。

碳纳米管复合铬电镀液

原料配比

原　　料	配比（质量份）					
	1#	2#	3#	4#	5#	6#
六水合三氯化铬	150	210	180	160	185	180
柠檬酸钠	120	120	130	125	115	125
草酸钠	40	60	50	55	45	55
尿素	60	90	75	80	85	70

续表

原料	配比（质量份）					
	1#	2#	3#	4#	5#	6#
甲酸	10	20	15	18	14	18
溴化铵	90	120	100	105	110	110
碳纳米管	8	18	13	15	13	12
十六烷基三甲基溴化铵	0.3	0.6	0.45	0.5	0.5	0.5
十二烷基苯磺酸钠	0.1	0.2	0.15	0.18	0.16	0.14
水	加至1000	加至1000	加至1000	加至1000	加至1000	加至1000

制备方法

（1）纳米分散液的制备。将脂肪烷基多甲基卤化盐和烷基苯磺酸盐加入三口烧瓶中溶解后用搅拌机低速搅拌7min。然后，转移至大烧杯中并安装剪切分散机后，将碳纳米管的粉体加入三口烧瓶中，调节剪切分散机的转速为300～500r/min，剪切分散时间为5～10min，然后调节转速至1500～2000r/min，剪切分散时间为10～15min，即得到纳米浆。采用激光粒度分析仪对纳米分散液的平均粒径进行测试。

（2）用适量水分别溶解各组分原料并将其混合均匀倒入烧杯中，加入纳米分散液，采用多频超声波细胞粉碎仪进行超声波分散，设定功率为600～1000W，分散时间为3～6min，然后，加水调至预定体积，加酸调节pH值至2.5～4。

原料配伍 本品各组分质量份配比范围为：六水合三氯化铬 150～210，柠檬酸钠120～140，草酸钠40～60，尿素60～90，甲酸10～20，溴化铵 90～120，碳纳米管 8～18，脂肪烷基多甲基卤化盐 0.3～0.6和烷基苯磺酸盐0.1～0.2，水加至1000。

所述碳纳米管的平均管径为30～60nm。

所述脂肪烷基多甲基卤化盐选自十六烷基三甲基溴化铵、十二烷基三甲基溴化铵、十二烷基二甲基溴化铵中的一种或两种。

所述烷基苯磺酸盐选自十二烷基苯磺酸钠、十六烷基苯磺酸钠、十八烷基苯磺酸钠中的一种或至少两种。

复合选用柠檬酸盐、草酸盐和尿素作为配位剂。柠檬酸盐、草酸盐的羧基均能与三价铬离子配位，尿素主要通过氨基与三价铬离子配位，从而缩小三价铬离子沉积电位，三种配位剂能产生较强的协同效应推动三价铬离子和二价镍离子的共沉积。三价铬离子配位能力很强，几乎能与所有的路易斯碱的离子或分子配位。加入柠檬酸盐、草酸盐和尿素前，三价铬离子主要与镀液中的水分子配位形成羟基桥式化合物；加入柠檬酸盐、草酸盐和尿素后，由于阴离子渗透反应，三价铬离子与它们的羧基发生配位，从而将置换水与三价铬离子的配位，以破坏羟基桥式化合物，从而降低其对三价铬离子在阴极沉积的阻碍作用。柠檬酸盐和草酸盐的阴离子配位渗透能力较强，当其浓度达到一定程度时，可提高镀层的厚度。尿素还能提高氢的析出电位，抑制三价铬离子与溶液中的水及氢氧根形成 $Cr(OH)_3$，避免了 $Cr(OH)_3$ 与 $Cr(OH)_3$ 之间继续配合形成羟基桥式化合物，并提高电流效率，促进三价铬离子的沉积。

选用溴化铵为导电盐，其中的铵根离子不但可以提高电流效率，而且可以稳定镀液及改善镀层质量；其中的溴离子可以抑制六价铬离子的生成和氯气的析出。电镀过程中阳极析出的具有毒性的氯气不仅会污染环境，而且会增加镀层内应力使之缓慢脱落。电镀过程中在阳极生成的六价铬离子会阻碍铬单质的沉积，影响镀层的质量。

甲酸既可作为三价铬离子与配位剂配位的催化剂，又可作为缓冲剂通过其酸性稳定镀液的 pH。当浓度较高时，主要发挥缓冲剂作用；当浓度达到一定程度时，可通过自身含有的羧基与三价铬离子和二价镍离子配位，起到协同配位的作用。

选用三氯化铬作为铬的主盐，相比于硫酸铬，三氯化铬的溶解度要大得多，加入镀液后，能更好地通过溶解离解出三价铬离子与配位剂配位。

质量指标

测试项目	1#	2#	3#	4#	5#	6#
30 天稳定性	未见异常	未见异常	未见异常	未见异常	未见异常	未见异常
分散能力/%	34.1	33.4	38.2	40.7	41.6	43.9
深镀能力/%	90.7	91.6	92.9	95.6	96.8	97.5
电流效率/%	16.04	18.47	17.94	18.26	19.84	21.37
腐蚀速率 /[$\times10^{-3}$g/($m^2\cdot h$)]	11.56	10.48	9.94	9.11	8.78	8.31
30min 后磨损量/mg	5.17	4.97	4.74	4.29	3.87	3.14
硬度/HV	969	1014	1087	1150	1227	1306

续表

测试项目	1#	2#	3#	4#	5#	6#
孔隙率/（个/cm^2）	3	3	4	4	5	5
结合力	不剥落	不剥落	不剥落	不剥落	不剥落	不剥落

产品应用 本品主要用作碳纳米管复合铬电镀液。电镀方法：

（1）阴极采用 6mm×6mm×0.2mm 的铜锌板。将紫铜板先用 200 目水砂纸初步打磨后再用 W28 金相砂纸打磨至表面露出金属光泽。依次经温度为 50～70℃的碱液除油、蒸馏水冲洗、95%乙醇除油、蒸馏水冲洗。碱液的配方为 40～60g/L NaOH、50～70g/L Na_3PO_4、20～30g/L Na_2CO_3 和 3.5～10g/L Na_2SiO_3。

（2）以直径为 5mm 的碳棒为阳极，电镀前先用砂纸打磨平滑，然后用去离子水冲洗及烘干。

（3）将预处理后的阳极和阴极浸入电镀槽中的电镀液中，调节水浴温度使得电镀液温度维持在 25～50℃。将机械搅拌转速调为 200～400r/min。接通脉冲电源，脉冲电流的脉宽为 1～3ms，占控比为 5%～30%，平均电流密度为 4～8A/dm^2。待通电 50～120min 后，切断电镀装置的电源。取出铜锌板，用蒸馏水清洗烘干。

产品特性 本产品中含有碳纳米管，由于碳纳米管自身的自润滑性和刚性提高了镀层的硬度和耐磨性；碳纳米管一方面通过填充镀层的孔隙和缠绕覆盖于铬金属晶粒表面以阻止腐蚀液的渗入，另一方面通过与铬金属微晶体构成微型原电池，促进铬的钝化，由此提高了耐腐蚀性。

无氧铜基体上镀黑铬的镀液

原料配比

镀黑铬镀液

原料	配比		
	1#	2#	3#
铬酐	280g	300g	290g
氟硅酸钾	8g	10g	9g
硝酸	2g	2g	2g
水	加至 1L	加至 1L	加至 1L

混合酸洗液

原　　料	配　　比
硝酸	500mL
硫酸	500mL
氯化钠	5g
水	加至 1L

制备方法

（1）镀黑铬镀液的制备：取铬酐和氟硅酸钾，倒入约 1/4 体积的去离子水溶解，再加入剩余体积的去离子水，最后加硝酸。

（2）混合酸洗液的制备：取硝酸和硫酸，将硫酸缓慢加入到硝酸中并不断搅拌，最后加入氯化钠，搅拌并使其溶解。

原料配伍 本品各组分配比范围为：铬酐 280～300g、氟硅酸钾 8～10g、硝酸 2g、水加至 1L。

产品应用 本品主要用作无氧铜基体上镀黑铬的镀液。

使用上述镀液配方在无氧铜基体上镀黑铬的电镀方法，包括以下步骤：

（1）用 80～100 目的石英砂对无氧铜基体表面进行喷砂处理。

（2）将无氧铜基体充分去油，然后用混合酸洗液对无氧铜基体酸洗 5～15s，混合酸洗液的配比为：硝酸 500mL、硫酸 500mL、氯化钠 5～10g；最后用去离子水冲洗无氧铜基体至少 30s。

（3）在无氧铜基体上进行镀黑铬，将无氧铜基体与电镀电源的阴极相连并带电放入电解槽内，镀液温度 20～25℃，电流密度 50～100A/dm^2，时间 2～3min。

（4）从电解槽中取出无氧铜基体，先用自来水冲洗无氧铜基体至少 30s，然后用去离子水冲洗至少 30s 并用压缩空气吹干。

（5）在真空炉中，在 680～700℃下进行热处理 20～30min。

产品特性 通过先对无氧铜基体的表面进行喷砂处理后镀黑铬，然后在真空炉中进行热处理，使行波管收集极内芯的无氧铜基体表面上有一层均匀致密且附着力牢的黑铬，增强了收集极对换能后的电子的吸收，减小了次级发射的电子对慢波部件互作用的影响。

2 镀铜液

EDTA盐无氰镀铜的电镀液

原料配比

原料	配比（质量份）					
	1#	2#	3#	4#	5#	6#
$Cu_2(OH)_2CO_3$	15	25	16	18	24	22
EDTA二钠	120	160	140	130	155	150
二亚乙基三胺	20	40	30	25	35	32
硝酸铵	2	8	7	5	6	4
水	加至1000	加至1000	加至1000	加至1000	加至1000	加至1000

制备方法 用适量水分别溶解各组分原料并将其混合均匀倒入烧杯中，然后，加水调至预定体积，加氢氧化钠调节pH值至11～13。

原料配伍 本品各组分质量份配比范围为：$Cu_2(OH)_2CO_3$ 15～25，EDTA盐120～160，二亚乙基三胺20～40和硝酸盐2～8，水加至1000。

所述EDTA盐为EDTA二钠和/或EDTA四钠。

所述硝酸盐为硝酸铵。

选用EDTA为配位剂。EDTA中文名字为乙二胺四乙酸。EDTA是以氨基二乙酸基团为基体的有机配位剂，有六个可与金属离子形成配位键的原子，即两个氨基氮和四个羧基氧，氮、氧原子都有孤对电子，能与金属离子形成配位键。它能与中心离子形成五元环的螯合物，是一种配位能力很强的螯合剂。二价铜的标准电极电位为+0.340V，简单铜离子镀液的极化程度较低，铜的放电速度很快。若采用简单盐镀液进行电镀，得到的镀层粗糙、结合力不好。加入EDTA，它能与二价铜离子配位形成稳定的配离子，配离子在阴极沉积时的放电电位较简单的二价铜离子更负，即极化程度更大。因而，络合离子放电更为平稳，使得镀层更为细致平整。

选用二亚乙基三胺作为辅助配位剂。二亚乙基三胺优选为柠檬酸钾、柠檬酸钠或硝酸铵。二亚乙基三胺可与 EDTA 一起与二价铜离子形成混合配位体的配离子。二亚乙基三胺可改善镀液的分散能力，增强镀液的缓冲作用，促进阳极溶解，增大容许电流密度和提高镀层的光亮度。二亚乙基三胺进一步优选为硝酸铵。硝酸铵含有的铵根离子能改善镀层外观。

选用硝酸盐作为导电盐。硝酸盐可以提高工作电流密度的上限、减少针孔、降低镀液的操作温度、提高分散能力，但会明显降低电流效率。硝酸盐优选为硝酸铵，加入硝酸铵相比加入硝酸钾或硝酸钠能有效地提高容许的电流密度和改善镀层质量。

选用 $Cu_2(OH)_2CO_3$（碱式碳酸铜）为铜主盐。$Cu_2(OH)_2CO_3$ 含有的氢氧根可维持镀液的碱性环境，碳酸根可改善镀层的晶体结构。相比于硫酸铜和硝酸铜的铜主盐，$Cu_2(OH)_2CO_3$ 不会给镀液引入阴离子杂质，这是因为氢氧根为镀液碱性环境所必需，碳酸根在酸性条件下以二氧化碳的形式逸出。以此，避免了硫酸根和硝酸根的过量造成的镀层结合力下降的问题。

质量指标

测试项目	1#	2#	3#	4#	5#	6#
分散能力/%	70.4	72.5	73.9	76.5	78.7	80.8
深镀能力/%	89.5	91.2	93.3	94.4	96.6	97.3
整平性/%	77.6	81.3	86.4	88.7	92.1	94.2
电流效率/%	73.8	77.4	79.8	81.6	83.6	84.8
镀速/（μm/min）	0.29	0.35	0.47	0.53	0.57	0.65
孔隙率/（个/cm^2）	6	6	6	5	5	4
结合力	无脱落	无脱落	无脱落	无脱落	无脱落	无脱落

产品应用 本品主要是一种 EDTA 盐无氰镀铜的电镀液。

使用所述配方配制的电镀液进行电镀的方法：

（1）阴极采用 10mm×10mm×0.2mm 规格的 Q235 钢板。将钢板先用 200 目水砂纸初步打磨后再用 WC28 金相砂纸打磨至表面露出金属光泽。依次经温度为 50～70℃的碱液除油、蒸馏水冲洗、95%乙醇除油、蒸馏水冲洗。碱液的配方为 40～60g/L NaOH、50～70g/L Na_3PO_4、20～30g/L Na_2CO_3 和 3.5～10g/LNa_2SiO_3。

（2）以 10mm×10mm×0.2mm 规格的紫铜板为阳极，电镀前先用砂纸打磨平滑，然后用去离子水冲洗及烘干。

（3）将预处理后的阳极和阴极浸入电镀槽中的电镀液中，将将电镀槽置于恒温水浴锅中，并为电镀槽安装电动搅拌机，将电动搅拌机的搅拌棒插于电镀液中。待调节水浴温度使得电镀液温度维持在 40～60℃，机械搅拌转速调为 100～400r/min 后，接通脉冲电源，脉冲电流的脉宽为 1～3ms，占空比为 5%～30%，平均电流密度为 1～3A/dm^2。待通电 40～60min 后，切断电镀装置的电源。取出钢板，用蒸馏水清洗，烘干。

产品特性　本产品镀液以 EDTA 为配位剂，以二亚乙基三胺为辅助配位剂，使得镀液具有较好的分散力和深镀能力，阴极电流效率高，镀液性能优异。采用该镀液在碱性条件下电镀，获得的镀层的孔隙率低，镀层质量良好。

HEDP 无氰镀铜的电镀液

原料配比

原　料	配比（质量份）					
	1#	2#	3#	4#	5#	6#
$Cu_2(OH)_2CO_3$	14	20	17	15	18	16.5
HEDP	82	123	102	95	105	108
柠檬酸铵	20	40	30	30	28	25
硝酸铵	3	7	5	6	5	4
水	加至 1000	加至 1000	加至 1000	加至 1000	加至 1000	加至 1000

制备方法　根据配方用电子天平称取原料组分。用适量水分别溶解各组分原料，并将其混合均匀倒入烧杯中，然后，加水调至预定体积，加氢氧化钠调节 pH 值至 8.5～10.5。

原料配伍　本品各组分质量份配比范围为：$Cu_2(OH)_2CO_3$ 14～20，HEDP 82～123，柠檬酸盐 20～40 和硝酸盐 3～7，水加至 1000。

所述柠檬酸盐为柠檬酸铵，所述硝酸盐为硝酸铵。

选用 HEDP 为配位剂。HEDP 中文全称为羟基亚乙基二膦酸。它在高 pH 值下很稳定，不易水解，一般光热条件下不易分解。同时它的耐酸碱性、耐氯氧化性能较其他有机膦酸（盐）好。二价铜的标准电极电位为+0.340V，简单铜离子镀液的极化程度较低，铜的放电速度很快。若采用简单盐镀液进行电镀，得到的镀层粗糙、结合力不好。加入 HEDP，它能与二价铜离子配位形成稳定的混合配体配合物或结构较为复杂的多核配合物，这些配合物常以胶粒形式分散于溶液中。配合物的结构以六元环的螯合物居多。络合物的生成使得铜在阴极沉积时的放电电位较简单的二价铜离子更负，即极化程度更大。因而，络合离子放电更为平稳，使得镀层更为细致平整。

选用柠檬酸盐作为辅助配位剂。柠檬酸盐优选为柠檬酸钾、柠檬酸钠、柠檬酸钾钠或硝酸铵。柠檬酸盐可与 HEDP 一起与二价铜离子形成混合配位体的配离子。柠檬酸盐可改善镀液的分散能力，增强镀液的缓冲作用，促进阳极溶解，增大容许电流密度和提高镀层的光亮度。柠檬酸盐进一步优选为柠檬酸铵。柠檬酸铵含有的铵离子能改善镀层外观。

选用硝酸盐作为导电盐。硝酸盐可以提高工作电流密度的上限，减少针孔，降低镀液的操作温度，提高分散能力，但明显降低电流效率。硝酸盐优选为硝酸铵，加入硝酸铵相比加入硝酸钾或硝酸钠能有效地提高容许的电流密度和改善镀层质量。

选用 $Cu_2(OH)_2CO_3$（碱式碳酸铜）为铜主盐。$Cu_2(OH)_2CO_3$ 含有的氢氧根可维持镀液的碱性环境，碳酸根可抑制镀层毛刺的生成，从而改善镀层的晶体结构。相比于硫酸铜和硝酸铜的铜主盐，$Cu_2(OH)_2CO_3$ 不会给镀液引入阴离子杂质，这是因为氢氧根为镀液碱性环境所必需，碳酸根在酸性条件下以二氧化碳气体的形式逸出，以此，避免了硫酸根和硝酸根的过量造成的镀层结合力下降的问题。

质量指标

测试项目	1#	2#	3#	4#	5#	6#
分散能力/%	79.0	81.4	86.6	89.3	91.2	93.7
深镀能力/%	88.5	90.7	92.2	93.3	95.4	96.6

续表

测试项目	1#	2#	3#	4#	5#	6#
整平性/%	78.5	85.8	90.7	92.5	96.4	98.4
电流效率/%	67.8	71.9	74.7	75.5	77.3	78.5
镀速/（μm/min）	0.008	0.016	0.027	0.032	0.066	0.089
孔隙率/（个/cm^2）	8	7	7	6	6	5
结合力（划格法）	轻微脱落	轻微脱落	无脱落	无脱落	无脱落	无脱落
结合力（急冷法）	无气泡、轻微脱皮	无气泡、轻微脱皮	无气泡、无脱皮	无气泡、无脱皮	无气泡、无脱皮	无气泡、无脱皮
韧性	轻微裂痕	无断裂	无断裂	无断裂	无断裂	无断裂

产品应用 本品主要是一种HEDP无氰镀铜的电镀液。

使用所述配方配制的电镀液进行电镀的方法：

（1）阴极采用10mm×10mm×0.2mm规格的Q235钢板。将钢板先用200目水砂纸初步打磨后再用WC28金相砂纸打磨至表面露出金属光泽。依次经温度为50～70℃的碱液除油、蒸馏水冲洗、95%乙醇除油、蒸馏水冲洗、浸酸1～2min、预浸铜1～2min、二次蒸馏水冲洗。其中，碱液的配方为40～60g/L NaOH、50～70g/L Na_3PO_4、20～30g/L Na_2CO_3和3.5～10g/L Na_2SiO_3。浸酸所用的溶液组成为：100g/L硫酸和0.15～0.20g/L硫脲。预浸铜所用溶液组成为：100g/L硫酸、50g/L无水硫酸铜和0.20g/L硫脲。

（2）以20mm×10mm×0.2mm规格的紫铜板为阳极，电镀前先用砂纸打磨平滑，然后用去离子水冲洗及烘干。

（3）将预处理后的阳极和阴极浸入电镀槽中的电镀液中，将电镀槽置于恒温水浴锅中，并为电镀槽安装电动搅拌机，将电动搅拌机的搅拌棒插于电镀液中。待调节水浴温度使得电镀液温度维持在40～60℃，机械搅拌转速调为100～300r/min后，接通脉冲电源，脉冲电流的脉宽为1～3ms，占空比为5%～30%，平均电流密度为1～2A/dm^2。待通电40～90min后，切断电镀装置的电源。取出钢板，用蒸馏水清洗，烘干。

产品特性 本产品镀液以HEDP为配位剂，以柠檬酸盐为辅助配位剂，使得镀液具有较好的分散力和深镀能力，阴极电流效率高，镀液性能优异。采用该镀液在碱性条件下电镀，获得的镀层的孔隙率低，镀层质量良好。

氨基磺酸胍无氰镀铜的电镀液

原料配比

原料	配比（质量份）					
	1#	2#	3#	4#	5#	6#
$Cu_2(OH)_2CO_3$	15	25	20	18	24	22
氨基磺酸胍	120	140	130	125	135	135
酒石酸铵	20	40	30	25	30	25
硝酸铵	4	8	6	5	6	6
碳酸钠	4	8	6	5	7	4
水	加至1000	加至1000	加至1000	加至1000	加至1000	加至1000

制备方法　根据配方用电子天平称取其他原料组分的质量。用适量水分别溶解各组分原料并将其混合均匀倒入烧杯中，然后，加水调至预定体积，加氢氧化钠调节 pH 值至 9～10。

原料配伍　本品各组分质量份配比范围为：$Cu_2(OH)_2CO_3$ 15～25，氨基磺酸胍 120～140，酒石酸盐 20～40，碳酸盐 4～8 和硝酸盐 4～8，水加至 1000。

所述酒石酸盐为酒石酸铵，所述硝酸盐为硝酸铵，所述碳酸盐为碳酸钠。

选用氨基磺酸胍为配位剂。氨基磺酸胍是由酸性的氨基磺酸和碱性的胍形成的盐。1mol 氨基磺酸胍含有 4mol 的氨基，它与铜离子能形成多元环结构的螯合物。此外，氨基磺酸胍中氨基磺酸可有效地降镀层的内应力。二价铜的标准电极电位为+0.340V，简单铜离子镀液的极化程度较低，铜的放电速度很快。若采用简单盐镀液进行电镀，得到的镀层粗糙、结合力不好。加入氨基磺酸胍，它能与二价铜离子配位形成稳定的配离子，配离子在阴极沉积时的放电电位较简单的二价铜离子更负，即极化程度更大。因而，配离子放电更为平稳，使得镀层更为细致平整。

选用酒石酸盐作为辅助配位剂。酒石酸盐优选为酒石酸钾、酒石酸钠、酒石酸钾钠或硝酸铵。酒石酸盐可与氨基磺酸胍一起与二价铜离子形成混合配位体的配离子。酒石酸盐可改善镀液的分散能力，增强镀液的缓冲作用，促进阳极溶解，增大容许电流密度和提高镀层的光亮度。酒石酸盐进一步优选为硝酸铵。硝酸铵含有的铵根离子能改善镀层外观。

选用硝酸盐作为导电盐。硝酸盐可以提高工作电流密度的上限，减少针孔，降低镀液的操作温度、提高分散能力，但明显降低电流效率。硝酸盐优选为硝酸铵，硝酸铵比加入硝酸钾或硝酸钠能有效地提高容许的电流密度和改善镀层质量。

选用 $Cu_2(OH)_2CO_3$（碱式碳酸铜）为铜主盐。$Cu_3(OH)_2CO_3$ 含有的氢氧根可维持镀液的碱性环境，碳酸根可改善镀层的晶体结构。相比于硫酸铜和硝酸铜的铜主盐，$Cu_2(OH)_2CO_3$ 不会给镀液引入阴离子杂质，这是因为氢氧根为镀液碱性环境所必需，碳酸根在酸性条件下以二氧化碳的形式逸出。因此，避免了硫酸根和硝酸根的过量造成的镀层结合力下降的问题。

碳酸盐为 pH 缓冲剂，它可在一定范围内稳定镀液的 pH。

质量指标

测试项目	1#	2#	3#	4#	5#	6#
分散能力/%	62.3	64.6	65.8	68.4	70.6	72.4
深镀能力/%	89.1	91.8	93.2	94.5	96.4	97.9
电流效率/%	73.5	77.7	80.4	81.4	83.5	84.7
镀速/（μm/min）	0.029	0.048	0.052	0.105	0.168	0.274
孔隙率/（个/cm^2）	7	7	7	6	6	5
结合力（划格法）	无脱落	无脱落	无脱落	无脱落	无脱落	无脱落
结合力（急冷法）	无气泡、无脱皮	无气泡、无脱皮	无气泡、无脱皮	无气泡、无脱皮	无气泡、无脱皮	无气泡、无脱皮
韧性	无断裂	无断裂	无断裂	无断裂	无断裂	无断裂

产品应用　本品主要是一种氨基磺酸胍无氰镀铜的电镀液。

使用所述配方配制的电镀液进行电镀的方法：

（1）阴极采用 10mm×10mm×0.2mm 规格的 Q235 钢板。将钢板先用 200 目水砂纸初步打磨后再用 WC28 金相砂纸打磨至表面露出金属光泽。依次经温度为 50～70℃的碱液除油、蒸馏水冲洗、95%乙醇除油、蒸馏水冲洗。碱液的配方为 40～60g/L NaOH、50～70g/L Na_3PO_4、20～30g/L Na_2CO_3 和 3.5～10g/L Na_2SiO_3。

（2）以 10mm×10mm×0.2mm 规格的紫铜板为阳极，电镀前先用砂纸打磨平滑，然后用去离子水冲洗及烘干。

（3）将预处理后的阳极和阴极浸入电镀槽中的电镀液中，将电镀槽置于恒温水浴锅中，并为电镀槽安装电动搅拌机，将电动搅拌机的搅拌棒插于电镀液中。待调节水浴温度使得电镀液温度维持在40～60℃，机械搅拌转速调为 100～400r/min 后，接通脉冲电源，脉冲电流的脉宽为 1～3ms，占空比为 5%～30%，平均电流密度为 1～3A/dm^2。待通电 40～60min 后，切断电镀装置的电源。取出钢板，用蒸馏水清洗，烘干。

产品特性 本产品镀液以氨基磺酸胍为配位剂，以酒石酸盐为辅助配位剂，使得镀液具有较好的分散力和深镀能力，阴极电流效率高，镀液性能优异。采用该镀液在碱性条件下电镀，获得的镀层的孔隙率低，镀层质量良好。

板型件表面填孔的电镀液

原料配比

原料	配比（质量份）		
	1#	2#	3#
硫酸	180	200	220
$VOSO_4$	100	50	30
V_2O_5	5	3	2
水	加至 1000	加至 1000	加至 1000

制备方法 将各组分原料混合均匀即可。

原料配伍 本品各组分质量份配比范围为：四价钒 0.1～200 和五价钒 0.2～15，水加至 1000。

本产品中的四价钒和五价钒指以正四价和正五价的氧化态形式存在的化合物，上述两者的浓度均指的是以钒元素的质量计。四价钒为 $VOSO_4$ 和/或 V_2O_4，优选为 $VOSO_4$。五价钒为 V_2O_5、$NaVO_3$ 和 NH_4VO_3 中的一种或两种，优选为 V_2O_5。

本产品中优选使用铜的化合物电沉积填孔。当然，也可以使用适合电镀金属沉积的任何电解质，例如用于沉积金、锡、镍或其合金的电解质。以铜化合物为沉积金属填孔为例来说明。铜电镀液还包含基础成分，即15～100g/L的铜、50～350g/L的硫酸和5～200mg/L的氯化物。铜可以五水硫酸铜（$CuSO_4 \cdot 5H_2O$）或硫酸铜溶液的形式加入电解质中；硫酸以50%～96%溶液形式加入；氯化物以氯化钠或盐酸溶液形式添加。

上述铜电镀液除了含有基础成分外，还可根据实际需要，加入添加剂。例如，可添加0.2×10^{-6}～10×10^{-6}的添加剂A和质量分数为0.01%～0.3%的添加剂B。其中，添加剂A为聚二硫二丙烷磺酸钠、3-巯基丙烷磺酸钠、*N*,*N*-二甲基二硫代羰基丙烷磺酸钠、异硫脲丙磺酸内盐和3-（苯并噻唑-2-巯基）一丙烷磺酸钠中的一种或至少两种；添加剂B为聚氧丙烯聚氧乙烯醚和聚乙二醇单甲醚的混合物。

产品应用　本品主要用作板型件表面填孔的电镀液。

使用所述电镀液电镀板型件的方法，具体为：将表面带有孔的板型件浸入包含0.1～200g/L四价钒和0.2～15g/L五价钒的电镀液中，以所述印刷电路板为阴极在通电下施镀。

所说的“孔”指基材（本产品所指板型件）内以具有一定高度（深度）和口径的空腔形式存在的缺失部分，包括通孔和盲孔。本产品中的板型件指某一维长度远小于其他的两维的长度而呈现的具有板状的工件，包括印刷电路板。本产品以印刷电路板为例来说明技术方案。本产品中孔的高度不大于3.5mm，优选为0.025～1mm，进一步优选为0.05～0.5mm；孔的孔径不大于1000μm，优选为30～300μm，进一步优选为60～150μm。

电流密度为1～20A/dm^2，优选为2～6A/dm^2；电镀液的pH值小于1。

产品特性　本电镀液中，加入的四价钒和五价钒可构成准可逆氧化还原体系，该氧化还原体系中五价钒要优先于二价铜的还原。相比于现有技术中的二价铁/三价铁体系，五价钒的电荷数远高于三价铁离子，这就使得五价钒水合离子的半径要大于三价铁水合离子。避免了因浓差极化所导致的高氧化态的金属离子也很难通过电子转移的形式得到补充，因而可以获得更加良好的填孔效果。

二乙烯三胺无氰镀铜的电镀液

原料配比

原料	配比（质量份）					
	1#	2#	3#	4#	5#	6#
$CuSO_4\cdot5H_2O$	15	25	18	22	20	20
二乙烯三胺	12	28	18	21	18	20
柠檬酸铵	4	10	4.5	8	7	5
硝酸铵	2	4	2.5	3.5	4	5
水	加至1000	加至1000	加至1000	加至1000	加至1000	加至1000

制备方法　用适量水分别溶解各组分原料并将其混合均匀倒入烧杯中，然后，加水调至预定体积，加氢氧化钠调节 pH 值至 9～10。

原料配伍　本品各组分质量份配比范围为：$CuSO_4\cdot5H_2O$ 15～25，二乙烯三胺 12～28，柠檬酸盐 4～10，硝酸盐 2～4，水加至 1000。

所述柠檬酸盐为柠檬酸铵，所述硝酸盐为硝酸铵。

选用二乙烯三胺为配位剂。二价铜的标准电极电位为+0.340V，简单铜离子镀液的极化程度较低，铜的放电速度很快。若采用简单盐镀液进行电镀，得到的镀层粗糙、结合力不好。加入二乙烯三胺，它能与二价铜离子配位形成稳定的配离子，配离子在阴极沉积时的放电电位较简单的二价铜离子更负，即极化程度更大。因而，配离子放电更为平稳，使得镀层更为细致平整。

选用柠檬酸盐作为辅助配位剂。柠檬酸盐优选为柠檬酸钾、柠檬酸钠或硝酸铵。柠檬酸盐可与二乙烯三胺一起与二价铜离子形成混合配位体的配离子。柠檬酸盐可改善镀液的分散能力，增强镀液的缓冲作用，促进阳极溶解，增大容许电流密度和提高镀层的光亮度。柠檬酸盐进一步优选为硝酸铵。硝酸铵含有的铵根离子能改善镀层外观。

选用硝酸盐作为导电盐。硝酸盐可以提高工作电流密度的上限、减少针孔、降低镀液的操作温度、提高分散能力，但明显降低电流效率。硝酸盐优选为硝酸铵，硝酸铵相比硝酸钾或硝酸钠能有效地提高容许的电流密度和改善镀层质量。

质量指标

测 试 项 目	1#	2#	3#	4#	5#	6#
分散能力/%	71.4	73.2	74.3	77.1	79.6	81.5
深镀能力/%	79.2	81.4	83.2	84.4	86.6	87.8
整平性/%	72.6	77.1	82.2	84.6	88.3	90.4
电流效率/%	84.5	87.7	88.4	89.3	91.4	92.7
镀速/（μm/min）	0.08	0.16	0.25	0.30	0.36	0.47
孔隙率/（个/cm^2）	18	17	14	14	12	11
结合力	无脱落	无脱落	无脱落	无脱落	无脱落	无脱落

产品应用 本品主要用作二乙烯三胺无氰镀铜的电镀液。电镀的方法：

（1）阴极采用 10mm×10mm×0.2mm 规格的 Q235 钢板。将钢板先用 200 目水砂纸初步打磨后再用 WC28 金相砂纸打磨至表面露出金属光泽。依次经温度为 50～70℃的碱液除油、蒸馏水冲洗、95%乙醇除油、蒸馏水冲洗。碱液的配方为 NaOH 40～60g/L、Na_3PO_4 50～70g/L、Na_2CO_3 20～30g/L、和 Na_2SiO_3 3.5～10g/L。

（2）以 10mm×10mm×0.2mm 规格的紫铜板为阳极，电镀前先用砂纸打磨平滑，然后用去离子水冲洗及烘干。

（3）将预处理后的阳极和阴极浸入电镀槽中的电镀液中，将电镀槽置于恒温水浴锅中，并为电镀槽安装电动搅拌机，将电动搅拌机的搅拌棒插于电镀液中。待调节水浴温度使得电镀液温度维持在 30～50℃，机械搅拌转速调为 100～400r/min 后，接通脉冲电源，脉冲电流的脉宽为 1～3ms，占空比为 5%～30%，平均电流密度为 0.2～0.8A/dm^2。待通电 50～80min 后，切断电镀装置的电源。取出钢板，用蒸馏水清洗，烘干。

产品特性 本产品镀液以二乙烯三胺为配位剂，以柠檬酸盐为辅助配位剂，使得镀液具有较好的分散力和深镀能力，阴极电流效率高，镀液性能优异。采用该镀液在碱性条件下电镀，获得的镀层的孔隙率低，镀层质量良好。

复合有机膦酸无氰镀铜的电镀液

原料配比

原 料	配比（质量份）					
	1#	2#	3#	4#	5#	6#
$Cu_2(OH)_2CO_3$	10	23	16.5	13	20	18

续表

原　料	配比（质量份）					
	1#	2#	3#	4#	5#	6#
EDTMP	45	90	68	55	80	72
ATMP	20	42	31	26	35	33
柠檬酸铵	20	40	30	30	28	25
硝酸铵	3	7	5	6	5	4
胸腺嘧啶	0.2	0.6	0.4	0.25	0.38	0.35
水	加至1000	加至1000	加至1000	加至1000	加至1000	加至1000

制备方法 用适量5%稀氨水溶解分别溶解EDTMP和ATMP。待溶解剩余组分原料溶解后，将其混合均匀倒入烧杯中，然后，加水调至预定体积，加烧碱调节pH值至8.5～10.5。

原料配伍 本品各组分质量份配比范围为：$Cu_2(OH)_2CO_3$ 10～23，EDTMP 45～90，ATMP 20～42，柠檬酸盐20～40，硝酸盐3～7和胸腺嘧啶0.2～0.6，水加至1000。

所述柠檬酸盐为柠檬酸铵，所述硝酸盐为硝酸铵。

复配EDTMP和ATMP为配位剂。EDTMP为ethylenediaminne tetra（methylene phosphonic acid）的缩写，中文全称为乙二胺四亚甲基膦酸。一分子EDTMP含有连接于乙二胺的两个氮原子上的四个膦酸基团，其与铜离子的配位常数要大于EDTA。ATMP为aminotri-（methylene phosphonic acid）的缩写，中文全称为氨基三亚甲基膦酸。一分子ATMP含有三个连接于同一氮原子上的亚甲基膦酸基团。配位剂对二价铜沉积所起的作用为：二价铜的标准电极电位为+0.340V，简单铜离子镀液的极化程度较低，铜的放电速度很快。若采用简单盐镀液进行电镀，得到的镀层粗糙、结合力不好。加入HEDP，它能与二价铜离子配位形成稳定的混合配体配合物或结构较为复杂的多核配合物，这些配合物常以胶粒形式分散于溶液中。配合物的结构以六元环的螯合物居多。配合物的生成使得其在阴极沉积时的放电电位较简单的二价铜离子更负，即极化程度更大。因而，配离子放电更为平稳，使得镀层更为细致平整。

选用胸腺嘧啶作为晶粒促进剂。它可以促使铜单质晶粒的有序沉积，提高镀层的平滑度和致密性。此外，它在一定程度上有助于提高镀层的结合力。

用硝酸盐作为导电盐。硝酸盐可以提高工作电流密度的上限，减少针孔，降低镀液的操作温度，提高分散能力，但明显降低电流效率。硝酸盐优选为硝酸铵，硝酸铵相比硝酸钾或硝酸钠能有效地提高容许的电流密度和改善镀层质量。

选用 $Cu_2(OH)_2CO_3$（碱式碳酸铜）为铜主盐。$Cu_2(OH)_2CO_3$ 含有的氢氧根可维持镀液的碱性环境。碳酸根一方面可作为 pH 缓冲剂；另一方面可抑制镀层毛刺的生成，从而改善镀层的晶体结构。相比于硫酸铜和硝酸铜的铜主盐，$Cu_2(OH)_2CO_3$ 不会给镀液引入阴离子杂质，这是因为氢氧根为镀液碱性环境所必需，碳酸根在酸性条件下以二氧化碳的形式逸出。以此，避免了硫酸根和硝酸根的过量造成的镀层结合力下降的问题。

质量指标

测试项目	1#	2#	3#	4#	5#	6#
分散能力/%	82.8	86.1	89.2	92.3	94.3	96.5
深镀能力/%	91.6	94.8	95.2	96.5	98.6	99.2
整平性/%	80.5	87.8	88.7	90.5	94.4	96.4
电流效率/%	73.2	76.9	79.7	80.5	82.4	83.3
镀速/（μm/min）	0.074	0.105	0.138	0.157	0.182	0.204
孔隙率/（个/cm^2）	5	4	4	3	3	2
结合力（划格法）	轻微脱落	轻微脱落	无脱落	无脱落	无脱落	无脱落
结合力（急冷法）	少量气泡、无脱皮	少量气泡、无脱皮	无气泡、无脱皮	无气泡、无脱皮	无气泡、无脱皮	无气泡、无脱皮
韧性	轻微裂痕	无断裂	无断裂	无断裂	无断裂	无断裂

产品应用 本品是一种复合有机膦酸无氰镀铜的电镀液。电镀的方法：

（1）阴极采用 10mm×10mm×0.2mm 规格的 Q235 钢板，将钢板先用 200 目水砂纸初步打磨后再用 WC28 金相砂纸打磨至表面露出金属光泽。依次经温度为 50～70℃的碱液除油、蒸馏水冲洗、95%乙醇除油、蒸馏水冲洗、浸酸 1～2min、预浸铜 1～2min、二次蒸馏水冲洗。其中，碱液的配方为 40～60g/L NaOH、50～70g/L Na_3PO_4、20～30g/L Na_2CO_3 和 3.5～10g/L Na_2SiO_3。浸酸所用的溶液组成为：100g/L 硫酸和 0.15～0.20g/L 硫脲。预浸铜所用溶液组成为：100g/L 硫酸、50g/L

无水硫酸铜和0.20g/L硫脲。

（2）以20mm×10mm×0.2mm规格的紫铜板为阳极，电镀前先用砂纸打磨平滑，然后用去离子水冲洗及烘干。

（3）将预处理后的阳极和阴极浸入电镀槽中的电镀液中，将电镀槽置于恒温水浴锅中，并为电镀槽安装电动搅拌机，将电动搅拌机的搅拌棒插于电镀液中。待调节水浴温度使得电镀液温度维持在40～60℃，机械搅拌转速调为100～300r/min后，接通脉冲电源，脉冲电流的脉宽为1～3ms，占空比为5%～30%，平均电流密度为1～2A/dm^2。待通电40～90min后，切断电镀装置的电源。取出钢板，用蒸馏水清洗，烘干。

产品特性　本产品以EDTMP和ATMP复合有机膦酸为配位剂，提高了与铜离子的配位能力；以柠檬酸盐为辅助配位剂，使得镀液具有较好的分散力和深镀能力，阴极电流效率高，镀液性能优异。采用该镀液在碱性条件下电镀，获得的镀层的孔隙率低，镀层质量良好。

功能性铜的电镀液

原料配比

原料	配比								
	1#	2#	3#	4#	5#	6#	7#	8#	9#
硫酸铜	80g	100g	70g	80g	50g	80g	90g	50g	65g
次亚磷酸钠	40g	60g	50g	40g	20g	50g	50g	40g	45g
EDTA	120g	150g	50g	—	100g	70g	150g	100g	110g
硫酸钴	8g	10g	7g	8g	5g	6g	10g	8g	8g
酒石酸钠	—	—	50g	120g	—	40g	—	—	—
氯离子	60mg	80mg	50mg	60mg	50mg	65mg	60mg	50mg	70mg
α,α-联吡啶	6mg	15mg	10mg	5mg	5mg	7mg	10mg	11mg	12mg
水	加至1L	加至1L	加至1L	加至1L	加至1L	加至1L	加至1L	加至1L	加至1L

制备方法　将各组分原料混合均匀即可。

原料配伍　本品各组分配比范围为：还原剂20～60g；主盐50～100g；稳定剂5～15mg；配位剂100～150g；阴极活化剂50～80mg；促进剂5～10g；溶剂为水加至1L。

所述还原剂为次亚磷酸钠、硼氢化钠、肼中的一种或一种以上的组合；所述主盐为硫酸铜、碱式碳酸铜中一种或两种。

所述还原剂为次亚磷酸钠。

所述主盐为硫酸铜。

所述稳定剂为α,α-联吡啶、碘化物、硫氰化物中的一种或一种以上的组合；所述配位剂为EDTA（乙二胺四乙酸）、酒石酸钠中的一种或两种。

所述阴极活化剂为氯离子。

所述促进剂为硫酸镍、硫酸钴中的一种或两种。

pH用氨水或硫酸调整。

产品应用 本品主要用作功能性铜的电镀液。电镀方法，包括以下步骤：

（1）将金属铜放入上述的功能性铜的电镀溶液中，作为阳极。

（2）将工件放入上述的功能性铜的电镀溶液中，作为阴极。

（3）通入直流电源，阴极电流密度0.2～2A/dm^2，电镀液温度45～60℃，电镀时间2～10min。

产品特性

（1）通过在镀液中加入还原剂，可显著提高镀液的覆盖能力。

（2）通过在镀液中加入还原剂，可明显提高镀液的分散能力。

碱性无氰镀铜的电镀液

原料配比

原料	配比（质量份）	
	1#	2#
亚甲基二膦酸（MDP）	60	75
五水硫酸铜	20	—
二水氯化铜	—	28
氢氧化钾	80	—
氢氧化钠	—	75
碳酸钾	100	—
碳酸钠	—	90
水	加至1000	加至1000

制备方法 先分别将亚甲基二膦酸和二价铜离子盐用水溶解后混合，然后加入氢氧化钠或氢氧化钾调节溶液pH值至7以上，最后加入碳

酸钾或碳酸钠，搅拌溶解即得所述的无氰镀铜溶液。

原料配伍　本品各组分质量份配比范围为：亚甲基二膦酸（MDP）30～100，二价铜离子 3～30。提供二价铜离子的盐可以是硫酸铜、硝酸铜、氯化铜或碱式碳酸铜。用氢氧化钠或氢氧化钾等碱性物质调节溶液 pH 值至 7.5～13.5，为了提高铜阳极的溶解性和获得结晶细致的沉积铜层，溶液中加入 10～100 的碳酸根离子。

产品应用　本品是一种碱性无氰镀铜电镀液，主要用于铁、锌或锌合金、浸锌后的铝等金属基体直接镀铜，也可用于铜镀层加厚。该无氰镀铜溶液的施镀时主要的工艺参数为：控制溶液温度 15～70℃，阴极电流密度 0.5～4A/dm^2。

产品特性

（1）MDP 的分子量为 176，当溶液中含有的铜离子含量相同，要实现铜离子与主配位剂的物质的量相同，显然 MDP 所需要的质量要比 HEDP 少，同时因体积位阻效应小，MDP 与铜之间的络合反应更易于进行。

（2）分别以 HEDP 和亚甲基二膦酸为主配位剂构成的碱性无氰镀铜用镀液进行阴极极化曲线对比，发现以亚甲基二膦酸为主配位剂的镀液比以羟基亚乙基二膦酸为主配位剂的镀液具有铜还原反应电位区间更广和极限电流密度更大的特点，这表明以亚甲基二膦酸为主配位剂的镀液在电镀过程中会产生更小的浓差极化，允许的电流密度范围更广，镀液的稳定性好。

（3）用以亚甲基二膦酸为主配位剂构成的碱性无氰镀铜用镀液，配方简单，无毒，没有氰化物污染，在铁基体、锌或锌合金基体、浸锌后的铝上直接镀铜，获得铜镀层与基体的结合力优异。

焦磷酸盐无氰镀铜的电镀液

原料配比

原　料	配比（质量份）					
	1#	2#	3#	4#	5#	6#
$Cu_2(OH)_2CO_3$	50	70	60	55	62	58
焦磷酸钠	370	410	390	375	390	380
柠檬酸铵	20	40	30	30	28	25

续表

原　料	配比（质量份）					
	1#	2#	3#	4#	5#	6#
硝酸铵	3	7	5	6	5	4
正磷酸钠	30	50	40	35	42	45
水	加至 1000	加至 1000	加至 1000	加至 1000	加至 1000	加至 1000

制备方法 用适量水分别溶解各组分原料并将其混合均匀倒入烧杯中，然后，加水调至预定体积，加烧碱调节 pH 值至 8～9。

原料配伍 本品各组分质量份配比范围为：$Cu_2(OH)_2CO_3$ 50～70，焦磷酸盐 370～410，柠檬酸盐 20～40，正磷酸盐 30～50g/L 和硝酸盐 3～7，水加至 1000。

所述柠檬酸盐为柠檬酸铵，所述硝酸盐为硝酸铵，所述焦磷酸盐为焦磷酸钠，所述正磷酸盐为正磷酸钠。

选用焦磷酸盐为配位剂。焦磷酸盐含有多个带有孤对电子的氧原子，可与铜离子配合。二价铜的标准电极电位为+0.340V，简单铜离子镀液的极化程度较低，铜的放电速度很快。若采用简单盐镀液进行电镀，得到的镀层粗糙、结合力不好。加入焦磷酸盐，它能与二价铜离子配位形成稳定的配离子，配离子在阴极沉积时的放电电位较简单的二价铜离子更负，即极化程度更大。因而，配离子放电更为平稳，使得镀层更为细致平整。

选用柠檬酸盐作为辅助配位剂。柠檬酸盐优选为柠檬酸钾、柠檬酸钠、柠檬酸钾钠。柠檬酸盐可与焦磷酸盐一起与二价铜离子形成混合配位体的配离子。柠檬酸盐可改善镀液的分散能力，增强镀液的缓冲作用，促进阳极溶解，增大容许电流密度和提高镀层的光亮度。柠檬酸盐进一步优选为柠檬酸铵。柠檬酸铵含有的铵根离子能改善镀层外观。

选用硝酸盐作为导电盐。硝酸盐可以提高工作电流密度的上限，减少针孔，降低镀液的操作温度，提高分散能力，但明显降低电流效率。硝酸盐优选为硝酸铵，硝酸铵相比硝酸钾或硝酸钠能有效地提高容许的电流密度和改善镀层质量。

选用 $Cu_2(OH)_2CO_3$（碱式碳酸铜）为铜主盐。$Cu_2(OH)_2CO_3$ 含有的氢氧根可维持镀液的碱性环境，碳酸根可改善镀层的晶体结构。相比于硫酸铜和硝酸铜的铜主盐，$Cu_2(OH)_2CO_3$，不会给镀液引入阴离子杂质，这是因为氢氧根为镀液碱性环境所必需，碳酸根在酸性条件下以二氧化碳的形式逸出。以此，避免了硫酸根离子和硝酸根离子的过量造成的镀层结合力下降的问题。

正磷酸盐为pH缓冲剂，它可在一定范围内稳定镀液的pH。除此以外，它还可以在一定程度上促进阳极的溶解。

质量指标

测试项目	1#	2#	3#	4#	5#	6#
分散能力/%	58.0	60.2	61.3	64.2	66.3	68.6
深镀能力/%	87.5	89.3	91.1	92.2	94.6	95.5
整平性/%	73.5	77.8	77.8	84.5	88.4	90.4
电流效率/%	70.3	74.8	74.8	78.3	80.2	81.6
镀速/（μm/min）	0.038	0.059	0.059	0.117	0.149	0.254
孔隙率/（个/cm^2）	5	4	4	3	3	2
结合力（划格法）	部分脱落	部分脱落	无脱落	无脱落	无脱落	无脱落
结合力（急冷法）	无气泡、轻微脱皮	无气泡、轻微脱皮	无气泡、无脱皮	无气泡、无脱皮	无气泡、无脱皮	无气泡、无脱皮
韧性	无断裂	无断裂	无断裂	无断裂	无断裂	无断裂

产品应用　本品是一种焦磷酸盐无氰镀铜的电镀液。电镀方法：

（1）阴极采用10mm×10mm×0.2mm规格的Q235钢板。将钢板先用200目水砂纸初步打磨后再用WC28金相砂纸打磨至表面露出金属光泽。依次经温度为50～70℃的碱液除油、蒸馏水冲洗、95%乙醇除油、蒸馏水冲洗、浸酸1～2min、预浸铜1～2min、二次蒸馏水冲洗。其中，碱液的配方为40～60g/L NaOH、50～70g/L Na_3PO_4、20～30g/L Na_2CO_3和3.5～10g/L Na_2SiO_3。浸酸所用的溶液组成为：100g/L硫酸和0.15～0.20g/L硫脲。预浸铜所用溶液组成为：100g/L硫酸、50g/L无水硫酸铜和0.20g/L硫脲。

（2）以20mm×10mm×0.2mm规格的紫铜板为阳极，电镀前先用砂纸打磨平滑，然后用去离子水冲洗及烘干。

（3）将预处理后的阳极和阴极浸入电镀槽中的电镀液中，将电镀槽置于恒温水浴锅中，并为电镀槽安装电动搅拌机，将电动搅拌机的搅拌棒插于电镀液中。待调节水浴温度使得电镀液温度维持在40～60℃，机械搅拌转速调为100～300r/min后，接通脉冲电源，脉冲电流的脉宽为1～3ms，占空比为5%～30%，平均电流密度为0.5～2A/dm^2。待通电 40～90min 后，切断电镀装置的电源。取出钢板，用蒸馏水清洗，烘干。

产品特性 本镀液以焦磷酸盐为配位剂，以柠檬酸盐为辅助配位剂，使得镀液具有较好的分散力和深镀能力，阴极电流效率高，镀液性能优异。采用该镀液在碱性条件下电镀，获得的镀层的孔隙率低，镀层质量良好。

联二脲无氰镀铜的电镀液

原料配比

原　料	配比（质量份）					
	1#	2#	3#	4#	5#	6#
$Cu_2(OH)_2CO_3$	10	23	16.5	13	20	18
联二脲	30	85	58	45	70	53
柠檬酸铵	20	40	30	30	28	25
硝酸铵	3	7	5	6	5	4
脲嘧啶	0.2	0.6	0.4	0.25	0.38	0.35
水	加至 1000	加至 1000	加至 1000	加至 1000	加至 1000	加至 1000

制备方法 用适量温度为 70～80℃的 20% NaOH 溶解联二脲。将 $Cu_2(OH)_2CO_3$ 加入溶解有联二脲的上述溶液中，不断缓慢搅拌，待其全部溶解后，与溶解有剩余组分原料的溶液混合均匀，然后，加水调至预定体积，加氢氧化钠调节 pH 值至 8.5～10.5。

原料配伍 本品各组分质量份配比范围为：$Cu_2(OH)_2CO_3$ 10～23，联二脲 30～85，柠檬酸盐 20～40，硝酸盐 3～7 和尿嘧啶 0.2～0.6，水加至1000。

所述柠檬酸盐为柠檬酸铵，所述硝酸盐为硝酸铵。选用联二脲为配位剂。联二脲是以尿素和水合肼为原料，在盐酸为催化剂的条件下通过缩合反应而成的。本产品中的联二脲为市售。本产品的配位剂对二价铜沉积所起的作用为：二价铜的标准电极电位为+0.340V，简单铜离子镀液的极化程度较低，铜的放电速度很快。若采用简单盐镀液进行电镀，得到的镀层粗糙、结合力不好。加入联二脲，它能与二价铜离子及镀液中的氢氧根离子配位形成稳定的双配位型的配离子。配物生成使得其在阴极沉积时的放电电位较简单的二价铜离子更负，即极化程度更大。因而，配离子放电更为平稳，使得镀层更为细致平整。

选用柠檬酸盐作为辅助配位剂。柠檬酸盐优选为柠檬酸钾、柠檬酸钠、柠檬酸钾钠。柠檬酸盐可与联二脲一起与二价铜离子形成混合配位体的配离子。柠檬酸盐可改善镀液的分散能力，增强镀液的缓冲作用，促进阳极溶解，增大容许电流密度和提高镀层的光亮度。柠檬酸盐进一步优选为柠檬酸铵。柠檬酸铵含有的铵根离子能改善镀层外观。

选用脲嘧啶作为晶粒促进剂。它可以促使铜单质晶粒的有序沉积，提高镀层的平滑度和致密性。此外，它在一定程度上有助于提高镀层的结合力。

选用硝酸盐作为导电盐。硝酸盐可以提高工作电流密度的上限，减少针孔，降低镀液的操作温度，提高分散能力，但明显降低电流效率。硝酸盐优选为硝酸铵，硝酸铵相比硝酸钾或硝酸钠能有效地提高容许的电流密度和改善镀层质量。

选用 $Cu_2(OH)_2CO_3$（碱式碳酸铜）为铜主盐。$Cu_2(OH)_2CO_3$ 含有的氢氧根可维持镀液的碱性环境。碳酸根一方面可作为 pH 缓冲剂；另一方面可抑制镀层毛刺的生成，从而改善镀层的晶体结构。相比于硫酸铜和硝酸铜的铜主盐，$Cu_2(OH)_2CO_3$ 不会给镀液引入阴离子杂质，这是因为氢氧根为镀液碱性环境所必需，碳酸根在酸性条件下以二氧化碳的形式逸出。以此，避免了硫酸根和硝酸根的过量造成的镀层结合力下降的问题。

质量指标

测试项目	1#	2#	3#	4#	5#	6#
分散能力/%	80.4	86.3	89.6	86.3	89.6	93.7
深镀能力/%	87.6	91.2	92.5	91.2	92.5	95.2
整平性/%	83.6	91.5	93.7	91.5	93.7	99.1
电流效率/%	76.7	82.7	83.5	82.7	83.5	86.5
镀速/（μm/min）	0.019	0.096	0.118	0.096	0.118	0.147
孔隙率/（个/cm^2）	8	7	6	7	6	5
结合力（划格法）	轻微脱落	轻微脱落	无脱落	无脱落	无脱落	无脱落
结合力（急冷法）	无气泡、轻微脱皮	无气泡、无脱皮	无气泡、无脱皮	无气泡、无脱皮	无气泡、无脱皮	无气泡、无脱皮
韧性	轻微裂痕	无断裂	无断裂	无断裂	无断裂	无断裂

产品应用 本品主要是一种联二脲无氰镀铜的电镀液。电镀的方法：

（1）阴极采用 10mm×10mm×0.2mm 规格的 Q235 钢板。将钢板先用 200 目水砂纸初步打磨后再用 WC28 金相砂纸打磨至表面露出金属光泽。依次经温度为 50～70℃的碱液除油、蒸馏水冲洗、95%乙醇除油、蒸馏水冲洗、浸酸 1～2min、预浸铜 1～2min、二次蒸馏水冲洗。其中，碱液的配方为 40～60g/L NaOH、50～70g/L Na_3PO_4、20～30g/L Na_2CO_3 和 3.5～10g/L Na_2SiO_3。浸酸所用的溶液组成为：100g/L 硫酸和 0.15～0.20g/L 硫脲。预浸铜所用溶液组成为：100g/L 硫酸、50g/L 无水硫酸铜和 0.20g/L 硫脲。

（2）以 15mm×10mm×0.2mm 规格的紫铜板为阳极，电镀前先用砂纸打磨平滑，然后用去离子水冲洗及烘干。

（3）将预处理后的阳极和阴极浸入电镀槽中的电镀液中，将电镀槽置于恒温水浴锅中，并为电镀槽安装电动搅拌机，将电动搅拌机的搅拌棒插于电镀液中。待调节水浴温度使得电镀液温度维持在 30～50℃，机械搅拌转速调为 100～300r/min 后，接通脉冲电源，脉冲电流的脉宽为 0.2～0.7ms，占空比为 5%～30%，平均电流密度为 1～2A/dm^2。待通电 30～80min 后，切断电镀装置的电源。取出钢板，用蒸馏水清洗，烘干。

产品特性 本镀液以联二脲为配位剂，以柠檬酸盐为辅助配位剂，使得镀液具有较好的分散力和深镀能力，阴极电流效率高，镀液性能优异。采用该镀液在碱性条件下电镀，获得的镀层的孔隙率低，镀层质量良好。

铝轮毂无氰镀铜的电镀液

原料配比

原　　料	配　比
硫酸铜	180g
硫酸	35mL
氯离子	160×10^{-6}
开缸剂 U-M	7mL
填平剂 U-A	0.5mL
光亮剂 U-B	0.5mL
水	加至 1L

制备方法 在电镀槽中，加入水，将其加热至25℃。然后加入硫酸铜、硫酸、盐酸，搅拌至完全溶解，再加开缸剂U-M、填平剂U-A、光亮剂U-B，搅拌均匀后保温至23℃，加纯水至终体积1L，得到铝轮毂无氰镀铜电镀液。

原料配伍 本品各组分配比范围为：硫酸铜 180～220g、硫酸 30～80mL、氯离子 80×10^{-6}～160×10^{-6}、开缸剂U-M 5.0～10.0mL、填平剂U-A 0.4～0.6mL、光亮剂U-B 0.4～0.6mL 和水加至 1L。

产品应用 本品主要用作铝轮毂无氰镀铜电镀液。

铝轮毂无氰镀铜电镀方法，其特征在于，先将铝轮毂工件浸入无氰沉锌液中发生置换反应以在铝轮毂工件的表面形成锌层；再将其作为阴极置入无氰镀铜电镀液中，以磷铜作为阳极，在铝轮毂工件的表面镀铜。

产品特性 本产品在常规的前处理后，首先将工件在无氰沉锌液中置换反应，形成一种致密均匀的薄锌层，为后续镀铜工序提供良好的结合力基础；然后，使用无氰镀铜电镀液电镀，在沉锌层的基础上，镀铜40μm以上。本产品具有沉积速率快（在$3.5A/dm^2$的电流密度下，每分钟可镀出1μm的铜镀层），镀层填平度高至75%等优点。镀层还有不易产生针孔、内应力低、富延展性等优点。由于在镀铜溶液中取消了氰化钠的添加，电镀槽中不会有氰化物气体的产生，有效地保护了环境不受污染，也确保电镀工的职业健康安全。

三乙醇胺无氰镀铜的电镀液

原料配比

原料	配比（质量份）					
	1#	2#	3#	4#	5#	6#
$Cu_2(OH)_2CO_3$	15	25	20	18	24	22
三乙醇胺	140	170	155	150	160	160
柠檬酸铵	20	40	30	25	30	25
硝酸铵	4	8	5	5	7	6
水	加至1000	加至1000	加至1000	加至1000	加至1000	加至1000

制备方法 用适量水分别溶解各组分原料并将其混合均匀倒入烧杯

中，然后，加水调至预定体积，加烧碱调节 pH 值至 9～10。

原料配伍 本品各组分质量份配比范围为：$Cu_2(OH)_2CO_3$ 15～25，三乙醇胺 140～170，柠檬酸盐 20～40 和硝酸盐 4～8，水加至 1000。

所述柠檬酸盐为柠檬酸铵，所述硝酸盐为硝酸铵。

选用三乙醇胺为配位剂。二价铜的标准电极电位为+0.340V，简单铜离子镀液的极化程度较低，铜的放电速度很快。若采用简单盐镀液进行电镀，得到的镀层粗糙、结合力不好。加入三乙醇胺，它能与二价铜离子配位形成稳定的配离子，配离子在阴极沉积时的放电电位较简单的二价铜离子更负，即极化程度更大。因而，配离子放电更为平稳，使得镀层更为细致平整。

选用柠檬酸盐作为辅助配位剂。柠檬酸盐优选为柠檬酸钾、柠檬酸钠或硝酸铵。柠檬酸盐可与三乙醇胺一起与二价铜离子形成混合配位体的配离子。柠檬酸盐可改善镀液的分散能力，增强镀液的缓冲作用，促进阳极溶解，增大容许电流密度和提高镀层的光亮度。柠檬酸盐进一步优选为硝酸铵。硝酸铵含有的铵根离子能改善镀层外观。

选用硝酸盐作为导电盐。硝酸盐可以提高工作电流密度的上限，减少针孔，降低镀液的操作温度，提高分散能力，但明显降低电流效率。硝酸盐优选为硝酸铵，硝酸铵相比硝酸钾或硝酸钠能有效地提高容许的电流密度和改善镀层质量。

选用 $Cu_2(OH)_2CO_3$（碱式碳酸铜）为铜主盐。$Cu_2(OH)_2CO_3$ 含有的氢氧根可维持镀液的碱性环境，碳酸根可改善镀层的晶体结构。相比于硫酸铜和硝酸铜的铜主盐，$Cu_2(OH)_2CO_3$ 不会给镀液引入阴离子杂质，这是因为氢氧根为镀液碱性环境所必需，碳酸根在酸性条件下以二氧化碳的形式逸出。以此，避免了硫酸根和硝酸根的过量造成的镀层结合力下降的问题。

质量指标

测试项目	1#	2#	3#	4#	5#	6#
分散能力/%	66.8	68.4	69.7	72.3	74.5	76.3
深镀能力/%	87.1	89.8	91.2	92.5	94.4	95.9
整平性/%	77.6	81.3	86.4	88.7	92.1	94.2
电流效率/%	79.04	81.47	80.94	81.26	82.84	84.37
镀速/（μm/min）	0.48	0.56	0.65	0.70	0.76	0.87

续表

测试项目	1#	2#	3#	4#	5#	6#
孔隙率/（个/cm^2）	9	9	9	8	8	7
结合力	无脱落	无脱落	无脱落	无脱落	无脱落	无脱落

产品应用 本品是一种三乙醇胺无氰镀铜的电镀液。

使用所述配方配制的电镀液进行电镀的方法：

（1）阴极采用10mm×10mm×0.2mm规格的Q235钢板。将钢板先用200目水砂纸初步打磨后再用WC28金相砂纸打磨至表面露出金属光泽。依次经温度为50～70℃的碱液除油、蒸馏水冲洗、95%乙醇除油、蒸馏水冲洗。碱液的配方为40～60g/L NaOH、50～70g/L Na_3PO_4、20～30g/L Na_2CO_3和3.5～10g/L Na_2SiO_3。

（2）以10mm×10mm×0.2mm规格的紫铜板为阳极，电镀前先用砂纸打磨平滑，然后用去离子水冲洗及烘干。

（3）将预处理后的阳极和阴极浸入电镀槽中的电镀液中，将电镀槽置于恒温水浴锅中，并为电镀槽安装电动搅拌机，将电动搅拌机的搅拌棒插于电镀液中。待调节水浴温度使得电镀液温度维持在40～60℃，机械搅拌转速调为100～400r/min后，接通脉冲电源，脉冲电流的脉宽为1～3ms，占空比为5%～30%，平均电流密度为1～3A/dm^2。待通电40～60min后，切断电镀装置的电源。取出钢板，用蒸馏水清洗，烘干。

产品特性 本产品以三乙醇胺为配位剂，以柠檬酸盐为辅助配位剂，使得镀液具有较好的分散力和深镀能力，阴极电流效率高，镀液性能优异。采用该镀液在碱性条件下电镀，获得的镀层的孔隙率低，镀层质量良好。

酸性镀铜电镀液（1）

原料配比

原料	配比（质量份）					
	1#	2#	3#	4#	5#	6#
$CuSO_4 \cdot 5H_2O$	190	220	205	196	210	202
H_2SO_4	50	70	60	58	63	57

续表

原料	配比（质量份）					
	1#	2#	3#	4#	5#	6#
氯离子（以氯化钠形式）	0.050	0.065	0.080	0.060	0.068	0.063
蒽醌蓝	0.10	0.35	0.23	0.19	0.32	0.28
二甲基甲酰氨基磺酸钠	0.03	0.06	0.048	0.040	0.05	0.042
聚乙二醇（平均分子量为2000）	0.05	—	—	—	—	—
聚乙二醇（平均分子量为8000）	—	0.10	—	—	—	—
聚乙二醇（平均分子量为3000）	—	—	0.075	—	—	—
聚乙二醇（平均分子量为4000）	—	—	—	0.070	—	—
聚乙二醇（平均分子量为6000）	—	—	—	—	0.08	0.070
聚乙烯亚胺烷基化合物	0.02	0.03	0.04	0.027	0.035	0.030
聚乙烯亚胺烷基盐	0.03	0.04	0.05	0.045	0.043	0.038
水	加至1000	加至1000	加至1000	加至1000	加至1000	加至1000

制备方法 将各原料组分分别溶解于适量的去离子水后充分混合均匀，然后，加水调至预定体积。

原料配伍 本品各组分质量份配比范围为：$CuSO_4 \cdot 5H_2O$ 190～220，H_2SO_4 50～70，氯离子 0.050～0.080，蒽醌染料 0.10～0.35，二甲基甲酰氨基磺酸盐 0.03～0.06，聚乙二醇 0.05～0.1，聚乙烯亚胺烷基化合物 0.02～0.04 和聚乙烯亚胺烷基盐 0.03～0.05，水加至 1000。

所述蒽醌染料为蒽醌蓝；所述聚乙二醇平均分子量为 2000～8000。

选用蒽醌染料为整平剂。蒽醌染料指含有蒽醌结构的染料的总称。蒽醌染料优选为蒽醌蓝，又称酸性蒽醌蓝，化学名为 2-蒽磺酸-1-氨基-9, 10-二氢-9,10-二氧-4-（苯胺）钠。为了使原本凹凸不平的基体变得平整光亮，就必须使电镀过程中凹陷处的沉积速率大于凸处的沉积速率，这一过程的实现叫作整平，它是靠在镀液中加入整平剂而实现的。整平剂能够吸附在阴极上，并且会因还原而被消耗，有阻碍金属离子的电沉积的作用。由于微观上的凹陷处的扩散速度比凸处要慢，因此，凹处的整平剂耗尽以后没有得到及时补充，以致吸附的量比较少，因而对沉积的阻化作用较小，沉积速率较快；凸起处的情况则与凹陷处的正好相反。因此，凹陷处的镀层生长就会比凸处快，基体原来的微观凹凸差距逐渐被缩小，以致最后消除，从而达到对镀层表面的整平。

以二甲基甲酰胺基磺酸盐作为光亮剂。光亮剂具有一定的增大极化的作用，它通过吸附作用，抑制铜单质沉积时局部生长，促进结晶的微细化，使得晶粒的尺寸小于可见波长，并且具有一定的排列定向，由此形成于平行于表面的结构面，从而达到使得入射到表面的可见光不发生漫反射。本产品中二甲基甲酰胺基磺酸盐可以是二甲基甲酰胺基磺酸钠，其为白色或微黄色的晶体。

以聚乙烯亚胺烷基盐和聚乙烯亚胺烷基化合物作为延展剂。延展剂消除镀层的内应力，提高镀层的延展性。延展性指金属或其他的膜层不发生裂纹而表现出的弹性或塑性变形能力。除此之外，聚乙烯亚胺烷基盐还起光亮剂的作用，可提高中低电流密度镀层光亮度。本产品中所用聚乙烯亚胺烷基盐为微黄色液体，pH 值为 5～7。本产品所用聚乙烯亚胺烷基化合物的含量为 50%，为淡黄色液体，易溶于水，pH 值为 4～6。

以聚乙二醇为润湿剂。润湿剂可提高镀液的润湿效果。本产品所用聚乙二醇为江苏海安石油化工厂所生产，规格为 PEG2000、PEG3000、PEG4000、PEG6000 和 PEG8000，优选为 PEG6000，其平均分子量为 6000，分子量分布范围为 5400～6600。

以氯离子为活化剂，对二价铜离子的电沉积起到催化作用；只有在氯离子存在时，阳极铜板才能够正常溶解，否则，阳极端会出现因不完全溶解而产生的铜粉。氯离子的作用是平衡阴极的电子反应，调和能量转换，从而调节阴极极化和二价铜离子还原成一价铜离子的反应速率。

以 $CuSO_4 \cdot 5H_2O$ 为主盐，以 H_2SO_4 作为导电剂。H_2SO_4 可以一直二价铜离子的水解，还可以提供镀液所需的酸性条件。酸性镀铜的电沉积铜的反应历程为分两步，首先二价铜离子还原为一价铜离子，然后一价铜离子还原为铜金属单质。

质量指标

测试项目	1#	2#	3#	4#	5#	6#
分散能力/%	80.7	83.4	86.6	89.6	91.3	93.7
深镀能力/%	89.2	90.4	91.5	92.2	93.3	94.7

续表

测试项目	1#	2#	3#	4#	5#	6#
电流效率/%	67.5	69.8	72.7	73.5	75.7	76.9
镀速/（μm/min）	1.051	1.084	1.095	1.107	1.124	1.145
孔隙率/（个/cm^2）	5	4	4	3	3	2
结合力（划格法）	轻微脱落	无脱落	无脱落	无脱落	无脱落	无脱落
结合力（急冷法）	无气泡、无脱皮	无气泡、无脱皮	无气泡、无脱皮	无气泡、无脱皮	无气泡、无脱皮	无气泡、无脱皮
韧性	无断裂	无断裂	无断裂	无断裂	无断裂	无断裂

产品应用 本品主要用作酸性镀铜的电镀液。电镀的方法：

（1）阴极采用 10mm×10mm×0.2mm 规格的 Q235 钢板。将钢板先用 200 目水砂纸初步打磨后再用 WC28 金相砂纸打磨至表面露出金属光泽。依次经温度为 50～70℃的碱液除油、蒸馏水冲洗、95%乙醇除油、蒸馏水冲洗、浸酸 1～2min、预浸铜 1～2min、二次蒸馏水冲洗。其中，碱液的配方为 50～80g/L NaOH、15～20g/L Na_3PO_4、15～20g/L Na_2CO_3 和 5g/L Na_2SiO_3 和 1～2g/L OP-10。浸酸所用的溶液组成为：100g/L 硫酸和 0.15～0.20g/L 硫脲。预浸铜所用溶液组成为：100g/L 硫酸、50g/L 无水硫酸铜和 0.20g/L 硫脲。

（2）以 15mm×10mm×0.2mm 规格的含磷铜板为阳极，电镀前先用砂纸打磨平滑，然后用去离子水冲洗及烘干。

（3）将预处理后的阳极和阴极浸入电镀槽中的电镀液中，将电镀槽置于恒温水浴锅中，并为电镀槽安装空气搅拌装置，空气搅拌装置的结构参数及安装参数如在产品内容中所述。待调节水浴温度使得电镀液温度维持在 15～40℃，打开气泵开关，接通脉冲电源，脉冲电流的脉宽为 0.2～0.7ms，占空比为 5%～30%，平均电流密度为 2～5A/dm^2。待通电 20～60min 后，切断电镀装置的电源。取出钢板，用蒸馏水清洗，烘干。

产品特性 本产品镀液以蒽醌染料为整平剂，以二甲基甲酰胺基磺酸盐为光亮剂，以聚乙烯亚胺烷基盐和聚乙烯亚胺烷基化合物为延展剂，以聚氧乙烯醚磺酸盐为润湿剂，由此使得镀液具有较好的分散力和深镀能力，阴极电流效率高，镀液性能优异。采用该镀液在酸性条件下电镀，获得的镀层的孔隙率低，镀层质量良好。

酸性镀铜电镀液（2）

原料配比

原 料	配比（质量份）					
	1#	2#	3#	4#	5#	6#
$CuSO_4 \cdot 5H_2O$	190	220	205	196	210	202
H_2SO_4	50	70	60	58	63	57
氯离子（以氯化钠形式）	0.050	0.065	0.080	0.060	0.068	0.063
健那黑	0.20	0.50	0.35	0.30	0.38	0.34
苯基聚二硫丙烷磺酸钠	0.01	0.03	0.02	0.015	0.020	0.017
聚乙二醇（平均分子量为 2000）	0.05	—	—	—	—	—
聚乙二醇（平均分子量为 8000）	—	0.10	—	—	—	—
聚乙二醇（平均分子量为 3000）	—	—	0.075	—	—	—
聚乙二醇（平均分子量为 4000）	—	—	—	0.068	—	—
聚乙二醇（平均分子量为 6000）	—	—	—	—	0.08	0.077
聚乙烯亚胺烷基化合物	0.02	0.04	0.03	0.028	0.035	0.033
聚乙烯亚胺烷基盐	0.03	0.05	0.04	0.035	0.040	0.035
水	加至 1000	加至 1000	加至 1000	加至 1000	加至 1000	加至 1000

制备方法 根据配方用电子天平称取各原料组分。将各原料组分分别溶解于适量的去离子水后充分混合均匀，然后，加水调至预定体积。

原料配伍 本品各组分质量份配比范围为：$CuSO_4 \cdot 5H_2O$ 190～220，H_2SO_4 50～70，氯离子 0.050～0.080，吩嗪染料 0.20～0.50，苯基聚二硫丙烷磺酸盐 0.01～0.03，聚乙二醇 0.05～0.1，聚乙烯亚胺烷基化合物 0.02～0.04 和聚乙烯亚胺烷基盐 0.03～0.05，水加至 1000。

所述吩嗪染料为健那绿或健那黑；所述聚乙二醇的平均分子量为 2000～8000。

选用吩嗪染料为整平剂。吩嗪染料是分子结构中含有吩嗪的染料的总称。吩嗪的分子结构为蒽分子结构中的中间环的 2 个次甲基为氮原子所取代。吩嗪染料可以为健那绿或健那黑。其中，健那绿又称为詹纳斯绿 B，其化学名为 3-(二乙基氨基)-7-[[4-(二甲基氨基)苯基]偶氮]-5-苯基吩嗪鎓氯化物，CAS 登录号为 2869-83-2。

健那黑化学名为二氮嗪黑，CAS 登录号为 4443-99-6。为了使原本凹凸不平的基体变得平整光亮，就必须使电镀过程中凹陷处的沉积速率大于凸处的沉积速率，这一过程的实现叫作整平，它是靠在镀液中加入整平剂而实现的。整平剂能够吸附在阴极上，并且会因还原而被消耗，有阻碍金属离子的电沉积的作用。由于微观上的凹陷处的扩散速度比凸处要慢，因此，凹处的整平剂耗尽以后没有得到及时补充，以致吸附的量比较少，因而对沉积的阻化作用较小，沉积速率较快；凸起处的情况则与凹陷处的正好相反。因此，凹陷处的镀层生长就会比凸处快，基体原来的微观凹凸差距逐渐被缩小，以致最后消除，从而达到对镀层表面的整平。

以苯基聚二硫丙烷磺酸盐作为光亮剂。光亮剂具有一定的增大极化的作用，它通过吸附作用，抑制铜单质沉积时局部生长，促进结晶的微细化，使得晶粒的尺寸小于可见波长，并且具有一定的排列定向，由此形成于平行于表面的结构面，从而达到使得入射到表面的可见光不发生漫反射。本产品中苯基聚二硫丙烷磺酸盐可以是苯基聚二硫丙烷磺酸钠，外观为白色晶体。

以聚乙烯亚胺烷基盐和聚乙烯亚胺烷基化合物作为延展剂。延展剂消除镀层内应力，提高镀层的延展性。除此之外，聚乙烯亚胺烷基盐还起光亮剂的作用，可提高中低电流密度镀层光亮度。本产品中所用聚乙烯亚胺烷基盐为微黄色液体，pH 值为 5～7。本产品所用聚乙烯亚胺烷基化合物的含量为 50%，为淡黄色液体，易溶于水，pH 值为 4～6。

以聚乙二醇为润湿剂。润湿剂可提高镀液的润湿效果，消除镀层的针孔，改善镀层质量。聚乙二醇还可作载体，整平剂借助载体才能发挥其整平性的作用。本产品所用聚乙二醇规格为 PPG2000、PPG3000、PPG4000、PPG6000 和 PPG8000，优选为 PPG6000，其平均分子量为 6000，分子量分布范围为 5400～6600。

以氯离子为活化剂，对二价铜离子的电沉积起到催化作用，而且，只有在氯离子存在时，阳极铜板才能够正常地溶解，否则，阳极端会出现因不完全溶解而产生的铜粉。氯离子的作用是平衡阴极的电子反应，调和能量转换，从而调节阴极极化和二价铜离子还原成一价铜离子的反应速率。

以 $CuSO_4 \cdot 5H_2O$ 为主盐，以 H_2SO_4 作为导电剂。H_2SO_4 可以一直二价铜离子的水解，还可以提供镀液所需的酸性条件。酸性镀铜的电沉积铜的反应历程为分两步，首先二价铜离子还原为一价铜离子，然后一价铜离子还原为铜金属单质。

质量指标

测试项目	1#	2#	3#	4#	5#	6#
稳定性/min	35	30	30	30	35	35
分散能力/%	87.7	88.8	90.6	93.3	94.3	95.7
深镀能力/%	85.2	86.4	87.5	88.2	89.3	90.7
电流效率/%	69.3	71.4	74.8	75.3	77.5	78.6
走光能力	光亮	光亮如镜	光亮如镜	光亮如镜	光亮如镜	光亮如镜
整平性	低电流密度区少许擦痕	低电流密度区少许擦痕	低电流密度区少许擦痕	低电流密度区少许擦痕	无擦痕	无擦痕
镀速/（μm/min）	1.032	1.068	1.071	1.084	1.100	1.123
孔隙率/（个/cm^2）	5	4	4	3	3	2
结合力（划格法）	轻微脱落	无脱落	无脱落	无脱落	无脱落	无脱落
结合力（急冷法）	少量气泡、轻微脱皮	无气泡、无脱皮	无气泡、无脱皮	无气泡、无脱皮	无气泡、无脱皮	无气泡、无脱皮
韧性	无断裂	无断裂	无断裂	无断裂	无断裂	无断裂

产品应用 本品是一种酸性镀铜的电镀液。电镀的方法：

（1）阴极采用 10mm×10mm×0.2mm 规格的 Q235 钢板。将钢板先用 200 目水砂纸初步打磨后再用 WC28 金相砂纸打磨至表面露出金属光泽。依次经温度为 50～70℃的碱液除油、蒸馏水冲洗、95%乙醇除油、蒸馏水冲洗、浸酸 1～2min、预浸铜 1～2min、二次蒸馏水冲洗。其中，碱液的配方为 50～80g/L NaOH、15～20g/L Na_3PO_4、15～20g/L Na_2CO_3 和 5g/L Na_2SiO_3 和 1～2g/L OP-10。浸酸所用的溶液组成为：100g/L 硫酸和 0.15～0.20g/L 硫脲。预浸铜所用溶液组成为：100g/L 硫酸、50g/L 无水硫酸铜和 0.20g/L 硫脲。

（2）以 15mm×10mm×0.2mm 规格的含磷铜板为阳极，电镀前先用砂纸打磨平滑，然后用去离子水冲洗及烘干。

（3）将预处理后的阳极和阴极浸入电镀槽中的电镀液中，将电镀槽置于恒温水浴锅中，并为电镀槽安装空气搅拌装置，空气搅拌装置的结构参数及安装参数如在产品内容中所述。待调节水浴温度使得电镀液温度维持在 15～40℃，打开气泵开关，接通脉冲电源，脉冲电流的脉宽为 0.3～0.8ms，占空比为 5%～30%，平均电流密度为 2～4A/dm^2。待通电 20～60min 后，切断电镀装置的电源。取出钢板，用蒸馏水清洗，烘干。

产品特性　本产品镀液以吩嗪染料为整平剂，以苯基聚二硫丙烷磺酸盐为光亮剂，以聚乙烯亚胺烷基盐和聚乙烯亚胺烷基化合物为延展剂，以聚氧乙烯醚磺酸盐为润湿剂，由此使得镀液具有较好的稳定性，采用该镀液在酸性条件下电镀，获得的镀层的整平性良好和走光能力较高。

酞菁体系酸性镀铜的电镀液

原料配比

原　料	配比（质量份）					
	1#	2#	3#	4#	5#	6#
$CuSO_4·5H_2O$	190	220	205	200	210	202
H_2SO_4	50	70	60	55	65	57
氯离子（以氯化钠形式）	0.050	0.080	0.065	0.070	0.055	0.063
酞菁	40	70	55	60	50	62
聚氧乙烯醚磺酸钠	3	8	5	7	5.5	5
二硫代氨基甲酸酯	10	30	20	25	20	16
聚乙烯亚胺烷基盐	0.2	0.5	0.35	0.25	0.40	0.35
水	加至 1000	加至 1000	加至 1000	加至 1000	加至 1000	加至 1000

制备方法　根据配方用电子天平称取各原料组分。将各原料组分分别溶解于适量的去离子水后充分混合均匀，然后，加水调至预定体积。

原料配伍　本品各组分质量份配比范围为：$CuSO_4·5H_2O$ 190～220，H_2SO_4 50～70，氯离子 0.050～0.080，酞菁 40～70，聚氧乙烯醚磺酸

盐 3～8，二硫代氨基甲酸酯 10～30 和聚乙烯亚胺烷基盐 0.2～0.5，水加至1000。

所述聚氧乙烯醚磺酸盐为聚氧乙烯醚磺酸钠。

选用酞菁为整平剂。酞菁是由四个异吲哚单元组成的具有 18 个电子的平面大环芳香共轭体系。为了使原本凹凸不平的基体变得平整光亮，就必须使电镀过程中凹陷处的沉积速率大于凸处的沉积速率，这一过程的实现叫作整平，它是靠在镀液中加入整平剂而实现的。整平剂能够吸附在阴极上，并且会因还原而被消耗，有阻碍金属离子的电沉积的作用。由于微观上的凹陷处的扩散速度比凸处要慢，因此，凹处的整平剂耗尽以后没有得到及时补充，以致吸附的量比较少，因而对沉积的阻化作用较小，沉积速率较快；凸起处的情况则与凹陷处的正好相反。因此，凹陷处的镀层生长就会比凸处快，基体原来的微观凹凸差距逐渐被缩小，以致最后消除，从而达到对镀层表面的整平。

以二硫代胺基甲酸酯作为光亮剂。光亮剂具有一定的增大极化的作用，它通过吸附作用，抑制铜单质沉积时局部生长，促进结晶的微细化，使得晶粒的尺寸小于可见波长，并且具有一定的排列定向，由此形成于平行于表面的结构面，从而达到使得入射到表面的可见光不发生漫反射。

以聚乙烯亚胺烷基盐作为延展剂。延展剂消除镀层内应力，提高镀层的延展性。除此之外，聚乙烯亚胺烷基盐还起光亮剂的作用，可提高中低电流密度镀层光亮度。本品中聚乙烯亚胺烷基盐为微黄色液体，pH 值为 5～7。

以聚氧乙烯醚磺酸盐为润湿剂。润湿剂可提高镀液的润湿效果。聚氧乙烯醚磺酸盐优选为聚氧乙烯醚磺酸钠。

以氯离子为活化剂，对二价铜离子的电沉积起到催化作用，只有在氯离子存在时，阳极铜板才能够正常地溶解，否则，阳极端会出现因不完全溶解而产生的铜粉。氯离子含量较低时，配离子主要是 dsp^2 型，二价铜离子还原为铜单质需要的活化能增加，对二价铜离子的分步还原产生不良影响，增大了二价铜离子直接变为 Cu 的可能性，导致镀层容易出现条纹，此外还伴有烧焦与针孔。原因是 dsp^2 型的结构过于稳定，导致极化值过大；含量太高时，配合物为 sp^3d^2 型，对 $Cu^{2+}+e═══Cu^+$ 与 $Cu^++e═══Cu$ 均起到了抑制作用，使阴极极化作用下降，阻碍了 Cu^{2+}的电沉积，镀层的光亮性减弱，低电区甚至不亮。此时，阳极也会发生钝化，电流随之下降，阳极表面的黑膜会转变为灰白色。总之，氯离子的作用是平衡阴极的电子反应，调和能量转换，从而调节阴极极化和二价铜离子还原成一价铜离子的反应速率。

以 $CuSO_4 \cdot 5H_2O$ 为主盐，以 H_2SO_4 作为导电剂。H_2SO_4 可以一直二价铜离子的水解，还可以提供镀液所需的酸性条件。酸性镀铜的电沉积铜的反应历程为分两步，首先二价铜离子还原为一价铜离子，然后一价铜离子还原为铜金属单质。

质量指标

测试项目	1#	2#	3#	4#	5#	6#
分散能力/%	77.6	80.9	86.6	86.8	88.5	90.9
深镀能力/%	89.2	92.7	91.5	93.3	95.4	96.7
电流效率/%	68.3	71.5	72.7	75.7	77.9	78.8
镀速/(μm/min)	0.08	0.009	1.095	0.018	0.023	0.047
孔隙率/（个/cm^2）	3	3	4	2	2	1
结合力（划格法）	轻微脱落	无脱落	无脱落	无脱落	无脱落	无脱落
结合力（急冷法）	无气泡、无脱皮	无气泡、无脱皮	无气泡、无脱皮	无气泡、无脱皮	无气泡、无脱皮	无气泡、无脱皮
韧性	无断裂	无断裂	无断裂	无断裂	无断裂	无断裂

产品应用 本品主要是一种酞菁体系酸性镀铜的电镀液。

使用所述配方配制的电镀液进行电镀的方法：

（1）阴极采用 10mm×10m×0.2mm 规格的 Q235 钢板。将钢板先用 200 目水砂纸初步打磨后再用 WC28 金相砂纸打磨至表面露出金属光泽。依次经温度为 50～70℃的碱液除油、蒸馏水冲洗、95%乙醇除油、蒸馏水冲洗、浸酸 1～2min、预浸铜 1～2min、二次蒸馏水冲洗。其中，碱液的配方为 50～80g/L NaOH、15～20g/L Na_3PO_4、15～20g/L Na_2CO_3 和 5g/L Na_2SiO_3 和 1～2g/L OP-10。浸酸所用的溶液组成为：100g/L 硫酸和 0.15～0.20g/L 硫脲。预浸铜所用溶液组成为：100g/L 硫酸、50g/L 无水硫酸铜和 0.20g/L 硫脲。

（2）以 15mm×10mm×0.2mm 规格的紫铜板为阳极，电镀前先用砂纸打磨平滑，然后用去离子水冲洗及烘干。

（3）将预处理后的阳极和阴极浸入电镀槽中的电镀液中，将电镀槽置于恒温水浴锅中，并为电镀槽安装电动搅拌机，将电动搅拌机的搅拌棒插于电镀液中。待调节水浴温度使得电镀液温度维持在15～40℃，机械搅拌转速调为100～300r/min后，接通脉冲电源，脉冲电流的脉宽为0.2～0.7ms，占空比为5%～30%，平均电流密度为2～5A/dm^2。待通电30～80min后，切断电镀装置的电源。取出钢板，用蒸馏水清洗，烘干。

产品特性　本产品以酞菁为整平剂，以二硫代氨基甲酸酯为光亮剂，以聚乙烯亚胺烷基盐为延展剂，以聚氧乙烯醚磺酸盐为润湿剂，由此使得镀液具有较好的分散力和深镀能力，阴极电流效率高，镀液性能优异。采用该镀液在酸性条件下电镀，获得的镀层的孔隙率低，镀层质量良好。

铜电镀液（1）

原料配比

原　料	配　比	
	1#	2#
$CuSO_4·5H_2O$	160g	180g
甲醛	130mL	150mL
次亚磷酸钠	80g	50g
氯化铜	0.5g	0.2g
溴化铜	0.1g	0.2g
2,2-联吡啶	80mL	100mL
PEG6000	0.015g	0.025g
水	加至1L	加至1L

制备方法　将各组分原料混合均匀即可。

原料配伍　本品各组分配比范围为：$CuSO_4·5H_2O$ 160～180g，甲醛130～150mL，次亚磷酸钠50～80g，氯化铜0.2～0.5g，溴化铜0.1～0.2g，2,2-联吡啶80～100mL及PEG6000 0.015～0.025g，水加至1L。

产品应用　本品主要用作铜电镀液。

五金件的镀铜方法，所述五金件的基材为铝合金，包括步骤：

（1）将五金件经碱洗去除油污、酸洗处理后去除五金件表面的氧化物；然后加热烘干所述五金件，排出酸洗过程中在五金件表面残留的气体；采用浓度为15%～25%的氢氧化钠溶液清洗五金件去除油污。

采用浓度为5%～10%的盐酸溶液清洗五金件去除表面的氧化物。

（2）以电解铜为阳极，五金件为阴极，放入电解槽中进行电镀；其中，电镀的电镀液采用如上所述的电镀液；电镀的电流密度为5.0～8.0A/dm^2；电解液的温度为40～60℃。

产品特性 本产品能够在铝合金基材的五金件表面获得稳定均匀的镀层，并且该镀层表面光亮美观；该方法工艺简单，成本低，适于工业化生产。

铜电镀液（2）

原料配比

原料	配比（质量份）				
	1#	2#	3#	4#	5#
硫酸铜	80	97	114	131	150
氯化铜	50	60	70	80	90
硫酸钠	40	47	54	62	70
硫酸钾	60	75	90	105	120
光亮剂	5	11	17	23	30
湿润剂	5	8.5	12	16	20
缓冲剂	25	32	39	47	55
去离子水	加至1000	加至1000	加至1000	加至1000	加至1000

制备方法 按配方称取适量的湿润剂，加入去离子水，搅拌至溶解；再称取适量的硝酸银、硫酸钾、硫酸钠加入到上述溶液中，常温下搅拌至溶解；然后将上述溶液用水浴锅加热至65℃，加入适量光亮剂，再用缓冲剂调节溶液的pH值，搅拌均匀。

原料配伍 本品各组分质量份配比范围为：硫酸铜80～150，氯化铜50～90，硫酸钠40～70，硫酸钾60～120，光亮剂5～30，湿润剂5～20，缓冲剂25～55，去离子水加至1000。

所述光亮剂选自氨基磺酸钾、苯亚甲基丙酮、糖精的一种。

所述湿润剂为溴化钾。

所述缓冲剂选自硼酸、乙酸钠的一种。

产品应用 本品主要用作铜电镀液。

产品特性 本电镀液形成的镀层延展性好、无脆性、表面光亮、平整度高，电镀液均镀和深镀能力强，电流效率高，电镀液无毒性，镀层高密度区不会烧焦。加入缓冲剂可以很好地调节溶液的酸碱度；加入光亮剂可以保持镀层外部的洁净、光泽度、色牢度；加入湿润剂可以降低水的表面张力或界面张力，使固体表面能被水所润湿。

铜电镀液（3）

原料配比

原料	配比（质量份）		
	1#	2#	3#
柠檬酸钠	80	115	150
硫酸铜	20	50	80
硫氰酸钾	20	50	80
次亚磷酸钠	20	35	50
硫氰化物	5	7.5	10
硫酸镍	5	6.5	8
水	加至1000	加至1000	加至1000

制备方法　将各组分原料混合均匀即可。

原料配伍　本品各组分质量份配比范围为：柠檬酸钠 80～150，硫酸铜 20～80，硫氰酸钾 20～80，次亚磷酸钠 20～50，硫氰化物 5～10，硫酸镍 5～8，水加至 1000。

所述电镀液的 pH 值为 9～11。

所述 pH 值用氨水或硫酸调整。

产品应用　本品主要用作铜电镀液。

产品特性　本产品的优点是有良好的覆盖能力和分散能力，有效减少环境污染。

铜电镀液（4）

原料配比

原料	配比							
	1#	2#	3#	4#	5#	6#	7#	8#
碱式碳酸铜	60g	80g	100g	30g	—	40g	100g	50g
硫酸铜	—	—	—	—	60g	—	—	—

续表

原料	配比							
	1#	2#	3#	4#	5#	6#	7#	8#
乙二胺四乙酸二钠	80g	70g	100g	50g	50g	65g	80g	40g
柠檬酸钠	60g	80g	80g	60g	60g	70g	140g	70g
硫酸钾	20g	40g	—	—	40g	50g	40g	—
硝酸钾	—	—	30g	20g	—	—	—	20g
硫代硫酸钠	10mg	15mg	—	—	18mg	—	20mg	10mg
硫氰酸钾	—	—	10mg	15mg	—	—	—	—
呋喃	—	—	—	—	—	10mg	—	—
水	加至1L	加至1L	加至1L	加至1L	加至1L	加至1L	加至1L	加至1L

制备方法 将各组分原料混合均匀即可。

原料配伍 本品各组分配比范围为：配位剂 100～200g/L；主盐 30～100g/L；导电盐 20～50g/L；光亮剂 10～100mg/L；电镀液的 pH 值为 9.0～11.0；水加至 1L。

所述配位剂由柠檬酸钠、氨基磺酸钠、葡萄糖酸钠、乙二胺四乙酸二钠中的一种或一种以上的组合。本配中配位剂为乙二胺四乙酸二钠和柠檬酸钠。

所述主盐为硫酸铜、碱式碳酸铜中的一种或两种。

所述导电盐为硫酸钾、硝酸钾中的一种或两种。

所述光亮剂为硫代硫酸钠、硫氰酸钾、呋喃中的一种或一种以上的组合。

所述 pH 值用氨水或硫酸调整。

产品应用 本品主要用作铜电镀液。电镀工艺包括以下步骤：

（1）将金属铜放入上述铜电镀溶液中，作为阳极。

（2）将工件放入上述铜电镀溶液中，作为阴极。

（3）通入直流电源，阴极电流密度 0.5～3A/dm^2，电镀液温度 40～55℃，电镀时间 2～8min。

产品特性

（1）电镀液不含氰化物，达到环保清洁生产工艺的要求，不会对生产工人的健康造成威胁。

（2）镀层与基体结合力良好，达到电镀层结合力的技术要求。

无氰碱性溶液镀光亮铜电镀液

原料配比

原料	配比						
	1#	2#	3#	4#	5#	6#	7#
HEDP	150g	250g	180g	220g	230g	200g	260g
硫酸铜	30g	40g	45g	65g	60g	55g	70g
导电盐	40g	55g	60g	70g	75g	70g	65g
添加剂	1mL	3mL	2.5mL	5mL	4.5mL	6.5mL	10mL
水	加至1L	加至1L	加至1L	加至1L	加至1L	加至1L	加至1L

制备方法 将各组分原料混合均匀即可。

原料配伍 本品各组分配比范围为：包括作为配位剂的 HEDP，作为主盐的可溶性铜盐，作为镀液 pH 调整剂的 KOH，导电盐 K_2CO_3 和适量的添加剂；HEDP 100～260g，铜盐 25～75g，导电盐 30～80g，所述添加剂 0.5～10mL；水加至 1L。

所述可溶性铜盐采用至少一种选自如下的物质：硫酸铜、碱式碳酸铜、氯化铜、硝酸铜、焦磷酸铜、乙酸铜、2-羟基丙磺酸铜。

所述添加剂中含有胺类、含氮化合物或含硫化合物，包括一种、两种或者多种选自如下的物质或是缩合得到的物质：二甲胺、乙二胺、二甲氨基丙胺、丙酰胺、二亚乙基三胺、正丙胺、异丙醇胺、三乙醇胺、四乙烯五胺、六亚甲基二胺、六亚甲基四胺、*N,N*-二甲基苯胺、乙烯亚胺季铵盐、硫代水杨酸、丁基或异丙基黄原酸盐、2-苯并噻唑磺酸、烯丙基硫脲、铋酮、二甲氨基苯甲基碱性蕊香红、甲基硫脲间二吡啶、红氨酸、硫代丙二酰代尿素。

产品应用 本品是一种无氰碱性溶液镀光亮铜电镀液。

电镀工艺：阴极的金属基材进行前处理（除油、酸洗、碱洗、活化）后，在电镀溶液中通以合适的电流，使金属基体表面沉积出光亮的铜镀层。

在所述的电镀液中，阴极电流密度为 0.24～6.70A/dm^2，电镀液的温度控制在 50℃，pH 值控制在 9.5，电解铜阳极，采用空气搅拌或阴极移动，电镀 1min～2.5h 均可获得光亮的铜镀层。

产品特性 本产品采用的电镀溶液组分简单，易于维护，可适用于较宽电流密度范围，镀层光亮，与钢铁结合力较好，是良好的打底镀层。

无氰预镀铜电镀液

原料配比

原料		配比（质量份）				
		1#	2#	3#	4#	5#
配位剂	氢氧化钾、磷酸和乙酸（摩尔比 3:2:1）	1	—	—	—	—
	氢氧化钠、磷酸和乙酸（摩尔比 3:3:2）	—	30	—	—	—
	氢氧化钠、磷酸和乙酸（摩尔比 1:1:1）	—	—	40	—	—
	碳酸氢钠、磷酸和丙氨酸（摩尔比 1:100:1）	—	—	—	60	—
	氢氧化钠、磷酸和甲基磷酸（摩尔比 3:2:1）	—	—	—	—	40
铜盐	制得的配位剂与硫酸铜（摩尔比 2:3）	0.5	10	—	—	20
	制得的配位剂与硫酸铜（摩尔比 2:1）	—	—	15	10	—
水		加至 100	加至 100	加至 100	加至 100	加至 100

制备方法

（1）配位剂的制备：将含 M 的碱、碳酸盐或碳酸氢盐与磷酸、含 R 基的一元有机酸或多元有机酸的酸式盐按摩尔比混合反应，然后反应液在 100～800℃条件下一步聚合 0.5～10h 获得配位剂成品；或者上述反应液先干燥，然后再在 100～800℃条件下聚合 0.5～10h 获得配位剂成品；

（2）铜盐的制备：将步骤（1）制得的配位剂与二价铜化合物按摩尔比于水相体系中混合均匀，于 25～100℃反应 0.5～1h，反应结束后经过离心分离并干燥得铜盐；

（3）电镀液的制备：将步骤（1）的配位剂溶于适量水中，然后按比例将步骤（2）的铜盐溶于上述配位剂水溶液中，再补入余量的水混合均匀，然后调 pH 值至 8.5～9.5，获得无氰预镀铜电镀液。

或者采用下列方法：

（1）配位剂的制备：将含 M 的碱、碳酸盐或碳酸氢盐与磷酸、含 R 基的一元有机酸或多元有机酸的酸式盐按摩尔比混合反应，然后反应液在 100～800℃条件下一步聚合 0.5～10h 获得配位剂成品；或者上述反应液先干燥，然后再在 100～800℃条件下聚合 0.5～10h 获得配位剂成品；

（2）电镀液的制备：将步骤（1）的配位剂溶于适量水中，然后按比例将所述的铜盐溶于上述配位剂水溶液中，再补入余量的水，然后调 pH 值至 8.5～9.5，获得无氰预镀铜电镀液。

原料配伍 本品各组分质量份配比范围为：配位剂 1～60，铜盐 0.3～20，水加至 100。

所述配位剂的通式为 $M_xH_yP_nO_{3n+1}R_z$，其中 M 为碱金属离子和 NH_4^+ 中的任意一种或多种，R 为酰基，铜盐的通式为 $Cu_{x/2}H_yP_nO_{3n+1}R$，x、n 和 z 均为正整数，y 为 0 或正整数，$x+y+z=n+2$。

所述铜盐还可以直接选自硫酸铜、氯化铜或碱式碳酸铜中的任意一种或几种。

产品应用 本品主要用作无氰预镀铜电镀液。

（1）钢铁工件：工艺流程：钢铁工件→超声波除油→水洗 1→水洗 2→阳极电解除油→水洗 1→水洗 2→酸洗除油→水洗 1→水洗 2→盐酸洗→水洗 1→水洗 2→终端电解除油→水洗 1→水洗 2→酸活化→水洗 1→水洗 2→预浸→电镀液→回收→水洗 1→水洗 2→酸活化→酸铜。

工艺条件：温度 45～65℃；pH 值 8.60～9.50；搅拌空气搅拌加阴极移动；阳极电解铜或无氧电解铜；阴阳面积比 1:(1.5～2)；电流 0.5～2.5A/dm^2。

（2）锌合金工件工艺流程：锌合金工件→热浸除蜡→超声波除蜡→水洗 1→水洗 2→超声波除油→水洗 1→水洗 2→阳极电解除油→水洗 1→水洗 2→酸盐活化→水洗 1→水洗 2→超声波预浸液预浸 30s→电镀液（带电入槽 25～35℃）→回收→水洗 1→水洗 2→酸活化→酸铜。

工艺条件：温度 25～35℃；pH 值 8.60～9.50；搅拌空气搅拌加阴极移动；阳极电解铜或无氧电解铜；阴阳面积比 1:(1.5～2)；电流

$0.5\sim1.5A/dm^2$。

产品特性

（1）本产品由配位剂、铜盐和水组成，其中配位剂的配位能力强，对铜离子的配合常数可达到 $10^{26}\sim10^{27}$，远远优于现有无氰电镀技术中的常规配位剂，由该配位剂制得的电镀液的稳定性大大提高，电镀液的品质高，该无氰电镀液用于预镀时，电镀液中的主盐金属离子不会与金属基材发生置换反应，不会产生疏松的置换层结构，因此，电镀层与金属基材的结合力强及镀层表面平滑，电镀层的质量得到很大的提高。

（2）该无氰预镀铜电镀液可以在常温至65℃的工艺温度下进行电镀，沉积镀层的速度较快，能满足实际生产的需要，提高了电镀的生产效率。

（3）本产品在较高工艺温度下时镀液的分散能力与镀层的结合力显著增强，且由于该电镀液的组分不易挥发，电镀液的组成稳定，获得的镀层致密，镀层的表面光滑，避免了现有技术的电镀液中组分在较高工艺温度下易挥发造成电镀液质量不稳定的不足。

（4）本产品能很好地与金属基材结合，对金属基材无腐蚀性，应用范围广，尤其是应用于锌、铝、镁或其合金等多种金属基材时，可以防止现有技术的电镀液对它们腐蚀问题的出现。

亚甲基二膦酸无氰镀铜的电镀液

原料配比

原料	配比（质量份）					
	1#	2#	3#	4#	5#	6#
$Cu_2(OH)_2CO_3$	10	23	16.5	13	20	18
亚甲基二膦酸	66	132	100	85	125	105
柠檬酸铵	20	40	30	30	28	25
硝酸铵	3	7	5	6	5	4
水	加至1000	加至1000	加至1000	加至1000	加至1000	加至1000

制备方法　根据配方用电子天平称取其他原料组分。用适量水分别溶解各组分原料并将其混合均匀倒入烧杯中，然后，加水调至预定体积，

加烧碱调节 pH 值至 8.5～10.5。

原料配伍 本品各组分质量份配比范围为：$Cu_2(OH)_2CO_3$ 10～25，亚甲基二膦酸 66～132，柠檬酸盐 20～40 和硝酸盐 3～7，水加至 1000。

所述柠檬酸盐为柠檬酸铵，所述硝酸盐为硝酸铵。

选用亚甲基二膦酸为配位剂。亚甲基二膦酸（methylene diphosphonic acid，MDPA）以三乙氧基膦为起始原料，与二溴甲烷经取代缩合水解即可制备。

选用柠檬酸盐作为辅助配位剂。柠檬酸盐优选为柠檬酸钾、柠檬酸钠、柠檬酸钾钠或硝酸铵。柠檬酸盐可与亚甲基二膦酸一起与二价铜离子形成混合配位体的配离子。柠檬酸盐可改善镀液的分散能力，增强镀液的缓冲作用，促进阳极溶解，增大容许电流密度和提高镀层的光亮度。柠檬酸盐进一步优选为柠檬酸铵。柠檬酸铵含有的铵离子能改善镀层外观。

选用硝酸盐作为导电盐。硝酸盐可以提高工作电流密度的上限，减少针孔，降低镀液的操作温度，提高分散能力，但明显降低电流效率。硝酸盐优选为硝酸铵，硝酸铵相比硝酸钾或硝酸钠能有效地提高容许的电流密度和改善镀层质量。

选用 $Cu_2(OH)_2CO_3$（碱式碳酸铜）为铜主盐。$Cu_2(OH)_2CO_3$ 含有的氢氧根可维持镀液的碱性环境，碳酸根可抑制镀层毛刺的生成，从而改善镀层的晶体结构。相比于硫酸铜和硝酸铜的铜主盐，$Cu_2(OH)_2CO_3$ 不会给镀液引入阴离子杂质，这是因为氢氧根为镀液碱性环境所必需，碳酸根在酸性条件下以二氧化碳的形式逸出。以此，避免了硫酸根和硝酸根的过量造成的镀层结合力下降的问题。

质量指标

测试项目	1#	2#	3#	4#	5#	6#
分散能力/%	81.0	83.4	87.5	90.3	92.3	94.7
深镀能力/%	90.3	92.8	94.3	95.2	97.5	98.7
整平性/%	80.4	87.7	88.4	90.3	94.5	96.7
电流效率/%	69.8	73.9	76.7	77.5	79.3	80.5
镀速/（μm/min）	0.012	0.028	0.043	0.071	0.087	0.108

续表

测试项目	1#	2#	3#	4#	5#	6#
孔隙率/（个/cm^2）	7	6	6	5	5	4
结合力（划格法）	轻微脱落	轻微脱落	无脱落	无脱落	无脱落	无脱落
结合力（急冷法）	无气泡、无脱皮	无气泡、无脱皮	无气泡、无脱皮	无气泡、无脱皮	无气泡、无脱皮	无气泡、无脱皮
韧性	轻微裂痕	无断裂	无断裂	无断裂	无断裂	无断裂

产品应用 本品是一种亚甲基二膦酸无氰镀铜的电镀液。

使用所述配方配制的电镀液进行电镀的方法：

（1）阴极采用 10mm×10mm×0.2mm 规格的 Q235 钢板。将钢板先用 200 目水砂纸初步打磨后再用 WC28 金相砂纸打磨至表面露出金属光泽。依次经温度为 50～70℃的碱液除油、蒸馏水冲洗、95%乙醇除油、蒸馏水冲洗、浸酸 1～2min、预浸铜 1～2min、二次蒸馏水冲洗。其中，碱液的配方为 40～60g/L NaOH、50～70g/L Na_3PO_4、20～30g/L Na_2CO_3 和 3.5～10g/L Na_2SiO_3。浸酸所用的溶液组成为：100g/L 硫酸和 0.15～0.20g/L 硫脲。预浸铜所用溶液组成为：100g/L 硫酸、50g/L 无水硫酸铜和 0.20g/L 硫脲。

（2）以 20mm×10mm×0.2mm 规格的紫铜板为阳极，电镀前先用砂纸打磨平滑，然后用去离子水冲洗及烘干。

（3）将预处理后的阳极和阴极浸入电镀槽中的电镀液中，将电镀槽置于恒温水浴锅中，并为电镀槽安装电动搅拌机，将电动搅拌机的搅拌棒插于电镀液中。待调节水浴温度使得电镀液温度维持在 30～50℃，机械搅拌转速调为 100～300r/min 后，接通脉冲电源，脉冲电流的脉宽为 0.4～1ms，占空比为 5%～30%，平均电流密度为 1～2A/dm^2。待通电 30～80min 后，切断电镀装置的电源。取出钢板，用蒸馏水清洗，烘干。

产品特性 本产品以亚甲基二膦酸为配位剂，以柠檬酸盐为辅助配位剂，使得镀液具有较好的分散力和深镀能力，阴极电流效率高，镀液性能优异。采用该镀液在碱性条件下电镀，获得的镀层的孔隙率低，镀层质量良好。

乙二胺无氰镀铜的电镀液

原料配比

原料	配比（质量份）					
	1#	2#	3#	4#	5#	6#
$CuSO_4 \cdot 5H_2O$	80	120	90	95	105	100
乙二胺	60	75	63	65	68	70
柠檬酸铵	10	20	12	15	12	13
硝酸铵	3	5	3.5	4	3.8	4
水	加至1000	加至1000	加至1000	加至1000	加至1000	加至1000

制备方法 根据配方用电子天平称取其他原料组分。用适量水分别溶解各组分原料并将其混合均匀倒入烧杯中，然后，加水调至预定体积，加氢氧化钠调节 pH 值至 9～10。

原料配伍 本品各组分质量份配比范围为：$CuSO_4 \cdot 5H_2O$ 80～120，乙二胺 60～75，柠檬酸盐 10～20，硝酸盐 3～5，水加至 1000。

所述柠檬酸盐为柠檬酸铵，所述硝酸盐为硝酸铵。

选用乙二胺为配位剂。二价铜的标准电极电位为+0.340V，简单铜离子镀液的极化程度较低，铜的放电速度很快。若采用简单盐镀液进行电镀，得到的镀层粗糙、结合力不好。加入乙二胺，它能与二价铜离子配位形成稳定的配离子，配离子在阴极沉积时的放电电位较简单的二价铜离子更负，即极化程度更大。因而，配离子放电更为平稳，使得镀层更为细致平整。

选用柠檬酸盐作为辅助配位剂。柠檬酸盐优选为柠檬酸钾、柠檬酸钠或柠檬酸铵。柠檬酸盐可与乙二胺一起与二价铜离子形成混合配位体的配离子。柠檬酸盐可改善镀液的分散能力，增强镀液的缓冲作用，促进阳极溶解，增大容许电流密度和提高镀层的光亮度。柠檬酸盐进一步优选为硝酸铵。硝酸铵含有的铵根离子能改善镀层外观。

选用硝酸盐作为导电盐。硝酸盐可以提高工作电流密度的上限，减少针孔，降低镀液的操作温度，提高分散能力，但明显降低电流效率。硝酸盐优选为硝酸铵，硝酸铵相比硝酸钾或硝酸钠能有效地提高容许的电流密度和改善镀层质量。

质量指标

测试项目	1#	2#	3#	4#	5#	6#
分散能力/%	79.7	81.3	82.1	85.3	87.8	89.6
深镀能力/%	89.7	91.6	93.1	94.6	96.9	97.5
整平性/%	77.5	82.5	87.5	89.5	93.5	95.5
电流效率/%	1.09	1.32	1.52	1.84	2.19	2.35
孔隙率/（个/cm^2）	20	19	16	16	14	13
结合力	无脱落	无脱落	无脱落	无脱落	无脱落	无脱落

产品应用 本品是一种乙二胺无氰镀铜的电镀液。

使用所述配方配制的电镀液进行电镀的方法：

（1）阴极采用10mm×10mm×0.2mm规格的Q235钢板。将钢板先用200目水砂纸初步打磨后再用W28金相砂纸打磨至表面露出金属光泽。依次经温度为50～70℃的碱液除油、蒸馏水冲洗、95%乙醇除油、蒸馏水冲洗。碱液的配方为40～60g/L NaOH、50～70g/L Na_3PO_4、20～30g/L Na_2CO_3和3.5～10g/L Na_2SiO_3。

（2）以10mm×10mm×0.2mm规格的紫铜板为阳极，电镀前先用砂纸打磨平滑，然后用去离子水冲洗及烘干。

（3）将预处理后的阳极和阴极浸入电镀槽中的电镀液中，将电镀槽置于恒温水浴锅中，并为电镀槽安装电动搅拌机，将电动搅拌机的搅拌棒插于电镀液中。待调节水浴温度使得电镀液温度维持在50～60℃，机械搅拌转速调为100～400r/min后，接通脉冲电源，脉冲电流的脉宽为1～3ms，占空比为5%～30%，平均电流密度为3～5A/dm^2。待通电30～60min后，切断电镀装置的电源。取出钢板，用蒸馏水清洗，烘干。

产品特性 本产品镀液以乙二胺为配位剂，以柠檬酸盐为辅助配位剂，使得镀液具有较好的分散力和深镀能力，阴极电流效率高，镀液性能优异。采用该镀液在碱性条件下电镀，获得的镀层的孔隙率低，镀层质量良好。

印制线路板酸性镀铜电镀液

原料配比

原料		配比					
		1#	2#	3#	4#	5#	6#
红色黏稠液体（VIS）	乙烯基咪唑	9.4g	9.4g	9.4g	—	—	9.4g
	1,3-丙基磺酸内酯	12.2g	12.2g	12.2g	—	—	12.2g
N-乙烯基咪唑鎓盐与丙烯基脂类的共聚物	红色黏稠液体（VIS）	8.64g	8.64g	8.64g	—	—	8.64g
	丙烯基丁酯	5g	—	—	—	—	5g
	丙烯基乙酯	—	5g	—	—	—	—
	丙烯基丙酯磺酸钠	—	—	5g	—	—	—
	苯	50mL	50mL	50mL	—	—	50mL
	自由基引发剂 AIBN	0.5g	0.5g	0.5g	—	—	0.5
N-乙烯基咪唑与环氧化物的聚合物	*N*-乙烯基咪	—	—	—	23.28g	23.28g	23.28g
	1,4-丁二醇二环氧甘油醚	—	—	—	46mL	—	46mL
	环氧丙烷	—	—	—	—	46mL	—
$CuSO_4 \cdot 5H_2O$		75g	75g	75g	75g	75g	75g
H_2SO_4		190g	190g	190g	190g	190g	190g
Cl^-		50mg	50mg	50mg	50mg	50mg	50mg
N-乙烯基咪唑鎓盐与丙烯基脂类的共聚物		2mg	1.8mg	1.5mg	—	—	1mg
N-乙烯基咪唑与环氧化物的聚合物		—	—	—	1.2mg	1.4mg	1mg
聚乙二醇（分子量为 8000）		200mg	200mg	200mg	200mg	200mg	200mg
聚乙烯亚胺丙磺酸钠		10mg	10mg	10mg	—	—	20mg
脂肪胺乙氧基磺化物		—	—	—	20mg	20mg	—
二甲基甲酰氨基磺酸钠		10mg	10mg	10mg	—	—	20mg
噻唑啉基二硫代丙烷磺酸钠		—	—	—	15mg	15mg	—
去离子水		加至 1L	加至 1L	加至 1L	加至 1L	加至 1L	加至 1L

制备方法 先在烧杯里加入一半体积的去离子水，然后在搅拌下加入浓硫酸搅拌均匀，趁热加入五水合硫酸铜，搅拌使其完全溶解，冷却后加入盐酸、光泽剂、表面活性剂、整平剂、走位剂，加去离子水定容到所需体积。

原料配伍 本品各组分配比范围为：含有整平剂、水溶性铜盐、硫酸、走位剂、氯离子及光泽剂和表面活性剂，所述的整平剂为以下①和②的混合物或者任选其一；① *N*-乙烯基咪唑鎓盐与丙烯基脂类的共聚物，② *N*-乙烯基咪唑与环氧化物聚合物；所述的整平剂为 0.05～100mg，优选为 0.5～300mg。

所述的走位剂为聚乙烯亚胺丙磺酸钠或烷基链碳数为 8～12 和氧乙烯醚链乙氧基数为 7～15 的脂肪胺乙氧基磺化物中的一种或两种。走位剂优选为聚乙烯亚胺丙磺酸钠，该走位剂在国内很多药水公司均有售，如江苏梦得电镀化学品有限公司，走位剂为 1～100mg，优选为 5～50mg。

所述的光泽剂为含硫有机磺酸盐类；光泽剂为 1～100mg，优选为 5～30mg。

所述的含硫有机磺酸盐类包括：醇硫基丙烷磺酸钠、苯基聚二硫丙烷磺酸钠、二甲基甲酰氨基磺酸钠、噻唑啉基二硫代丙烷磺酸钠或聚二硫二丙烷磺酸钠的一种或几种。优选为二甲基甲酰氨基磺酸钠和噻唑啉基二硫代丙烷磺酸钠中的一种或两种混合。

所述的表面活性剂包括聚乙二醇、聚丙二醇、烷基酚聚氧乙烯醚；所述的表面活性剂为 10～1000mg，优选为 50～300mg。其中优选聚乙二醇，其分子量为 1000～10000，更优选分子量为 5000～8000。

所述的水溶性铜盐为五水合硫酸铜，为 30～200g，优选为 50～100g；所述的硫酸为 50～300g，优选为 100～250g；所述的氯离子为 20～150mg，优选为 30～100mg。

N-乙烯基咪唑鎓盐与丙烯基脂类的共聚物的合成：将乙烯基咪唑放入 250mL 三口烧瓶中，将烧瓶放入 0℃冰水浴中，在搅拌下缓慢加入 1,3-丙基磺酸内酯，继续搅拌 0.5h，有白色固体析出，过滤固体，用乙醚洗涤固体三次，真空干燥后得到固体，将干燥后的固体溶于少量去离子水中，放在 0℃冰水浴中，缓慢加入等物质量的浓盐酸，然后在 60℃水浴中搅拌 12h，所得溶液用乙醚洗涤，减压蒸馏除去水分，真空干燥后得到淡红色黏稠液体（记为 VIS），取上述制取的红色黏稠

液体（VIS）、丙烯基丁酯（丙烯基乙酯，丙烯基丙酯）、苯以及自由基引发剂 AIBN 装入带有回流冷凝管的三颈烧瓶中，N_2 保护下，磁力搅拌并加热到 60℃，保持恒温反应 20h 后，减压蒸馏除去溶剂苯得到黄色薄膜状固体。

N-乙烯基咪唑与环氧化物的聚合物的合成：于 250mL 带有冷凝回流管的三颈烧瓶中将 *N*-乙烯基咪唑溶解于 50mL 水中，N_2 保护下磁力搅拌并加热至 80℃，在不断搅拌下将 1,4-丁二醇二环氧甘油醚或者环氧丙烷加入反应器中，加完 1,4-丁二醇二环氧甘油醚后混合物的温度维持在（85±2）℃，在 6h 内不断搅拌。停止加热后继续搅拌 18h，得到产物，用硫酸将混合物的 pH 值调至 6～7，该反应物不必提纯就可以直接使用。

产品应用　本品主要用作印制线路板酸性镀铜电镀液。

产品特性

（1）镀层出光快，镀层表面光亮平整，不易发雾起沙。

（2）镀液有很强的深镀能力和分散能力，能提高印制板通孔孔内镀层的均匀性，并减小孔中间镀层厚度与表面铜层的厚度差。

（3）原材料相对染料型添加剂来说便宜，使用成本较低，适合国内中小企业使用。

3 镀银液

LED 引线框架超高亮度局部电镀液

原料配比

原料	配比		
	1#	2#	3#
银离子	60g	50g	70g
氰化钾	15g	10g	20g
光亮剂 1	10mL	11mL	12mL
光亮剂 2	10mL	11mL	12mL
湿润剂	1mL	1mL	1mL
补充剂	60mL	55mL	65mL
水	加至 1L	加至 1L	加至 1L

制备方法 将各组分原料混合均匀即可。

原料配伍 本品各组分配比范围为：银离子 50～70g，氰化钾 10～20g，光亮剂 1 10～12mL，光亮剂 2 10～12mL，湿润剂 1mL，补充剂 55～65mL，水加至 1L。

其中的光亮剂 1 为含硒金属光亮剂，光亮剂 2 为有机物光亮剂。

所述的光亮剂 1 与光亮剂 2 的体积比为 1:1。光亮剂 1 与光亮剂 2 的比例搭配不当或者含量均低于 10mL/L，就达不到良好的出光效果，两者比例高于 1，银镀层杂质偏高，不仅亮度达不到要求，而且相关高温试验也不能通过；比例低于 1，银镀层外观会出现不良，亮度也很难达到 GAM1.5 以上。

所述光亮剂 1 为 Arguna 4500 Brightener 1，光亮剂 2 为 Arguna

4500 Brightener 2，湿润剂为 Arguna Wetting Agent 32，补充剂为 Arguna 4500 Replenisher Solution，均为市售。

所述电镀液的优选 pH 值为 8.0～10.0。

光亮剂 1 含量在 11mL/L 左右，主要是控制镀层的出光效果，含量过低会导致银层光亮度不够达不到 GAM1.5 以上，过高则会导致银层纯度偏低，高温试验发白发黑；光亮剂 2 含量为 11mL/L 左右，其主要是稳定出光效果，辅助增加银层的光亮度，含量过低会导致银层光亮度不够高，且镀液出光效果不稳定，过高则会导致银层表面脏污，出现瘤状物，甚至会出现银层凹坑，表面不平整等缺陷；湿润剂含量为 1mL/L，主要是降低镀液的表面张力，维持镀液的稳定性。

产品应用　本品主要用作 LED 引线框架超高亮度局部电镀液。

所述 LED 引线框架超高亮度局部电镀液的电镀工艺，其特征在于包括以下步骤：

（1）在 LED 引线框架的预镀银层上用银含量为 45～75g/L，KCN 含量为 10～20g/L 的镀液以 5～15A/dm^2 的电流密度在 50℃下电沉积 10～15s，全镀沉积一层厚度为 0.5～1μm 的薄银，然后用纯水清洗吹干。

（2）将镀薄银的 LED 引线框架在 50～60℃下，以 50～100A/dm^2 的电流密度用超高亮局部电镀液电沉积 4～10s 对 LED 引线框架的功能区进行局部镀，然后用纯水清洗，吹干；局部镀形成的亮银镀层厚度为 2～3μm。

（3）将完成功能区局部镀的 LED 引线框架进行过银保护即可。过银保护为在药水 AR-1 含量为 2mL/L 的银保护溶液中浸泡 30s，该药水 AR-1 为市售。

本产品中全镀银工序位置的选择也很重要。一定在局部电镀之前实施镀薄银，因为薄银镀层晶格细致，均匀，再在上面点镀亮银效果就比较理想，不能选择薄银的位置在局部镀银之后，这样达不到银层超光亮的效果。

局部电镀时电流密度的控制也尤为重要，传统的镀银电流密度一般会低于 50A/dm^2，银层的光亮度也达不到 1.5 以上，但电流密度在 80A/dm^2 左右时会有比较理想的光亮银镀层，所以对镀件受镀面积的测量必须精确和精准，整流器的选择最好为矩形方波脉冲整流器。

产品特性

（1）本产品利用现有的试剂配制出的局部电镀液，配合本产品亮银电镀工艺可确保电镀出超高亮度的银层，使功能区的银镀层 GAM 达到1.5～2.0，而传统的亮银镀层的GAM一般在1.2以下。

（2）本产品在原有工艺的基础上进行了改革，开发了一种冲击镀银工艺，即在较高电流密度下，在短短的几秒内完成镀银，银层薄而均匀光亮，电镀液成分简单，不需要其他很多种有机配料，过程一次完成，时间短，生产效率高，节省原料。

（3）本产品省时省力省原料，大大节约了成本，又提高了产品品质。

半胱氨酸镀银电镀液

原料配比

原料		配比（质量份）					
		1#	2#	3#	4#	5#	6#
硝酸银		20	35	27	23	30	30
半胱氨酸		90	110	100	95	105	98
甲基磺酸盐		15	30	23	20	25	23
非离子型表面活性剂	NP-9	—	—	—	—	8	—
	OP-10	3	—	—	—	—	7
	OP-9	—	—	6	8	—	—
	NP-10	—	10	—	—	—	—
碳酸钠		15	30	22	25	25	25
水		加至1000	加至1000	加至1000	加至1000	加至1000	加至1000

制备方法　用适量水溶解硝酸银；用稀盐酸溶解半胱氨酸，用氨水调制中性；用适量水溶解甲基磺酸盐、非离子型表面活性剂和碳酸盐。将半胱氨酸的溶液不断搅拌、缓缓加入硝酸银溶液中，然后加入溶解甲基磺酸盐、非离子型表面活性剂和碳酸盐的溶液并混合均匀后，加水调至预定体积。加氨水调节 pH 值至 8.5～10.5。

原料配伍　本品各组分质量份配比范围为：硝酸银 20～35，半胱氨酸 90～110，甲基磺酸盐 15～30，非离子型表面活性剂 3～10 和碳酸盐

15～30，水加至1000。

所述半胱氨酸为L-半胱氨酸，所述碳酸盐为碳酸钠。

所述非离子型表面活性剂为分子量为400～600的烷基酚聚氧乙烯醚。

选用半胱氨酸作为配位剂。金属银的标准电极电位为+0.799V，属电正性较强的金属。将Ag^+还原成单质银的交换电流密度较大，也就是说，使Ag沉积的浓度极化较小。因此，从以Ag^+形式存在的镀液中沉积的银镀层结晶粗大，因而加入的配位剂可以与Ag^+配位，提高正一价银的电极化，提高银沉积的质量。半胱氨酸的氨基上的氮原子可提供电子从而与银离子配位，半胱氨酸的巯基上的硫原子也可提供电子从而与银离子配位，这样半胱氨酸通过硫原子和氮原子与银离子可形成结构较单一的含有氨基的配位剂更稳定的螯合物。

甲基磺酸盐作为添加剂可改善镀层的平整性，甲基磺酸盐优选为可溶于水的甲基磺酸钠或甲基磺酸钾。

碳酸盐可作为导电盐。碳酸盐优选为水溶性的钠盐或钾盐。碳酸盐为易溶于水的强电解质，可增强镀液的导电性，提高阴极极化，使得镀层细致、光滑；又可通过水解成碱性维持镀液的碱性环境。碳酸盐用量过多会对镀层的质量造成负面影响。

非离子型表面活性剂可降低阴极银沉积的晶体颗粒的大小。非离子型表面活性剂可以为烷基酚聚氧乙烯醚，烷基酚聚氧乙烯醚的分子量优选为500。

质量指标

测试项目	1#	2#	3#	4#	5#	6#
30天稳定性	未见异常	未见异常	未见异常	未见异常	未见异常	未见异常
分散能力/%	51.1	50.4	55.2	57.7	58.6	60.9
深镀能力/%	86.7	85.6	89.9	91.6	93.8	95.1
电流效率/%	96.04	96.47	96.94	97.26	97.84	98.37
镀速/（μm/h）	30.6	31.1	31.9	32.7	33.1	34.8
可焊接性/mm	9	10	11	12	12	13
抗变色性	C级	C级	C级	C级	B级	B级
结合力（淬火法）	不剥落	不剥落	不剥落	不剥落	不剥落	不剥落
镀层外观	银白色	银白色	银白色	银白色	银白色	银白色，有光圈

产品应用 本品是一种半胱氨酸镀银电镀液。

使用所述配方配制镀银电镀液电镀的方法：

（1）阴极采用面积为2cm×3cm，厚为2mm的紫铜板。将紫铜板先用200目水砂纸初步打磨后再用600目水砂纸打磨至表面露出金属光泽。依次经氢氧化钠/碳酸钠的热碱液除油、95%乙醇除油、蒸馏水冲洗。

（2）将经步骤（1）处理后的紫铜板浸入镍电镀液中进行电镀镍层，施镀条件为：温度为60～70℃，pH值为2～3，平均电流密度为0.1～0.3A/dm^2。

（3）将镀镍后的紫铜板用去离子水冲洗后，浸入由含量为10～15g/L的硝酸银、含量为200～220g/L的硫脲组成的银溶液，浸入的银溶液温度为20～30℃，pH值为4～6，浸入的时间为2～3min。

（4）以面积为2cm×3cm、厚度为2mm、纯度为99.9%的两块银板为阳极，将银板置入紫铜板的两侧后，并联接上电源的负极，将阳极和阴极浸入电镀槽中的电镀液中，调节电镀液水浴温度为20～35℃。将机械搅拌转速调为200～400r/min。接通脉冲电源，脉冲电流的脉宽为1～4ms，占空比为5%～20%，平均电流密度为0.3～0.8A/dm^2。待通电15～40min后，切断电镀装置的电源。取出紫铜板，用蒸馏水清洗，烘干。

预处理中的抛光可为对阴极进行电镀镍层。在电镀镍层之前包括酸浸渍以活化铜板。酸浸渍包括用稀硝酸浸渍和之后的用稀盐酸浸渍，两种酸浸渍的时间为20～40s，优选为30s。每次酸浸渍后用水冲洗，以冲洗掉残留的氢离子，避免残留的氢离子造成镀层出现空隙等不光滑的问题。抛光还可为用体积比为1:1:1的浓硝酸、浓硫酸和水去除表面的氧化物膜。预处理之所以包括浸银的步骤，是由于镍的标准电极电位比银负得很多，当镀过镍的铜基体进入镀银液时，在未通电前即发生置换反应，镀件表面发生置换反应，镀件表面形成的置换银层与基体结合力差，同时还会有部分的镍杂质污染镀液。

产品特性 本产品选用半胱氨酸为配位剂，半胱氨酸可与银配位成银螯合离子，银螯合离子在镀液中更稳定；选用甲基磺酸盐作为添加剂，在镀液中添加非离子型表面活性剂，从而使得镀液的稳定性好，镀层抗变色性和可焊接变强。

电镀液

原料配比

原　料	配　比		
	1#	2#	3#
氰化银	10g	20g	30g
氰化钾	100g	120g	140g
氢氧化钾	75g	100g	50g
氢氧化钠	60g	80g	40g
光亮剂 A	50mL	10mL	30mL
光亮剂 B	20mL	10mL	15mL
水	加至 1L	加至 1L	加至 1L

制备方法　将各组分原料混合均匀即可。

原料配伍　本品各组分配比范围为：氰化银 10～30g，氰化钾 100～140g，氢氧化钾 50～100g，氢氧化钠 40～80g，光亮剂 A 10～50mL，光亮剂 B 10～20mL，水加至 1L。

所述光亮剂 A 为 Mirapo LWT 光亮剂，所述光亮剂 B 为 2-巯基苯并咪唑光亮剂。

产品应用　本品是一种电镀液。

所述的电镀液的镀银方法，包括如下步骤：

（1）镀银前的预处理：对镀件进行上挂、除油、水洗、活化以及预镀处理；所述预镀处理包括两次镀铜操作，第一次镀铜结束后将镀件进行所述水洗操作后进行第二次镀铜；所述第一次镀铜：将镀件放入第一镀铜溶液中电镀，其工作温度保持在 10～20℃，工作时间为 3～5min，电压为 40～80V；所述第二次镀铜：将镀件放入第二镀铜溶液中电镀，其工作温度保持在 20～50℃，工作时间为 3～5min，电压为 40～80V。所述第一镀铜溶液按照以下组分配制：氰化亚铜 35～45g/L，游离氰化钠 10～25g/L，氢氧化钠 30～60g/L，硼砂 30～50g/L，活性剂 15～45mL/L，乳化剂 15～35mL/L；第二镀铜溶液按照以下组分配制：焦硫酸铜 30～60g/L，焦磷酸钾 40～80g/L，氨水 30～60mL/L，氢氧化钠 30～60g/L。上挂操作使用平面挂具。除油包括初级除油步骤和电解除油步骤，镀件在初级除油步骤后进行所述水洗操作后再进行所述电解除油步骤；初级除油步骤为将配制好的所述平面挂具的镀件放入除油缸内，设置除油温度为20～40℃，除油时间为15～30min，除油缸内放置初级除油液，初级除油液内氢氧化钠为30～50g/L，双氧水为20～50mL/L；电解除油步骤为将铸件放入电解除油缸内，设置除油温度为30～60℃，除油时间为15～20min，电流密度为1～2A/dm^2，电解除油缸内放置电解粉20～30g/L。电解除油步骤后进行水洗操作后对铸件进行活化处理，活化处理为将铸件放置在活化槽内，活化槽内放置硫酸含量为25%～50%的活化液，工作时间设定为30～60s。除油还包括电极除油步骤，电极除油步骤设置在所述第二次镀铜后，电极除油步骤为将铸件放置在电极除油槽内，电极除油槽内放置电极除油粉20～50g/L，氢氧化钠20～50g/L，温度设置在15～30℃。

（2）直流电沉积镀银处理：将预处理后的镀件放置于电镀液中进行直流电沉积镀银，电流密度为1～2A/dm^2，其中电镀液的pH值保持在12～12.5，工作温度在18～25℃，工作时间为10～15min。

（3）后续处理：取出镀件后对其进行清洗、烘干。

产品特性

（1）本产品对镀银工艺的电镀液配方做了定性的改动，同时对镀银时的电流也做了相应的改变，使得PI覆盖膜在镀银后胶性不会变小，PI覆盖膜内在组织也不会被破坏，一定程度上延长了基于金属基材与PI覆盖膜贴合后的镀银镀件的使用寿命。

（2）本产品优选采用两次预镀铜操作，可以保证镀件金属层与镀件结合良好，表面平整、致密，光亮度好，抗变色能力强。且镀银以前无需镀镍，工艺简单，操作方便，成本低廉，可以满足生产领域的需要。

丁二酰亚胺镀银电镀液

原料配比

原料	配比（质量份）					
	1#	2#	3#	4#	5#	6#
硝酸银（以银计）	10	20	15	12	17	15

续表

原料	配比（质量份）					
	1#	2#	3#	4#	5#	6#
丁二酰亚胺	130	150	140	133	137	134
甲基磺酸钠（以甲基磺酸根计）	30	40	35	32	36	35
碳酸钠（以碳酸根计）	20	30	25	27	22	25
聚乙烯亚胺（分子量为400）	1	2	—	—	—	—
聚乙烯亚胺（分子量为500）	—	—	1.5	1.2	—	—
聚乙烯亚胺（分子量为600）	—	—	—	—	1.8	1.8
水	加至1000	加至1000	加至1000	加至1000	加至1000	加至1000

制备方法 分别用适量水溶解硝酸银、丁二酰亚胺、甲基磺酸盐、聚乙烯亚胺和碳酸盐，将丁二酰亚胺溶液不断搅拌、缓缓加入硝酸银溶液中。接着，将甲基磺酸盐溶液加入溶解有丁二酰亚胺和硝酸银的溶液混合均匀。然后，分别将聚乙烯亚胺溶液和碳酸盐加入溶解上述三原料组分的溶液中混合均匀后，加水调至预定体积。

原料配伍 本品各组分质量份配比范围为：以银计10～20的硝酸银、以甲基磺酸根计30～40的甲基磺酸盐、以碳酸根计20～30的碳酸盐和1～2的聚乙烯亚胺，水加至1000。

所述聚乙烯亚胺的分子量为400～600。

选用丁二酰亚胺作为配位剂。金属银的标准电极电位为+0.799V，属电正性较强的金属。将 Ag^+还原成单质银的交换电流密度较大，也就是说，使 Ag 沉积的浓度极化较小。因此，从以 Ag^+形式存在的镀液中沉积的银镀层结晶粗大，因而加入配位剂可以有效解决此问题。丁二酰亚胺与银离子配位形成比较稳定的酰离子存在于镀液中。

选用甲基磺酸盐作为添加剂。甲基磺酸盐可以为甲基磺酸钠和/或甲基磺酸钾。甲基磺酸钠和/或甲基磺酸钾来源易得。添加的甲基磺酸盐可促进银的沉积速率，提高镀层的致密性和平滑度。此外，在一定程度上，甲基磺酸盐一方面可抑制丁二酰亚胺的水解以降低镀液中游离的供银离子配位的离子浓度，另一方面甲基磺酸盐可促进丁二酰亚胺与银离子的配位反应。相比于现有技术的甲基磺酸主要以甲基磺酸银的形式加入的方法，本产品的甲基磺酸以可溶性的盐加入，例如以甲基磺酸钠或甲基磺酸钾加入。前者甲基磺酸银为难水溶性盐，只有溶解的那部分甲基磺酸银才能电离，镀液中游离的可供银离子配位的甲基磺酸银浓度较低，使得该配位反应速率较慢。而后者以可溶性的甲基磺酸盐加入镀液后，全部溶解于水中而能发生电离释放出大量的甲基磺酸银离子，使得该配位反应速率大大提高。

选用碳酸盐作为导电盐和酸碱缓冲剂，碳酸盐优选为碱金属的碳酸盐。碳酸盐为易溶于水的强电解质，可增强镀液的导电性；又可通过水解维持镀液的碱性环境。相对于其他的缓冲剂，例如，硼酸钠、乙酸钠，碳酸盐具有比较显著的价格优势。碳酸盐用量过多会导致碳酸盐从镀液中以晶体析出。

选用聚乙烯亚胺最为光亮剂。聚乙烯亚胺为水溶性低聚合物，聚合度一般不超过 100。相对于单体胺类的光亮剂，其稳定性较强，几乎不水解释放出氨。重要的是可较大程度地增强镀层的光亮度。本产品的聚乙烯亚胺选用分子量为 400～600 的聚乙烯亚胺。

质量指标

测试项目	1#	2#	3#	4#	5#	6#
30 天稳定性	未见异常	未见异常	未见异常	未见异常	未见异常	未见异常
分散能力/%	36.1	35.4	40.2	42.7	43.5	45.7
深镀能力/%	84.7	83.6	87.9	89.6	91.8	93.1
电流效率/%	98.14	98.47	98.61	98.87	99.14	99.37
镀速/（μm/h）	22.6	23.1	23.9	24.7	25.1	26.8
可焊接/mm	9	10	11	12	12	13

产品应用 本品主要用作丁二酰亚胺镀银电镀液。电镀的方法，包括以下步骤：

（1）阴极采用面积为 4cm×6cm 厚为 2mm 的紫铜板。将紫铜板先用 200 目水砂纸初步打磨后再用 600 依次目水砂纸打磨至表面露出金属光泽。依次经氢氧化钠/碳酸钠的热碱液除油、95%乙醇除油、蒸馏水清洗、10%稀硝酸浸渍 30s、去离子水冲洗、5%的稀盐酸浸泡 30s 的处理。

（2）将处理后的紫铜板浸入镍电镀液中进行电镀镍层，施镀条件为：温度为 60～70℃，pH 为 2～3，平均电流密度为 0.1～0.3A/dm^2。

（3）将镀镍后的紫铜板用去离子水冲洗后，浸入由含量为 10～15g/L 的硝酸银、含量为 200～220g/L 的硫脲组成的银溶液，浸入的银溶液温度为 20～30℃，pH 值为 4～6，浸入的时间为 4～6min。

（4）以面积为 4cm×6cm、厚度为 2mm、纯度为 99.9%的两块银板为阳极，将银板置入紫铜板的两侧后，并连接上电源的负极，将阳极和阴极浸入电镀槽中的电镀液中，调节电镀液水浴温度为 15～30℃，pH 值为 8～10。将机械搅拌转速调为 200～500r/min。接通脉冲电源，脉冲电流的脉宽为 1～3ms，占空比为 5%～20%，平均电流密度为 0.3～0.7A/dm²。待通电 30～60min 后，切断电镀装置的电源。取出紫铜板，用蒸馏水清洗烘干。

预处理中的酸浸渍是为了活化铜板。包括用稀硝酸浸渍和之后的用稀盐酸浸渍，两种酸浸渍的时间为 20～40s，优选为 30s。每次酸浸渍后用水冲洗，以冲洗掉残留的氢离子，避免残留的氢离子造成镀层出现空隙等不光滑的问题。预处理还包括在酸浸渍之前的对铜板进行打磨、碱性液体除油的步骤。

产品特性 本产品选用丁二酰亚胺为配位剂，选用甲基磺酸盐为添加剂以提高镀层的致密性和平滑度，选用聚乙烯亚胺作为光亮剂，从而使得镀液的稳定性好，镀层抗变色性和可焊接性强。

光亮无氰镀银电镀液

原料配比

<table>
<tr><th colspan="3" rowspan="2">原　料</th><th colspan="4">配比（质量份）</th></tr>
<tr><th>1#</th><th>2#</th><th>3#</th><th>4#</th></tr>
<tr><td rowspan="7">光亮剂</td><td colspan="2">糖精</td><td>0.3</td><td>—</td><td>—</td><td>—</td></tr>
<tr><td colspan="2">聚乙二醇</td><td>—</td><td>0.01</td><td>—</td><td>0.2</td></tr>
<tr><td colspan="2">咪唑</td><td>—</td><td>—</td><td>0.2</td><td>—</td></tr>
<tr><td rowspan="4">氨基酸类化合物</td><td>甲硫氨酸</td><td>0.5</td><td>—</td><td>—</td><td>—</td></tr>
<tr><td>组氨酸</td><td>—</td><td>0.5</td><td>—</td><td>—</td></tr>
<tr><td>色氨酸</td><td>—</td><td>—</td><td>0.45</td><td>—</td></tr>
<tr><td>丝氨酸</td><td>—</td><td>—</td><td>—</td><td>0.5</td></tr>
<tr><td rowspan="2">银离子来源物</td><td colspan="2">$AgNO_3$</td><td>30</td><td>—</td><td>25</td><td>35</td></tr>
<tr><td colspan="2">AgCl</td><td>—</td><td>42</td><td>—</td><td>—</td></tr>
<tr><td rowspan="2">配位剂</td><td colspan="2">乙内酰脲</td><td>180</td><td>—</td><td>—</td><td>—</td></tr>
<tr><td colspan="2">5-甲基乙内酰脲</td><td>—</td><td>190</td><td>—</td><td>70</td></tr>
</table>

续表

原料		配比（质量份）			
		1#	2#	3#	4#
配位剂	5-二甲基乙内酰脲	—	—	160	—
支持电解质	KNO_3	17	—	—	—
	柠檬酸钾	—	—	—	35
	K_2CO_3	—	24	20	—
pH 调节剂	NaOH	10	—	18	—
	KOH	—	14	—	25
水		加至 1000	加至 1000	加至 1000	加至 1000

制备方法 先将配位剂、支持电解质和电镀液 pH 调节剂用部分水溶解，按照原料配方混合均匀；冷却至室温，再缓慢加入银离子来源物，搅拌至溶液澄清；然后向其中加入光亮剂，最后加入剩余水，搅拌均匀后静置即可。

原料配伍 本品各组分质量份配比范围为：光亮剂 0.05～0.8、银离子来源物 25～60、配位剂 70～190、支持电解质 10～40 和镀液 pH 调节剂 10～50。

所述的光亮剂为 0.05～0.5 的氨基酸类化合物、0.01～0.2 的聚乙二醇、0～0.2 的咪唑、0～0.2 的喹啉衍生物和 0～0.3 的糖精中的一种或几种。

所述的氨基酸类化合物为甲硫氨酸、组氨酸、色氨酸、丝氨酸中的一种或几种的任意比例混合。

所述银离子来源物为氯化银、硝酸银或硫酸银中的一种。

所述支持电解质为碳酸钾、柠檬酸钾、硝酸钾中的一种。

所述镀液 pH 调节剂为氢氧化钾、氢氧化钠或氢氧化钾与氢氧化钠的混合。

所述的电镀液 pH 值范围为 8～11。

产品应用 本品是一种光亮无氰镀银电镀液。

在电镀过程中，将镀液维持在 50℃。然后，将经过预处理的金属基底接入电路并浸入电镀液中，电流密度 $1A/dm^2$，采用施镀方式为挂镀，得到发光二极管引线框架镀银样品。LED 引线框架的挂镀效果，电镀的工作电流可以达到 1 A/dm^2，镀层厚度可以在 5～10mm，目视光亮性好。

产品特性 本产品稳定且毒性低，极少用量的光亮剂就能显著改善镀液性能和镀层质量。镀层结晶细致且结合力良好，表面平整、光亮、抗变色性好，可满足装饰性电镀和功能性电镀等多领域的应用，具有很好的实用性。

含辅助配位剂的无氰镀银电镀液

原料配比

原料		配比（质量份）					
		1#	2#	3#	4#	5#	6#
银离子来源物	$AgNO_3$	30	—	30	35	—	—
	AgCl	—	40	—	—	—	50
	Ag_2SO_4	—	—	—	—	45	—
配位剂	乙内酰脲	140	—	—	160	—	—
	丁二酰亚胺	—	170	—	—	140	—
	海因	—	—	140	—	—	—
	5-丙基乙内酰脲	—	—	—	—	—	150
支持电解质	KNO_3	30	—	—	—	—	—
	K_2CO_3	—	15	20	—	10	—
	柠檬酸钾	—	—	—	10	—	20
pH调节剂	NaOH	10	—	15	—	15	—
	KOH	—	10	—	15	—	30
辅助配位剂	HEDP	25	20	10		—	20
	EDTA	—	—	—	25	20	10
电镀添加剂	糖精	0.2	—	—	—	—	0.4
	亚硒酸	0.4	0.2	—	—	0.5	—
	L-组氨酸	—	—	0.2	0.05		0.3
	酒石酸锑钾	—	0.05	—	0.05	0.05	—
	香草醛	—	—	0.3	—	—	—
水		加至1000	加至1000	加至1000	加至1000	加至1000	加至1000

制备方法 控温 50～60℃，将配位剂、支持电解质和 pH 调节剂混合均匀，再缓慢加入银离子来源物，搅拌至溶液澄清，随后加入辅助配位剂，制成无氰镀银电镀液，最后向其中加入电镀添加剂，搅拌均匀

后静置待用。

原料配伍 本品各组分质量份配比范围为：银离子来源物 30～60，配位剂 140～200，辅助配位剂 10～50，支持电解质 10～30，电镀添加剂 0.1～0.8，pH 调节剂 10～30，水加至 1000。

所述银离子来源物为氯化银、硝酸银或硫酸银中的一种。

所述配位剂为丁二酰亚胺、乙内酰脲、海因或上述三者的衍生物。

所述辅助配位剂为乙二胺四乙酸（EDTA）、羟基亚乙基二膦酸（HEDP）和氨基三亚甲基膦酸（ATMP）中的一种或两种。

所述支持电解质为碳酸钾、柠檬酸钾、硝酸钾中的一种或两种。

所述 pH 调节剂采用氢氧化钾、氢氧化钠、盐酸、硝酸中的一种或几种的任意比混合。

所述的电镀添加剂为醛类化合物、亚硒酸、酒石酸锑钾、糖精、L-组氨酸中的一种或几种的任意比混合。

产品应用 本品是一种含辅助配位剂的无氰镀银电镀液。

电镀液 pH 值范围为 8～12，在电镀过程中，将镀液维持在 50～60℃。然后，将经过预处理的金属基体接入电路并浸入电镀液中，所通电流密度为 $50A/dm^2$，电镀时间为 10s。

产品特性 本产品镀液稳定且毒性低，电镀过程中阳极钝化得到很好的抑制，阳极溶解正常，镀液可长时间连续使用，镀层结合力良好且光亮，满足装饰性电镀和功能性电镀等多领域的应用。

硫代硫酸盐镀银电镀液

原料配比

原料	配比（质量份）					
	1#	2#	3#	4#	5#	6#
硝酸银	40	50	45	43	43	45
硫代硫酸盐	230	250	240	245	245	240
碳酸钾	45	65	55	50	50	45
焦亚硫酸钾	40	50	45	42	42	45
柠嗪酸	2	3	2.5	2.2	2.2	2.5
硫代氨基脲	0.3	0.50	0.40	0.45	0.45	0.50

续表

原料	配比（质量份）					
	1#	2#	3#	4#	5#	6#
三乙醇胺	0.10	0.20	0.15	0.17	0.17	0.18
水	加至 1000	加至 1000	加至 1000	加至 1000	加至 1000	加至 1000

制备方法 分别用适量水溶解硝酸银、硫代硫酸盐、焦亚硫酸盐和碳酸盐。将焦亚硫酸盐溶液在不断搅拌的同时加入硝酸银溶液得到白色浑浊液。将上述白色浑浊液边搅拌边缓慢加入硫代硫酸盐溶液中得到微黄色透明液体。将柠嗪酸、硫代氨基脲用适量水溶解，用适量水溶解三乙醇胺后加入柠嗪酸、硫代氨基脲的溶液中，混合后加入至上述微黄色透明液体中，并加水调至预定体积。

原料配伍 本品各组分质量份配比范围为：硝酸银 40～50，硫代硫酸盐 230～250，碳酸盐 45～65，焦亚硫酸盐 40～50，柠嗪酸 2～3，硫代氨基脲 0.3～0.5 和三乙醇胺 0.1～0.2，水加至 1000。

所述硫代硫酸盐为硫代硫酸钠和/或硫代硫酸钾，所述碳酸盐为碳酸钠和/或碳酸钾，所述焦亚硫酸盐为焦亚硫酸钠和/或焦亚硫酸钾。

选用硫代硫酸盐作为配位剂。硫代硫酸盐可以为硫代硫酸钠或硫代硫酸钾，也可为两者的混合盐。金属银的标准电极电位为 0.799V，属电正性较强的金属。将 Ag^+还原成单质银的交换电流密度较大，也就是说，使 Ag 沉积的浓度极化较小。因此，从以 Ag^+形式存在的镀液中沉积的银镀层结晶粗大，因而加入配位剂可以有效解决此问题。硫代硫酸盐均满足银电镀液配位剂的其中两个筛选原则，即配位剂为软碱和配离子为阴配离子。从另外的一个筛选原则不稳定常数最小化原则考虑，$S_2O_3^{2-}$与 Ag^+主要形成$[Ag(S_2O_3)]^-$和$[Ag(S_2O_3)_2]^{3-}$两种配离子，$[Ag(S_2O_3)]^-$的不稳定常数为 1.5×10^{-9}，$[Ag(S_2O_3)]^{3-}$的不稳定常数为 3.5×10^{-14}，氰化物与银离子形成$[Ag(CN)_2]$的不稳定常数为 8.0×10^{-22}，因此相对于其他的配位剂，$S_2O_3^{2-}$与金属 Ag 配位形成配离子的热力学稳定性与氰化物较为接近，从而能提高的镀液中 Ag^+的电化学极化，提高镀层的质量。

选用碳酸盐作为导电盐，优选为碱金属的碳酸盐。与目前常用的乙酸钾、酒石酸钾钠和柠檬酸三铵相比，碳酸盐不仅起到同等对镀层的改善效果，而且成本较低。碳酸盐可增强镀液的导电性，但用量过多会导致镀液中晶体的析出。

选用焦亚硫酸盐作为稳定剂，焦亚硫酸盐可以为钠盐或钾盐，也可以为两者的混合物。焦亚硫酸根水解释放出亚硫酸氢根离子，增加镀液中亚硫酸氢根离子的浓度，从而可抑制氢离子与硫代硫酸根离子的可逆反应的正反应的进行。焦亚硫酸盐用量过多会导致镀层产生条纹。

选用硫代氨基脲作为阳极活化剂，它可溶解电镀过程中的阳极表面生成的致密氧化物层，降低阳极钝化现象。镀层对硫代氨基脲中的硫元素较为敏感，硫代氨基脲过多则会导致镀层发脆。

选用柠嗪酸、硫代氨基脲和三乙醇胺作为复配的光亮剂，相比该三种光亮剂单独使用，前者能显著提高镀层的光亮度，而且能降低总的使用量。

产品应用 本品是一种硫代硫酸盐镀银电镀液。电镀的方法：

（1）阴极采用厚为0.3mm的紫铜板作为被镀的基体。将紫铜板先用200目水砂纸初步打磨后再用600目水砂纸打磨至表面露出金属光泽。依次经氢氧化钠/碳酸钠的热碱液除油、95%乙醇除油、蒸馏水清洗、10%稀硝酸浸渍、去离子水冲洗、5%的稀盐酸浸泡的处理。

（2）将经步骤（1）处理后的紫铜板置入瓦特型电镀液中电镀镍层，该瓦特型电镀液由240g/L的硫酸镍、45g/L的氯化镍、35g/L的硼酸，施镀工艺条件为：pH值为3.8～4.5，温度为40～65℃，电流密度为2～10A/dm^2。

（3）将镀镍后的紫铜板用去离子水冲洗后，浸入由10～15g/L的硝酸银、200～220g/L的硫脲组成的银溶液，浸入的银溶液温度为20～30℃，pH值为4～6，浸入的时间为4～6min。

（4）以面积为2cm×2cm、厚度为2mm、纯度为99.9%的银板为阳极，将经步骤（2）预处理的铜箔置入电镀槽，调节电镀液水浴温度为15～35℃，pH值为9～11。将机械搅拌转速调为200～500r/min。接通脉冲电源，脉冲电流的脉宽为1～4ms，占空比为5%～30%，平均电流密度为0.3～0.5A/dm^2。经30～60min电化学沉积后，切断电镀装置的电源。取出紫铜板，用蒸馏水清洗，烘干。

产品特性 本技术方案选用硫代氨基脲作为阳极活化剂，使用复配柠嗪酸、硫代氨基脲和三乙醇胺作为光亮剂，使得镀液的稳定性好，镀层抗变色性和可焊接性强。

咪唑-磺基水杨酸镀银电镀液

原料配比

原料	配比（质量份）					
	1#	2#	3#	4#	5#	6#
硝酸银	30	40	35	33	37	35
磺基水杨酸	135	145	140	142	147	140
咪唑	135	145	140	142	147	140
乙酸钠	35	45	40	43	38	40
碳酸钠	35	45	40	43	38	40
2,2′-联吡啶	0.070	0.116	0.093	0.08	0.10	0.084
硫代硫酸钠	0.034	0.045	0.039	0.036	0.042	0.038
水	加至 1000	加至 1000	加至 1000	加至 1000	加至 1000	加至 1000

制备方法 分别用适量水溶解硝酸银、磺基水杨酸、咪唑。将磺基水杨酸和咪唑的溶液混合后在不断搅拌同时加入硝酸银溶液，搅拌使其混合均匀。将 2,2′-联吡啶和硫代硫酸盐用适量水溶解，用适量水溶解乙酸盐和碳酸盐，混合这两种溶液后将其加入溶解有硝酸银、磺基水杨酸、咪唑的溶液中，充分混合，并加入剩余水调至预定体积。

原料配伍 本品各组分质量份配比范围为：硝酸银 30～40，磺基水杨酸 135～147，咪唑 135～147，乙酸盐 35～45，碳酸盐 35～45，2,2′-联吡啶 0.070～0.116 和硫代硫酸盐 0.034～0.045，水加至 1000。

所述乙酸盐为乙酸钠和/或乙酸钾，所述硫代硫酸盐为硫代硫酸钠和/或硫代硫酸钾，所述碳酸盐为碳酸钠和/或碳酸钾。

复合选用咪唑和磺基水杨酸作为配位剂。金属银的标准电极电位为 0.799V，属电正性较强的金属。将 Ag^+还原成单质银的交换电流密度较大，也就是说，使 Ag 沉积的浓度极化较小。因此，从以 Ag^+形式存在的镀液中沉积的银镀层结晶粗大，因而加入配位剂可以有效解决此问题。咪唑和磺基水杨酸与银离子形成混合配位的银配合物。银离子与咪唑配位形成银的咪唑配合物，然后银的咪唑配合物与磺基水杨根形成混合配位的银配合物。磺基水杨酸不仅可作为主配位剂，在镀液体系中还可作为表面活性剂，当其浓度过低时会引起阳极的钝化。

复合选用碳酸盐和乙酸盐作为导电盐，两者均优选为钠盐或钾盐。与单一的乙酸盐导电盐相比，碳酸盐的加入可提高镀层外观的光洁度及平滑性。碳酸盐和乙酸盐两者均为强碱弱酸盐，水解呈弱碱性，这有利于稳定镀液所需的碱性条件。导电盐可增强镀液的导电性，但用量过多会导致镀液中晶体的析出。

选用2,2′-联吡啶和硫代硫酸盐作为复配的光亮剂，相比单一使用两者之一，复配的光亮剂能显著提高镀层的光亮度和平整性，能降低总的使用量。

质量指标

测试项目	分散能力/%	深镀能力/%	30天后稳定性	可焊接性/mm	抗变色时间/s	结合力	镀层外观
1#	33.5	84.7	未见异常	9	260	不剥落	银白色
2#	36.3	88.2	未见异常	10	280	不剥落	银白色
3#	38.7	91.0	未见异常	10	310	不剥落	银白色
4#	41.9	93.1	未见异常	11	320	不剥落	银白色
5#	43.6	92.7	未见异常	11	340	不剥落	银白色
6#	47.3	95.4	未见异常	12	350	不剥落	银白色，有光圈

产品应用 本品主要用作咪唑-磺基水杨酸镀银电镀液。电镀方法，包括以下步骤：

（1）阴极采用面积为2cm×2cm、厚为0.3mm的紫铜板作为被镀的基体。将紫铜板先用200目水砂纸初步打磨后再用600目水砂纸打磨至表面露出金属光泽。依次经氢氧化钠/碳酸钠的热碱液除油、95%乙醇除油、蒸馏水清洗、10%稀硝酸浸渍、去离子水冲洗、5%的稀盐酸浸泡的处理。

（2）将经处理后的紫铜板置入瓦特型电镀液中电镀镍层，该瓦特型电镀液由240g/L的硫酸镍、45g/L的氯化镍、35g/L的硼酸组成。施镀工艺条件为：pH值为3.8～4.5，温度为40～65℃，电流密度为2～10A/dm^2。

（3）将镀镍后的紫铜板用去离子水冲洗后，浸入由15～20g/L的硝酸银、200～220g/L的硫脲组成的银溶液，浸入的银溶液温度为20～30℃，pH值为4～6，浸入的时间为2～4min。

（4）以面积为2cm×2cm、厚度为3mm、纯度为99.99%的银板为阳极，将经步骤（1）预处理的紫铜板置入电镀槽，调节电镀液水浴温度为15～30℃，pH值为8～9.5。将机械搅拌转速调为200～500r/min。接通双向脉冲电源，控制电源的双向脉冲电流的正向脉宽为1～3ms，正向占空比为5%～20%，正向平均电流密度为0.2～0.3A/dm^2，负向脉宽为1～3ms，正向占空比为5%～20%，正向平均电流密度为0.1～0.2A/dm^2。经40～80min电化学沉积后，切断电镀装置的电源。取出紫铜板，用蒸馏水清洗，烘干。

预处理之所以包括浸银的步骤，是由于镍的标准电极电位比银负得很多，当镀过镍的铜基体进入镀银液时，在通电前镀件表面发生置换反应，镀件表面形成的置换银层与基体结合力差，同时还会有部分的镍杂质污染镀液。

产品特性 本技术方案复合选用2,2′-联吡啶和硫代硫酸盐作为光亮剂，优化硝酸银、磺基水杨酸、咪唑的基础原料组分的用量，使得镀液的稳定性好，镀层抗变色性和可焊接性强。

氰化镀银电镀液

原料配比

原　料	配　比
硝酸银	50g
氰化钾	110g
碳酸钾	10g
酒石酸钾钠	20g
光亮剂	10mL
去离子水	加至1L

制备方法

（1）称取硝酸银50g，与少量去离子水溶解。

（2）在常温状态下，称取氰化钾、碳酸钾、酒石酸钾钠、光亮剂，先将上述材料分别用少量蒸馏水溶解，然后混合稀释至1000mL。

（3）将（1）中配制混合好的硝酸银溶液与2中配制好的溶液混合，加入蒸馏水至1000mL，溶液的pH值控制在5～6。

（4）在室温条件下，阳极采用石墨做电极，阴极为施镀零件，电流密度为 6～8A/dm^2 下进行电镀，即可得到光亮的银镀层。

原料配伍 本品各组分配比范围为：硝酸银 40～80g；氰化钾 110～140g；碳酸钾 8～10g；酒石酸钾钠 18～22g；光亮剂 10～12mL；去离子水加至 1L。

光亮剂由酒石酸锑钾、咪唑、十二烷基二苯磺酸钠、聚氧乙烯醚等组成。

产品应用 本品是一种氰化镀银电镀液。

产品特性 该氰化镀银电镀液具有镀层均匀且不易变色、硬度较高、耐磨性好、与基体结合力强的光亮镀银层。与一般的氰化镀银光亮剂相比在操作上具有工作温度高、电流密度范围宽、深镀能力好等优点。

铜或铜合金镀银用的无氰电镀液

原料配比

原料	配比					
	1#	2#	3#	4#	5#	6#
磺基水杨酸	80～200g	100～180g	120～160g	140g	80g	200g
硝酸银	20～50g	25～45g	30～40g	30g	20g	50g
乙酸铵	100～200g	120～180g	140～160g	150g	100g	200g
乙二胺	5～25g	10～20g	10～15g	12g	5g	25g
分析纯氨水	2～50mL	5～35mL	10～25mL	15mL	6mL	50mL
水	加至 1L	加至 1L	加至 1L	加至 1L	加至 1L	加至 1L

制备方法

（1）将磺基水杨酸和硝酸银加入水中混合，得 A 品。

（2）将乙二胺和氨水混合，得 B 品。

（3）将 B 品加入到 A 品中，得 C 品。

（4）在搅拌下往 C 品中加入氨水，直至溶液中的氨过饱和得到游离氨，得 D 品。

（5）在搅拌下往 D 品中加入乙酸铵，得 E 品。

（6）对 E 品调整 pH 值为 9～10，水加至 1L，即得所述的无氰电镀液。

原料配伍 本品各组分配比范围为：磺基水杨酸 80～200g、硝酸银 20～50g、乙酸铵 100～200g、乙二胺 5～25g 和分析纯氨水 2～50mL，水加至 1L。

产品应用 本品主要用作铜或铜合金镀银用的无氰电镀液。

镀银工艺为：将铜零件表面按常规工艺清洗干净，浸入所述无氰电镀液进行无氰镀银；或将铜合金零件表面按常规工艺清洗干净，将铜合金表面进行预镀铜，之后，浸入所述无氰电镀液进行无氰镀银。

电镀时温度控制在 15～25℃；电流密度控制在 0.2～0.35A/dm^2。

当电镀零件表面积×电镀电流×电镀时间=900～1200dm^2·A·h 时，往所述的无氰电镀液中添加 5～20mL/L 分析纯氨水。

产品特性 本产品通过在磺基水杨酸基系中，加入乙二胺（为了使乙二胺便于溶解，在加入磺基水杨酸基系前，先将乙二胺与分析纯氨水按质量比 1:1 混合）来阻止氨的逸出，往 C 品（磺基水杨酸、硝酸银、乙二胺和氨水混合溶液）中添加分析纯氨水时，氨会与硝酸银发生配位反应而消耗溶液中的氨，当加入的分析纯氨水使溶液澄清时，溶液中的硝酸银完全配位，继续加入分析纯氨水，目的是使氨过饱和，即与硝酸银完全配位后还能提供足够的游离氨，以此确保镀银质量，且在电镀过程中，当电镀零件表面、电镀电流和电镀时间的乘积达到 900～1200dm^2·A·h 时，往电镀液中添加分析纯氨水，以此来提高了电镀液的稳定性；本产品将电镀时温度、电流密度及溶液中电解质成分控制在某一最佳范围内，以此来控制镀层的结晶，使得结晶的生成速度和成长速度平衡良好，从而使镀层均匀性和稳定性得到了保障；本产品的硝酸银与氨完全配位，在电镀时，配位的银离子能充分利用，不仅保证了镀层的质量，还减少了银离子的浪费；本产品所述的电镀液中不含氰化物，具有环保的特点。具体地，在结构特征方面：本产品在 5μm 镀层厚度以下，镀层致密性比氰化镀银略差，比 N-S 无氰镀银好；在镀层厚度大于 10μm 时，镀层致密性和氰化镀银无差距，比未改进的磺基水杨酸镀银、硫代硫酸盐镀银、N-S 镀银要好；在工艺保障方面，本产品电解质稳定性强，无阳极泥现象，在规定电流密度下，12h 工作无异常现象。

无氰镀银电镀液（1）

原料配比

原料	配比（质量份）					
	1#	2#	3#	4#	5#	6#
硝酸银	20	40	60	30	45	50
乙酸铵	70	80	90	75	80	85
烟酸	70	95	110	80	90	100
碳酸钾	60	70	80	55	70	80
氢氧化钾	40	50	60	50	60	55
邻苯甲酰磺酰亚胺钠	0.2	0.8	1.2	0.5	1.0	1.0
聚乙二醇	0.16	0.32	0.64	0.18	0.5	0.4
水	加至1000	加至1000	加至1000	加至1000	加至1000	加至1000

制备方法　将各组分原料混合均匀即可。

原料配伍　本品各组分质量份配比范围为：硝酸银 20～60，乙酸铵 70～90，烟酸 70～110，碳酸钾 60～90，氢氧化钾 40～70，邻苯甲酰磺酰亚胺钠 0.2～1.2 和聚乙二醇 0.16～0.64，水加至 1000；pH 值为 9～10。

所述的聚乙二醇的分子量为 800～2000。

所述以氨水作为 pH 调整剂进行 pH 的调节。

所述电镀液的温度为 20～40℃。

产品应用　本品是一种无氰镀银电镀液。

电镀方法，包括以下步骤：

（1）配制电镀液，用氨水调节 pH 值为 9～10，调整电镀液的温度为 20～40℃；

（2）控制阴极的平均脉冲电流密度为 0.4～1.2A/dm^2；采用阴极移动搅拌或机械搅拌，待镀层厚度达到要求时，完成电镀。所述的单脉冲电源的脉宽为 1～100ms，占空比为 10%～50%。

镀件基体材料为铜前处理和预处理工序：镀件除油—水洗—酸洗—水洗—弱浸蚀—水洗—预镀银—水洗。

镀件基体材料为铝或铝合金前处理和预处理工序：镀件除油—水洗—酸洗—水洗—浸锌—水洗—预镀铜—水洗—预镀银—水洗。

镀件基体材料为不锈钢或青铜前处理和预处理工序：镀件除油—水洗—酸洗—水洗—弱浸蚀—水洗—预镀铜—水洗—预镀银—水洗。

产品特性

（1）本产品在电镀时使用脉冲电镀，有效地解决了镀层应力和脆性大、结合力差等问题，获得了与基体结合性好、镀层应力小、致密性和光亮性好的镀层。

（2）本产品中不含氰离子，减少了废水的污染，减小了电镀贵金属对人身体的危害：而且镀液配方简单，易于控制，相对于其他的无氰电镀的电流密度较大，可提高镀银层的沉积效率。

（3）本产品使用脉冲电源，能够在镀件上得到致密的镀层，提高了镀层的抗腐蚀性能和抗变色性能。

无氰镀银电镀液（2）

原料配比

原　　料	配比（质量份）
硝酸银	40
乙二胺四乙酸二钠	300
亚硫酸钠	50
硝酸钠	15
硼酸	20
亚硝酸钠	1
水	加至 1000

制备方法　将各组分原料混合均匀即可。

原料配伍　本品各组分质量份配比范围为：硝酸银 30～50，乙二胺四乙酸二钠 200～350，亚硫酸钠 40～60，硝酸钠 10～20，硼酸 20～30，亚硝酸钠 1～2，水加至 1000。

产品应用　本品主要用作无氰镀银电镀液。

工艺环境为：pH 值 6～9，镀液稳定控制在 30～45℃，金属件速度控制在 1～1.5m/min，电流密度 2～4A/dm^2。

产品特性 本产品配方合理，无氰化物，对环境和人体无害，镀银溶液稳定性好，生产的产品表面光亮度高，镀银层结合强度高。

无氰镀银电镀液（3）

原料配比

原料	配比（质量份）				
	1#	2#	3#	4#	5#
硝酸银	50	60	70	80	90
硫酸钾	40	47	54	62	70
硫酸钠	60	80	100	120	140
缓冲剂	30	35	40	45	50
湿润剂	5	10	15	20	25
光亮剂	5	12	20	27	35
去离子水	加至1000	加至1000	加至1000	加至1000	加至1000

制备方法 按配方称取适量的湿润剂，加入去离子水，搅拌至溶解；再称取适量的硝酸银、硫酸钾、硫酸钠加入到上述溶液中，常温下搅拌至溶解；然后将上述溶液用水浴锅加热至65℃，加入适量光亮添加剂，再用缓冲剂调节溶液的pH值，搅拌均匀。

原料配伍 本品各组分质量份配比范围为：硝酸银 50～90，硫酸钾 40～70，硫酸钠 60～140，缓冲剂 30～50，湿润剂 5～25，光亮剂 5～35，去离子水加至1000。

所述缓冲剂选自硼酸、乙酸钠、乙酸铵中的一种。

所述湿润剂为磺基丁二酸钠。

所述光亮剂选自氨基磺酸钾、二硫代碳酸钾、苯亚甲基丙酮、糖精中的一种。

产品应用 本品是一种无氰镀银电镀液。

产品特性 电镀液形成的镀层耐磨、耐腐蚀性好，镀层光亮度高，导电性好，稳定性能好。加入缓冲剂可以很好地调节溶液的酸碱度；加入光亮剂可以保持镀层外部的洁净度、光泽度、色牢度；加入湿润剂可以降低水的表面张力或界面张力，使固体表面能被水所润湿。

无氰镀银电镀液（4）

原料配比

原料		配比		
		1#	2#	3#
无氰镀银光亮剂	十二烷基二苯磺酸钠	12g	14g	16g
	β-萘酚聚氧乙烯醚	20g	22g	26g
	HEDTA	1g	1.2g	1.5g
	磷酸二氢钾	1g	1.6g	2g
	尿素	8g	12g	13g
	聚乙二醇 800	12g	—	—
	聚乙二醇 1200	—	15g	—
	聚乙二醇 2000	—	—	15g
	糠巯基吡嗪	60g	—	—
	苄基甲基硫醚	—	65g	62g
	半胱氨酸	9g	—	—
	色氨酸	—	8g	—
	氨基乙酸	—	—	8g
	水	加至 1L	加至 1L	加至 1L
硝酸银		56g		
硫代硫酸钾		238g		
焦亚硫酸钾		76g		
硫酸钾		10g		
硼酸		43g		
硫酸		3.7g		
无氰镀银光亮剂		6mL		
水		加至 1L		

制备方法

（1）无氰镀银光亮剂的配制方法：在带搅拌的容器中，先加入总水量的 2/3，将称量好的十二烷基二苯磺酸钠、β-萘酚聚氧乙烯醚、PEG

加入水中，搅拌至完全溶解，升温至40℃，再加入称量好的HEDTA，搅拌至完全溶解。将含硫杂环化合物、含氮羧酸、尿素和磷酸二氢钾加入上述搅拌均匀的溶液中，继续搅拌至完全溶解，定容并搅拌2h，得无氰镀银光亮剂。

（2）配制无氰光亮镀银镀液：将无氰镀银光亮剂和其余的各组分原料混合均匀即可。

原料配伍 无氰镀银光亮剂，溶剂为水，其组成为：十二烷基二苯磺酸钠10～20g，β-萘酚聚氧乙烯醚15～30g，HEDTA 0.8～2g，磷酸二氢钾0.5～3g，尿素5～15g，聚乙二醇3～18g，含硫杂环化合物40～80g，含氮羧酸5～15g，水加至1L。

所述的十二烷基二苯磺酸钠作为润湿剂和去雾剂，在镀液中起助溶和润湿作用，使镀层呈现镜面光亮的外观，同时降低表面张力，减少镀层针孔的产生。此无氰镀银光亮剂中十二烷基二苯磺酸钠使用量为10～20g，优选用量为12～16g。

所述的β-萘酚聚氧乙烯醚是非离子表面活性剂，它的EO数在4～20，可以提升添加剂的浊点，增加镀液的分散能力，同时作为初级光亮剂，提高深镀能力和镀层的韧性。此无氰镀银光亮剂中β-萘酚聚氧乙烯醚的使用量为15～30g，优选用量为20～26g。

所述的HEDTA作为螯合剂，在镀液中作为次级配位剂，起到稳定镀液的作用。此无氰镀银光亮剂中HEDTA的使用量为0.8～2g，优选用量为1～1.5g。

所述的磷酸二氢钾在镀液中作为辅助光亮剂使用，同时在镀液中起到稳定添加剂pH的作用。此无氰镀银光亮剂中磷酸二氢钾的使用量为0.5～3g，优选用量为1～2g。

所述的尿素在镀液中起光亮镀层的作用，在光亮剂中尿素使用量为5～15g，优选用量为8～13g。

所述的聚乙二醇在添加剂中作为载体，起到增加添加剂中光亮剂的溶解性的作用，同时可以增加阴极极化作用。此无氰镀银光亮剂中聚乙二醇的分子量范围在400～8000，优选PEG800、PEG1200、PEG2000，其在添加剂中的使用量为3～18g，优选用量为8～15g。

所述的含硫杂环化合物在添加剂中起光亮作用。在本产品中，含硫杂环化合物为2-巯基苯丙噻唑、2-巯基苯并咪唑、8-巯基喹啉、1,4-

二取代酰胺基硫脲、糠巯基吡嗪、2-甲硫基吡嗪、2-巯基吡嗪、吡嗪乙硫醇、2-巯甲基吡嗪、4-甲基噻唑、2-乙酰基噻唑、2-异丁基噻唑、2-甲氧基噻唑、2-甲硫基噻唑、2-乙氧基噻唑、2-甲基四氢呋喃-3-硫醇、2,5-二甲基-3-巯基呋喃、2-乙酰基噻吩、四氢噻吩-3-酮、苄基甲基硫醚、苄硫醇、糠基硫醇、2-噻吩硫醇中的一种或两种以任意比例混合，此含硫杂环化合物优选糠巯基吡嗪、8-巯基喹啉、2-乙酰基噻唑、吡嗪乙硫醇、苄基甲基硫醚、苄硫醇中的一种或两种以任意比例混合。此无氰镀银光亮剂中的含硫杂环化合物使用量为 40～80g，优选用量为 50～70g。

所述的含氮羧酸是一种氨基酸，在镀液中作为配位剂。可以选择氨基乙酸、氨三乙酸、半胱氨酸、亮氨酸、丙氨酸、苯丙氨酸、色氨酸、天冬氨酸、谷氨酸、组氨酸等中的一种。此无氰镀银光亮剂中的含氮氨酸使用量为 5～15g，优选含量为 7～9g。

无氰光亮镀银镀液：硝酸银 40～80g，硫代硫酸钾 200～300g，焦亚硫酸钾 60～84g，硫酸钾 10～20g，硼酸 20～45g，硫酸 2～5g，光亮剂 5～10mL，水加至 1L。

产品应用 本品主要用作无氰镀银电镀液。在无氰镀银工艺中的应用方法，步骤为：

（1）配制无氰光亮镀银镀液。

（2）赫尔槽打片。① 将标准 267mL 赫尔槽清洗干净，加入 99% 纯银板阳极；② 准确量取 250mL 配制好的无氰光亮镀银镀液，加入准备好的赫尔槽中；③ 标准黄铜哈氏片除油后用砂纸打磨，冲洗干净后放入阴极进行电镀，温度为 10～42℃，pH 值为 4.2～4.8（用硫酸调节），鼓泡，电流密度为 0.5～1A，电镀时间为 1min、5min 或 10min。

（3）工厂应用：按照（1）所述配制镀液，可使用不锈钢板或 99%纯银板作为阳极，温度为 10～42℃，pH 值为 4.2～4.8（硫酸调节），机械搅拌，搅拌次数为 50～100 次/min，阴极电流为 1～2A/dm^2，电镀时间 10～60s，在使用过程中按照 50～120mL/(kA·h) 补充光亮剂。

产品特性 本产品的光亮剂不含氰化物，镀层镜面光亮，能达到氰化镀银同等效果，经过本无氰光亮镀银电镀液电镀后的镀层不易变色，脆性小，附着力好，能满足不同应用方面对镀层的需求。

无氰镀银电镀液（5）

原料配比

原　料	配比（质量份）					
	1#	2#	3#	4#	5#	6#
硝酸银	25	35	30	28	32	30
2,4-咪唑啉二酮	90	110	100	95	105	100
碳酸钠	60	90	75	70	85	80
焦磷酸钠	30	40	35	32	37	40
羟丙基炔丙基醚	0.3	0.45	0.38	0.35	0.4	0.4
邻磺酸钠苯甲醛	0.1	0.25	0.19	0.17	0.18	0.2
N,N-二（羟乙基）乙胺	0.15	0.3	0.19	0.17	0.22	0.2
水	加至1000	加至1000	加至1000	加至1000	加至1000	加至1000

制备方法　将2,4-咪唑啉二酮、焦磷酸盐和碳酸盐溶解于1/2～3/4预定体积的水中。将硝酸银溶解后倒入前述溶液中混合。将羟丙基炔丙基醚、邻磺酸钠苯甲醛和*N,N*-二（羟乙基）乙胺用50℃左右的温水溶解，倒入前述溶液中，加水调至预定体积。

原料配伍　本品各组分质量份配比范围为：硝酸银25～35，2,4-咪唑啉二酮或杂环上任意基取代的2,4-咪唑啉二酮90～110，碳酸盐60～90，焦磷酸盐30～40，羟丙基炔丙基醚0.3～0.45，邻磺酸钠苯甲醛0.1～0.25和*N,N*-二（羟乙基）乙胺0.15～0.3，水加至1000。

所述杂环上任意取代的2,4-咪唑啉二酮为5,5-二甲基-2,4-咪唑啉二酮。

所述碳酸盐为碱金属碳酸盐，所述焦磷酸盐为碱金属碳酸盐。

选用2,4-咪唑啉二酮或杂环上任意基取代的2,4-咪唑啉二酮作为配位剂。金属银的标准电极电位为0.799V，属电正性较强的金属。将Ag^+还原成单质银的交换电流密度较大，也就是说，使Ag沉积的浓度极化较小。因此，从以Ag^+形式存在的镀液中沉积的银镀层结晶粗大，因而加入配位剂可以有效解决此问题。2,4-咪唑啉二酮和5,5-二甲基-2,4-咪唑啉二酮均满足无氰镀银电镀液的配位剂的其中两个筛选原则，即配位剂为软碱和配离子为阴配离子。从另外的一个筛选原则——不稳定常数最小化原则考虑，2,4-咪唑啉二酮作为配位剂的不稳定常数为 5.9×10^{-10}，5,5-二甲基-2,4-咪唑啉二酮的不稳定常数为 8.3×10^{-10}，而目前应用较多的配位剂氰化物的不稳定常数为 8.0×10^{-22}，因此，2,4-咪唑啉二酮与金属 Ag 配位形成配离子的热力学稳定性强，从而能提高的镀液中 Ag^{+}的电化学极化，提高镀层的质量。因此，2,4-咪唑啉二酮是本技术方案的优选配位剂。

选用碳酸盐作为导电盐，优选为碱金属的碳酸盐。与日前常用的乙酸钾、酒石酸钾钠和柠檬酸三铵相比，碳酸盐不仅起到与其同等的对镀层的改善效果，而且成本较低。

选用焦磷酸盐作为阳极活化剂，它可溶解电镀过程中的阳极表面生成的致密氧化物层，降低阳极钝化现象。

选用羟丙基炔丙基醚、邻磺酸钠苯甲醛和 *N,N*-二（羟乙基）乙胺作为复配的光亮剂，相比该三种光亮剂单独使用，前者能显著提高镀层的光亮度，而且能降低总的使用量。

产品应用 本品主要用作无氰镀银电镀液。电镀的方法，包括以下步骤：

（1）阴极采用铜箔作为被镀的基体。将铜箔先用 200 目水砂纸初步打磨后，再用 600 依次目水砂纸打磨至表面露出金属光泽。依次氢氧化钠/碳酸钠的热碱液除油、95%乙醇除油、蒸馏水清洗、5%的稀盐酸浸泡的活化处理。

（2）将经步骤（1）处理后的铜箔置入瓦特型电镀液中电镀镍层，该瓦特型电镀液由 240g/L 的硫酸镍、45g/L 的氯化镍、35g/L 的硼酸，施镀工艺条件为：pH 值为 3.8～4.5，温度为 40～65℃，电流密度为 2～10A/dm^2。

（3）将镀镍后的铜箔用去离子水冲洗后，浸入由 15g/L 的硝酸银、250g/L 的硫脲组成的银溶液中，该银溶液的温度为 35℃，pH 值为 4。

（4）以厚度为 1～2mm、纯度为 99.9%的银板为阳极，将经步骤（2）预处理的铜箔置入电镀槽，调节电镀液的温度为 25～45℃，pH 值为 1～5。将机械搅拌转速调为 200～500r/min。接通脉冲电源，脉冲电流的周期设定为 100～1000Hz，占空比为 15%～50%，平均电流密度为 0.3～0.5A/dm^2。经 3～4h 电化学沉积后，切断电镀装置的电源。取出铜箔，用蒸馏水清洗，烘干。

产品特性 本技术方案选用 2,4-咪唑啉二酮或杂环上任意基取代的 2,4-咪唑啉二酮作为镀液的配位剂，使得镀液的稳定性好，镀层抗变色性和可焊接性强。

无氰镀银电镀液（6）

原料配比

原　料	配比（质量份）		
	1#	2#	3#
乙内酰脲衍生物	50～200	60～120	115
氮苯类物质[氮苯羧酸和/或氮苯酰胺，乙内酰脲衍生物和氮苯类物质的总质量与硝酸银的质量比为(10～18):1]	50～200	80～120	100
硝酸银	8～30	10～20	15
碳酸钾	50～150	80～100	95
氢氧化钾	65～125	85～110	80
去离子水	加至 1000	加至 1000	加至 1000

制备方法 将氢氧化钾和碳酸钾溶解于去离子水中，然后加入乙内酰脲衍生物和氮苯类物质，然后搅拌至溶解，得到配位剂溶液；将硝酸银溶解于去离子水中后，逐滴滴入配位剂溶液中，获得无氰镀银电镀液。

原料配伍 本品各组分质量份配比范围为：乙内酰脲衍生物 50～200，氮苯类物质 50～200，硝酸银 8～30，碳酸钾 50～150，氢氧化钾 65～125，去离子水加至 1000。氮苯类物质为氮苯羧酸和/或氮苯酰胺，乙内酰脲衍生物和氮苯类物质的总质量与硝酸银的质量比为(10～18):1。

所述乙内酰脲衍生物为 3-羟甲基-5,5-二甲基乙内酰脲、1,3-二氯-5,5-二甲基乙内酰脲、1,3-二溴-5,5-二甲基乙内酰脲、5,5-二甲基乙内酰脲、1,3-二羟甲基-5,5-二甲基乙内酰脲及 2-硫代-5,5-二甲基乙内酰脲中的一种或其中几种的混合。乙内酰脲衍生物为混合物时，各乙内酰脲衍生物间按任意比混合。

所述氮苯羧酸为吡啶羧酸或尼克酸。

所述氮苯酰胺为吡啶甲酰肼或尼克酰胺。

产品应用 本品主要用作无氰镀银电镀液。

无氰镀银电镀液的电镀方法是按下述步骤完成的：

（1）将基体依次经碱性除油、酸洗及水洗后干燥。

（2）将上述无氰镀银电镀液装入电镀槽内，以银板作为阳极，以经步骤（1）处理后的基体为阴极，控制阴极与阳极的距离为5～15cm，然后在40～70℃、电流密度0.8～2.0A/dm^2条件下电镀5～30min，然后用蒸馏水清洗表面后干燥，即完成了电镀。

产品特性 本产品中不含有剧毒物质，且镀液稳定性好，新配制镀液及施镀后的镀液在放置2个月后不出现沉淀、变色等现象，且施镀效果与新配制镀液相同，镀液的分散能力与覆盖能力优异，且在很宽的电流密度范围内均能得到具有良好性能的银镀层，所获镀层结晶细密，镀层与基体有较强的结合力，镀层外观平整光亮、抗变色性优异。本产品所得镀层未明显出现起皮、剥离、脱落等现象，证明镀层与基体的结合强度较高。获得镀层的外观光亮一致、细密平整、晶粒细小，且具有强抗变色能力。

无氰镀银电镀液（7）

原料配比

原料	配比				
	1#	2#	3#	4#	5#
$AgNO_3$	17g	17g	17g	17g	17g
腺嘌呤	—	—	108g	—	—
尿酸	134g	—	—	—	—
鸟嘌呤	—	129g	—	—	—
黄嘌呤	—	—	—	124g	—
次黄嘌呤	—	—	—	—	110g
KNO_3	20g	20g	20g	20g	20g
KOH	168g	139g	153g	129g	168g
环氧胺缩聚物	—	—	—	2g	2g
聚乙烯亚胺	1g	1.5g	1g	—	—
KSeCN	2mg	2mg	—	—	2mg
KSCN	—	—	5mg	—	—
去离子水	加至1L	加至1L	加至1L	加至1L	加至1L

制备方法　将原料溶于去离子水中，混合均匀即制成无氰镀银镀液。

原料配伍　本品各组分配比范围为：含有银的无机盐或有机盐 1～200g、嘌呤类配位剂 1～800g、支持电解质 1～200g、镀液 pH 调节剂 0～550g 及电镀添加剂体系。

所述含有银的无机盐优选硝酸银，有机盐优选甲基磺酸银。

所述嘌呤配位剂为嘌呤类化合物及其衍生物或相应的异构体。配位剂嘌呤类化合物及其衍生物为尿酸、腺嘌呤、鸟嘌呤、黄嘌呤、次黄嘌呤及相应的嘌呤衍生物中的一种或几种。

所述支持电解质为 KNO_3、KNO_2、KOH、KF 及相应的钠盐中的一种或几种。

所述镀液 OH^-浓度范围为 10^{-8}～10mol/L，镀液 pH 调节剂采用 KOH、NaOH、氨水、HNO_3、HNO_2和 HF 中的一种或几种。

所述电镀添加剂体系为聚乙烯亚胺、环氧胺缩聚物、硒氰化物或硫氰化物中的一种或几种。

其中，聚乙烯亚胺平均分子量为 100～1000000，用量为 50～10000mg；所述的环氧胺缩聚物平均分子量为 100～1000000，用量为 50～10000mg；所述的硒氰化物为 KSeCN 或 NaSeCN，用量为 0.01～500mg；所述的硫氰化物为 KSCN 或 NaSCN，浓度为 0.1～2000mg。

产品应用　本品主要用作无氰镀银电镀液。

运用本品的无氰镀银电镀液的电镀步骤为：先将碱溶解在水中溶解，再将配位剂溶解其中，然后在溶液搅动的条件下缓慢加入银离子来源物，最后加入所需的支持电解质。在电镀过程中，将镀液维持在 10～60℃。然后，将经过预处理的金属基体附于电路组成部分的阴极上，将阴极连同所附基体浸入电镀液中，并且在电路中通以电流，所通电流和通电时间根据实际要求确定。

产品特性　本品采用嘌呤类化合物及其衍生物作为配位剂与银离子形成配位化合物，镀液非常稳定，毒性较氰化镀银大大地降低。与传统的有氰镀银工艺配方相比，该无氰镀银镀液毒性极低或无毒，镀液稳定性好；同时，镀液中银离子与铜、镍、铝、铁、铬、钛等单金属及合金基体的置换速率非常慢，镀件无需预镀银或浸银，镀层结合力良好且光亮，可满足装饰性电镀和功能性电镀等多领域的应用。

无氰镀银电镀液（8）

原料配比

原料	配比（质量份）		
	1#	2#	3#
硝酸银	40	43	45
硫代硫酸钠	200	230	250
焦亚硫酸钾	40	43	45
乙酸铵	20	25	30
硫代氨基脲	0.6	0.7	0.8
蒸馏水	加至 1000	加至 1000	加至 1000

制备方法 先将硫代硫酸钠溶于 300mL 的蒸馏水中，搅拌使其全部溶解；然后将硝酸银和焦亚硫酸钾分别用 250mL 的蒸馏水溶解，并在搅拌下将焦亚硫酸钾溶液倒入硝酸银溶液中，生成焦亚硫酸银浑浊液后，立即将溶液缓慢地加入硫代硫酸钠溶液中，使银离子与硫代硫酸钠配位，生成微黄色澄清液；再将乙酸铵加入溶液中，配制好的溶液静置后，再加入硫代氨基脲，使其全部溶解，最后用蒸馏水定容至 1L。

原料配伍 本品各组分质量份配比范围为：硝酸银 40～45、硫代硫酸钠 200～250、焦亚硫酸钾 40～45、乙酸铵 20～30、硫代氨基脲 0.6～0.8，蒸馏水加至 1000。

产品应用 本品主要用作无氰镀银电镀液。

本品的无氰镀银方法主要包括以下步骤：

（1）镀银前的预处理：首先用金相砂纸对基体进行打磨抛光，然后用丙酮除油；最后用浓度为 36%的盐酸溶液进行活化处理。

（2）直流电沉积镀银：将预处理后的镀件进行直流电沉积镀银，镀银时的电流密度为 0.1A/dm^2，温度为 15℃；阴阳极面积比为 0.72，阳极采用 99.99%的纯银板；其中电镀液使用本品所配制的镀液。

（3）钝化处理：首先在 55～65g/L 的三氧化二铬和 15～20g/L 的氯化钠混合溶液中浸渍 8～10s，取出洗净，此时表面显示铬酸盐的黄色；然后在 200～210g/L 的硫代硫酸钠溶液中浸渍 3～5s，取出洗净；

接着在 100～110g/L 的氢氧化钠溶液中浸渍 5～8s，取出洗净；最后在 36～38g/L 的浓盐酸中浸渍 10～15s，取出洗净，即得光亮的不易变色的银层。

产品特性

（1）通过直流电沉积方法使无氰镀银得以实现，镀液毒性极低或无毒，更大程度地降低了对环境和操作人员的危害，镀液稳定性及分散性优良。

（2）银镀膜可以达到纳米级，并且与基体结合良好，表面平整、致密，光亮度好，抗变色能力强。

（3）本方法镀银之前无需镀镍，工艺简单，操作方便，成本低廉，可以满足生产领域的需要。

无氰镀银电镀液（9）

原料配比

原料		配比（质量份）
开缸剂	硝酸银	2～4
	异烟酸	6～8
	三亚氨基二磷酸铵	15～20
	乙酸钾	8～10
	纯水	加至 1000
补充剂	丙三醇与环氧乙烷合成物	2～5
	低聚合度聚乙烯亚胺	1～6
	乙酸钾	10～15
	异烟酸	20～25
	纯水	加至 1000

制备方法　先取纯水，在搅拌下加入三亚氨基二磷酸铵、异烟酸、乙酸钾，待上述原料溶解后，再加入硝酸银至完全溶解，最后再加入丙三醇与环氧乙烷合成物、低聚合度聚乙烯亚胺，搅拌均匀定容即可。

在电镀生产过程中电镀液浓度不足时加入补充剂。

原料配伍　本品各组分质量份配比范围如下。开缸剂：硝酸银 2～4、异烟酸6～8、三亚氨基二磷酸铵15～20、乙酸钾8～10、纯水加至1000。补充剂：丙三醇与环氧乙烷合成物2～5、低聚合度聚乙烯亚胺1～6、乙酸钾10～15、异烟酸20～25、纯水加至1000。

产品应用 本品是一种无氰镀银电镀液，主要应用于电子零件、工业、装饰性行业电镀。

产品特性

（1）可获得光亮银镀层，适用于电子零件、工业、装饰性行业电镀。

（2）可直接在黄铜、青铜、铜基材以及光亮镍镀层上电镀，无需预镀银。

（3）银层具有极好的深镀能力和附着能力。

（4）镀液单一添加补充，操作容易。

无氰镀银电镀液（10）

原料配比

无氰镀银光亮剂

原料	配比（质量份）		
	1#	2#	3#
十二烷基二苯磺酸钠	12	14	16
β-萘酚聚氧乙烯醚	20	22	26
HEDTA	1	1.2	1.5
磷酸二氢钾	1	1.6	2
尿素	8	12	13
聚乙二醇800	12	—	—
聚乙二醇1200	—	15	—
聚乙二醇2000	—	—	15
糠硫基吡嗪	60	—	—
苄基甲基硫醚	—	65	62
半胱氨酸	9	—	—
色氨酸	—	8	—
氨基乙酸	—	—	8
水	加至1000	加至1000	加至1000

镀液

原　料	配　比
硝酸银	56g
硫代硫酸钾	238g
焦亚硫酸钾	76g
硫酸钾	10g
硼酸	43g
硫酸	3.7g
无氰镀银光亮剂	6mL
水	加至 1L

制备方法

（1）无氰镀银光亮剂的制备：在带搅拌的容器中，先加入总水量的 2/3，将称量好的十二烷基二苯磺酸钠、β-萘酚聚氧乙烯醚、PEG 加入水中，搅拌至完全溶解，升温至 40℃，再加入称量好的 HEDTA，搅拌至完全溶解。将含硫杂环化合物、含氮羧酸、尿素和磷酸二氢钾加入上述搅拌均匀的溶液中，继续搅拌至完全溶解，定容并搅拌 2h，得无氰镀银光亮剂。

（2）镀液的制备：将各组分溶于水，搅拌均匀即可。

原料配伍 本品各组分配比范围为：硝酸银 40～80g、硫代硫酸钾 200～300g、焦亚硫酸钾 60～84g、硫酸钾 10～20g、硼酸 20～45g、硫酸 2～5g、无氰镀银光亮剂 5～10mL、水加至 1L。

所述无氰镀银光亮剂各组分质量份配比范围为：十二烷基二苯磺酸钠 10～20、β-萘酚聚氧乙烯醚 15～30、HEDTA 0.8～2、磷酸二氢钾 0.5～3、尿素 5～15、聚乙二醇 3～18、含硫杂环化合物 40～80、含氮羧酸 5～15、水加至 1000。

所述十二烷基二苯磺酸钠作为润湿剂和去雾剂，在镀液中起助溶和润湿作用，使镀层呈现镜面光亮的外观，同时降低表面张力，减少镀层针孔的产生。

所述 β-萘酚聚氧乙烯醚是非离子表面活性剂，它的 EO 数在 4～20，可以提升添加剂的浊点，增加镀液的分散能力，同时作为初级光亮剂，提高深镀能力和镀层的韧性。

所述 HEDTA 作为螯合剂，在镀液中作为次级配位剂，起到稳定镀液的作用。

所述磷酸二氢钾在镀液中作为辅助光亮剂使用，同时在镀液中起到稳定添加剂 pH 的作用。

所述尿素在镀液中起光亮的作用。

所述聚乙二醇在添加剂中作为载体，起到增加添加剂中光亮剂的溶解性的作用，同时可以增加阴极极化作用。此无氰镀银光亮剂中聚乙二醇的分子量范围为 400～8000，优选 PEG800、PEG1200、PEG2000 和 PEG4000。

所述含硫杂环化合物在添加剂中起光亮作用。在本品中，含硫杂环化合物为 2-巯基苯丙噻唑、2-巯基苯并咪唑、8-巯基喹啉、1,4-二取代酰胺基硫脲、糠巯基吡嗪、2-甲硫基吡嗪、2-巯基吡嗪、吡嗪乙硫醇、2-巯甲基吡嗪、4-甲基噻唑、2-乙酰基噻唑、2-异丁基噻唑、2-甲氧基噻唑、2-甲硫基噻唑、2-乙氧基噻唑、2-甲基四氢呋喃-3-硫醇、2,5-二甲基-3-巯基呋喃、2-乙酰基噻吩、四氢噻吩-3-酮、苄基甲基硫醚、苄硫醇、糠基硫醇、2-噻吩硫醇中的一种或两种以任意比例混合，含硫杂环化合物优选糠巯基吡嗪、8-巯基喹啉、2-乙酰基噻唑、吡嗪乙硫醇、苄基甲基硫醚、苄硫醇中的一种或两种以任意比例混合。

所述含氮羧酸是一种氨基酸，在镀液中作为配位剂。可以选择氨基乙酸、氨三乙酸、半胱氨酸、亮氨酸、丙氨酸、苯丙氨酸、色氨酸、天冬氨酸、谷氨酸、组氨酸等中的一种。

产品应用 本品主要用作无氰镀银电镀液。

无氰光亮镀银镀液在工艺中的应用步骤如下。

赫尔槽打片：

（1）将标准 267mL 赫尔槽清洗干净，加入 99%纯银板阳极。

（2）准确量取 250mL 配制好的无氰光亮镀银镀液，加入准备好的赫尔槽中。

（3）标准黄铜哈氏片除油后用砂纸打磨冲洗干净后放入阴极进行电镀，温度为 10～42℃，pH 值为 4.2～4.8（用硫酸调节），鼓泡，电流密度为 0.5～1A/dm^2，电镀时间为 1min、5min 或 10min。

工厂应用：

本品配制的镀液，可使用不锈钢板或 99%纯银板作为阳极，温度为 10～42℃，pH 值为 4.2～4.8（硫酸调节），机械搅拌，搅拌次数为 50～100 次/min，阴极电流为 1～2A/dm²，电镀时间 10～60s，在使用过程中按照 50～120mL/(kA·h)补充光亮剂。

产品特性 本品的光亮剂不含氰化物，镀层镜面光亮，能达到氰化镀银同等效果，经过镀层性能测试发现，经过本无氰镀银电镀液电镀后的镀层不易变色，脆性小，附着力好，能满足不同应用方面对镀层的需求。

无氰光亮镀银电镀液

原料配比

原料	配比
硝酸银	50g
硫代硫酸钾	200g
焦亚硫酸钾	80g
硫酸钾	15g
硼酸	35g
光亮剂	8mL
去离子水	加至 1L

制备方法

（1）称取硝酸银，用少量去离子水溶解。

（2）在常温状态下，称取硫代硫酸钾、焦亚硫酸钾、硫酸钾、硼酸、光亮剂，先将上述材料分别用少量去离子水溶解，然后混合稀释至 800mL。

（3）将（1）中配制混合好的硝酸银化合物与（2）中配制好的溶液混合，加蒸馏水至 1000mL，溶液的 pH 值控制在 5～6。

原料配伍 本品各组分配比范围为：硝酸银 40～80g、硫代硫酸钾 200～300g、焦亚硫酸钾 60～85g、硫酸钾 10～20g、硼酸 20～45g、光亮剂 5～10mL、去离子水加至 1L。

光亮剂由十二烷基二苯磺酸钠、聚氧乙烯醚、磷酸二氢钾、尿素、聚乙二醇、含硫杂环化合物、含氮羧酸组成。

产品应用　本品是一种无氰光亮镀银电镀液。

在室温条件下，阳极采用石墨作为电极，阴极为施镀零件，电流密度为 6～8A/dm^2 下进行电镀，即可得到光亮的银镀层。

产品特性　该无氰光亮镀银电镀液具有不含氰化物、镀层镜面光亮、能达到氰化镀银的效果的优点，且具有镀层不易变色、脆性小、附着力好等特点。

无氰高速镀银电镀液（1）

原料配比

原料	配比（质量份）														
	1#	2#	3#	4#	5#	6#	7#	8#	9#	10#	11#	12#	13#	14#	15#
硝酸银	50	50	60	50	40	60	50	45	55	47	52	49	50	46	54
硫代硫酸钠	120	240	280	240	180	300	150	200	105	145	250	220	240	260	230
焦亚硫酸钠	55	60	72	55	40	85	60	70	50	60	55	45	58	52	65
硫酸钠	15	20	20	15	8	22	14	15	16	10	12	20	18	11	17
硼酸	20	30	36	20	15	38	20	22	18	24	30	35	25	19	21
亚硒酸钠	1.5	1.5	2	1.5	—	2.5	0.5	2	0.8	1	1.2	1.4	1.6	1.8	2.2
水	加至1000	加至1000	加至1000	加至1000	加至1000	加至1000	加至1000	加至1000	加至1000	加至1000	加至1000	加至1000	加至1000	加至1000	加至1000

制备方法　将各组分溶于水混合均匀即可。

原料配伍　本品各组分质量份配比范围为：硝酸银 40～60、硫代硫酸钠 100～300、焦亚硫酸钠 40～85、硫酸钠 8～22、硼酸 15～38、光亮剂 0～2.5、水加至 1000。

所述光亮剂为亚硒酸钠。

下面，就本品的无氰高速镀银电镀液的操作条件进行说明：

在本品中，将无氰高速镀银电镀液的 pH 值控制在 4～5，是由于若 pH 值小于 4，银盐有可能在镀液中沉淀，同时析出效果变差，而若 pH 值大于 5，则难以得到外观良好的析出物，此外，可用硼酸调整 pH。

另外，将无氰高速镀银电镀液的温度控制在 15～35℃，是由于若温度低于 15℃，则析出物外观变差，而若温度大于 35℃，则镀液变得不稳定。

还有，无氰高速镀银电镀液的电流密度控制在 1～5A/dm²，是由于若电流密度小于 1A/dm²，析出速度减小，难以得到足够厚度的析出物，而若大于 5A/dm²，则难以得到良好的外观，析出物的量极度减小。

本无氰高速镀银电镀液也可借助于镀液的流速进行控制，镀液的流速控制在 0.5～1.5m/s，是由于若镀液的流速小于 0.5m/s，难以得到足够厚度的析出物，而若流速大于 1.5m/s，则难以得到良好的外观。

产品应用　本品主要用作无氰高速镀银电镀液。

产品特性　本品含有的氰化物量极少，甚至没有，本镀液毒性小，可得到表面平整、抗变色性能好、耐腐蚀耐磨性高、与基体结合力强的光亮镀银层，而且镀银效率高。

无氰高速镀银电镀液（2）

原料配比

原　料	配比（质量份）							
	1#	2#	3#	4#	5#	6#	7#	8#
硝酸银	50	50	60	50	40	60	50	45
硫代硫酸钠	120	240	280	240	180	300	150	200
焦亚硫酸钠	55	60	72	55	40	85	60	70
硫酸钠	15	20	20	15	8	22	14	15
硼酸	20	30	36	20	15	38	20	22
亚硒酸钠	1.5	1.5	2	1.5	1	2.5	0.5	2
水	加至1000	加至1000	加至1000	加至1000	加至1000	加至1000	加至1000	加至1000

原　料	配比（质量份）						
	9#	10#	11#	12#	13#	14#	15#
硝酸银	55	47	52	49	50	46	54
硫代硫酸钠	105	145	250	220	240	260	230
焦亚硫酸钠	50	60	55	45	58	52	65
硫酸钠	16	10	12	20	18	11	17
硼酸	18	24	30	35	25	19	21
亚硒酸钠	0.8	1	1.2	1.4	1.6	1.8	2.2
水	加至 1000	加至 1000	加至 1000	加至 1000	加至 1000	加至 1000	加至 1000

制备方法 将各组分溶于水混合均匀即可。

原料配伍 本品各组分质量份配比范围为：硝酸银 40～60、硫代硫酸钠 100～300、焦亚硫酸钠 40～85、硫酸钠 8～22、硼酸 15～38、光亮剂（亚硒酸钠）0～2.5、水加至 1000。

产品应用 本品主要用作无氰高速镀银电镀液。

将无氰高速镀银电镀液的 pH 值控制在 4～5，温度控制在 15～35℃，电流密度控制在 5A/dm^2，镀液的流速控制在 1.5m/s 进行电镀。

产品特性 本品含有的氰化物量极少，甚至没有，本镀液毒性小，可得到表面平整、抗变色性能好、耐腐蚀耐磨性高、与基体结合力强的光亮镀银层，而且镀银效率高。

无氰高速镀银电镀液（3）

原料配比

原料	配比（质量份）															
	1#	2#	3#	4#	5#	6#	7#	8#	9#	10#	11#	12#	13#	14#	15#	16#
硝酸银	60	45	50	40	42	44	46	60	48	50	52	54	56	58	45	55
硫代硫酸钠	145	105	125	110	105	115	120	125	300	150	175	200	225	250	275	180
焦亚硫酸钠	60	54	57	50	55	60	85	65	70	75	80	52	54	56	58	68
硫酸钠	15	15	15	10	20	12	14	16	18	11	13	15	17	19	15	16
硼酸	24	18	21	18	38	20	22	24	26	28	30	32	34	36	35	25
硒氰化钠	0.002	0.002	0.002	—	0.0002	0.0004	0.0006	0.0008	0.001	0.0012	0.0014	0.0016	0.0018	0.002	0.0011	0.0015
纯水	加至1000	加至1000	加至1000	加至1000	加至1000	加至1000	加至1000	加至1000	加至1000	加至1000	加至1000	加至1000	加至1000	加至1000	加至1000	加至1000

制备方法 将各组分溶于纯水混合均匀即可。

原料配伍 本品各组分质量份配比范围为：硝酸银 40～60、硫代硫酸钠 100～300、焦亚硫酸钠 45～85、硫酸钠 8～22、硼酸 15～38、光亮剂 0～0.0025、纯水加至 1000。

所述光亮剂为硒氰化钠。

无氰高速镀银电镀液的操作条件：在本品中，高速镀银电镀液的 pH 值控制在 4～5，是由于若 pH 值小于 4，银盐有可能在镀液中沉淀，同时析出效果变差，而若 pH 值大于 5，则难以得到良好外观的析出物，此外，可用硼酸调整 pH。

另外，无氰高速镀银电镀液的温度控制在 15～35℃，是由于若温度低于 15℃，析出物外观变差，而若温度大于 35℃，则镀液变得不稳定。

还有，无氰高速镀银电镀液的电流密度控制在 1～5A/dm^2，是由于若电流密度小于 1A/dm^2，析出速度减小，难以得到足够厚度的析出物，而若大于 5A/dm^2，则难以得到外观良好的镀层，析出物的量极度减小。

本无氰高速镀银电镀液也可借助于镀液的流速进行控制，无氰高速镀银电镀液的流速控制在 0.3～1.5m/s，是由于若镀液的流速小于 0.3m/s，难以得到足够厚度的析出物，而若流速大于 1.5m/s，则难以得到外观良好的镀层。

在进行电镀之前，还可以进行预镀铜或预镀镍，预镀铜电镀液中各组分的浓度为：硫酸铜 200～250g/L，硫酸 50～70g/L；该预镀镍电镀液中各组分的浓度为：氨基磺酸镍 300～600g/L，氯化镍 20～40g/L，硼酸 30～40g/L。

产品应用 本品主要用作无氰高速镀银电镀液。

产品特性 本品含有的氰化物量极少，甚至没有，本镀液毒性小，可得到表面平整、抗变色性能好、耐腐蚀耐磨性高、与基体结合力强的光亮镀银层，而且镀银效率高。与现有无氰镀银技术相比，电镀速率提高两倍以上，与现有的有氰镀银技术相比，镀液稳定性好、管理和操作方便、镀液成本较低。

无预镀型无氰镀银电镀液

原料配比

原　料	配比（质量份）		
	1#	2#	3#
$AgNO_3$	17	34	34
肌酐	34	60	90
KNO_3	50	50	50

续表

原料	配比（质量份）		
	1#	2#	3#
KOH	10	15	25
哌啶	1	—	—
甘氨酸	—	1	—
半光氨酸	—	—	0.5
水	加至 1000	加至 1000	加至 1000

制备方法 先将配位剂、支持电解质和电镀液 pH 调节剂按照所述原料配比混合均匀，再缓慢加入银离子来源物，搅拌至溶液澄清，制成无氰镀银电镀液，溶液温度调节为 10～80℃。将电镀液静置 2h 稳定后，向其中加入单一或组合的电镀添加剂，搅拌均匀后静置待用。

原料配伍 本品各组分质量份配比范围为：银离子来源物 1～200、配位剂 1～800、支持电解质 1～200、电镀液 pH 调节剂 0～550 及电镀添加剂 0.01～5，水加至 1000。

所述银离子来源物为银的无机盐及有机盐，如硝酸银、硫酸银、甲基磺酸银、乙酸银、酒石酸银等中的一种。

所述配位剂为肌酐及肌酐衍生物或它们相应的异构体。

所述支持电解质为 KNO_3、KNO_2、KOH、KF 或与它们相同阴离子的钠盐中的一种或几种。

所述电镀液 OH^-浓度范围为 10^{-8}～10mol/L，镀液 pH 调节剂采用 KOH、NaOH、氨水、HNO_3、HNO_2 和 HF 中的一种或几种。

所述电镀添加剂包括哌啶、哌嗪、甘氨酸、半光氨酸中的一种或几种，其中哌啶为 0.01～3；哌嗪为 0.01～5；甘氨酸为 0.01～5；半光氨酸为 0.01～5。

产品应用 本品主要用作无预镀型无氰镀银电镀液。

运用本品的无预镀型无氰镀银电镀液的电镀步骤为：在电镀过程中，将镀液维持在 10～80℃。然后，将经过预处理的金属基体附于电路组成部分的阴极上，将阴极连同所附基体浸入电镀液中，并且在电路中通以电流，所通电流和通电时间根据实际要求确定。

产品特性 本品采用肌酐及肌酐衍生物或它们相应的异构体作为配位剂与银离子形成配位化合物；镀液非常稳定，毒性较氰化镀银大大地降低。与传统的有氰镀银工艺配方相比，该无氰镀银电镀液毒性极低或无毒，镀液稳定性好；同时，镀液中银离子与铜、镍、铝、铁、铬、钛等单金属及合金基体的置换速率非常慢，镀件无需预镀银或浸银，镀层结合力良好且光亮，可满足装饰性电镀和功能性电镀等多领域的应用。

亚氨基二磺酸铵镀银电镀液

原料配比

原料		配比（质量份）					
		1#	2#	3#	4#	5#	6#
硝酸银		30	50	40	35	42	45
亚氨基二磺酸铵		120	160	140	135	143	140
硫酸铵		90	130	110	100	113	110
氨基酸	L-组氨酸	6	12	—	—	—	—
	L-甲硫氨酸	—	—	9	7	—	—
	L-谷氨酸	—	—	—	—	10	8
吡啶类化合物	2,2′-联吡啶	3	—	—	—	—	—
	4,4′-联吡啶	—	6	—	—	—	—
	异烟酸	—	—	—	3.5	—	—
	烟酸	—	—	—	—	5	—
	柠嗪酸	—	—	4.5	—	—	—
	异烟肼	—	—	—	—	—	4
水		加至1000	加至1000	加至1000	加至1000	加至1000	加至1000

制备方法　用适量水溶解硝酸银；用适量水溶解亚氨基二磺酸铵、硫酸铵；用稀盐酸溶解氨基酸和吡啶类化合物，用氨水调制中性。将亚氨基二磺酸铵和硫酸铵的溶液不断搅拌、缓缓加入硝酸银溶液中。接着，将氨基酸和吡啶类化合物溶液加入溶解有二磺酸铵、硫酸铵和硝酸银的溶液混合均匀后，加氨水调节 pH 值至 8～9.5。加水调至预定体积。

原料配伍　本品各组分质量份配比范围为：硝酸银为 30～50，亚氨基二磺酸铵为120～160，硫酸铵为90～130，氨基酸为6～12和吡啶类化合物为3～6，水加至1000。

所述氨基酸选自组氨酸、谷氨酸和甲硫氨酸中的一种或两种。

所述吡啶类化合物选自吡啶、2,2′-联吡啶、4,4′-联吡啶、烟酸、异烟酸、柠嗪酸、异烟肼中的一种或两种。

选用亚氨基二磺酸铵作为配位剂，选用硫酸铵作为催化Ag^+与亚氨基二磺酸铵配位的辅助配位剂。金属银的标准电极电位为+0.799V，属电正性较强的金属。将Ag^+还原成单质银的交换电流密度较大，也就是说，使Ag沉积的浓度极化较小。因此，从以Ag^+形式存在的镀液中沉积的银镀层结晶粗大，因而加入的配位剂可以与Ag^+配位，提高正一价银的电极化，提高银沉积的质量。亚氨基二磺酸铵在碱性条件及硫酸铵水解释放出NH_3分子存在下，失去亚氨基上的氢离子，与银离子和NH_3分子配位成$NH_3AgN(SO_3NH_4)_2$，$NH_3AgN(SO_3NH_4)_2$电离出的$NH_3AgN(SO_3)_2$具有较强的稳定性，在阴极表面具有较强的吸附性且在阴极表面离解缓慢，有效增强了阴极的电极化。亚氨基二磺酸铵本身的毒性较小，在酸性介质中能迅速分解为氨基磺酸氨和硫酸氢氨两种无毒产物，因此在处理废弃的镀液时只需加入酸，处理方便。

硫酸铵不仅可作辅助配位剂，还可作为导电盐。硫酸铵为易溶于水的强电解质，可增强镀液的导电性，提高阴极极化，使得镀层细致、光滑；又可通过水解成碱性以维持镀液的碱性环境。硫酸铵用量过多会对镀层的质量造成负面影响。

复合选用氨基酸和吡啶类化合物作为光亮剂。氨基酸选自组氨酸、谷氨酸和甲硫氨酸中的一种或至少两种，氨基酸优选为组氨酸或谷氨酸。组氨酸优选为L-组氨酸，谷氨酸优选为L-谷氨酸。吡啶类化合物优选2,2′-联吡啶、4,4′-联吡啶、柠嗪酸。复合使用氨基酸和吡啶类化合物较单独使用两者，前者能更大程度地得到镜面光滑的镀层。

质量指标

测试项目	1#	2#	3#	4#	5#	6#
30天稳定性	未见异常	未见异常	未见异常	未见异常	未见异常	未见异常
分散能力/%	31.1	30.4	35.2	37.7	38.6	40.9
深镀能力/%	84.7	83.6	87.9	89.6	91.8	93.1

续表

测试项目	1#	2#	3#	4#	5#	6#
电流效率/%	95.14	95.47	95.61	95.87	96.14	96.37
镀速/（μm/h）	25.6	26.1	26.9	27.7	28.1	29.8
可焊接性/mm	7	8	9	10	10	11
抗变色性	C 级	C 级	C 级	C 级	B 级	B 级
结合力（淬火法）	不剥落	不剥落	不剥落	不剥落	不剥落	不剥落
镀层外观	银白色	银白色	银白色	银白色	银白色	银白色，有光圈

产品应用 本品是一种亚氨基二磺酸铵镀银电镀液。

使用所述配方配制镀银电镀液电镀的方法：

（1）阴极采用面积为 5cm×6cm 厚为 2mm 的紫铜板。将紫铜板先用 200 目水砂纸初步打磨后再用 600 目水砂纸打磨至表面露出金属光泽。依次经氢氧化钠/碳酸钠的热碱液除油、95%乙醇除油、蒸馏水清洗、10%稀硝酸浸渍 30s、去离子水冲洗、5%的稀盐酸浸泡 30s 的处理。

（2）将经步骤（1）处理后的紫铜板浸入镍电镀液中进行电镀镍层，该电镀液由含量为 220～240g/L 的硫酸镍、含量为 30～40g/L 的氯化镍、含量为 60～70g/L 的柠檬酸钠、含量为 30～35g/L 的亚磷酸组成。施镀条件：温度为 60～70℃，pH 值为 2～3，平均电流密度为 0.1～0.3A/dm^2。

（3）将镀镍后的紫铜板用去离子水冲洗后，浸入由含量为 10～15g/L 的硝酸银、含量为 200～220g/L 的硫脲组成的银溶液，浸入的银溶液温度为 20～30℃，pH 值为 4～6，浸入的时间为 4～6min。

（4）以面积为 5cm×6cm、厚度为 2mm、纯度为 99.9%的两块银板为阳极，将银板置入紫铜板的两侧后，并联接上电源的负极，将阳极和阴极浸入电镀槽中的电镀液中，调节电镀液水浴温度为 15～30℃。将机械搅拌转速调为 200～400r/min。接通脉冲电源，脉冲电流的脉宽为 1～4ms，占空比为 5%～15%，平均电流密度为 0.2～0.8A/dm^2。待通电 20～50min 后，切断电镀装置的电源。取出紫铜板，用蒸馏水清洗烘干。

预处理中的酸浸渍是为了活化铜板。包括用稀硝酸浸渍和之后的用稀盐酸浸渍，两种酸浸渍的时间为20～40s，优选为30s。每次酸浸渍后用水冲洗，以冲洗掉残留的氢离子，避免残留的氢离子造成镀层出现空隙等不光滑的问题。预处理还包括在酸浸渍之前的对铜板进行打磨、碱性液体除油的步骤。

产品特性　本产品选用亚氨基二磺酸铵为配位剂，硫酸铵作为辅助配位剂，复合选用氨基酸和吡啶类化合物作为光亮剂。从而使得镀液的稳定性好，镀层抗变色性和可焊接性强；使得废弃的镀液处理方便。

4 镀镍液

氨基磺酸镍电镀液

原料配比

原料	配比（质量份）				
	1#	2#	3#	4#	5#
氨基磺酸镍	300	500	750	600	450
溴化镍	3	6	10	1	8
硼酸	40	40	50	35	55
糖精	—	—	1.5	—	1
2-乙基己基硫酸钠	—	—	0.06	0.05	—
磺基丁二酸二戊酯钠	—	—	—	—	0.2
萘三磺酸钠	—	—	—	6	—
水	加至 1000	加至 1000	加至 1000	加至 1000	加至 1000

制备方法

（1）配制氨基磺酸镍浓度 300～750g/L、溴化镍浓度 1～10g/L 的溶液，升温至 50～60℃，再加入硼酸至浓度 20～25g/L，过滤；过滤采用活性炭材料（如多孔活性炭等），以除去镀液中的有机成分。

（2）取过滤后的溶液在电流密度 0.1～1.0A/dm^2 下一次电解 8～12h，再加大电流密度至 3.0～5.0A/dm^2 二次电解 48～72h；一次电解采用分步（小电流、多步骤）电解工艺（如选择 0.1A/dm^2、0.3A/dm^2、1.0A/dm^2 的电流密度分步电解）。具体为：先在 0.8～1.0A/dm^2 的电流密度下电解 1～2h，再在 0.3～0.5A/dm^2 的电流密度下电解 4～5h，最后在 0.1～0.2A/dm^2 的电流密度下电解 3～5h。根据各种金属离子的析出电位差异，采用多电流电解工艺可快速除去金属离子杂质。此外，视原材料纯度差异，电解时间可在 8～12h 内调整。

（3）补加硼酸至浓度 30～55g/L，在电流密度 0.1～0.3A/dm^2 下三次电解 4～5h，过滤，再加入润湿剂和应力调节剂，即得。三次电解同样采用分步（小电流、多步骤）电解工艺（如选择 0.1A/dm^2、0.3A/dm^2 的电流密度分步电解，累计电解 4～5h 即可）。具体为：先在 0.2～0.4A/dm^2 的电流密度下电解 1.5～2h，再在 0.1～0.2A/dm^2 的电流密度下电解 2.5～3h。

原料配伍 本品各组分质量份配比范围为：氨基磺酸镍 300～750、溴化镍 1～10，硼酸 30～55。

润湿剂为乙基己基硫酸钠、2-乙基己基硫酸钠、磺基丁二酸二戊酯钠等中任一种。润湿剂的加量为 0.05～0.2。

应力调节剂为糖精、萘三磺酸钠等中任一种。应力调节剂的用量为 0.5～10。

产品应用 本品是一种氨基磺酸镍电镀液。

产品特性 在对原材料中所含杂质离子充分分析的基础上，本品采用小电流、多步骤电解工艺，结合多孔活性炭和低孔径棉滤芯循环过滤，能有效提高除杂效率，实现氨基磺酸镍电镀液体系的彻底净化处理。同时采用大电流、低硼酸浓度电解工艺，在不引入外界杂质离子的条件下，利用阴极电镀过程中本不希望发生的析氢副反应，促使镀液中 H^+ 还原析出氢气，从而快速提升 pH 值至工艺范围。本品结合上述两种处理工艺，能有效保证氨基磺酸镍电镀液电镀所得镀层具有超低应力的力学性能优点，（利用应力测试条）测试内应力在-5～5MPa 范围，相较一般的氨基磺酸镍镀液（内应力在-100～100MPa 的范围），镀层的低应力性能明显，而其他硫酸镍、氯化镍等镀镍液体系的镀层的内应力在 100～300MPa 的范围，镀层应力性能差异极大。

半光亮镍电镀液

原料配比

原　料	配比（质量份）			
	1#	2#	3#	4#
硫酸镍	220	220	220	220

续表

原　料	配比（质量份）			
	1#	2#	3#	4#
氯化镍	50	50	50	50
硼酸	50	50	50	50
2,5-二甲基己炔二醇	0.01	0.03	0.02	0.02
苯磺酰胺	0.5	1	0.7	0.8
磺基水杨酸	0.02	0.2	0.1	0.1
水合三氯乙醛	0.01	0.02	0.05	0.1
2-乙基己基硫酸钠	0.05	0.2	0.1	0.25
丁二酸二己酯磺酸钠	0.02	0.08	0.05	0.1
水	加至1000	加至1000	加至1000	加至1000

制备方法 将硫酸镍、氯化镍、硼酸和添加剂混合溶解于水即可。

原料配伍 本品各组分质量份配比范围为：硫酸镍200～250，氯化镍30～80，硼酸30～80，添加剂0.61～1.68，水加至1000。

所述添加剂包括光亮剂、电位差稳定剂及润湿剂；所述电位差稳定剂为水合三氯乙醛；所述光亮剂、电位差稳定剂、润滑剂质量比为(5.3～123):1:(0.7～35)。

电位差稳定剂水合三氯乙醛可以很好地调节光亮镍与半光亮镍之间的电位差。并且控制光亮剂、电位差稳定剂和润湿剂的质量比为(5.3～123):1:(0.7～35)，可以使镀层光亮性、电位差、镀层质量处于一个稳定的平衡状态。

所述光亮剂为2,5-二甲基己炔二醇、苯磺酰胺和磺基水杨酸中的至少一种。所述光亮剂中2,5-二甲基己炔二醇、苯磺酰胺和磺基水杨酸的质量比为1:(17～100):(0.7～20)。所述苯磺酰胺有助于防止镀层烧焦及使镀层晶粒细化，2,5-二甲基己炔二醇用于提高半光亮镍的填平效果，磺基水杨酸用于提高金属分布力及延展性，使镀件倍增光亮、均匀；2,5-二甲基己炔二醇、苯磺酰胺和磺基水杨酸的质量比为1:(17～100):(0.7～20)可以得到更好的光亮效果。

所述润湿剂为2-乙基己基硫酸钠和丁二酸二己酯磺酸钠中的至少一种。所述润湿剂中2-乙基己基硫酸钠和丁二酸二己酯磺酸钠的质量比为(0.5～12.5):1。所述润湿剂可以改善工件与溶液的亲和状态，同时通过工件表面尖锐部位覆盖来抑制晶粒的无序生长，提高了镀层的平整性与均匀性。同时使用2-乙基己基硫酸钠和丁二酸二己酯磺酸钠作为润湿剂，并且控制 2-乙基己基硫酸钠和丁二酸二己酯磺酸钠的质量比为(0.5～12.5):1，可以降低镀层针孔出现概率，镀层质量较好。

半光亮镍电镀液含 2,5-二甲基己炔二醇 0.01～0.03，苯磺酰胺 0.5～1，磺基水杨酸 0.02～0.2，2-乙基己基硫酸钠 0.05～0.25，丁二酸二己酯磺酸钠 0.02～0.1。

产品应用 本品是一种半光亮镍电镀液。

半光亮镍电镀方法包括将待电镀产品作为阴极、铂电极作为阳极放置在镀液中进行电镀，所述镀液为半光亮镍电镀液。

所述电镀液的操作温度为 50～60℃，电流密度为 2～5A/dm^2，时间为 5～15min。

所述半光亮镍电镀方法具体包括除油—水洗—活化—水洗—电镀半光亮镍—水洗—电镀光亮镍—水洗—干燥—得到电镀产品。

所述除油是在超声波清洗机中加入 80～120g/L 的除油溶液，将工件浸渍在该除油溶液中，在 40～60℃下超声波清洗 2～10min。

所述活化是将工件浸泡在酸洗溶液中，在 15～30℃下浸泡 0.5～5min，所述酸洗溶液为 200～400mL/L 的盐酸。

所述电镀半光亮镍是以工件为阴极，镍板为阳极，在常规光镍镀液中，在 40～60℃下进行电镀 3～10min，电流密度为 2～5A/dm^2。

产品特性 本产品中的半光亮镍添加剂，可以为电镀液提供一个稳定的电位差环境，适用于对镀层电位差要求大、工件耐蚀性要求高的操作。本产品适用范围广，适用的基材可以是普通五金件及塑胶件，本半光亮镍电镀液具有电位差稳定、镀层应力低、镀层耐蚀性能好的特点，在普通五金及塑料件电镀等方面应用前景好。

超耐腐多层镍电镀液

原料配比

原料		配比（质量份）			
		1#	2#	3#	4#
半亮镍电镀液	硫酸镍	300	263	375	319
	氯化镍	45	38	53	45.5
	硼酸	44	38	50	44

续表

原料		配比（质量份）			
		1#	2#	3#	4#
半亮镍电镀液	开缸剂	4.5	3	6	4.5
	填平剂	0.6	0.25	1	0.62
	水	加至1000	加至1000	加至1000	加至1000
高硫镍电镀液	硫酸镍	300	240	360	300
	氯化镍	90	60	120	90
	硼酸	38	35	40	37.5
	添加剂	3.3	2.5	5	3.75
	水	加至1000	加至1000	加至1000	加至1000
光亮镍电镀液	硫酸镍	300	225	375	300
	氯化镍	66	52.5	150	101.25
	硼酸	48	37.5	56	46.75
	主光剂	0.4	0.2	3	1.6
	水	加至1000	加至1000	加至1000	加至1000
镍封电镀液	硫酸镍	300	300	450	375
	氯化镍	60	38	112	75
	硼酸	45	38	50	44
	添加剂	0.6	0.12	1	0.56
	水	加至1000	加至1000	加至1000	加至1000

制备方法

（1）配制半亮镍电镀液：在电镀槽中，加入400mL纯水，将其加热至60～70℃；加入硫酸镍、氯化镍、硼酸、开缸剂、填平剂；加入稀硫酸，调整pH值至3.8：加水至1L，搅拌均匀后保温至66℃，得到半亮镍电镀液。

（2）配制高硫镍电镀液：在电镀槽中，加入400mL纯水，将其加热至60～70℃；加入硫酸镍、氯化镍、硼酸、添加剂；加入稀硫酸，调整pH值至2.5；加水至1L，搅拌均匀后保温至50℃，得到高硫镍电镀液。

（3）配制光亮镍电镀液：在电镀槽中，加入400mL纯水，将其加热至60～70℃；加入硫酸镍、氯化镍、硼酸、主光剂；加入稀硫酸，调整pH值至4.0；加水至1L，搅拌均匀后保温至60℃，得到光亮镍电镀液。

（4）配制镍封电镀液：在电镀槽中，加入400mL纯水，将其加热至60～70℃；加入硫酸镍、氯化镍、硼酸、添加剂；加入稀硫酸，调整 pH 值至 3.8；加水至 1L，搅拌均匀后保温至 50℃，得到镍封电镀液。

原料配伍 本品各组分质量份配比范围如下。

半光亮镍电镀液：硫酸镍 263～375，氯化镍 38～53，硼酸 38～50，开缸剂 3～6，填平剂 0.25～1.0，水加至 1000。

镀高硫镍电镀液：硫酸镍 240～360，氯化镍 60～120，硼酸 35～40，添加剂 2.5～5.0，水加至 1000。

镀光亮镍电镀液：硫酸镍 225～375，氯化镍 52.5～150，硼酸 37.5～56，主光剂 0.2～3.0，水加至 1000。

镀镍封电镀液：硫酸镍 300～450，氯化镍 38～112，硼酸 38～50，添加剂 0.12～1.0，水加至 1000。

产品应用 本品主要用作超耐腐多层镍电镀液。电镀方法如下：

（1）将无氰镀铜后的铝轮毂置于半光亮镍电镀液中作为阴极，金属镍置于半光亮镍电镀液中作为阳极，接通电源进行电镀；电镀工艺参数为：电镀液温度为 50～70℃，电镀时间为 50～80min，电镀液 pH 值为 3.6～4.0，电流密度为 4.3～6.5A/dm^2。

（2）将第（1）步得到的铝轮毂置于高硫镍电镀液中作为阴极，金属镍置于高硫镍电镀液中作为阳极，接通电源进行电镀；电镀工艺参数为：电镀液温度为 46～52℃，电镀时间为 1.5～3.5min，电镀液 pH 值为 2.0～3.0，电流密度为 2.0～4.0A/dm^2。

（3）将第（2）步得到的铝轮毂置于光亮镍电镀液中作为阴极，金属镍置于光亮镍电镀液中作为阳极，接通电源进行电镀；电镀工艺参数为：电镀液温度为 49～66℃，电镀时间为 30～50min，电镀液 pH 值为 3.5～5.0，电流密度为 2.2～8.1A/dm^2。

（4）将第（3）步得到的铝轮毂置于镍封电镀液中作为阴极，金属镍置于镍封电镀液中作为阳极，接通电源进行电镀，最后进行后处理，得到产品；电镀工艺参数为：电镀液温度为 49～66℃，电镀时间为 2～4min，电镀液 pH 值为 3.3～4.2，电流密度为 2.0～4.3A/dm^2。

产品特性 铝轮毂经无氰沉锌镀铜后，在常规的前处理后，使用超耐腐多层镍电镀液和电镀工艺，依次电镀镀半亮镍、高硫镍、光亮镍、镍封，使铝轮毂防腐蚀性能达到超耐腐的要求（CASS 试验达到 120h 以上无腐蚀点）。在镀铜层的基础上，镀多层镍总厚度不小于 40μm，使镀层具有超耐腐性能。采用本产品制备的铝轮毂上的电镀层还具有填平度好、电位差数据适中等优点。

镀镍的纳米复合电镀液

原料配比

原　料	配比（质量份）					
	1#	2#	3#	4#	5#	6#
硫酸镍	200	250	225	240	220	230
氯化镍	65	90	75	80	70	75
硼酸	25	25	32	35	30	32
纳米氮化硅	2	7	5	4	3	4.5
复合乳化剂（以纳米氮化硅为基准）	0.15%	0.7%	0.43%	0.35%	0.2%	0.5%
水	加至 1000	加至 1000	加至 1000	加至 1000	加至 1000	加至 1000

制备方法

（1）将硫酸镍、氯化镍、硼酸、复合乳化剂加入水中充分搅拌溶解形成镀液。

（2）将纳米氮化硅和5%～30%镀液混合成浆料，陈化11～20min，然后用超声波分散4～8min，再搅拌15～40min，制得复合电镀液。超声波分散的功率为600～1000W，水的温度为45～65℃。

原料配伍　本品各组分质量份配比范围为：硫酸镍200～250，氯化镍65～90，硼酸25～40，纳米氮化硅2～7，以纳米氮化硅为基准计算的0.15%～0.7%的复合乳化剂，水加至1000。

所述纳米氮化硅的粒径为30～80nm。

所述复合乳化剂为50%～90%离子型乳化剂和10%～50%非离子型乳化剂的混合物。

所述电镀液的pH值为3～5。

所述离子型乳化剂选自十二烷基硫酸钠、十二烷基苯磺酸钠、十二烷基二苯醚二磺酸钠中的一种或多种，或者选自十二烷基三甲基氯化铵、十二烷基三甲基溴化铵、十二烷基二甲基苄基氯化铵中的一种或多种；所述非离子型乳化剂选自OP-10、NP-10、OP-9、NP-9中的一种或多种。

质量指标

测试项目	硬度/HV	30min 后磨损量/mg	孔隙率/（个/cm^2）
1#	768	3.51	0.7
2#	826	3.07	0.8
3#	793	3.23	0.7
4#	846	2.82	0.8
5#	801	3.14	0.7
6#	873	2.53	0.8

产品应用　本品主要用作镀镍的纳米复合电镀液。

电镀的方法，包括将被镀物作为阳极置于纳米复合电镀液中进行电镀的步骤；将经碱液除油、95%乙醇除油、蒸馏水清洗、稀盐酸活化的步骤处理后的被镀物置入电镀槽，将电镀槽浸入水浴锅中，调节水浴温度为 25～70℃。将转速调节为 100～250r/min。接通电镀装置的电源，调节电流密度为 1.5～5.5A/dm^2，50～150min 后，切断电镀装置的电源。取出被镀物，用蒸馏水清洗，烘干。

产品特性　本产品的纳米氮化硅均匀、稳定地分散于纳米复合电镀液中，纳米氮化硅与二价镍离子共沉积于被镀物表面后，电镀层孔隙率低、耐腐蚀性高、硬度大、耐磨性强。

高速电镀半光亮镀镍电镀液

原料配比

原料		配比	
		1#	2#
氨基磺酸镍		300g	280g
硼酸		40g	40g
阳极活化剂	氯化镍:氯化钠（5:1）	60mL	—
	氯化镍:氯化钠（4:1）	—	75mL
半光亮剂	对甲苯磺酰胺:邻磺酰苯酰亚胺（3:1）	10mL	8mL
润湿剂	十二烷基硫酸钠:苯基磺酸钠（10:1）	1.0mL	—

续表

原料		配比	
		1#	2#
润湿剂	十二烷皋硫酸钠:苯基磺酸钠（5:1）	—	1.5mL
氨基磺酸		调整 pH 值为 3.0	调整 pH 值为 3.0
蒸馏水		加至 1L	加至 1L

制备方法

（1）分别将计算量的阳极活化剂、半光亮剂和硼酸在蒸馏水中溶解后，得硼酸水溶液、阳极活化剂水溶液和半光亮剂水溶液。

（2）将 1/3 计算量的蒸馏水加热至 60℃，加入氨基磺酸镍，搅拌溶解后加入润湿剂，得混合溶液。

（3）将步骤（1）所得的硼酸水溶液、阳极活化剂水溶液和半光亮剂水溶液加入到步骤（2）所得的混合溶液中。

（4）用蒸馏水补加到计算量。

（5）用氨基磺酸调 pH 值为 3，即得成品。

原料配伍 本品各组分配比范围为：氨基磺酸镍 240～525g，硼酸 30～45g，阳极活化剂 50～100mL，半光亮剂 5～20mL，润湿剂 0.5～2mL，氨基磺酸适量，蒸馏水加至 1L。

所述的阳极活化剂为氯化镍和氯化钠组成的混合物。

所述的半光亮剂为对甲苯磺酰胺、邻磺酰苯酰亚胺或苯亚磺酸中的一种或一种以上的混合物。

所述的润湿剂为十二烷基硫酸钠和苯基磺酸钠组成的混合物。

产品应用 本品主要用作高速电镀半光亮镀镍电镀液。应用过程中控制电流密度为 5.0～50.0A/dm^2，温度为 52～57℃，半光亮剂的消耗量为 0.5～2.0mL/(A·h)。优选电流密度为 15A/dm^2；温度为 55℃，半光亮剂的消耗量为 1.0mL/(A·h)。

产品特性

（1）本产品采用了氨基磺酸镍作为主盐，和现在商用的硫酸镍相比，本产品具有更低的应力，这为解决镀层间结合力差的问题提供了一个基础。同时又由于本产品具有优良的镀层速率和分散能力，镀层内应力很小，镀液可以完全适合高速电镀工艺。

（2）由于精心选取的阳极活化剂和半光亮剂，电镀过程中在达到同样镀层厚度的情况下，相对于目前商业高速电镀半光亮镍产品可提高电镀速率，同时也减少半光亮剂的用量，这样也可以减少高速电镀半光亮镀镍的生产成本。

高纯铝合金化学镀镍活化液

原料配比

原　料	配比（质量份）
磷酸	10～40
硼酸	2～10
乙酸	5～30
硫脲	2～6
硫酸铵	10～25
磷酸三钠	10～30
氟化氢铵	15～40
水	加至1000

制备方法　将各组分溶于水混合均匀即可。

原料配伍　本品各组分质量份配比范围为：磷酸10～40、硼酸2～10、乙酸5～30、硫脲2～6、硫酸铵10～25、磷酸三钠10～30、氟化氢铵15～40、水加至1000。

产品应用　本品主要用作高纯铝合金化学镀镍活化液。

利用高纯铝合金化学镀镍活化液对铝合金表面进行活化处理的工艺流程为：

（1）脱脂，在温度50℃下将经过预处理的铝合金放入含十二烷基苯磺酸钠25g/L、偏硅酸钠10g/L、磷酸三钠15g/L、乙二胺四乙酸5g/L的溶液5min。

（2）出清洁面，主要是进行抛光处理，在温度25℃下将处理的铝合金放入含硝酸150mL/L和氟化氢50mL/L的溶液30s。

（3）活化，在温度为20～55℃下，将经过浸酸后的铝合金放入上述高纯铝合金化学镀镍活化液30～300s。

（4）后续处理，对经过上述工艺流程的铝合金进行化学镀镍等处理。

产品特性 利用本品的高纯铝合金化学镀镍活化液及活化处理工艺，可在铝基表面形成一层附着良好的薄砂面，并能有效地控制化学镀镍的速度和保护基材不被腐蚀，且具有较好的性价比。

滚镀用电镀液

原料配比

原料		配比（质量份）									
		1#	2#	3#	4#	5#	6#	7#	8#	9#	10#
主盐	$NiSO_4$	80	80	80	80	90	90	90	90	90	100
阳极活化剂	$NiCl_2$	30	40	45	50	55	55	65	70	75	80
缓冲剂	H_3BO_3	3	—	3	—	4	—	4	4	—	5
	柠檬酸铵	—	10	—	10	—	4	—	—	15	—
配位剂	焦磷酸钾	200	200	200	200	220	220	220	220	220	250
应力消除剂	萘二磺酸	0.5	1	1.5	2	—	—	—	—	—	—
	邻磺酰苯亚胺	—	—	—	—	0.5	0.5	1.5	2	2.5	—
	对苯磺酰胺	—	—	—	—	—	—	—	—	—	0.5
主光亮剂	1,4-丁炔二醇	0.05	0.07	0.08	0.1	—	—	—	—	—	—
	炔醇丙氧基化合物	—	—	—	—	0.02	0.02	0.04	0.04	0.05	—
	二乙胺基丙炔	—	—	—	—	—	—	—	—	—	0.005
辅助剂	丙炔鎓的钠盐	0.1	0.2	0.4	0.8	—	—	—	—	—	—
	丁醚鎓的钠盐	0.2	—	—	—	0.1	0.2	0.4	—	—	—
	烯丙基磺酸的钠盐	—	0.3	—	—	0.2	—	—	0.7	0.9	—
	丙炔磺酸的钠盐	—	—	0.3	—	—	0.3	—	0.2	—	0.1
	乙烯基磺酸的钠盐	—	—	—	0.2	—	—	0.3	—	0.1	0.2
水		加至1000	加至1000	加至1000	加至1000	加至1000	加至1000	加至1000	加至1000	加至1000	加至1000

续表

原料		配比（质量份）									
		11#	12#	13#	14#	15#	16#	17#	18#	19#	20#
主盐	$NiSO_4$	100	100	100	100	100	100	110	110	110	120
阳极活化剂	$NiCl_2$	85	90	100	30	40	50	60	70	80	90
缓冲剂	H_3BO_3	—	5	—	—	—	—	—	—	—	—
	$NH_3·H_2O$	—	—	—	40	40	40	50	50	50	60
	柠檬酸铵	20	—	20	—	—	—	—	—	—	—
配位剂	焦磷酸钾	250	250	250	—	—	—	—	—	—	—
	羟基亚乙基二磷酸	—	—	—	180	180	180	190	190	190	200
应力消除剂	萘二磺酸	—	—	—	0.5	1	2	—	—	—	—
	邻磺酰苯亚胺	—	—	—	—	—	—	0.5	1.5	2.5	—
	对苯磺酰胺	1	1.5	2	—	—	—		—	—	0.5
主光亮剂	炔醇丙氧基化合物	—	—	—	—	—	—	0.02	—	—	—
	二乙胺基丙炔	0.007	0.009	0.01	—	—	—	—	—	—	—
	丙炔醇	—	—	—	0.005	0.007	0.01	—	—	—	—
	丙炔醇丙氧基化合物	—	—	—	—	—	—	—	0.04	0.05	—
	乙氧基炔醇化合物	—	—	—	—	—	—	—	—	—	0.05
辅助剂	丙炔鎓的钠盐	0.2	0.4	0.8	0.1	0.3	—	—	—	—	—
	丁醚鎓的钠盐	—	0.3	—	—	—	0.8	0.1	0.3	—	—
	烯丙基磺酸的钠盐	0.2	—	0.2	—	—	0.2	—	—	0.8	0.1
	丙炔磺酸的钠盐	—	—	—	0.2	—	—	0.2	—	0.2	—
	乙烯基磺酸的钠盐	0.1	—	—	—	0.3	—	—	0.3	—	0.2
水		加至1000	加至1000	加至1000	加至1000	加至1000	加至1000	加至1000	加至1000	加至1000	加至1000

续表

原料		配比（质量份）									
		21#	22#	23#	24#	25#	26#	27#	28#	29#	30#
主盐	$NiSO_4$	120	120	200	220	240	260	280	300	320	350
阳极活化剂	$NiCl_2$	95	100	30	40	60	70	30	40	60	70
缓冲剂	H_3BO_3	—	—	40	45	45	45	40	45	45	45
	$NH_3 \cdot H_2O$	60	60	—	—	—	—	—	—	—	—
配位剂	柠檬酸钠	—	—	20	20	25	30	20	20	25	30
	羟基亚乙基二磷酸	200	200	—	—	—	—	—	—	—	—
应力消除剂	萘二磺酸	—	—	—	—	—	—	0.5	0.5	0.7	1
	邻苯甲酰磺酰亚胺	—	—	1	1.5	1.5	2	—	—	—	—
	对苯磺酰胺	1.5	2	—	—	—	—	—	—	—	—
主光亮剂	1,4-丁炔二醇	—	—	0.02	0.03	0.03	0.05	—	—	—	—
	炔醇丙氧基化合物	—	—	—	—	—	—	0.04	0.05	0.05	0.06
	乙氧基炔醇化合物	0.07	0.1	—	—	—	—	—	—	—	—
辅助剂	丙炔醇的钠盐	—	0.5	0.1	0.2	0.4	0.8	—	—	—	—
	丁醚醇的钠盐	—	—	0.2	—	—	—	0.1	0.2	0.4	—
	烯丙基磺酸的钠盐	—	0.3	—	0.3	—	—	0.2	—	—	0.7
	丙炔磺酸的钠盐	0.3	—	—	—	0.3	—	—	0.3	—	0.2
	乙烯基磺酸的钠盐	0.3	0.2	—	—	—	0.2	—	—	0.3	—
水		加至1000	加至1000	加至1000	加至1000	加至1000	加至1000	加至1000	加至1000	加至1000	加至1000

制备方法 将各组分都溶于去离子水或自来水，配成总质量份为1000的溶液，即得滚镀用电镀液。

原料配伍 本品各组分质量份配比范围为：主盐80～120或200～350、阳极活化剂30～100、缓冲剂3～60、配位剂20～30或180～250、应力消除剂0.5～2.5、主光亮剂0.005～0.1、辅助剂0.3～1、水加至1000。

主盐选用 $NiSO_4$。

阳极活化剂选用 $NiCl_2$。

缓冲剂选用 H_3BO_3、$NH_3·H_2O$ 和柠檬酸铵中的任意一种。

配位剂选用羟基亚乙基二磷酸、焦磷酸钾和柠檬酸钠中的任意一种。

应力消除剂选用萘二磺酸、邻磺酰苯酰亚胺、对苯磺酰胺和邻苯甲酰磺酰亚胺中的任意一种。

主光亮剂选用1,4-丁炔二醇、炔醇丙氧基化合物、二乙胺基丙炔、丙炔醇、丙炔醇丙氧基化合物和乙氧基炔醇化合物中的任意一种。

辅助剂选用丙炔鎓的碱金属盐、丁醚鎓的碱金属盐、烯丙基磺酸的碱金属盐、丙炔磺酸的碱金属盐和乙烯基磺酸的碱金属盐中的任意两种或两种以上以任意比例的复配。

产品应用 本品主要用作滚镀用电镀液。

一种电池钢壳滚镀方法，对已冲压而成的电池钢壳按①镀前脱脂处理、②滚镀和③镀后漂白处理三个步骤依次进行。第③步镀后漂白处理按如下步骤依次进行。三道回收→清洗→漂白→清洗→中和→纯水洗→防锈→脱水→干燥。漂白选用柠檬酸、草酸、羟基乙酸、羟基亚乙基二磷酸和硫酸中的任意一种。中和选用氢氧化钠、氢氧化钾和碳酸钠中的任意一种。步骤中的特点是：第②步滚镀时所用的电镀液为本滚镀用电镀液；滚镀时，电镀液的 pH 值控制在 4.0～4.6 或 6.5～8.5，温度 40～70℃，电流密度 0.05～3A/dm^2，滚筒转速 4～12r/min，滚镀时间 180～300min。

所述的电池钢壳滚镀方法，第①步镀前脱脂处理按如下步骤依次进行：

（1）去油脱脂 用除油液洗涤待电镀的电池钢壳，洗涤温度 50℃±10℃，洗涤时间 20～40min，完成后用温度为 40～60℃的去离子水或自来水清洗干净，如此反复两次，除油液由氢氧化钠、硅酸钠、碳酸钠、磺酸类阴离子表面活性剂和去离子水组成，各组分的质量分数如下所述：氢氧化钠 5%～10%，硅酸钠 2%～8%，碳酸钠 1%～10%，磺酸类阴离子表面活性剂 2%～5%，其他为去离子水或自来水，磺酸类阴离子表面活性剂选用十二烷基磺酸钠或十二烷基苯磺酸钠。

（2）酸洗活化 将完成去油脱脂的电池钢壳用酸液在室温下酸洗 1～3min，完成后用去离子水或自来水清洗干净，如此反复两次，酸洗液选用质量分数为10%～45%的盐酸，或是质量分数为10%～25%的硫酸。

产品特性 本品能从根本上解决先镀镍再冲压的工艺所带来的弊端，由于采用了特制的电镀液以及精心选择了滚镀时的各项工艺参数，使得电池钢壳这类盲孔深孔类零件表面，尤其是内表面也能沉积上与基材结合力强、有一定厚度且光亮程度高的镍镀层，外表面镍镀层厚度在 1.5～6μm 之间，内壁镍镀层在 0.1～1.0μm，这样钢壳在镀镍完成后不再实施机械加工，镍镀层晶格未受破坏仍能保持原来的致密状态，孔隙率小，从而提高了耐腐蚀能力，而且滚镀时钢壳的内外表面和切口处都能被电镀液浸没，整个表面镍镀层没有盲点，所以不会生锈，这样电池的存放周期也就大大延长。根据对比实验，采用本品所公开的技术方案滚镀的电池钢壳，无论是在高温高湿的环境下，还是浸没在电解质溶液中或活泼性比铁低的金属盐溶液中，都既无锈迹生成，也无金属被置换，说明致密的镍镀层有效地保护钢壳，使之与腐蚀性环境隔绝。而且镍镀层外观白亮，相对于由镀镍钢带冲压制成的电池钢壳所呈现的灰暗色，电池外观更美观。

化学复合镀镍液

原料配比

原料	配比/（g/L）			
	1#	2#	3#	4#
氯化镍	20	30	25	27
次亚磷酸钠	20	35	30	25
丙酸	1.5	3	2	2.5
乳酸	20	35	25	30
三氧化二铝	2	5	3	4
水	加至 1000	加至 1000	加至 1000	加至 1000

制备方法 依次将氯化镍、次亚磷酸钠、丙酸、乳酸和三氧化二铝溶解于 91～94℃的水中，将溶液 pH 值调整为 4～6，混合搅拌均匀即可。

原料配伍 本品各组分质量份配比范围为：氯化镍 20～30、次亚磷酸钠 20～35、丙酸 1.5～3、乳酸 20～35、三氧化二铝 2～5、水加至 1000。

所述三氧化二铝粒径为 1～3μm。

产品应用 本品主要用作化学复合镀镍液。

产品特性 采用本品中的化学复合镀镍液和工艺，能获得 10～15μm/h 的镀速，最终的镀层硬度达到 700～750HV。而 Al_2O_3 微粒是一种价廉易得的原料，具有很高的硬度和化学稳定性，通过化学沉积的方法获得的 Ni-P-Al_2O_3 复合镀层，固体微粒均匀，弥散分布于基体金属中，提高了零件表面的抗摩擦磨损和磨粒磨损性能，完全能满足机组的使用要求（原来采用 Ni-P 镀层的零件使用 2 个月左右就产生了严重的磨损而必须更换，而采用 Ni-P-Al_2O_3 复合镀层的零件在同样的使用状态下，使用半年来未发生磨损，极大地延长了零件的使用寿命，从而大大地提高了机组的整体效率）。

金属表面抗磨镀层电镀液

原料配比

原料	配比（质量份）		
	1#	2#	3#
硫酸镍	30	60	95
钨酸钠	65	40	50
柠檬酸铵	100	90	80
糖精	1	2	0.5
1,4-丁炔二醇	0.5	1	2.5
水	加至 1000	加至 1000	加至 1000

制备方法 将原料分别溶解于少量的水中，按顺序混合搅拌均匀，再用水稀释到镀槽规定量，搅拌均匀，然后用浓氨水调 pH 值至 7.8～8.4，电流密度 $1A/dm^2$ 电解 7h。

原料配伍 本品各组分质量份配比范围为：硫酸镍 30～100、钨酸钠 40～65、柠檬酸铵 80～100、糖精 0.5～2、1,4-丁炔二醇 0.5～2.5，水加至 1000。

产品应用 本品主要用作金属表面抗磨镀层电镀液。

本品电镀工艺如下：

（1）金属工件进行镀前处理，按照常金属表面的处理方式或按照下述步骤：将金属工件固定在夹具上、电解除油、用酸活化金属表面、粗化处理、化学除油、自来水清洗、电解除油、自来水清洗、酸活化、自来水清洗、超声波清洗和去离子水清洗。各步骤均按照一般技术方式进行。

（2）电镀实施过程：将配好的电镀液升温至70℃，电镀的过程中保持镀液pH值稳定在8.0，电流密度6A/dm^2。阳极选用耐腐性强的不锈钢材料。电镀速率2μm/h。在金属工件表面形成光亮的耐磨镀层，镀层厚度23μm。

（3）电镀完成后对镀层表面进行热处理，温度为550℃，保温1～2h。按照常规方式抛光去除氧化膜，再用机械法抛光去除低硬度氧化膜。镀层显微硬度1220HV。

经研磨机研磨对比试验，结果为：

带有本品镀层的金属工件，研磨5min，磨损9.03μm，11min磨损12.51μm，见基层。

带有电镀硬铬镀层的金属工件，镀层厚度23μm，研磨5min，磨损12.75μm，9min后磨损22.95μm，见基层。

产品特性 采用电镀工艺在金属表面上沉积成耐磨镀层，无废水排放，不对环境产生污染。镀层的显微硬度为1000～1250HV，耐磨性和摩擦系数高于镀硬铬。经研磨机研磨试验，耐磨损量和镀硬铬相比高1.2～1.4倍，电镀硬铬所需电流密度为20～40A/dm^2，本品电流密度为4～9A/dm^2。

镁合金表面多层镀镍溶液

原料配比

低磷含量镀镍溶液

原　料	配比（质量份）	
	1#	2#
硫酸镍	24	38
乙酸钠	20	18
次磷酸钠	18	20
柠檬酸钠	14	15
水	加至1000	加至1000

中磷含量镀镍溶液

原料	配比（质量份）	
	1#	2#
硫酸镍	18	20
乙酸钠	17	15
次磷酸钠	17	15
氟化氢铵	36	30
硫脲	0.01	0.02
水	加至 1000	加至 1000

高磷含量镀镍溶液

原料	配比（质量份）	
	1#	2#
硫酸镍	18	25
乙酸钠	17	15
次磷酸钠	32	35
水	加至 1000	加至 1000

制备方法 将各组分溶于水混合均匀即可。

原料配伍 本品各组分质量份配比范围如下：

低磷含量镀镍溶液：硫酸镍 10～50、乙酸钠 10～50、次磷酸钠 10～50、柠檬酸钠 10～50、水加至 1000。

中磷含量镀镍溶液：硫酸镍 10～50、乙酸钠 10～50、次磷酸钠 10～50、氟化氢铵 10～50、硫脲 0.001～0.02、水加至 1000。

高磷含量镀镍溶液：硫酸镍 10～50、乙酸钠 10～50、次磷酸钠 10～50、水加至 1000。

产品应用 本品主要用作镁合金表面多层镀镍溶液。

用本品所述的多层镀镍溶液进行镁合金多层镀镀镍工艺，其工艺流程为镁合金表面脱脂并除去氧化膜—水洗—活化—水洗—多层镀—水洗—烘干；其中该工艺具体步骤为：

（1）先将一表面清洁的镁合金部件表面进行喷砂处理，然后依此通过碱洗和酸洗后再用水洗净。

（2）再将该镁合金部件浸渍于 5%～20%的氢氟酸溶液中进行活化处理，其工作温度为 20～60℃，浸渍 5～20min 后取出用水洗净。

（3）在温度为 50～70℃的条件下，将经过上述处理的镁合金部件依此浸渍于所述的中磷含量镀镍溶液、高磷含量镀镍溶液、低磷含量镀镍溶液中进行施镀，其浸渍时间为 10～40min，pH 值为 4.5～6.5。

（4）最后将上述处理后的镁合金部件用水洗净，烘干，然后再进行封孔。

产品特性 本品的优点在于该镁合金表面多层镀镍溶液的成分简单，配制方便，成本低，各种成分浓度可在较大范围内变化，适合规模化生产，采用该工艺生成的镀镍层共有 3 层，第一层为中磷层，覆盖于镁合金表面，目的在于防止镁合金被过度腐蚀，第二层为高磷层，其磷含量大概为 12%，用于加强对镁合金表面的保护，而第三层为低磷层，磷含量为 5%左右，用来保护上述高磷层。该镀镍层能通过 24h 盐雾实验而表面无腐蚀，且其镀镍层有金属光泽，可以做外观面。

镁合金表面预镀镍液

原料配比

原料	配比				
	1#	2#	3#	4#	5#
硫酸镍	100g	25g	200g	100g	100g
柠檬酸铵	5g	2.5g	15g	5g	5g
氟化氢铵	25g	35g	25g	25g	25g
氨水	35mL	45mL	35mL	35mL	35mL
1,4-丁炔二醇	—	—	—	0.3g	—
糖精	—	—	—	2g	—
开缸剂	—	—	—	—	8mL
填平剂	—	—	—	—	5mL
润湿剂	—	—	—	—	1mL
水	加至 1L	加至 1L	加至 1L	加至 1L	加至 1L

制备方法 将各组分溶于水混合均匀即可。

原料配伍 本品各组分配比范围为：主盐硫酸镍 20～250g，配位剂柠檬酸铵 2.5～15g，缓蚀剂氟化氢铵 10～55g，水加至 1L。

所述预镀液还可添加阳极活化剂，可以为卤化物等。

所述预镀液还可包括现有的商业镀镍添加剂，或是糖精和 1,4-丁炔二醇。

预镀液采用氨水作为 pH 调节剂。

产品应用 本品主要用作镁合金表面预镀镍液。

本品具体工艺流程如下：

（1）机械打磨与抛光。本品所处理的镁合金零件可以是压铸件、砂型铸造零件或塑料成型零件，也可以是切削加工后的零件。对于非切削加工零件，先进行机械打磨或抛光，抛光可以采用电化学或化学的方式进行。

（2）脱脂。待处理零件可能存在脱模剂、抛光膏等油脂，采用超声波有机溶剂来进行清洗，有机溶剂可以是丙酮或汽油、煤油、三氯乙烯等。

（3）除油。采用碱性溶液做进一步脱脂处理。碱性溶液举例如下：氢氧化钠(NaOH)50g/L，磷酸钠($Na_3PO_4 \cdot 12H_2O$)10g/L，温度：60℃±5℃，时间：8～10min。除油也可以通过阴极电解除油的方式进行，阴极电流为 8～10A/dm^2。

（4）酸洗。采用酸洗液来清除镁合金表面的钝化膜和金属间偏析化合物，从而得到干净均匀的镁合金表面。酸洗液举例 1：草酸 10g/L，十二烷基硫酸钠 0.1g/L，室温。酸洗液举例 2：三氧化铬 120g/L，硝酸 110mL/L。

（5）活化。去除钝化膜和金属间偏析化合物后的镁合金在空气和镀液中极易发生再钝化，故需通过活化生成一层活化膜来保护镁合金，生成的活化膜能溶解在其后的浸锌液中，故能保证生成的浸锌层具有良好的结合力。活化液举例 1：焦磷酸钾 40g/L，氟化钾 5g/L，75℃，1min。活化液举例 2：HF 220mL/L。

（6）浸锌。浸锌能在镁合金上形成一层置换锌层。浸锌层作为中间层，降低了镍层与镁合金间的电势差，从而减弱了置换反应，增强了镀层的结合力。浸锌配方举例如下：硫酸锌 50g/L，焦磷酸钾 150g/L，碳酸钠 5g/L，氟化锂 3g/L 或氟化钾 5g/L，pH 10.2～10.4，65℃，时间：2min。

（7）预镀镍。浸锌完成后的镁合金即可进行预镀镍，本品的预镀镍中硫酸镍是主盐，含量低，镀液分散能力好，镀层结晶细致，但阴极电流效率和极限电流密度低，沉积速率慢，硫酸镍含量高，极限电流密度大，但得到的镀层耐蚀性不好。柠檬酸铵作为配位剂，能跟 Ni^{2+} 生成柠檬酸镍配合物，吸附在阴极试样上。主盐与配位剂的浓度比在(10～20):1，比值太高，得到的镀层孔隙率高，耐蚀性不好，比值太低，阴极电流效率低，低区得不到镀层。氟化氢铵作为缓蚀剂，它的作用是保护浸锌后的镁合金在弱酸性的镀液中不被腐蚀，浓度太低，达不到缓蚀效果，太高，则易与 Ni^{2+} 生成 NiF_2 沉淀，不但影响镀液的稳定性，还严重影响镀层的质量，用氨水来调节镀液的 pH 值。根据作业要求，也可以加入适量的添加剂，以获得具有良好光亮表面的镍镀层。添加剂可以使用现有的商业镀镍添加剂，也可以使用糖精和 1,4-丁炔二醇，但需严格控制初、次级光亮剂的比例，以免生成具有较大内应力的镀层。

在所得到的预镀层的基础上进行常规电镀或化学镀。

预镀镍后的镁合金可以直接进行常规电镀或化学镀、如电镀光亮镍/铬、电镀铜/三层镍/铬、化学镀镍等。

本品也可以采用其他的前处理工艺，只要能制得一层结合力良好的浸锌层，就能采用本品的预镀液进行预镀镍。

产品特性 本品由于采用了无毒的预镀镍来取代剧毒的氰化预镀铜，在得到具有良好结合力和高耐蚀性的预镀层的同时，能有效降低环境污染。

本品的预镀液成分简单、操作简便、镀液易于维护，具有较低的施镀成本。

镁合金化学镀镍溶液

原料配比

除油溶液

原料	配比		
	1#	2#	3#
焦磷酸钠	15g	20g	10g

续表

原料	配比		
	1#	2#	3#
碳酸钠	8g	10g	5g
硅酸钠	3g	5g	3g
OP-10表面活性剂	0.3g	0.5g	0.1g
去离子水	加至1L	加至1L	加至1L

酸洗溶液

原料	配比		
	1#	2#	3#
草酸	10g	8g	6g
水溶性苯并三唑缓蚀剂	2mL	3mL	1mL
去离子水	加至1L	加至1L	加至1L

活化液

原料	配比		
	1#	2#	3#
碳酸钠	8g	10g	5g
氢氧化钠	0.8g	1g	0.5g
去离子水	加至1L	加至1L	加至1L

化学镀镍

原料	配比				
	1#	2#	3#	4#	5#
硫酸镍	25g	15g	35g	40g	15g
次亚磷酸钠	25g	25g	30g	20g	20g
乳酸	3g	3g	5g	10g	3g
柠檬酸钠	5g	2g	6g	6g	3g
硫脲	0.001g	0.001g	0.0009g	0.0008g	0.0005g
碘酸钠	0.0005g	—	0.0009g	—	0.0005g
硝酸铈	0.0006g	0.0008g	0.0001g	0.001g	0.0007g
氟化氢氨	15g	15g	10g	10g	10g
氟化钠	6g	6g	8g	5g	3g
去离子水	加至1L	加至1L	加至1L	加至1L	加至1L

焦磷酸镀铜溶液

原　料	配　比		
	1#	2#	3#
三水焦磷酸铜	80g	78g	70g
焦磷酸钾	300g	280g	240g
氨水	3mL	3mL	2mL
开缸剂	0.9mL	1mL	0.8mL
去离子水	加至 1L	加至 1L	加至 1L

光亮镀铜

原　料	配　比		
	1#	2#	3#
硫酸铜	200g	220g	180g
硫酸	80g	85g	75g
氯化物	0.1g	0.11g	0.06g
建浴剂	2mL	2.5mL	1.5mL
CuMac8000 Part A	0.6mL	0.8mL	0.5mL
CuMac8000 Part B	2mL	2.5mL	1.5mL
去离子水	加至 1L	加至 1L	加至 1L

制备方法 将各组分溶于水，搅拌均匀即可。

原料配伍 本品各组分配比范围为：镍盐 15～40g、还原剂 20～40g、配位剂 3～16g、缓冲剂 10～20g、稳定剂 0.0005～0.002g、水加至 1L。

所述镍盐选自硫酸镍、碱式碳酸镍、氯化镍和乙酸镍中的一种或几种。

所述还原剂为次亚磷酸钠。

所述配位剂选自柠檬酸钠或柠檬酸、乳酸、乙酸、苹果酸、丙酸和丁二酸中的一种或几种。

所述缓冲剂选自氟化氢铵、氟化钠、氟化钾和氟化锂中的一种或几种。

所述稳定剂选自硫脲和/或碘酸钠。在本品的镀镍溶液中加入碘酸钠，能提高化学镀镍溶液的使用寿命。

产品应用 本品主要用作镁合金化学镀镍溶液。

本品镁合金电镀预处理方法包括在化学镀镍条件下，将镁合金与化学镀镍溶液接触，其中，所述化学镀镍溶液为本品的化学镀镍溶液。所述化学镀镍可以是在常规的化学镀镍温度、镀镍时间和镀镍 pH 值下进行。作为一种优选的实施方案，所述化学镀镍溶液的pH值为5～6，镀镍温度为70～85℃，镀镍时间为10～20min，空气搅拌。

所述空气搅拌是指用压缩空气通过管道对化学镀镍溶液进行搅拌作用。

根据所需要电镀预处理的镁合金基材情况，本品的镁合金电镀预处理方法还可包括除油、酸洗和活化步骤中的一个步骤或几个步骤。

所述活化，即在将镁合金与化学镀镍溶液接触之前，将镁合金与活化溶液接触。所述活化可以按常规活化方法进行，优选将工件浸泡于下述活化溶液中：5～10g/L 碳酸钠，0.5～1g/L 氢氧化钠和余量为去离子水，活化温度为20～40℃，活化时间为2～5min。本品采用碳酸钠和氢氧化钠的碱性活化方法，避免了目前普遍采用的 HF 酸活化或者氟化氢氨活化工艺中强腐蚀性。本品提供的活化方法既能够有效地去除酸洗后工件表面的氧化产物，又便于操作。

所述酸洗，即在将镁合金与活化溶液接触之前，将镁合金与酸洗溶液接触。所述酸洗可以按常规酸洗方法进行，优选将工件浸泡于下述酸洗溶液中：6～12g/L 草酸，1～3mL/L 水溶性苯并三唑缓蚀剂和余量为去离子水的混合溶液，在 20～40℃下浸泡 0.5～2min。酸洗溶液采用草酸及缓蚀剂水溶性苯并三唑，避免了使用传统酸洗溶液的 CrO_3 或 HF 等对人体和环境危害较大物质，使操作更方便和更环保；此外，酸洗溶液采用缓蚀剂水溶性苯并三唑，能较好地减缓反应速率，有利于控制酸洗过程，并且使酸洗后的氧化产物明显减少，有利于提高预处理之后产品的结合力。

所述除油，即在将镁合金与酸洗溶液接触前，将镁合金与除油溶液接触。所述除油可以按常规除油方法进行，如在常规的除油溶液中进行超声波处理。优选将工件浸泡于下述除油溶液中：10～20g/L 焦磷酸钠，5～10g/L 碳酸钠，3～5g/L 硅酸钠，0.1～0.5 g/L 表面活性剂和余量为去离子水的混合溶液，除油温度为 50～60℃，超声波处理 6～10min。在除油时，最优选在除油后再将工件浸入 50～60℃的热水中清洗。

在本品提供的镁合金电镀预处理方法中，各步骤间优选用水冲洗工件。

本品优选在化学镀镍后，进行焦磷酸镀铜，以使工件表面平整美观。所述焦磷酸镀铜可以按照常规的方法进行。优选将工件浸泡于下述的焦磷酸铜溶液中：70～86g/L 三水焦磷酸铜，240～320g/L 焦磷酸钾，2～4mL/L 氨水，0.8～1.2mL/L CuMac PY XD7443 开缸剂和余量为去离子水的混合溶液，pH 值为 8.6～9.2，镀铜温度为 50～60℃，阴极电流密度为 3.0～6.0A/dm^2，空气搅拌，镀铜 10～15min。

进一步优选情况下，本品提供的方法还包括在焦磷酸镀铜后进行光亮镀铜处理。可以采用常规的方法进行光亮镀铜，光亮镀铜温度为 25～40℃，电流密度为 3.0～3.5A/dm^2，在空气搅拌下，光亮镀铜 20～30min。

产品特性 本品的镁合金电镀预处理方法具有工艺简单、操作方便、对环境污染少、基材与镀层结合力高、工件表面平整美观、成本低廉、经济效益高的优点。本品采用直接化学镀镍的方法，使工艺大大简化，并避免使用氰化物，减少了环境污染；在本品中，酸洗溶液采用草酸及缓蚀剂水溶性苯并三唑，避免了使用传统酸洗溶液的 CrO_3 或 HF 等对人体和环境危害较大物质，使操作更方便、更环保；此外，在酸洗溶液采用缓蚀剂水溶性苯并三唑，能较好地减缓反应速率，有利于控制酸洗过程，并且使酸洗后的氧化产物明显减少，有利于提高预处理之后产品的结合力；采用碳酸钠和氢氧化钠的碱性活化方法，避免了目前普遍采用的 HF 酸活化或者氟化氢氨活化工艺中强腐蚀性，既能够有效地去除酸洗后工件表面的氧化产物，又便于操作。镀镍后再镀铜使工件表面平整美观。

纳米半亮镍电镀液

原料配比

原料	配比				
	1#	2#	3#	4#	5#
硫酸镍	250g	300g	180g	280g	280g
氯化镍	35g	50g	45g	45g	45g
硼酸	40g	50g	45g	45g	45g
氧化镧	1×10^{-3}g	—	—	3×10^{-3}g	4×10^{-3}g
氧化钇	—	5×10^{-3}g	5×10^{-4}g	1×10^{-3}g	8×10^{-4}g

续表

原料	配比				
	1#	2#	3#	4#	5#
湿润剂	1mL	5mL	2mL	2mL	2mL
填平剂	0.2mL	1.0mL	0.6mL	0.5mL	0.5mL
柔软剂	6mL	8mL	5mL	6mL	5mL
水	加至1L	加至1L	加至1L	加至1L	加至1L

制备方法 将各组分原料混合均匀即可。本电镀液配制工艺操作条件为：温度50～60℃，pH 4.0～4.5，空气搅拌，其中稀土氧化物由于不溶于水需用酸至溶解后加入镀液中，一般 1g 稀土氧化物使用 0.5～1mL 酸即可溶解。根据镀液成分，所述酸为盐酸和/或硫酸。

原料配伍 本品各组分配比范围为：硫酸镍 250～300g，氯化镍 35～50g，硼酸 40～50g，稀土氧化物 1×10^{-3}～5×10^{-3}g，水加至 1L。

所述稀土氧化物为氧化镧和/或氧化钇。镧和钇稀土元素位于元素周期表的第三副族，原子结构相似，最外层电子结构相同，其氧化物容易吸附且对分散能力影响大，但由于氧化镧和氧化钇均不溶于水，易溶于酸而生成相应的盐类。因此本产品是把稀土氧化物加酸至溶解后再加入电镀液中。

所述柔软剂为已炔二醇和水杨酸钠、HD-N 等，长期实践证明这些物质在电镀过程中可以减小镀层应力，提高其柔软性和增加深镀能力。

所述填平剂为丁炔二醇及其衍生物。

所述湿润剂为市售半亮镍低泡湿润剂。

产品应用 本品是一种纳米半亮镍电镀液。

产品特性

（1）采用本产品的镍镀层更加光亮且致密，电镀液能使亮镍镀层所沉积的晶粒直径降低到 100nm 以下，与现有的多层镍体系组成的双层镍相比具有更好的耐腐蚀性能；

（2）本产品通过添加少量的稀土氧化物，并与其他添加剂相配合，经合理的配比，所得镀层单位面积孔隙数低，通常半亮镍镀层的孔隙数为 10～20 个/cm^2，本产品能使其降低到 5 个/cm^2 以下。

（3）本产品分散能力好，镀液的分散能力也称为均镀能力，即镀液使镀层均匀分布的能力，该能力的大小是衡量镀液性能好坏的重要标志，采用远、近阴极法对本产品镀液分散能力进行测量，本产品的镀液分散能力均在98.8%以上。

镍电镀液

原料配比

原料		配比（质量份）								
		1#	2#	3#	4#	5#	6#	7#	8#	9#
主盐	氯化镍	20	30	40	50	—	—	—	—	—
	硫酸镍	—	—	—	—	15	30	50	35	15
还原剂	次亚磷酸钠	20	30	40	40	10	35	40	30	10
配位剂	乳酸	60	70	—	—	—	—	—	—	—
	苹果酸	—	—	30	40	20	25	15	15	10
	柠檬酸	—	—	—	40	—	20	25	25	—
	甘氨酸	—	—	—	—	30	30	—	—	—
	琥珀酸	—	—	50	—	—	—	—	25	15
导电盐	硫酸钾	—	—	—	—	30	—	80	80	—
	硫酸铵	—	—	—	70	—	50	—	—	30
	氯化钾	50	60	—	—	—	—	—	—	—
稳定剂	铅离子	—	0.005	—	—	0.003	—	—	—	0.005
	镉离子	—	—	0.005	—	—	0.002	—	—	—
	四价锡离子	—	—	—	0.015	—	—	—	—	—
硫脲		0.01	—	—	—	0.01	0.02	0.018	0.010	—
水		加至1000	加至1000	加至1000	加至1000	加至1000	加至1000	加至1000	加至1000	加至1000

制备方法 将各组分原料混合均匀即可。

原料配伍 本品各组分质量份配比范围为：主盐15～50，稳定剂0.005～2，还原剂10～40，配位剂20～100，导电盐30～80，硫脲0～0.02，水加至1000。

所述主盐为硫酸镍、氯化镍、乙酸镍中一种或几种的组合。

所述还原剂为次亚磷酸钠、硼氢化钠、二甲基胺硼烷、二乙基胺硼烷、肼中的一种或几种的组合。

所述稳定剂为铅离子、镉离子、锡离子，含S、Se、Te化合物中的一种或多种组合。

所述配位剂为乙酸、乳酸、琥珀酸、苹果酸、柠檬酸、甘氨酸及其盐类中的一种或多种组合。

所述导电盐为硫酸钾、氯化钾、硫酸铵、氯化铵中的一种或多种组合。

所述镍电镀液的 pH 值为 8.0～10.0；用氨水或盐酸调整。

产品应用 本品主要是一种镍电镀液。电镀方法如下：

（1）将金属镍放入镍的电镀溶液中，作为阳极。

（2）将工件放入镍的电镀溶液中，作为阴极。

（3）通入直流电源，阴极电流密度 0.5～5A/dm^2，电镀液温度 40～55℃，电镀时间 1～10min。

产品特性 通过在电镀液中加入还原剂，可显著提高镀液的覆盖能力和镍层抗腐蚀能力，使该电镀液具有抗腐蚀能力强和覆盖能力佳等优点。

5 镀合金液

Au-Sn 合金电镀液

原料配比

原料		配比（质量份）		
		1#	2#	3#
Au 化合物	$KAu(CN)_2$	10	—	—
	$NaAu(CN)_2$	—	10	—
	$NaAu(CN)_2$ 和 HAuCl	—	—	7
有机酸锡盐	$(C_2H_5SO_3)_2Sn$	15	—	—
	$(C_3H_7COO)_2Sn$	—	12	—
	$(C_4H_9SO_2)_2Sn$	—	—	20
配位剂	吡啶-3-磺酸	30	—	—
	乙二胺三乙酸和羟基喹啉	—	10	—
	羟基喹啉、乙二胺四乙酸及吡啶-3-磺酸组成的混合物	—	—	20
pH 缓冲剂或稳定剂	丁二酸和柠檬酸	150	—	—
	酒石酸和乙二醇	—	200	—
	丙二酸和苹果酸	—	—	100
防氧化剂	间苯二酚和对苯二酚	20		
	羟基苯二酸	—	15	—
	羟基桂皮酸、邻苯二酚及抗坏血酸硬脂酸钠组成的混合物	—	—	5
水		加至 1000	加至 1000	加至 1000

制备方法 将各组分原料混合均匀即可。

原料配伍 本品各组分质量份配比范围为：Au 化合物为 3～10；有机酸锡盐为 12～30；配位剂为 5～30；pH 缓冲剂或稳定剂为 50～200；

防氧化剂为 5～20，水加至 1000。

所述 Au 化合物选自 $KAu(CN)_2$、$NaAu(CN)_2$、HAuCl 中的一种或几种。

所述有机酸锡盐中的有机酸为羧酸、磺酸、亚磺酸。

所述配位剂为吡啶化合物、喹啉化合物、水溶性聚氨基羧酸及其盐或醚中的至少一种。

所述吡啶化合物为吡啶、烟酸、吡啶-3-磺酸，氨基吡啶；喹啉化合物为喹啉、喹啉酸、喹啉-3-磺酸、喹啉-2-磺酸、羟基喹啉；水溶性聚氨基羧酸为乙二胺四乙酸、乙二胺三乙酸、乙二胺二乙酸、硝基三乙酸、亚氨基二乙酸。

所述 pH 缓冲剂或稳定剂为丙二酸、丁二酸、柠檬酸、酒石酸、乙二醇酸、乳酸、苹果酸中的至少一种。

所述防氧化剂有水溶性酚类、水溶性酚羧酸类、抗坏血酸及其盐类或醚类中的至少一种。

所述水溶性酚类为邻苯二酚、间苯二酚、对苯二酚、苯酚；水溶性酚羧酸类为羟基安息香酸，羟基桂皮酸、羟基苯二酸；抗坏血酸及其盐类或醚类为抗坏血酸、抗坏血酸钠、抗坏血酸软脂酸钠、抗坏血酸硬脂酸钠。

产品应用 本品主要用作 Au-Sn 合金电镀液。

产品特性 本产品存放和使用过程中不产生沉底，性能稳定，不损伤镀件基体。

Cr-Ni-Fe 合金电镀液

原料配比

原料	配比					
	1#	2#	3#	4#	5#	6#
三氯化铬	0.7mol	0.9mol	0.78mol	0.85mol	0.8mol	0.8mol
硫酸镍	0.08mol	0.16mol	0.1mol	0.14mol	0.12mol	0.125mol
硫酸亚铁	0.02mol	0.08mol	0.04mol	0.06mol	0.05mol	0.055mol
柠檬酸钠	0.4mol	0.65mol	0.53mol	0.55mol	0.6mol	0.55mol
草酸钠	0.3mol	0.5mol	0.4mol	0.35mol	0.45mol	0.4mol

续表

原 料	配 比					
	1#	2#	3#	4#	5#	6#
尿素	1mol	2mol	1.5mol	1.2mol	1.8mol	1.5mol
甲酸	0.1mol	0.3mol	0.15mol	0.23mol	0.2mol	0.2mol
稳定剂	0.1mol	0.14mol	0.1mol	0.13mol	0.12mol	0.12mol
溴化铵	1mol	2mol	1.5mol	1.2mol	1.7mol	1.5mol
水	加至 1L	加至 1L	加至 1L	加至 1L	加至 1L	加至 1L

制备方法 用适量水分别溶解各组分原料并混合均匀后，加水调至预定体积。加氨水调节 pH 值至 2～3.5。

原料配伍 本品各组分配比范围为：三氯化铬 0.7～0.9mol，硫酸镍 0.08～0.16mol，硫酸亚铁 0.02～0.08mol，甲酸 0.1～0.3mol，柠檬酸盐 0.4～0.65mol，草酸盐 0.3～0.5mol，尿素 1～2mol，稳定剂 0.1～0.14mol 和溴化铵 1～2mol，水加至 1L。

所述稳定剂为对苯二酚、邻苯二酚、邻苯二胺和对苯二胺中的一种或至少两种。

所述柠檬酸盐为柠檬酸钾或柠檬酸钠，所述草酸盐为草酸钾或草酸钠。

复合选用柠檬酸盐、草酸盐和尿素作为配位剂。三价金属铬的标准电极电位（-0.74V）比二价镍的标准电极电位（-0.25V）和二价铁的标准电极电位（-0.441V）要负一些。欲使三种金属共同沉积，必须满足动力学条件，使它们在溶液中的电极电位趋于相同。配位剂中的配体可与金属离子配位，从而降低金属离子的有效浓度，一般电位较正金属的平衡电位负移程度大于电位较负金属，以使它们的平衡电位趋于接近。另外，由于配离子在阴极的放电活化能增加，阴极极化增强，也有利于共沉积电位趋于接近。柠檬酸盐、草酸盐通羧基均能与三种金属离子配位，尿素主要通过氨基与三种金属离子配位，从而缩小它们的沉积电位差，三种配位剂能产生较强的协同效应推动三种金属离子的共沉积。三价铬离子配位能力很强，几乎能与所有的路易斯碱的离子或分子配位。加入柠檬酸盐、草酸盐和尿素前，三价铬离子主要与镀液中的水分子配位形成羟基桥式化合物；加入柠檬酸盐、草酸盐和尿素后，由于阴离子渗透反应，三价铬离子与两者的羧基发生配位从而将置换水与三价铬离子的配位以破坏羟基桥式化合物，降低其对三价铬离子在阴极沉积的阻碍作用。柠檬酸盐和草酸盐的阴离子配位渗透能力较强，当其浓度达到一定程度时，可提高镀层的厚度。尿素还能提高氢的析出电位，抑制三价铬离子与溶液中的水双氢氧根形成 $Cr(OH)_3$，避免了 $Cr(OH)_3$ 与 $Cr(OH)_3$ 之间继续配位形成轻基桥式化合物，并提高电流效率，促进合金离子的共沉积。值得说明的足，由于二价铁的标准电极电位介于二价镍与三价铬，因而在阴极铁比铬要容易沉积，较镍要困难一些。在柠檬酸盐、草酸盐和尿素体系中的镀液体系中，铁与镍为异常沉积，也就是说合金镀层中铁的含量百分率要远大于镀液中亚铁离子的含量百分率，因而亚铁离子的含量增加必然会导致镀层中镍单质的含量的急剧下降。

选用溴化铵为导电盐，其中的铵根离子可以提高电流效率而且稳定镀液及改善镀层质量；其中的溴离子可以抑制六价铬离子的生成和氯气的析出。电镀过程中阳极析出的具有毒性的氯气不仅会污染环境，而且会增加镀层内应力使镀层缓慢脱落。电镀过程中在阳极生成的六价铬离子会阻碍铬单质的沉积，影响镀层的质量。

甲酸既可作为三价铬离子与配位剂配位的催化剂，又可作为缓冲剂通过其酸性稳定镀液的 pH。当浓度较小时，主要发挥缓冲剂作用；当浓度达到一定程度时，可通过自身含有的羧基与三种金属离子配合，起到协同配位的作用。

稳定剂可以通过其还原性将由二价铁离子被镀液中的空气氧化成的三价铁离子还原为二价铁离子。本产品的稳定剂优选为苯二酚、邻苯二酚、邻苯二胺和对苯二胺。它们除具备较强的还原性外，还因含有的氧原子和氮原子含有孤对电子，因而具有较强的配位能力，可与亚铁离子配位以防止其被氧化。

选用三氯化铬作为铬的主盐。相比于硫酸铬，三氯化铬的溶解度要大得多，加入镀液后，能更好通过溶解离解出三价铬离子与配位剂配位。选用硫酸镍作为镍的主盐。相比于氯化镍，能减少镀液中的氯离子含量，从而降低阴极过程中氯气的析出。

质量指标

测试项目	1#	2#	3#	4#	5#	6#
分散能力/%	28.2	27.3	32.1	34.6	35.5	37.4

续表

测试项目	1#	2#	3#	4#	5#	6#
深镀能力/%	86.7	87.6	89.9	91.6	93.8	94.5
电流效率/%	16.04	18.47	17.94	18.26	19.84	21.37
镀层厚度/μm	41.6	46.1	52.9	55.7	58.7	60.8
镀层 Cr 含量/%	17.7	19.1	20.3	21.7	22.1	23.9
硬度/HV	692	746	817	880	957	1073
孔隙率/（个/cm^2）	5	5	4	4	3	3
结合力	不剥落	不剥落	不剥落	不剥落	不剥落	不剥落
镀层外观	C	B	B	B	B	A

产品应用 本品主要用作 Cr-Ni-Fe 合金电镀液。

使用所述配方配制电镀液电镀的方法：

（1）阴极采用 10mm×10mm×0.2mm 的铜锌板。将紫铜板先用 200 目水砂纸初步打磨后再用 W28 金相砂纸打磨至表面露出金属光泽。依次经温度为 50～70℃的碱液除油、蒸馏水冲洗、95%乙醇除油、蒸馏水冲洗。碱液的配方为 40～60g/L NaOH、50～70g/L Na_3PO_4、20～30g/L Na_2CO_3 和 3.5～10g/L Na_2SiO_3。

（2）以直径为 6mm 的碳棒为阳极，电镀前先用砂纸打磨平滑，然后用去离子水冲洗及烘干。

（3）将预处理后的阳极和阴极浸入电镀槽中的电镀液中，调节水浴温度使得电镀液温度维持在 30～60℃。将机械搅拌转速调为 200～400r/min。接通脉冲电源，脉冲电流的脉宽为 1～3ms，占空比为 5%～30%，平均电流密度为 6～10A/dm^2。待通电 30～70min 后，切断电镀装置的电源。取出铜锌板，用蒸馏水清洗，烘干。

产品特性 本产品选用柠檬酸盐、草酸盐和尿素为配位剂，柠檬酸盐、草酸盐和尿素通过协同效应更好地与三种金属离子配位；选用甲酸作为缓冲剂和配位促进剂；选用溴化铵作为导电盐，其中的溴离子可以抑制六价铬离子的生成和氯气的析出。由此使 Cr-Ni-Fe 合金电镀液的电流效率高，镀层镀层中 Cr 含量高、镀层厚度大、镀层结合力强。

Cr-Ni 合金电镀液

原料配比

原料	配比					
	1#	2#	3#	4#	5#	6#
三氯化铬	0.65mol	0.9mol	0.78mol	0.7mol	0.8mol	0.8mol
硫酸镍	0.1mol	0.4mol	0.25mol	0.2mol	0.3mol	0.15mol
柠檬酸钠	0.4mol	0.65mol	0.53mol	0.55mol	0.6mol	0.55mol
草酸钠	0.3mol	0.5mol	0.4mol	0.35mol	0.45mol	0.4mol
尿素	1mol	2mol	1.5mol	1.2mol	1.8mol	1.5mol
甲酸	0.15mol	0.35mol	0.25mol	0.2mol	0.3mol	0.3mol
溴化铵	1mol	2mol	1.5mol	1.2mol	1.7mol	1.5mol
水	加至1L	加至1L	加至1L	加至1L	加至1L	加至1L

制备方法 用适量水分别溶解各组分原料并混合均匀后，加水调至预定体积。加氨水调节 pH 值至 2～3.5。

原料配伍 本品各组分配比范围为：三氯化铬 0.65～0.9mol，硫酸镍 0.1～0.4mol，甲酸 0.15～0.35mol，柠檬酸盐 0.4～0.65mol，草酸盐 0.3～0.5mol，尿素 1～2mol 和溴化铵 1～2mol，水加至 1L。

所述柠檬酸盐为柠檬酸钾或柠檬酸钠，所述草酸盐为草酸钾或草酸钠。

选用溴化铵为导电盐，其中的铵根离子可以提高电流效率而且稳定镀液及改善镀层质量；其中的溴离子可以抑制六价铬离子的生成和氯气的析出。电镀过程中阳极析出的具有毒性的氯气不仅会污染环境，而且会增加镀层内应力使镀层缓慢脱落。电镀过程中在阳极生成的六价铬离子会阻碍铬单质的沉积，影响镀层的质量。

甲酸既可作为三价铬离子与配位剂配位的催化剂，又可作为缓冲剂通过其酸性稳定镀液的 pH。当浓度较小时，主要发挥缓冲剂作用；当浓度达到一定程度时，可通过自身含有的羧基与三价铬离子和二价镍离子，起到协同配位的作用。

选用三氯化铬作为铬的主盐。相比于硫酸铬，三氯化铬的溶解度要大得多，加入镀液后，能更好通过溶解离解出三价铬离子与配位剂配位。选用硫酸镍作为镍的主盐。相比于氯化镍，能减少镀液中的氯离子含量，从而降低阴极过程中氯气的析出。

质量指标

测试项目	1#	2#	3#	4#	5#	6#
分散能力/%	31.1	30.4	35.2	37.7	38.6	40.9
深镀能力/%	88.7	89.6	91.9	93.6	95.8	96.5
电流效率/%	19.04	21.47	20.94	21.26	22.84	24.37
镀层厚度/μm	51.6	56.1	62.9	65.7	68.7	70.8
镀层Cr含量/%	18.7	20.1	21.3	22.7	23.1	24.9
硬度/HV	860	914	987	1050	1127	1206
孔隙率/（个/cm^2）	3	3	4	4	5	5
结合力	不剥落	不剥落	不剥落	不剥落	不剥落	不剥落
镀层外观	C	B	B	B	B	A

产品应用 本品主要用作Cr-Ni合金电镀液。

使用所述配方配制电镀液电镀的方法：

（1）阴极采用10mm×10mm×0.2mm的铜锌板。将紫铜板先用200目水砂纸初步打磨后再用W28金相砂纸打磨至表面露出金属光泽。依次经温度为50～70℃的碱液除油、蒸馏水冲洗、95%乙醇除油、蒸馏水冲洗。碱液的配方为40～60g/L NaOH、50～70g/L Na_3PO_4、20～30g/L Na_2CO_3和3.5～10g/L Na_2SiO_3。

（2）以直径为6mm的碳棒为阳极，电镀前先用砂纸打磨平滑，然后用去离子水冲洗及烘干。

（3）将预处理后的阳极和阴极浸入电镀槽中的电镀液中，调节水浴温度使得电镀液温度维持在30～60℃。将机械搅拌转速调为200～400r/min。接通脉冲电源，脉冲电流的脉宽为1～3ms，占空比为5%～30%，平均电流密度为6～10A/dm^2。待通电30～70min后，切断电镀装置的电源。取出铜锌板，用蒸馏水清洗，烘干。

产品特性 本产品选用柠檬酸盐、草酸盐和尿素为配位剂，柠檬酸盐、草酸盐和尿素通过协同效应更好地与三价铬和二价镍配位；选用甲基磺酸盐作为缓冲剂和配位促进剂；选用溴化铵作为导电盐，其中的溴离子可以抑制六价铬离子的生成和氯气的析出。由此使Cr-Ni合金电镀液的电流效率高，镀层中Cr含量高、镀层厚度大、镀层结合力强。

Cu-Sn-石墨电镀液

原料配比

原　料	配　比
焦磷酸钾（$K_4P_2O_7·3H_2O$）	260g
焦磷酸铜（$Cu_2P_2O_7$）	20g
酒石酸钾钠（$KNaC_4H_4O_6·4H_2O$）	30g
锡酸钠（$Na_2SnO_3·3H_2O$）	40g
硝酸钾（KNO_3）	40g
柠檬酸钠（$Na_3C_6H_5O_7·2H_2O$）	20g
纳米石墨溶胶	67mL
水	加至1L

制备方法　将除纳米石墨溶胶以外的各组分溶于水，得到Cu-Sn镀液，然后加热到40～80℃，保持恒温，再缓慢加入电解法制备的纳米石墨溶胶混合均匀，加水至预定体积即可。

原料配伍　本品各组分配比范围为：焦磷酸钾230～270g、焦磷酸铜20～25g、酒石酸钾钠30～35g、锡酸钠40～60g、硝酸钾40～45g、柠檬酸钠20～25g，通过电解法制备的纳米石墨溶胶的含量为60～70mL，水加至1L。

其中主盐为铜盐（焦磷酸铜）和锡盐（锡酸钠），酒石酸钾钠在镀液中充当辅助配位剂的角色，硝酸钾是电镀中常用的去极化剂，可以降低阴极的极化，提高阴极的电流密度上限。

产品应用　本品主要用作Cu-Sn-石墨电镀液。

获得纳米Cu-Sn-石墨复合镀层的方法为：将通过电解法制备的纳米石墨溶胶加入到Cu-Sn镀液中制成Cu-Sn-石墨电镀液，将金属部件置于所述Cu-Sn-石墨电镀液中，在温度为35～45℃、搅拌转速为100～200r/min、pH值为9～10、电流形式为脉冲电流、电流密度为2～4A/dm^2、占空比为30%～80%、频率为50～5000Hz的条件下电镀，得到含有铜、锡、石墨以及铜锡结晶产物的复合镀层。

产品特性

（1）本产品是利用电解法制备石墨溶胶，再将纳米石墨溶胶加入Cu-Sn基础镀液中得复合电镀液。纳米级别下粒子具有特殊的效应，所以纳米石墨的减摩性能更为优异。同时纳米石墨有更大的比表面积，它的比表面积大约为 600m^2/g，使其具有表面活性大、扩散系数大、强度大、韧性好、显微硬度高等其他优点。而溶胶就是微小颗粒的分散系，其微粒的直径大小为 1～100nm，微粒在液体中的分散和悬浮都很均匀，所以溶胶的形式加入纳米石墨颗粒就解决了颗粒分散的问题，这样石墨就会很好地分散在复合镀液中。同时溶胶的加入不会影响 Cu-Sn 基础镀液的稳定性，这样就不会影响最终的电镀结果，所以本产品可以获得摩擦系数低、镀层均匀、抛光性良好、孔隙率低、耐蚀性好的 Cu-Sn-石墨复合镀层。

（2）本产品利用电镀方法制备出纳米 Cu-Sn-石墨复合镀层。其中的镀层为，在金属零部件表面镀覆一层含有铜、锡、碳三种元素的复合镀层，其有益效果为提高镀层的耐磨损性、显微硬度、降低摩擦系数。

（3）本产品中的纳米石墨是以溶胶形式加入到铜锡镀液中。其有益效果为纳米石墨的分散效果更好，工艺简单、镀层更均匀，有利于提高镀层的综合性能。

（4）本方法具有可在复杂曲面施镀、镀液无污染、易于大规模生产等优点，获得的镀层具有耐磨损性能优异、摩擦系数低、耐蚀性好、致密性好、厚度均匀且易于控制、无针孔汽包等优点。

Ni-Co-W 合金电镀液

原料配比

原料	配比		
	1#	2#	3#
H_2WO_4	0.35g	1.05g	1.77g
$HClO_4$	0.31g	0.93g	1.57g
$NiCl_2$	12g	10g	8g
$Ni(NH_2SO_3)_2$	550g	500g	450g
$Co(NH_2SO_3)_2$	30g	27g	25g
H_3BO_3	30g	27g	25g
去离子水	加至 1L	加至 1L	加至 1L

制备方法

（1）制取基体镀液　室温下，向耐酸桶中倒入去离子水，称取 $NiCl_2$、$Ni(NH_2SO_3)_2$、$Co(NH_2SO_3)_2$ 和 H_3BO_3 分别溶于去离子水中，搅拌混合均匀，得到基体镀液。

（2）制取钨酸　选取化学试剂：钨酸钾（K_2WO_4）、高氯酸（$HClO_4$）、去离子水；仪器设备：电炉、不锈钢耐酸桶、抽滤装置、真空泵、滤纸。

加试剂按以下步骤进行：

① 往不锈钢耐酸桶内加入 10L 去离子水，放置于电炉上方加热至沸腾。

② 然后加入 0.35～1.77g 钨酸钾，边加热边搅拌，使其充分溶解，加热至有气泡产生后继续加热 10min，停止加热。

③ 将混合溶液放置过夜，冷却至室温，冷却时盖上桶盖，防止灰尘落入，造成药剂失效。

④ 取出抽滤装置，连接好布氏漏斗、抽滤瓶和真空泵，往布氏漏斗上装滤纸，滤纸用去离子水润湿。

⑤ 向不锈钢耐酸桶内缓慢加入 0.31～1.57g 的 70%高氯酸溶液，搅拌、反应一段时间后，静置溶液温度至室温，桶内出现分层，上层为钨酸清液，下层为黄白色高氯酸钾沉淀，倒入抽滤装置中进行抽滤，滤出的高氯酸钾沉淀按照相关环保法规妥善处置。

（3）混合溶液　取步骤（2）中的滤出清液，室温下将 25%氨基磺酸溶液滴加到清液中，调整清液的 pH 值为 3～4 后，添加到基体镀液中，搅拌、混合均匀，得到 Ni-Co-W 合金电镀液。

原料配伍　本品各组分配比范围为：$NiCl_2$ 8～12g，$Ni(NH_2SO_3)_2$ 450～550g，$Co(NH_2SO_3)_2$ 25～30g，H_2WO_4 0.27～1.77g，H_3BO_3 25～30g/L。

产品应用　本品主要用作 Ni-Co-W 合金电镀液。

产品特性　该制备方法提高电镀液的电导率，稳定电镀电流，结晶器铜板镀层表面质量良好，提高镀层的硬度和耐磨性，硬度达到 HV260 以上，上线使用正常，下线检测发现其表面最大磨损只有 0.4mm，满足了结晶器最大允许磨损值不大于 1mm 的要求；降低镀层应力，热稳定性好，延长结晶器铜板的使用寿命。

Ni-Fe 合金电镀液

原料配比

原料		配比（质量份）					
		1#	2#	3#	4#	5#	6#
$NiSO_4·6H_2O$		200	260	230	210	250	240
$NiCl_2·6H_2O$		40	60	50	45	55	50
$FeSO_4·7H_2O$		55	85	70	65	80	78
H_3BO_3		40	70	55	50	50	50
柠檬酸钠		25	50	37	32	45	40
邻苯二酚		8	16	12	10	13	12
糖精盐		5	10	7	6	9	8
羟基丙烷磺酸吡啶鎓盐		0.5	0.7	0.6	0.55	0.65	0.60
阳离子表面活性剂	十二烷基苯磺酸钠	—	—	—	0.3	0.48	0.45
	十二烷基硫酸钠	0.2	0.6	0.4	—	—	—
水		加至1000	加至1000	加至1000	加至1000	加至1000	加至1000

制备方法 根据配方用电子天平称取各原料组分。用适量水分别溶解各组分原料并混合均匀，加水调至预定体积。加氨水调节 pH 值至 2～3.5。

原料配伍 本品各组分质量份配比范围为：$NiSO_4·6H_2O$ 200～260，$NiCl_2·6H_2O$ 40～60，$FeSO_4·7H_2O$ 55～85，H_3BO_3 40～70，柠檬酸盐含量为 25～50，稳定剂 8～16，糖精盐 5～10，羟基丙烷磺酸吡啶鎓盐 0.5～0.7 和阳离子表面活性剂 0.2～0.6，水加至 1000。

所述稳定剂为对苯二酚、邻苯二酚、邻苯二胺和对苯二胺中的一种或两种。

所述阳离子表面活性剂为十二烷基硫酸钠和/或十二烷基苯磺酸钠。

选用柠檬酸盐为配位剂，柠檬酸盐优选为柠檬酸钾或柠檬酸钠。柠檬酸根与亚铁离子和二价镍离子有较强的配位能力，一方面可缩小亚铁离子和二价镍离子的标准电极电位差，另一方面可稳定亚铁离子防止其被氧化成三价的铁离子。

稳定剂可以通过其还原性将二价铁离子被镀液中的空气氧化成的三价铁离子还原为二价铁离子。本产品的稳定剂优选为苯二酚、邻苯二酚、邻苯二胺和对苯二胺。它们除具备较强的还原性外，还因含有的氧原子和氮原子含有孤对电子，因而具有较强的配位能力，可与亚铁离子配位以防止其被氧化。

选用 $NiCl_2$ 为镍的辅盐，其中的氯离子主要起活化的作用，防止阳极发生钝化，促进阳极正常溶解；还能增大溶液的导电能力和阴极电流效率，使镀层晶粒细化。

选用 H_3BO_3 作缓冲剂，起 pH 值缓冲作用，稳定镀液特别是阴极双电层内的 pH 值，与添加剂有协同作用，有利于获得光滑的镀层。

选用羟基丙烷磺酸吡啶鎓盐为次级光亮剂，主要起增强高、中阴极电流密度区阴极极化，提高光亮填平，长效等作用。选用糖精盐作为初级光亮剂，可消除镀层内应力，增强延展性，提高低电位分布能力。羟基丙烷磺酸吡啶鎓盐和糖精盐的复合使用可获得宽阴极电流密度范围的光亮镀层。

阳离子表面活性剂起润湿剂的作用，降低阴极表面张力，防止镀层表面产生针孔，有利于氢气的逸出。

质量指标

测试项目	1#	2#	3#	4#	5#	6#
30 天稳定性	未见异常	未见异常	未见异常	未见异常	未见异常	未见异常
分散能力/%	43.2	42.3	47.1	49.6	50.5	52.4
深镀能力/%	89.7	90.6	92.9	94.6	97.8	97.5
电流效率/%	79.04	81.47	80.94	81.26	82.84	84.37
镀层厚度/μm	21.6	22.1	26.9	29.7	32.7	34.8
镀层 Fe 含量/%	36.7	40.1	42.3	47.7	50.1	53.9
硬度/HV	405	434	457	510	537	573
孔隙率/（个/cm^2）	8	8	7	7	6	6
结合力	不剥落	不剥落	不剥落	不剥落	不剥落	不剥落
镀层外观	C	C	C	C	B	B

产品应用 本品主要用作 Ni-Fe 合金电镀液。

使用所述配方配制电镀液电镀的方法：

（1）阴极采用 10mm×10mm×0.2mm 的铜锌板。将紫铜板先用 200 目水砂纸初步打磨后再用 W28 金相砂纸打磨至表面露出金属光泽。依次经温度为 50～70℃的碱液除油、蒸馏水冲洗、95%乙醇除油、蒸馏水冲洗。碱液的配方为 40～60g/L NaOH、50～70g/L Na_3PO_4、20～30g/L Na_2CO_3 和 3.5～10g/L Na_2SiO_3。

（2）以直径为 6mm 的碳棒为阳极，电镀前先用砂纸打磨平滑，然后用去离子水冲洗及烘干。

（3）将预处理后的阳极和阴极浸入电镀槽中的电镀液中，调节水浴温度使得电镀液温度维持在 50～60℃。将机械搅拌转速调为 100～400r/min。接通脉冲电源，脉冲电流的脉宽为 1～3ms，占空比为 5%～30%，平均电流密度为 6～10A/dm^2。待通电 20～40min 后，切断电镀装置的电源。取出铜锌板，用蒸馏水清洗，烘干。

产品特性 本产品选用柠檬酸盐为配位剂，有利于镍和铁的共沉积；复合选用羟基丙烷磺酸吡啶嗡盐和糖精盐作为光亮剂。由此使 Ni-Fe 合金电镀液的电流效率高、镀层硬度高、镀层厚度大。

Ni-W-Fe-Co 合金电镀液

原料配比

原料		配比				
		1#	2#	3#	4#	5#
硼酸		15g	15g	20g	25g	25g
硫酸镍		20g	20g	24g	18g	18g
钨酸钠		40g	40g	50g	40g	40g
配位剂	柠檬酸盐	55g	55g	45g	60g	45g
	葡萄糖酸钠	—	—	20g	20g	40g
增白剂		15mL	15mL	20mL	28mL	20mL
调蓝剂		20mL	20mL	10mL	26mL	10mL
光亮剂		—	6mL	6mL	6mL	6mL
辅助剂		—	8mL	8mL	8mL	8mL
润湿剂		—	4mL	4mL	4mL	4mL
柠檬酸调 pH 值		6.0	6.0	6.5	6.5	6.0
去离子水		加至 1L	加至 1L	加至 1L	加至 1L	加至 1L
增白剂	硫酸亚铁	45g	45g	80g	20g	45g
	茶多酚	15g	15g	50g	10g	15g
	异抗坏血酸钠	15g	15g	60g	10g	15g
	葡萄糖酸钠	90g	90g	180g	40g	90g
调蓝剂	硫酸钴	50g	50g	—	—	100g
	氨基磺酸钴	—	—	50g	100g	—
	柠檬酸	45g	45g	40g	120g	100g

续表

原料		配比				
		1#	2#	3#	4#	5#
光亮剂	丁炔二醇单丙氧基醚	—	15g	25g	20g	15g
	不饱和烷基吡啶内盐	—	12g	8g	20g	15g
	甲醛	—	10g	5g	18g	10g
	水	—	加至 1L	加至 1L	加至 1L	加至 1L
辅助剂	烯丙基磺酸钠	—	12g	22g	15g	12g
	炔醇基磺酸钠	—	15g	10g	20g	15g
	糖精	—	120g	100g	200g	120g
	双苯磺酰亚胺	—	50g	40g	90g	50g
	乙烯基磺酸钠	—	20g	35g	20g	20g
	水	—	加至 1L	加至 1L	加至 1L	加至 1L
润湿剂	乙基己基硫酸酯钠盐	—	10g	8g	15g	10g
	丁二酸二乙酯磺酸钠	—	10g	15g	8g	10g
	水	—	加至 1L	加至 1L	加至 1L	加至 1L

制备方法 在容器中加入一部分的水，加热至 55～65℃，然后加入硼酸和配位剂，待完全溶解后，再依次加入硫酸镍、钨酸钠，分别搅拌至完全溶解；最后加入其余的添加剂，充分搅拌，用硫酸或柠檬酸调 pH 值至 6.0～7.0，加水定容。

原料配伍 本品各组分配比范围为：硼酸 10～35g，硫酸镍 12～30g，钨酸钠 30～70g，配位剂 40～110g，增白剂 10～30mL，调蓝剂 10～30mL，用硫酸或柠檬酸调节 pH 值至 6.0～7.0，水加至 1L。

所述配位剂为酒石酸及其盐、柠檬酸及其盐、苹果酸及其盐、葡萄糖酸盐、焦磷酸盐中的至少一种。

所述增白剂为硫酸亚铁、茶多酚、异抗坏血酸钠、葡萄糖酸钠和水所组成的混合溶液；所述增白剂中含有硫酸亚铁 20～80g，茶多酚 10～50g，异抗坏血酸钠 10～60g，葡萄糖酸钠 40～180g。

所述调蓝剂为钴盐与柠檬酸的混合溶液，所述钴盐为硫酸钴或氨基磺酸钴。

所述调蓝剂中含有硫酸钴或氨基磺酸钴 50～150g，柠檬酸 40～120g。

每升电镀液中还含有光亮剂 2～8mL，所述光亮剂为不饱和烷基吡啶内盐、甲醛、丁炔醇或其加成物和水所组成的混合溶液。

所述光亮剂中含有不饱和烷基吡啶内盐 8～20g，甲醛 5～18g，丁炔醇或其加成物 15～25g。

每升电镀液中还含有辅助剂 4～12mL，所述辅助剂为烯丙基磺酸钠、炔醇基磺酸钠、糖精、双苯磺酰亚胺、乙烯基磺酸钠和水所组成的混合溶液。

所述辅助剂中含有烯丙基磺酸钠 12～22g、炔醇基磺酸钠 10～20g、糖精 100～200g、双苯磺酰亚胺 40～90g、乙烯基磺酸钠 20～35g。

每升电镀液中还含有润湿剂 4～8mL，所述润湿剂为乙基己基硫酸酯钠盐、丁二酸二乙酯磺酸钠和水所组成的混合溶液；所述润湿剂中含有乙基己基硫酸酯钠盐 8～15g、丁二酸二乙酯磺酸钠 8～15g。

产品应用 本品主要用作 Ni-W-Fe-Co 合金电镀液。

电镀工艺：

（1）镀件预处理：将镀件分别经除锈/除蜡、除油、活化、预镀等处理。

（2）施镀：将预处理后的镀件放入以上任一项所述的电镀液中电镀，镀完后，冲洗、吹干；施镀过程中，电镀液的温度为 50～80℃，施镀的电流密度为 2～10A/dm^2，电镀所用阳极为不锈钢或钛氧化物惰性阳极。

（3）除氢：镀后的工件在 350～400℃温度下烘烤 1～4 h。

产品特性

（1）本产品能在铁件和锌合金等基材上电镀得到暗青亮致密的镍钨基合金镀层，镀层表面无微裂纹，具有很好的耐蚀性和耐磨性。

（2）该镀液涉及多种金属离子（镍、钨、铁、钴），腐蚀性小，稳定性好，深镀能力与分散能力好，电流效率较高，所得镀层与基体结合力良好，合金镀层显微硬度与各镀层相当。

（3）加入光亮剂，使镀层结晶更细腻，能够有效改善外观；加入辅助剂，能降低镀层的张应力，使镀层变得柔软。

（4）本产品浓度低，带出量少，整个电镀工艺过程实现清洁生产，符合环保和可持续性生产的要求，且操作简单，适于推广应用。

Sn-Ag 合金电镀液

原料配比

原料		配比（质量份）	
		1#	2#
可溶性 Sn^{2+} 化合物	$SnSO_4$	20	—
	氯化亚锡与甲烷磺酸亚锡混合物	—	60
Ag^{+} 化合物	Ag_2SO_4	4	—
	乙烷磺酸银、丙烷磺酸银和葡萄糖酸银三者混合物	—	9
Bi^{3+} 或/和 Cu^{2+} 三元合金成分金属盐	甲磺酸铋	20	—
	氯化铜和柠檬酸铜混合物	—	30
磺酸（衍生物）	磺酸	120	—
	甲苯磺酸与甲酚磺酸混合物	—	90
光亮剂	聚乙烯醇	11	—
	戊醛、水杨醛与香草醛组成的混合物	—	25
表面活性剂	十二酸、硬脂酸两者混合物	18	—
	β-萘酚与十二烷胺组成的混合物	—	28
防氧化剂	间苯二酚	5	—
	山梨糖醇和 L-抗坏血酸组成的混合物	—	8
水		加至 1000	加至 1000

制备方法 将各组分原料混合均匀即可。

原料配伍 本品各组分质量份配比范围为：本品由可溶性 Sn^{2+} 化合物、Ag^{+} 化合物、硫酸或磺酸、Bi^{3+} 或/和 Cu^{2+} 三元合金成分金属盐、光亮剂、表面活性剂和防氧化剂组成。

所述可溶性 Sn^{2+} 化合物选自下述中至少一种：甲烷磺酸亚锡、乙烷磺酸亚锡、丙烷磺酸亚锡、硫酸亚锡、氯化亚锡、葡萄糖酸亚锡、柠檬酸亚锡、乳酸亚锡；以 Sn^{2+} 计为 10～60。

所述 Ag^{+} 化合物选自下述中至少一种：甲烷磺酸银、乙烷磺酸银、丙烷磺酸银、硫酸银、氯化银、葡萄糖酸银、柠檬酸银、乳酸银、氧化银；以 Ag^{+} 计为 0.1～10。

所述 Bi^{3+} 或/和 Cu^{2+} 三元合金成分金属盐选自下述中至少一种：氯化铋、碘化铋、硫酸铋、甲磺酸铋、葡萄糖酸铋、柠檬酸铋、氯化铜、硫酸铜、甲磺酸铜、葡萄糖酸铜、柠檬酸铜；以 Bi^{3+}或/和 Cu^{2+}计为0.01～50。

所述磺酸选自下述中至少一种：甲磺酸、乙磺酸、丙磺酸、丁磺酸、戊磺酸氯丙烷磺酸、甲苯磺酸、甲酚磺酸；磺酸为80～300。

所述光亮剂选自下述中至少一种：聚乙二醇、聚乙烯醇、聚乙烯、吡咯烷酮、苯甲酸丙酮、苯乙酮、甲醛、戊醛、水杨醛、香草醛；所述光亮剂的浓度7～50g/L。

所述表面活性剂选自下述中至少一种：甲醇、乙醇、异丙醇、烯丙醇、辛酚、壬苯酚、α-萘酚、β-萘酚、油酸、十二酸、硬脂酸、十二烷胺、硬脂酰胺、椰油胺；所述表面活性剂为1～30。

所述防氧化剂选自下述中至少一种：对苯二酚、间苯二酚、邻苯二酚、苯酚、连苯三酚、均苯三酚、山梨糖醇、L-抗坏血酸；所述防氧化剂为3～8。

产品应用 本品主要用作Sn-Ag合金电镀液

所述镍铁合金电镀液电流密度为2～40A/dm²。所述镍铁合金电镀液温度为20～25℃。

产品特性 本产品在存放和使用过程中长期稳定，采用本产品电镀后，获得的镀层白色致密，光滑，含镍量在11%～13%，具有较好的耐蚀性。

Sn-Zn合金电镀液

原料配比

原　料	配　比	
	1#	2#
$SnSO_4$	26g	30g
$ZnSO_4$	45g	55g
H_2SO_4	140g	145g
柠檬酸	40mL	55mL
酒石酸锑钾	0.9g	1.2g
亚苄基丙酮	20g	28g
非离子表面活性剂	200g	250g
壬基酚聚氧乙烯醚	30g	50g
苯甲酸	70g	89g

续表

原料	配比	
	1#	2#
亚甲基二萘磺酸钠	25g	48g
烟酸	11g	14g
水	加至 1L	加至 1L

制备方法 将所述物料按比例混合均匀即可。

原料配伍 本品各组分配比范围为：$SnSO_4$ 25～30g，$ZnSO_4$ 40～55g，H_2SO_4 130～150g，柠檬酸 40～55mL，酒石酸锑钾 0.8～1.2g，亚苄基丙酮 18～30g，非离子表面活性剂 150～250g，壬基酚聚氧乙烯醚 30～50g，苯甲酸 60～90g，亚甲基二萘磺酸钠 25～50g，烟酸 10～15g，水加至 1L。

产品应用 本品主要用作 Sn-Zn 合金电镀液。

所述 Sn-Zn 合金电镀液电镀时所需阳极为 99.9%纯度的锡。

所述 Sn-Zn 合金电镀液电流密度为 2～4A/dm^2。

所述 Sn-Zn 合金电镀液温度为 15～30℃。

产品特性 本产品完全能够取代 Ag 电镀液，镀件经 Sn-Zn 合金电镀液电镀处理后，得到结晶细致、好的装饰性光亮镀层，降低了使用 Ag 贵金属电镀液进行电镀的成本。

薄带连铸结晶辊表面电镀液

原料配比

原料	配比（质量份）
氨基磺酸镍	210
氯化镍	15
硼酸	35
十二烷基磺酸钠	0.05
水	加至 1000

制备方法 将各组分原料混合均匀即可。

原料配伍 本品各组分质量份配比范围为：氨基磺酸镍 $Ni(NH_2SO_3)_2\cdot$

$4H_2O$ 180～410，氯化镍 $NiCl_2·6H_2O$ 5～25，硼酸 15～40，十二烷基磺酸钠 0.05～0.1，水加至 1000。

产品应用 本品主要用作薄带连铸结晶辊表面电镀液。

薄带连铸结晶辊表面梯度合金镀层的制备方法包括如下步骤：

（1）对薄带连铸结晶辊表面进行镀前预处理，采用机加工、有机溶剂清洗、碱脱脂、电解脱脂、酸浸蚀和活化处理；结晶辊表面机加工处理去除表面氧化层和缺陷部位，加工后表面粗糙度为 3.2；有机溶剂清洗可采用丙酮清洗辊表面的油污和机加工处理后的金属渣屑，然后用纯水冲洗。

（2）薄带连铸结晶辊表面电镀打底层。电镀时结晶辊全浸入或半浸入电镀液中，初始 4～12min 的电流密度为 0.5～3.0A/dm^2，正常电镀时电流密度为 1.0～5.0A/dm^2，结晶辊转速为 2～15r/min。

（3）薄带连铸结晶辊表面打底层上电镀合金层。在打底层上电镀，采用定量泵在电镀过程中添加硼元素，硼元素添加量为每安培·小时、每升镀液添加 0～10mL，达到合金层设定厚度时停止硼元素添加。

（4）继续电镀 24h 后结束电镀，将薄带连铸结晶辊吊离电镀液，并进行清洗后得到薄带连铸结晶辊表面梯度合金镀层。

所述电解脱脂时薄带连铸结晶辊浸没于除油液中，除油液温度为 70℃，电流密度为 5.0A/dm^2，处理时间为 3min，然后吊出结晶辊采用纯水冲洗。

所述薄带连铸结晶辊酸浸蚀时间为 1min。

所述活化处理为采用弱酸溶液喷淋薄带连铸结晶辊表面。

薄带连铸结晶辊表面电镀打底层时，结晶辊辊面与可溶性阳极距离为 100～400mm。

电镀时上述电镀液的温度为 38～68℃。

电镀时上述电镀液的 pH 值为 2.8～4.8。

电镀时上述电镀液采用空气搅拌，搅拌强度为 0.5～1.5$m^3/(m^2·min)$。

产品特性

（1）本方法得到的结晶辊镀层的硼含量是随镀层厚度梯度变化的，这种梯度合金镀层具有良好的抗冷热疲劳、导热和耐腐蚀性能，提高了镀层与结晶辊基体的结合强度及抗磨损强度，有效提高了结晶辊的使用寿命。本方法与现有成熟的结晶辊纯镍电镀技术相比，解决纯镍镀层耐磨性差的问题。

（2）本方法得到的镀层包含了打底镀层和高硬合金镀层，其中打底层为纯镍镀层，纯镍镀层应力低，在结晶辊基体和合金镀层中间起到过渡作用；高硬合金镀层为硼元素含量随镀层厚度梯度变化的镍基合金镀层，该镀层硬度最高可达900HV，且因为性能也是梯度变化的，因此内应力低，不易产生裂纹、耐磨性好；本方法在一个镀槽中完成打底镀层和高硬合金镀层的电镀作业，其中根据结晶辊的修复次数和实际工况，打底镀层和合金镀层可以通过本方法的工艺自由控制。结晶辊表面的梯度合金镀层延长了结晶辊的使用寿命，从而可以降低薄带连铸生产成本、提高薄带连铸的生产效率和产品质量。

（3）本方法的特点是在结晶辊表面可获得厚度为0.5～3.0mm的镍硼合金梯度变化的电镀层，该电镀层内层硬度低、延展性好，与结晶辊基体结合牢固，该电镀层外层为镍硼合金镀层，硬度高，耐磨性好，有利于适应结晶辊所要求的高耐磨工况。镍硼合金镀层的镍和硼元素的含量比变化可调，该层镀层的硬度范围可从150～900HV以上，通过对硼添加剂的添加量和添加时机的控制，获得镀层不同层面处所需的设计硬度，从而可根据结晶辊的使用工况自由调节镀层性能。

铂铑合金热电偶修复的电镀液

原料配比

原料	配比（质量份）				
	1#	2#	3#	4#	5#
亚硝酸二氨铂	70	85	93	96	100
硝酸铵	1	1.4	1.9	2.4	3
亚硝酸钠	10	13	18	23	30
氨基磺酸	80	87	96	105	120
氨基磺酸铑	8	9	10	13	15
硫酸铜	0.4	0.5	0.6	0.7	0.8
硝酸铅	0.4	0.5	0.6	0.7	0.8
氯化铵	2	3	4	6	8
水	加至1000	加至1000	加至1000	加至1000	加至1000

制备方法 将各组分原料混合均匀即可。

原料配伍 本品各组分质量份配比范围为：亚硝酸二氨铂[$Pt(NH_3)_2(NO_2)_2$] 70～100；硝酸铵（NH_4NO_3）1～3；亚硝酸钠（$NaNO_2$）10～30；氨基磺酸（NH_2SO_3H）80～120；氨基磺酸铑[$Rh(NH_2SO_3)_3$]8～15；硫酸铜（$CuSO_4$）0.4～0.8；硝酸铅[$Pb(NO_3)_2$] 0.4～0.8；氯化铵（NH_4Cl）2～8；水加至1000。

质量指标

项目	1#	2#	3#	4#	5#
镀层含铑量	29.4%	29.8%	30.6%	30.3%	30.2%
与基体附着力	良好	良好	良好	良好	良好
接合断裂端面能力	良好	良好	良好	良好	良好
修复后热电偶使用寿命	1年	1年	1年	1年	1年

产品应用 本品主要用作铂铑合金热电偶修复的电镀液。

修复工艺，包括如下步骤：

（1）除油。在氢氧化钠、碳酸钠、磷酸二钠的混合溶液中进行，具体参数如下。浓度：氢氧化钠30g/L，碳酸钠40g/L，磷酸三钠50g/L。时间10min，温度65℃。

（2）电解除油。在氢氧化钠、碳酸钠、磷酸三钠的混合溶液中进行，具体参数如下。浓度：氢氧化钠40g/L，碳酸钠50g/L，磷酸三钠60g/L。时间5min，温度65℃，电流3A/dm^2。

（3）电解酸洗。在硫酸的溶液中进行，具体参数如下。浓度：硫酸45g/L。时间2min，温度25℃，电流3A/dm^2。

（4）合金电镀。在此步骤，使用上述任一实施例所述的电镀液进行电镀，具体参数如下。时间45min，温度35℃，电流0.3A/dm^2。

产品特性 通过使用上述电镀液，利用电镀方式使电镀液中的 Pt^{4+}及Rh^{3+}沉积于破损的铂铑合金热电偶的电偶丝表面，并使金属镀层与破损零件的成分相同，使用上述电镀液配合上述修复工艺沉积的镀层铑的质量分数保持在29%～31%范围内，并且分布均匀，镀层与基体结合力良好，接合断裂的热偶丝效果明显，从而在多晶硅铸锭结晶过程中，采用电镀修复技术进行修复铂铑合金热电偶，很大程度上降低了晶硅电池片的成本，并且节约了大量的资源。

次磷酸盐体系镀 Ni-P 合金的电镀液

原料配比

原料		配比（质量份）					
		1#	2#	3#	4#	5#	6#
$NiSO_4 \cdot 6H_2O$		200	260	230	220	250	240
$NiCl_2 \cdot 6H_2O$		30	70	50	40	60	45
次磷酸钠		30	70	50	45	60	50
H_3PO_4		40	70	55	45	35	40
柠檬酸钠		25	50	38	30	37	40
糖精钠		5	10	7	6	7	8
羟乙基炔丙基醚		0.5	0.7	0.6	0.55	0.58	0.6
阳离子表面活性剂	十二烷基硫酸钠	0.05	0.2	0.12	—	—	—
	十二烷基苯磺酸钠	—	—	—	0.10	0.12	0.15
水		加至 1000	加至 1000	加至 1000	加至 1000	加至 1000	加至 1000

制备方法 用适量去离子水分别溶解各组分原料并混合均匀后，加水调至预定体积。加稀盐酸调节 pH 值至 1～3。

原料配伍 本品各组分质量份配比范围为：$NiSO_4 \cdot 6H_2O$ 200～260，$NiCl_2 \cdot 6H_2O$ 30～70，次磷酸盐 30～70，H_3PO_4 40～70，柠檬酸盐 25～50，糖精盐 5～10，羟乙基炔丙基醚 0.5～0.7，阳离子表面活性剂 0.05～0.2，水加至 1000。

所述阳离子表面活性剂为十二烷基硫酸钠和/或十二烷基苯磺酸钠。

选用柠檬酸盐为配位剂，柠檬酸盐优选为柠檬酸盐钾或钠。镍离子在镀液中较易水解成多核聚合物，而该多核聚合物将富集于阴极表面阻碍二价镍的放电沉积，多核聚合物由于含有较长的分子链难以放电沉积成镍单质。柠檬酸根与二价镍离子有较强的配位能力，当柠檬酸在镀液中的浓度达到一定时，柠檬酸根能与水发生竞争，可争夺水分子与镍离子的配位，形成更稳定的且可放电沉积的镍柠檬酸的配合物。此外，该配合物可提高阴极放电的活化能，增强二价镍离子在阴极的极化，减缓阴极的析氢现象。

选用次磷酸盐为镀层中单质磷的来源。次磷酸盐优选为次磷酸钠或钾。相比于亚磷酸的磷源，次磷酸盐体系电镀获得的镀层的耐腐性较高。可能的原因是，亚磷酸在较高 pH 值时溶解度较低，于是为了镀液中所溶解的亚磷酸含量以最终提高镀层的磷含量，一般在较低 pH 值的环境下电镀，因而使阴极大量析氢，镀层产生气流痕现象，阴极电流效率较低，阴、阳极电流效率不平衡加剧，从而使镀液中二价镍离子增加，导致镀层镍含量过高、磷含量降低，从而降低镀层的耐腐蚀性。

选用 $NiCl_2$ 为镍的辅盐，其中的氯离子主要起活化的作用，防止阳极发生钝化，促进阳极正常溶解；还能增大溶液的导电能力和阴极电流效率，使镀层晶粒细化。本产品中镍离子的浓度为 230～330g/L，当含量较低时，即使次磷酸盐的浓度再大，镀液中的析氢仍然较为严重。只有当镍离子维持在该范围时，才能够保证镍与磷的共沉积。镍含量过高，会使得镀层中磷含量过低，从而影响镀层的耐腐蚀性等综合性能。

选用 H_3PO_4 作缓冲剂，起 pH 值缓冲作用，稳定镀液特别是阴极双电层内的 pH 值，与添加剂有协同作用，有利于获得光滑的镀层。

选用羟乙基炔丙基醚为次级光亮剂，主要起增强高、中阴极电流密度区阴极极化，提高光亮填平，长效等作用。选用糖精盐作为初级光亮剂，可消除镀层内应力，增强延展性，提高低电位分布能力。羟乙基炔丙基醚和糖精盐的复合使用可获得宽阴极电流密度范围的光亮镀层。

阳离子表面活性剂起润湿剂的作用，降低阴极表面张力，防止镀层表面产生针孔，有利于氢气的逸出。

质量指标

测试项目	1#	2#	3#	4#	5#	6#
30 天稳定性	未见异常	未见异常	未见异常	未见异常	未见异常	未见异常
分散能力/%	49.2	48.3	53.1	55.6	56.5	58.4
深镀能力/%	83.7	84.6	86.9	88.6	91.8	91.5
电流效率/%	95.14	95.47	95.61	95.87	96.14	96.37
沉积速率/（μm/h）	28.4	35.1	39.4	45.2	43.6	48.7
硬度/HV	374	392	413	432	457	486

续表

测试项目	1#	2#	3#	4#	5#	6#
耐 10%NaOH 腐蚀性 /[×10^{-3}g/(m^2·h)]	49.1	47.3	46.8	45.7	44.5	43.8
耐 2mol/L HCl 腐蚀性 /[×10^{-3}g/(m^2·h)]	18.7	16.3	14.5	13.7	12.6	11.2
耐磨损性/$10^{-3}$$mm^3$	29.6	27.9	25.8	23.7	22.9	21.5
P 含量/%	8.9	9.8	10.6	11.0	11.9	12.7
镀层外观	C	C	C	C	B	B

产品应用 本品是一种次磷酸盐体系镀 Ni-P 合金的电镀液。

（1）阴极采用 10mm×10mm×0.2mm 的钛板。将钛板先用 200 目水砂纸初步打磨后再用 W28 金相砂纸打磨至表面露出金属光泽。依次经温度为 50～70℃的碱液除油、蒸馏水冲洗、95%乙醇除油、蒸馏水冲洗。碱液的配方为 40～60g/L NaOH、50～70g/L Na_3PO_4、20～30g/L Na_2CO_3 和 3.5～10g/L Na_2SiO_3。

（2）以直径为 6mm 的碳棒为阳极，电镀前先用砂纸打磨平滑，然后用去离子水冲洗及烘干。

（3）将预处理后的阳极和阴极浸入电镀槽中的电镀液中，调节水浴温度使得电镀液温度维持在 50～70℃。将机械搅拌转速调为 100～400r/min。接通脉冲电源，脉冲电流的脉宽为 1～3ms，占空比为 5%～30%，平均电流密度为 2～5A/dm^2。待通电 20～40min 后，切断电镀装置的电源。取出钛板，用蒸馏水清洗，烘干。

产品特性 本产品选用柠檬酸盐为配位剂，有利于镍和磷的共沉积；复合选用羟乙基炔丙基醚和糖精盐作为光亮剂，由此使 Ni-P 合金镀层的硬度大、耐磨损性强、耐腐蚀性高。

导电导热电镀液

原料配比

原料	配比（质量份）			
	1#	2#	3#	4#
咪唑	0.2	0.4	0.6	0.8
柠檬酸	2	5	7	8

续表

原　料	配比（质量份）			
	1#	2#	3#	4#
硫酸锌	8	10	12	14
丙氨酸	1	2	4	4
400 目金粉	1	3	5	6
400 目铜粉	3	4	7	8
400 目铝粉	4	5	7	7
硝酸银	3	5～7	7	8
乙酸铵	3	5	7	9
甘油	0.4	0.5	0.8	0.9
六水硫酸镍	2	4	6	8
硼酸	2	4	7	9
氯化镓	0.5	0.7	0.9	0.9
水	50～65	60	62	65

制备方法

（1）按质量份称取原料。

（2）将硫酸锌，金粉，铜粉，铝粉，硝酸银，乙酸铵，六水硫酸镍，硼酸，氯化镓和水混合后搅拌 3～9min，得混合物Ⅰ；搅拌速度为 3000～5000r/min。

（3）将柠檬酸，丙氨酸，甘油和咪唑混合，搅拌后加热到 60～75℃，并保温 12～18min，得混合物Ⅱ；搅拌速度为 200～300r/min。

（4）将混合物Ⅰ与混合物Ⅱ混合，搅拌 2～5min，真空浓缩 1～4min，调 pH 值至 5～6.5 得电镀液。搅拌速度为 100～200r/min，浓缩的真空度为 150～200kPa。

原料配伍　本品各组分质量份配比范围为：咪唑 0.2～0.8，柠檬酸 2～8，硫酸锌 8～14，氨基酸 1～4，400 目金粉 1～6，400 目铜粉 3～8，400 目铝粉 4～7，硝酸银 3～8，乙酸铵 3～9，甘油 0.4～0.9，六水硫酸镍 2～8，硼酸 2～9，氯化镓 0.5～0.9，水 50～65。

所述金粉的目数为 400～800 目，铜粉的目数为 400～800 目，铝粉的目数为 400～800 目。

所述氨基酸为甘氨酸或丙氨酸。

产品应用 本品是一种导电导热电镀液。

产品特性 本产品导电性良好，用于电子产品连接的金属表面镀层，有利于电子产品的使用，另外，电镀液的导热性好，及时散发出因导电而产生的热量，保护了电子产品，适合推广。

电沉积 Cu-W-Co 合金镀层的电镀液

原料配比

原料		配比（质量份）					
		1#	2#	3#	4#	5#	6#
可溶性铜盐	硫酸铜	30	35	35	—	50	25
	铜离子摩尔比 1:1 的硫酸铜和氯化铜的混合物	—	—	—	5	—	—
可溶性钴盐	硫酸钴	90	90	90	—	120	80
	钴离子摩尔比 1:1 硫酸钴和氯化钴的混合物	—	—	—	60	—	—
钨酸钠		70	70	70	50	150	100
配位剂	柠檬酸钠	205	217.5	226	—	—	150
	质量比 1:1:1 的焦磷酸钠、焦磷酸和柠檬酸的混合物	—	—	—	100	—	—
	质量比 1:1:1 的酒石酸钾钠、乙二胺和氟硼酸的混合物	—	—	—	—	300	—
缓冲剂	硼酸钠	15	—	—	—	—	—
	硼酸	—	15	15	—	—	25
	氯化铵	—	—	—	5	—	—
	乙酸钠	—	—	—	—	40	—
光亮剂	1,4-丁炔二醇	1.0	1.0	1.0	—	—	—
	质量比 1:1:1:1 的丁炔二醇、聚乙二醇、明胶和糖精的混合物	—	—	—	0.2	—	—
	质量 1:1:1 的糖精钠、葡萄糖和香豆素的混合物	—	—	—	—	3	—
	硫脲	—	—	—	—	—	1.5
润湿剂	十二烷基硫酸钠	0.1	0.1	0.1	0.1	—	0.5
	十二烷基磺酸钠	—	—	—	—	1	—

续表

原料		配比（质量份）					
		1#	2#	3#	4#	5#	6#
添加剂	硫酸铈	0.1	0.1	0.1	—	—	—
	氯化镧	—	—	—	0.1	—	0.8
	硫酸镧	—	—	—	—	1	—
水		加至1000	加至1000	加至1000	加至1000	加至1000	加至1000

制备方法 将各组分原料混合均匀即可。

原料配伍 本品各组分质量份配比范围为：可溶性铜盐 5～50、可溶性钴盐 60～120、钨酸钠 50～150、配位剂 100～300，缓冲剂 5～40、光亮剂 0.2～3、润湿剂 0.1～1、添加剂 0.1～1，水加至 1000。其中配位剂与金属离子的摩尔比为 1～1.3:1。

所述可溶性铜盐为硫酸铜或硫酸铜和氯化铜的任意比例混合物。

所述可溶性钴盐为硫酸钴或硫酸钴和氯化钴的任意比例混合物。

所述配位剂为焦磷酸盐、焦磷酸、柠檬酸盐、柠檬酸、酒石酸钾钠、乙二胺、氟硼酸、氟硼酸盐的一种或几种任意比例的混合物。

所述缓冲剂为硼酸、硼酸盐、铵盐或乙酸盐。

所述光亮剂为丁炔二醇、聚乙二醇、明胶、糖精、糖精钠、葡萄糖、香豆素、硫脲的一种或几种的任意比例混合物。

所述润湿剂为十二烷基硫酸盐或十二烷基磺酸盐。

所述添加剂为稀土氯化物或稀土硫酸物。

产品应用 本品是一种电沉积 Cu-W-Co 合金镀层的电镀液。

电沉积 Cu-W-Co 合金镀层的电镀方法，其具体步骤如下：阳极为石墨，阴极为处理过的高导电性纯铜或铜合金基体，在 pH 值为 4～11、温度为 25～80℃、电流密度为 1～20A/dm^2 条件下电镀 0.5～3h，即能在阴极上制备得到 Cu-W-Co 合金镀层。

所述高导电性纯铜或铜合金基体的处理过程为：打磨—除油—水洗—酸洗—水洗。

产品特性

（1）该电镀液无毒、环保、稳定，无贵金属。

（2）该方法工艺流程短，成本低，能耗低，效益高，低温操作方便，且在易于控制的情况下，能获得表面硬度较高、耐蚀性好、耐磨性好、导电性较强以及抗高温氧化的 Cu-W-Co 合金镀层。

电镀处理用电镀液

原料配比

原料	配比（质量份）				
	1#	2#	3#	4#	5#
硫酸镍	9	10	9.5	9.3	9.6
消氢剂	0.8	0.6	0.7	0.65	0.75
柠檬酸	4	5	4.5	4.8	4.2
氟硼酸	6	4	5	4.5	5.5
乙酸铅	0.6	0.8	0.7	0.75	0.65
乙二醇	3	2	2.5	2.4	2.6
氟硼酸亚锡	20	24	22	21	22
硫酸	8	6	7	7.5	6.5
次磷酸钠	5	6	5.5	5.2	5.6
光亮剂	6	4	5	5.5	4.6
水	加至1000	加至1000	加至1000	加至1000	加至1000

制备方法　将各组分原料混合均匀即可。

原料配伍　本品各组分质量份配比范围为：硫酸镍9～10、消氢剂0.6～0.8、柠檬酸4～5、氟硼酸4～6、乙酸铅0.6～0.8、乙二醇2～3、氟硼酸亚锡20～24、硫酸6～8、次磷酸钠5～6、光亮剂4～6，水加至1000。

产品应用　本品主要用作电镀处理用电镀液。

产品特性　本产品在铜线表面进行电镀，处理后铜线抗腐蚀性好、导电性良好，耐磨损，增加了镍、铅、磷金属元素，有效地防止了铜原子向电镀液扩散，同时，沉淀速率快，电流密度范围宽，电能消耗低，电镀质量好，提高了金属铜线的使用寿命。

电镀光亮镍钛合金的电镀液

原料配比

原料	配比		
	1#	2#	3#
$NiSO_4 \cdot 6H_2O$	50g	55g	60g
$NiCl_2 \cdot 6H_2O$	15g	10g	—

续表

原料	配比		
	1#	2#	3#
$TiOSO_4$	3.5g	7.0g	10.5g
$Na_3C_6H_5O_7 \cdot 2H_2O$	50g	55g	60g
丁二酰亚胺	8g	9g	10g
H_3BO_3	30g	35g	40g
光亮剂	4mL	3mL	2mL
辅助剂	8mL	8.5mL	10mL
水	加至1L	加至1L	加至1L

制备方法

（1）在一容积为1000mL的容器中，置入30～40g硼酸，加入500～600mL的50～60℃的蒸馏水或去离子水，搅拌、溶解。

（2）在步骤（1）的溶液中，加入50～60g的柠檬酸三钠，搅拌、溶解。

（3）在步骤（2）的溶液中，加入8～10g的丁二酰亚胺，搅拌、溶解。

（4）在步骤（3）的溶液中，加入50～60g的六水硫酸镍、0～15g的六水氯化镍，搅拌、溶解。

（5）在步骤（4）的溶液中，加入100～150mL的硫酸氧钛溶液，搅拌均匀。

（6）在步骤（5）的溶液中，加入0.5～1.0g的粉状活性炭，搅拌；保温在50～60℃，每隔10～15min搅拌一次；重复3～5次后即可过滤溶液、除掉活性炭。

（7）在过滤干净后的步骤（6）溶液中，注入辅助剂8～10mL，光亮剂2～4mL，补加蒸馏水或去离子水至1000mL；用25%的NaOH液或25%的HCl液调整溶液pH值在3～5。即可工作。

原料配伍 本品各组分配比范围为：六水硫酸镍50～60g，六水氯化镍0～15g，硫酸氧钛3.5～10.5g，硼酸30～40g，柠檬酸三钠50～60g，丁二酸亚胺8～10g，光亮剂2～4mL，辅助剂8～10mL，水加至1L。

所述的光亮剂为：丙烷磺酸吡啶30～40g，丙烷醇乙氧基醚40～50g，*N*,*N*-二乙基丙炔胺甲酸盐30～50g，丙炔醇5～10g，羟甲基磺酸钠10～12g，水加至1L。

所述的辅助剂为：糖精（或糖精钠）180～200g，烯丙基磺酸钠

（35%）200～250g，羟丙基硫代硫酸钠 5～10g，水加至 1L。

产品应用 本品是一种电镀光亮镍钛合金的电镀液。

电镀镍钛合金镀液的电镀参数为：pH 3～5，温度 40～60℃，阴极电流密度 1.0～5.0A/dm²，阳极材料为镍板、不锈钢板、钌钛合金，电镀时间 10～60min。

电镀工艺过程如下：工件—化学除油—热水洗—冷水洗—电化学除油—热水洗—冷水洗—除锈—冷水洗—冷水洗—镀光亮镍钛合金—水洗—烘干。

产品特性

（1）镀液成分简单；无毒、无污染、无 Cr^{6+}。

（2）镀液稳定、不浑浊、抗杂质能力强。

（3）性能好，易操作。

（4）镍钛合金镀层中 Ti 的含量（视 *T*、pH、Dk、镀液中 Ti 盐含量而定）可达 5%～35%（质量分数）；镍钛合金镀层的 Ti 含量随溶液中 Ti 盐浓度、溶液温度、溶液的 pH、阴极电流密度的提高而上升，反之则下降。

（5）所得 NiTi 合金层硬度、耐磨度、抗蚀性优于 Ni 层、Cr 层、(Ni+Cr) 层，可直接代替铬在铜（亮）层、镍（亮）层、铜（亮）+镍（亮）层上电镀。

（6）本产品可以代铬电镀技术，节约用镍，替代有毒性有污染的六价铬电镀。含有 10%～30%钛的镍钛合金镀层，比相同厚度的 100%镍镀层和比电镀同厚度的“镍+铬”层耐磨性能相当，抗蚀性提高 40%～60%，而且其韧性增长一倍以上。因此，电镀含钛量 10%～30%的镍钛合金层在普通工业及国防、航空航天、潜艇船舶领域里有极重要的作用。

电镀液（1）

原料配比

原　料	配比（质量份）			
	1#	2#	3#	4#
硫酸亚锡	150	180	165	170
硫酸锌	60	80	70	64

续表

原　料	配比（质量份）			
	1#	2#	3#	4#
柠檬酸钾	10	20	12	14
两性表面活性剂	10	20	12	14
碱化四异丙铵	0.5	10	5	4
水	加至1000	加至1000	加至1000	加至1000

制备方法 将各组分原料混合均匀即可。

原料配伍 本品各组分质量份配比范围为：硫酸亚锡150～180，硫酸锌60～80，柠檬酸钾10～20，两性表面活性剂10～20，碱化四异丙铵0.5～10，水加至1000；所述电镀液的pH值为4～8。

质量指标

实 施 例	镀层厚度/μm	出白锈时间/h	出红锈时间/h
1#	5	70	450
2#	5	80	450
3#	5	70	500
4#	5	70	520

产品应用 本品是一种电镀液。

使用电镀液进行电镀的条件：电镀液温度15～35℃；阴极电流密度8～20A/dm^2；电镀时间10～20min。

本产品的电镀方法中的被镀物是以Fe、Ni、Cu或以这些元素为基础的合金的金属材料，把这些金属材料作为阴极进行电镀。在对极中，可以使用锡锌合金或在Ti材上实施了Pt镀的不溶性电极、炭电极等。使用不溶性阳极时，通过将前述的锡和锌的金属盐直接溶解于镀液中的方法或者通过补充以高浓度溶解有锡和锌的金属盐的水溶液，可以维持所使用的镀液的金属浓度。该金属的高浓度水溶液还可以含有前述柠檬酸或其盐以及碱性氢氧化物。

本产品的电镀方法中，被镀物通过常规方法进行预处理之后，再进行电镀工序。预处理工序中，进行浸渍脱脂、酸洗、电解洗涤和活化中的至少一种操作。电镀后，将所得的覆膜用水洗涤、干燥即可，还可以实施使用常规方法的铬酸盐处理和化学法表面处理或者使用无机物和有机物的涂敷处理。

产品特性　本产品电镀得到的镀层的亮度高，耐腐性强，镀层的出白锈时间和出红锈时间均大幅度延长，出白锈时间可以达到 70h 以上，出红锈时间可以达到 450h 以上，其耐腐蚀明显提高，可以满足苛刻环境的使用要求。

电镀液（2）

原料配比

原料	配比（质量份）											
	1#	2#	3#	4#	5#	6#	7#	8#	9#	10#	11#	12#
氯化亚铁	300	350	330	—	—	—	300	350	330	300	350	320
氟硼酸亚铁	—	—	—	260	300	280	—	—	—	—	—	—
氯化锰	50	60	56	50	60	56	50	60	54	20	35	35
硼酸	—	—	—	20	25	23	—	—	—	—	—	—
氟硼酸	—	—	—	—	—	—	15	20	17	—	—	—
氟硼酸铵	—	—	—	—	—	—	—	—	—	10	13	13
五氧化二钒	—	—	—	0.3	0.3	0.3	0.3	0.3	0.3	0.3	0.3	0.3
水	加至1000	加至1000	加至1000	加至1000	加至1000	加至1000	加至1000	加至1000	加至1000	加至1000	加至1000	加至1000

制备方法　将各组分原料混合均匀即可。

原料配伍　本品各组分质量份配比范围为：氯化亚铁 300～350、氟硼酸亚铁 260～300、硼酸 20～25、氟硼酸 15～20、氟硼酸铵 10～15、五氧化二钒 0.3，氯化锰 20～60，水加至 1000。所述电镀液的 pH 值为 2.8～3.8。

所述电镀液的 pH 采用盐酸、铁阳极大电流电镀或者新鲜铁粉调节；当 pH>3.8 时，采用盐酸调节；当 pH<2.8 时，采取铁阳极大电流电镀或者添加新鲜铁粉调节。

产品应用　本品主要用作电镀液。利用其制造金刚石钻头胎体。

产品特性　通过采用电镀铁合金替代现有的电镀镍或者镍合金生产金刚石磨具，不仅解决了电镀铁合金生产金刚石磨具过程中容易产生气泡的问题，而且有效节约了金刚石磨具的生产成本；采用不对称交变电源电镀，不仅克服了铁合金镀层应力大的问题，而且解决了镀层与磨具基体结合力低的问题，可获得具有高结合强度、高硬度的镀层。

电镀液（3）

原料配比

原料	配比（质量份）											
	1#	2#	3#	4#	5#	6#	7#	8#	9#	10#	11#	12#
氯化亚铁	280	350	300	—	—	—	280	350	320	280	350	300
氟硼酸亚铁	—	—	—	220	300	270	—	—	—	—	—	—
氯化锰	30	75	50	60	60	60	30	60	45	20	50	35
氧化铈	0.1	0.5	0.3	—	—	—	—	—	—	—	—	—
硼酸	—	—	—	20	30	25	—	—	—	—	—	—
氟硼酸	—	—	—	—	—	—	15	20	18	—	—	—
氟硼酸铵	—	—	—	—	—	—	—	—	—	6	15	10
五氧化二钒	—	—	—	0.3	0.3	0.3	0.3	0.3	0.3	0.3	0.3	0.3
氧化镧	—	—	—	—	—	—	—	—	—	0.1	0.5	0.3
水	加至1000	加至1000	加至1000	加至1000	加至1000	加至1000	加至1000	加至1000	加至1000	加至1000	加至1000	加至1000

制备方法 将各组分原料混合均匀即可。

原料配伍 本品各组分质量份配比范围为：氯化亚铁280～350、氟硼酸亚铁220～300、氯化锰30～75，硼酸20～30、氟硼酸15～20、氟硼酸铵6～15、五氧化二钒0.3，水加至1000。所述电镀液的pH值为2.8～3.8。

该电镀液还包括氧化稀土0.1～0.5，所述氧化稀土为氧化铈或氧化镧。

所述电镀液的pH采用盐酸、铁阳极大电流电镀或者新鲜铁粉调节；当pH>3.8时，采用盐酸调节，当pH<2.8时，采取铁阳极大电流电镀或者添加新鲜铁粉调节。

产品应用 本品是一种电镀液。

产品特性 本产品用电镀铁合金替代现有的电镀镍或者镍合金生产金刚石钻头，不仅解决了电镀铁合金生产金刚石钻头过程中容易产生气泡的问题，而且有效节约了金刚石钻头的生产成本；本产品采用不对称交变电源电镀，不仅克服了铁合金镀层应力大的问题，而且解决了镀层与磨具基体结合力低的问题，可获得具有高结合强度、高硬度的镀层。

电镀液（4）

原料配比

原料	配比（质量份）			
	1#	2#	3#	4#
硫酸亚锡	100	120	110	115
硫酸锌	30	60	50	55
焦磷酸铜	30	50	40	45
柠檬酸钾	10	20	12	14
两性表面活性剂	10	20	12	14
碱化四异丙铵	0.5	10	5	4
水	加至 1000	加至 1000	加至 1000	加至 1000

制备方法 将各组分原料混合均匀即可。

原料配伍 本品各组分质量份配比范围为：硫酸亚锡 100～120，硫酸锌 30～60，焦磷酸铜 30～50，柠檬酸钾 10～20，两性表面活性剂 10～20，碱化四异丙铵 0.5～10，水加至 1000。所述电镀液的 pH 为 4～8。

产品应用 本品是一种电镀液。

使用上述电镀液进行电镀的方法，在如下条件下进行：电镀液温度：15～35℃；阴极电流密度：8～20A/dm^2；电镀时间：10～20min。

本产品的电镀方法中的被镀物是以 Fe、Ni、Cu 或以这些元素为基础的合金的金属材料，把这些金属材料作为阴极进行电镀。在对极中，可以使用锡锌合金或在 Ti 材上实施了 Pt 镀的不溶性电极、炭电极等。使用不溶性阳极时，通过将前述的锡和锌的金属盐直接溶解于镀液中的方法或者通过补充以高浓度溶解有锡和锌的金属盐的水溶液，可以维持所使用的镀液的金属浓度。该金属的高浓度水溶液还可以含有前述柠檬酸或其盐以及碱性氢氧化物。

本产品的电镀方法中，被镀物通过常规方法进行预处理之后，再进行电镀工序。预处理工序中，进行浸渍脱脂、酸洗、电解洗涤和活化中的至少一种操作。电镀后，将所得的覆膜用水洗涤、干燥即可，还可以实施使用常规方法的铬酸盐处理和化学法表面处理或者使用无机物和有机物的涂敷处理。

产品特性　本产品通过采用上述电镀液，并配合电镀条件，得到的镀层的亮度高，耐腐性强，镀层的出白锈时间和出红锈时间均大幅度延长，出白锈时间可以达到 70h 以上，出红锈时间可以达到 450h 以上，其耐腐蚀明显提高，可以满足苛刻环境的使用要求。

电镀液（5）

原料配比

原　　料	配比（质量份）				
	1#	2#	3#	4#	5#
$NiSO_4$	160	175	194	210	220
$NiCl_2$	30	37	46	53	60
$CoSO_4$	60	79	89	107	120
H_3BO_3	30	35	44	51	60
对甲苯磺酰胺	0.3	0.4	0.6	0.7	0.8
十二烷基磺酸钠	2	3	4	5	6
1,4-丁炔二醇	0.5	0.8	1.2	1.4	1.5
烯丙基磺酸钠	0.2	0.4	0.6	0.7	0.8
水	加至 1000	加至 1000	加至 1000	加至 1000	加至 1000

制备方法　将各组分原料混合均匀即可。

原料配伍　本品各组分质量份配比范围为：硫酸镍（$NiSO_4$）160～220；氯化镍（$NiCl_2$）30～60；硫酸钴（$CoSO_4$）60～120；硼酸（H_3BO_3）30～60；对甲苯磺酰胺（PTSA）0.3～0.8；十二烷基磺酸钠（SDS）2～6；1,4-丁炔二醇（MSDS）0.5～1.5；烯丙基磺酸钠 0.2～0.8；水

加至1000。

产品应用 本品主要用作电镀液。

电镀液可应用在金刚石锯带制作过程。金刚石锯带的制作过程主要包括除油、除锈、电解除油、电解酸洗、打底镍及合金电镀等几个步骤。

（1）除油步骤可以是将不锈钢基体置于氢氧化钠、碳酸钠以及磷酸三钠的混合溶液中进行浸泡处理，具体参数如下：氢氧化钠（NaOH）30g/L，碳酸钠（Na_2CO_3）40g/L，磷酸三钠（Na_3PO_4）50g/L，时间10min，温度65℃。

（2）除锈步骤可以是将除油后的不锈钢基体置于盐酸溶液中进行浸泡处理，具体参数如下：盐酸（HCl）180mL/L，时间5min，温度25℃。

（3）电解除油步骤可以是将除锈后的不锈钢基体置于氢氧化钠、碳酸钠以及磷酸三钠的混合溶液进行电解处理，具体参数如下：氢氧化钠（NaOH）40g/L，碳酸钠（Na_2CO_3）50g/L，磷酸三钠（Na_3PO_4）60g/L，时间5min，温度65℃，电流3A/dm^2。

（4）电解酸洗步骤可以是将电解除油后的不锈钢基体置于硫酸溶液中进行电解处理，具体参数如下：硫酸（H_2SO_4）70g/L，时间2min，温度25℃，电流3A/dm^2。

（5）打底镍步骤可以是将电解酸洗后的不锈钢基体置于盐酸和氯化镍的混合溶液中进行电解处理，在不锈钢基体的表面镀上一层镍，具体参数如下：盐酸（HCl）60g/L，氯化镍（$NiCl_2$）200g/L，时间5min，温度40℃，电流4A/dm^2。

（6）合金电镀步骤是将打底镍后的不锈钢基体置于电镀液中，将金刚石与合金镀层同时附着到不锈钢基体上。电镀过程中的工艺参数如下：时间100～120min，温度55～65℃，电流2～4A/dm^2。

产品特性 电镀液因硫酸钴的存在，在制作金刚石锯带的过程中，电解出的电镀层里含有50%的钴，大大地增加了镀层的硬度。用上述电镀液制作出的金刚石锯带，镀层均匀，镀层硬度高，把持金刚石的力度大，有效的切割面大，切割效率以及切割能力显著提高。在同等把持力的情况下，制作的金刚石锯带镀层厚度显著降低，从而降低了生产金刚石锯带的成本，并增加了空隙率，有利于切割粉末的排出，提高了切割效率。同时产品的使用寿命也大大提高。

电镀液（6）

原料配比

原料	配比			
	1#	2#	3#	4#
草酸氧钛钾	80g	60g	40g	60g
草酸氧钒	10g	15g	20g	20g
草酸镍	30g	35g	40g	30g
草酸氧锆	25g	30g	35g	35g
草酸铵	90g	110g	120g	100g
氯化铵	160g	180g	200g	200g
乙二胺四乙酸二钠	60g	70g	80g	60g
光亮剂（硫脲）	2mL	3mL	2mL	3mL
润湿剂（十二烷基硫酸钠）	1mL	2mL	1mL	1mL
去离子水	加至 1L	加至 1L	加至 1L	加至 1L

制备方法　以电镀液 1L 计，在容器中依次加入 400～700mL 55～65℃ 的去离子水、90～120g 的草酸铵、160～200g 的氯化铵、60～80g 的乙二胺四乙酸二钠、40～80g 的钛盐、10～20g 的钒盐、30～40g 的镍盐、25～35g 的锆盐，每加入一组分，搅拌溶解完全之后再加后一组分，依次加完上述组分得到初步混合液，向初步混合液中加入 3～5g 的粉状活性炭，恒温 55～65℃，搅拌 0.5～2h，之后过滤除去活性炭，再加入 2～3mL 光亮剂和 1～2mL 润湿剂，补加去离子水至 1L，得到电镀液。

原料配伍　本品各组分配比范围为：钛盐 20～100g，钒盐 5～30g，镍盐 20～50g，锆盐 15～45g，草酸铵 70～140g，氯化铵 120～220g，乙二胺四乙酸二钠 50～100g，光亮剂 1～5mL，润湿剂 0.5～3mL；去离子水加至 1L。

所述的钛盐为草酸氧钛钾、草酸氧钛铵、二氯氧钛的一种或两种以上（包括两种）。

所述的钒盐为草酸氧钒。

所述的镍盐为草酸镍、氯化镍的一种或两种。

所述的锆盐为草酸氧锆、二氯氧锆的一种或两种。

所述光亮剂为硫脲。

所述润湿剂为十二烷基硫酸钠。

所述的水为去离子水。

产品应用 本品主要用作电镀液。

该电镀液使用时，可加入适量的pH调节剂调节pH，如可采用质量分数30%的氨水或者质量分数30%的盐酸溶液调整溶液的pH，优选的pH值为3.5～6.5。

该电镀液在电镀金属合金中应用。其电镀参数为：

（1）电镀液的pH值：3.5～6.5；

（2）电镀液的温度：30～70℃；

（3）阴极电流密度：2～5A/dm^2；

（4）阳极材料：金属合金；

（5）电镀时间：0.2～1h；

（6）电源为直流电源或脉冲电镀。

产品特性

（1）本产品电镀液中，采用特定含量的组分组合在一起，能够相互影响和相互作用，其效果上相互补充和相互增强，能够产生协同作用，使得本产品能制备强度高、耐热性好、耐腐蚀性好的代铬的钛合金镀层，广泛应用于宇航、船舶、汽车等工业领域。

（2）本产品制备简单，易于操作和实施，易于工业化生产。

（3）本产品应用在电镀金属合金中，制备的金属合金具有高硬度，其形成钛合金镀层，韧性远远高于镀铬层，耐热性可达400～500℃，镀层均匀无微裂纹，耐蚀性较镀铬层提高两倍以上，性能优异。

多层无氰电镀铜锡合金镀层的电镀液

原料配比

原料		配比					
		1#	2#	3#	4#	5#	6#
第一层电镀液	焦磷酸钾	250g	300g	360g	250g	300g	370g
	焦磷酸铜	20g	25g	28g	20g	25g	30g
	焦磷酸亚锡	0.2g	0.35g	0.45g	0.2g	0.3g	0.4g
	无氰碱铜添加剂	10mL	20mL	15mL	10mL	20mL	15mL
	水	加至1L	加至1L	加至1L	加至1L	加至1L	加至1L

续表

原料		配比					
		1#	2#	3#	4#	5#	6#
第二层电镀液	焦磷酸钾	350g	400g	450g	350g	400g	450g
	焦磷酸铜	20g	25g	32g	20g	25g	35g
	焦磷酸亚锡	1.8g	2.2g	2.8g	1.8g	2.2g	3.0g
	磷酸氢二钾	—	45g	70g	—	—	—
	无氰黄铜锡主光剂	3mL	20mL	10mL	3mL	20mL	10mL
	黄铜锡辅助剂	10mL	50mL	30mL	10mL	50mL	30mL
	水	加至1L	加至1L	加至1L	加至1L	加至1L	加至1L
第三层电镀液	焦磷酸钾	—	—	—	250g	300g	370g
	焦磷酸铜	—	—	—	20g	25g	30g
	焦磷酸亚锡	—	—	—	0.2g	0.3g	0.5g
	无氰碱铜添加剂	—	—	—	15mL	8mL	12mL
	水	加至1L	加至1L	加至1L	加至1L	加至1L	加至1L
表层电镀液	焦磷酸钾	—	—	—	350g	400g	450g
	焦磷酸铜	—	—	—	20g	25g	32g
	焦磷酸亚锡	—	—	—	1.8g	2.2g	2.8g
	无氰黄铜锡主光剂	—	—	—	10mL	18mL	18mL
	无氰黄铜锡辅助剂	—	—	—	30mL	40mL	40mL
	水	加至1L	加至1L	加至1L	加至1L	加至1L	加至1L

制备方法 将各组分原料混合均匀即可。

原料配伍 本品各组分配比范围为：焦磷酸盐 350～450g；可溶性铜盐 20～35g；可溶性锡盐 1.8～3.0g；导电盐 0～80g；无氰黄铜锡辅助剂 10～50mL，水加至1L。

本品包括无氰黄铜锡主光剂，所述无氰黄铜锡主光剂的溶质由光亮剂 A 和光亮剂 B 组成；其中，光亮剂 A 在无氰黄铜锡主光剂中的浓度为 1～10g/L；光亮剂 B 在无氰黄铜锡主光剂中的浓度为 0.05～0.5g/L。

所述无氰黄铜锡主光剂在焦磷酸盐电镀溶液中的浓度为 3～20mL/L。

所述无氰黄铜锡主光剂的溶质由光亮剂 A 和光亮剂 B 组成；其溶剂为水和有机溶剂的混合液；其中水和有机溶剂的配比以恰好能溶解光亮剂 A 和光亮剂 B 为最佳。水和有机溶剂的混合液中，所述有机溶剂选自能溶解光亮剂A和光亮剂B的有机溶剂与水组成的混合液即可。

所述光亮剂A为法国罗地亚公司生产的Mirapol WT光亮剂；所述光亮剂B为2-巯基苯并咪唑。

本品电镀溶液的pH值为8.0～10.0；密度为1.30～1.45g/cm^3。本产品的上述焦磷酸盐电镀溶液的pH值可采用磷酸氢盐和磷酸进行调节。

所述焦磷酸盐电镀溶液的溶剂为水。

所述焦磷酸盐选自焦磷酸钾、焦磷酸钠中的一种。优选的，所述焦磷酸盐选自焦磷酸钾。

所述可溶性铜盐选自焦磷酸铜、硫酸铜、氯化铜、碱式碳酸铜、甲基磺酸铜、氨基磺酸铜中的一种、两种或多种。优选的，所述可溶性铜盐选自焦磷酸铜。

所述可溶性锡盐选自焦磷酸亚锡、硫酸亚锡、氯化亚锡、氟硼酸锡、烷基磺酸锡中的一种、两种或多种。优选的，所述可溶性锡盐选自焦磷酸亚锡。

所述导电盐选自氯化钾、氯化钠、磷酸氢二钾、氯化铵、硫酸钾、硫酸钠、碳酸钾、碳酸钠中的一种、两种或多种。优选的，所述导电盐选自磷酸氢二钾。

所述无氰黄铜锡辅助剂的溶质由辅助配位剂A和辅助配位剂B组成；其中辅助配位剂A在无氰黄铜锡辅助剂中的浓度为5～10g/L，辅助配位剂B在无氰黄铜锡辅助剂中的浓度为5～10g/L。上述无氰黄铜锡辅助剂的溶剂为水。

所述辅助配位剂A和辅助配位剂B均选自乙醇酸、葡萄糖酸钠、HEDP（羟基亚乙基二膦酸）、柠檬酸、柠檬酸钠、柠檬酸胺、酒石酸钾钠、甲基磺酸、三乙醇胺、草酸、甘氨酸的一种、两种或多种，且辅助配位剂A和辅助配位剂B不同时选取同一物质。优选的，所述辅助配位剂A选自乙醇酸；辅助配位剂B选自葡萄糖酸钠。

本产品还可进一步包括稳定剂；所述稳定剂的浓度为0.01～0.05g/L。

所述稳定剂选自对苯二酚、邻苯二酚、间苯二酚、β-萘酚、抗坏血酸、羟基苯磺酸中的一种。

产品应用 本品主要用作多层无氰电镀铜锡合金镀层的电镀液。

多层无氰电镀铜锡合金镀层的电镀方法，具体包括如下步骤：

（1）电镀第一层：以低碳钢造币坯料为硬币基体，将除油、酸洗活化后的造币坯料放入第一层电镀液中，在 20～30℃下电镀厚度为 1～5μm 的第一层，获得含锡量小于 2%的铜锡合金第一层；然后水洗。

电镀第一层的电流密度为 0.5～1.5A/dm^2；电镀时间为 30～60min。

步骤（1）和步骤（5）所采用的第一层电镀液为无氰低锡铜锡合金电镀液，可采用现有技术常用的无氰低锡铜锡合金电镀液，如其为包含如下溶质浓度的电镀液：焦磷酸钾 250～370g/L；焦磷酸铜 20～30g/L；焦磷酸亚锡 0.2～0.5g/L；磷酸氢二钾 0～80g/L；无氰碱铜添加剂 10～20mL/L；其密度 1.25～1.35g/cm^3；溶剂为水。

上述电镀第一层后的水洗为将电镀第一层后的造币坯料放入常温的去离子水中进行漂洗。

本产品的坯料或坯饼的镀层总厚度不低于 20μm，坯料或坯饼的镀层的结合力、耐蚀性能、耐磨性能、硬度等指标均满足造币应用要求。

除油步骤依次包括碱性除油步骤和电解除油步骤；酸洗活化步骤为采用盐酸溶液对造币坯料进行酸洗活化。所述碱性除油步骤、电解除油步骤和酸洗活化步骤之后均还包括水洗步骤。水洗优选为采用去离子水进行常温漂洗。本产品的碱性除油步骤、电解除油步骤和酸洗活化步骤可采用现有技术中常规的碱性除油步骤、电解除油步骤和酸洗活化步骤。

（2）电镀第二层：将步骤（1）获得的水洗后的造币坯料放入本产品上述的多层无氰电镀铜锡合金镀层的焦磷酸盐电镀溶液中，在 25～35℃温度下电镀厚度为 10～20μm 的第二层，获得含锡量为 14%～18%的铜锡合金第二层；然后水洗。

电镀第二层的电流密度为 0.5～1.5A/dm^2；电镀时间为 200～550min。

上述电镀第二层后的水洗为将电镀第二层后的造币坯料放入常温的去离子水中进行漂洗。

（3）电镀第三层：将步骤（2）获得的水洗后的造币坯料放入第一电镀液中，在 20～30℃温度下电镀厚度为 3～5μm 的第三层，获得含锡量小于 2%的铜锡合金第三层；然后水洗。

电镀第三层的电流密度为0.5～1.5A/dm^2；电镀时间为60～90min。

上述电镀第三层后的水洗为将电镀第三层后的造币坯料放入常温的去离子水中进行漂洗。

（4）电镀第四层（也可称为表层）：将步骤（3）获得的漂洗后的造币坯料放入本产品上述的多层无氰电镀铜锡合金镀层的焦磷酸盐电镀溶液中，在20～30℃温度下电镀厚度为10～12μm的第四层，获得含锡量为14%～18%的铜锡合金第四层；然后水洗。

电镀第四层的电流密度为0.5～1.5A/dm^2；电镀时间为200～270min。

上述电镀第四层后的水洗为将电镀第四层后的造币坯料放入常温的去离子水中进行漂洗。

（5）将步骤（2）获得的电镀两层并水洗后的造币坯料或步骤（4）获得的电镀四层并水洗后的造币坯料分别依次干燥、高温热处理后获得多层无氰电镀铜锡合金镀层的硬币，即铜锡合金单镀层硬币。

产品特性

（1）本产品的电镀工艺以及采用该电镀工艺制作的硬币产品，其坯饼以低碳钢造币坯料为基体，在其上依次电镀第一层、第二层、第三层及表层，电镀工艺为采用焦磷酸盐溶液体系的多层电镀工艺，整套电镀工艺主盐体系相同，避免了不同镀层间镀液相互污染的风险，每一层镀后采用清水漂洗即可，省去了活化工序；采用多层电镀的方式弥补单层无氰电镀铜锡合金镀层比含氰电镀铜锡合金镀层薄的问题；该电镀工艺每层所用镀液均为焦磷酸盐溶液体系，为无氰环保型，大大降低了对剧毒氰化物的管理成本，改善了施镀环境，减小了废水对环境影响的压力，同时也大大提高了硬币电镀包覆材料的制作水平。

（2）本产品硬币产品各镀层所采用的电镀镀液均采用焦磷酸盐溶液体系，充分利用无氰合金电镀的先进性和优越性，结合多层电镀的方式，通过多层镀层厚度和合金成分之间的合理组合，解决目前电镀届公认的单层无氰电镀合金镀层较薄的难点问题。

（3）采用本产品的电镀方法，可以节约对剧毒氰化物的管理成本；大大改善施镀条件，有利于工作人员的身体健康和环境的保护；整个镀液体系均采用焦磷酸盐体系，避免了镀液间相互污染的风险，使整套工艺流程顺畅易控。

仿古青铜电镀液

原料配比

原　料	配比（质量份）							
	1#	2#	3#	4#	5#	6#	7#	8#
氰化亚铜	22	26	28	29	30	28	26	30
硫酸锌	25	28	30	32	34	29	28	34
氰化钠	20	21	22	24	26	25	26	20
焦磷酸钠	60	62	65	66	70	60	66	63
聚乙二醇 2000	1	3	4	5	6	4	5	5
氯化钠	0.5	0.8	0.9	1	1.2	0.8	0.6	1.2
酒石酸钾钠	8	10	13	15	16	10	16	12
碳酸氢钠	0.5	0.8	1.2	1.5	2	1	2	2
水	30	36	40	45	50	32	43	46

制备方法　将水加热到 50～60℃，在搅拌的状态下加入聚乙二醇 2000，搅拌使其完全溶解，然后加入其余各组分，充分搅拌溶解即得到仿古青铜电镀液。

原料配伍　本品各组分质量份配比范围为：氰化亚铜 22～30，硫酸锌 25～34，氰化钠 20～26，焦磷酸钠 60～70，聚乙二醇 2000 1～6，氯化钠 0.5～1.2，酒石酸钾钠 8～16，碳酸氢钠 0.5～2，水 30～50。

产品应用　本品主要用作仿古青铜电镀液。电镀的方法，采用如下步骤：

（1）将待电镀工件放入电镀设备的电解槽中，在电解槽内加入电镀液，将待电镀工件完全浸没；通入电流优选为 0.8～1.5A。

（2）在电解槽两个电极间通入电流，开始电镀，直至工件表面电镀完毕为止。

（3）将工件取出，用去离子水冲洗干净。

（4）将步骤（3）清洗干净的工件进行干燥。干燥优选为减压干燥，温度为 80℃。

产品特性　本产品电镀后能够使工件表面形成均一的电镀膜，同时电镀后工件能够在长期使用过程中保持良好的稳定性，电镀时采用 0.8～1.5A 的电流进行电镀，能够使电镀快速进行，同时电镀过程中电镀均匀，电镀后将工件进行 80℃减压干燥后，可以使电镀后的工件长期保持稳定，颜色不会发生变化。

复合电镀液

原料配比

原料	配比（质量份）		
	1#	2#	3#
三水合溴化镍	50	50	50
硝酸铝	10	—	—
硝酸铁	—	10	—
硝酸铜	—	—	10
氨基磺酸	40	40	40
分子量为5000的聚丙烯酸	0.1	0.1	0.1
水	加至1000	加至1000	加至1000

制备方法　将各组分原料混合均匀即可。

原料配伍　本品各组分质量份配比范围为：本品包含电镀金属的盐；至少一种选自铝、铁或铜的硝酸盐；氨基磺酸和碳纳米纤维、分散剂。

所述分散剂为聚丙烯酸、苯乙烯-甲基丙烯酸共聚物、丙烯酸烷基酯-丙烯酸共聚物、苯乙烯-甲基丙烯酸苯基酯-甲基丙烯酸共聚物、海藻酸或透明质酸。

所述电镀金属的盐为25～75，所述硝酸盐为100～500。

电镀金属的盐是利用本产品的电镀液进行沉积的金属的盐。对电镀金属的种类不进行特别限制，并且根据电镀的目的，可以选择合适的金属。具体而言，对于电子设备或电子器件的热辐射而言，可以选择导热性高的金属。其具体的例子为诸如镍、银、金、钴、铜和钯等金属，或者铁系金属与磷和/或硼的合金。

对电镀金属的盐的含量不进行特别限制。可用的浓度范围与通常所使用的电镀金属的盐相同，并且可以为10～400g/L。优选的浓度范围为10～200g/L，更加优选的是10～100g/L。

本产品的复合电镀液为还包含至少一种选自铝、铁或铜的硝酸盐的电镀液。硝酸盐用作所谓的导电盐。其具体的例子为硝酸铝、硝酸铁和硝酸铜。

对导电盐的含量不进行特别限制。可用的浓度范围与常规的电镀液所使用的导电盐相同。在本产品中，为了获得高的电沉积均一性，优选的是，导电盐的含量（浓度）大于常规的电镀液中的含量，并且在150～800g/L的范围内。为了获得更高的电沉积均一性，优选的是，导电盐的含量在200～500g/L的范围内。为了获得更高的电沉积均一性，优选的是，电镀金属的盐与导电盐之间的质量比在1:(3～10)的范围内。

除上述成分以外，其还包含氨基磺酸。氨基磺酸用作缓冲剂。因此，对氨基磺酸的含量不进行特别限制，但其含量应当能够使其有效地用作缓冲剂。可用的浓度范围为 20～60g/L。为了获得更高的电沉积均一性，优选的是，电镀金属（例如镍离子）与氨基磺酸之间的质量比在1:(1～5)的范围内。

其包含碳纳米纤维。碳纳米纤维包含在通过电镀而形成的金属镀膜中。术语“纤维状碳纳米颗粒”包括狭义的碳纳米纤维、包含诸如金属等特定物质的碳纳米纤维、碳纳米角[厚度（直径）从一端至另一端连续增加的角状体]、碳纳米线圈（线圈状弯曲体）、叠杯状碳纳米纤维（杯状石墨板的多层体）、碳纳米纤维、碳纳米线（在碳纳米纤维的中心存在有碳链）等。

相对于总质量，水性分散剂的含量可以为 0.0001%～20%，优选为0.01%～5%。如果含量小于0.0001%，则水性分散液可能表现出不足的性质。如果含量大于20%，则可能发生碳纳米纤维凝集或沉淀的问题。当电镀金属为镍时，为了增强热辐射特性，理想的是，复合镀膜包含0.1%～10%的碳纳米纤维。

分散剂的例子为阴离子表面活性剂、阳离子表面活性剂、非离子型表面活性剂、非离子型水溶性有机聚合物、两性表面活性剂、两性水溶性有机聚合物、多种水溶性有机聚合物分散剂、有机聚合物阳离子和环糊精。

特别是，优选使用水溶性有机聚合物分散剂。其具体的例子为聚丙烯酸、苯乙烯-甲基丙烯酸共聚物、丙烯酸烷基酯-丙烯酸共聚物、苯乙烯-甲基丙烯酸苯基酯-甲基丙烯酸共聚物、海藻酸和透明质酸。特别是，优选使用聚丙烯酸。对聚丙烯酸的聚合度不进行特别限制。可以根据所使用的碳纳米纤维的种类和用量来采用合适的聚合度。聚丙烯酸的分子量范围的为1000～100000。

产品应用 本品是一种复合电镀液。

产品特性 本产品由于各组分的协同作用，在镀件表面可以形成均一的镀膜，只需要较低浓度的硝酸盐就能达到技术更优异的效果。

高导电性锡铅合金电镀液

原料配比

原　料	配　比
光亮剂	15mL
分散剂	3.0g
抗氧化剂	0.5g
烷基磺酸二价锡盐	150mL
烷基磺酸二价铅盐	22mL
烷基磺酸	120mL
去离子水	加至 1L

制备方法

（1）称取光亮剂、分散剂、抗氧化剂溶解于 35～50mL 去离子水中。

（2）在常温状态下，称取烷基磺酸二价锡盐、烷基磺酸二价铅盐、烷基磺酸。

（3）然后，向（1）溶液中加入基磺酸二价锡盐、烷基磺酸二价铅盐搅拌直至完全溶解，再向以上溶液中加入烷基磺酸，余量的水混合均匀即可。

原料配伍 本品各组分配比范围为：烷基磺酸二价锡盐 150～180mL；烷基磺酸二价铅盐 18～22mL；烷基磺酸 120～150mL、光亮剂 10～15mL；分散剂 1～3g；抗氧化剂 0.5～1.0g；去离子水加至 1L。

所述的光亮剂为醛缩苯胺类的一种；

所述的分散剂为十二烷基硫酸钠；

所述的抗氧化剂为丁基羟基茴香醚。

产品应用 本品主要用作高导电性锡铅合金电镀液。在室温条件下，阳极采用石墨作电极，阴极为施镀零件，电流密度为 6～8A/dm^2 下进行电镀，即可得到光亮的锡铅合金镀层。

产品特性 该高导电性锡铅合金电镀液具有主盐的稳定性不受 pH 影响，不发生水解；低毒无腐蚀性；导电性高，可实现高速电镀。

高耐蚀环保黑色锡钴合金电镀液

原料配比

原料		配比（质量份）				
		1#	2#	3#	4#	5#
主盐	硫酸亚锡	30	30	35	35	25
	硫酸钴	30	30	35	35	25
配位剂	柠檬酸	15	15	—	20	—
	酒石酸	—	—	20	—	15
稳定剂	烟酸	8	—	—	—	6
	甘氨酸	—	8	6	6	—
润湿剂	聚乙二醇	0.1	0.1	—	—	—
	辛基酚聚氧乙烯醚	—	—	0.08	0.08	0.08
导电盐	焦磷酸钾	150	150	150	—	—
	焦磷酸钠	—	—	—	120	—
	焦磷酸铵	—	—	—	—	100
水		加至1000	加至1000	加至1000	加至1000	加至1000

制备方法 将各组分原料混合均匀即可。

原料配伍 本品各组分质量份配比范围为：主盐50～100；配位剂1～30；稳定剂5～10；润湿剂0.05～2；导电盐100～180，水加至1000。

所述主盐为硫酸亚锡和硫酸钴的混合物；所述配位剂为柠檬酸、酒石酸中的至少一种；所述稳定剂为烟酸、甘氨酸中的至少一种；所述润湿剂为聚乙二醇、辛基酚聚氧乙烯醚中的至少一种；所述导电盐为焦磷酸钾、焦磷酸钠、焦磷酸铵中的至少一种。

产品应用 本品是一种高耐蚀环保黑色锡钴合金电镀液。电镀方法包括以下步骤：

（1）工件酸洗和水洗。

（2）以上述配比的高耐蚀环保黑色锡钴合金电镀液进行电镀，电镀的条件为：温度40～60℃、阴极电流密度0.5～1.5A/dm^2、pH值8～10，电镀2～5min，电镀过程中所使用的阳极为碳板。

（3）电镀后用水将镀件清洗干净，然后吹干。

产品特性 本产品清洁无污染，镀层外观均匀光亮，耐蚀性高，其不需要预镀镍层，减少了镍的消耗，安全环保，而且镀层和基材之间的结合力好，使工件的整体耐磨性能得以提升。

高耐蚀纳米镍加无裂纹微硬铬复合镀层电镀液

原料配比

原料		配比 1#	配比 2#	配比 3#
电镀纳米晶体镍打底电镀液	氨基磺酸镍	380mL	650mL	550mL
	氯化镍	5.7g	14g	10g
	硼酸	30g	55g	42g
	高速氨基磺酸镍HS添加剂	1.3mL	3mL	2mL
	高速氨基磺酸镍HS润湿剂	1mL	3mL	2mL
	水	加至1L	加至1L	加至1L
电镀无裂纹硬铬镀层电镀液	铬酸	220g	300g	260g
	纯硫酸	2.5g	5g	3.6g
	三价铬	1g	3g	2g
	硬铬3N催化剂	100mL	200mL	150mL
	水	加至1L	加至1L	加至1L

制备方法

（1）配制电镀纳米晶体镍打底电镀液。

（2）配制电镀无裂纹硬铬镀层电镀液。

（3）镀件的预处理：将被镀件表面经除油、活化等预处理去除被镀件表面的油、污垢层和氧化层。

所述除油过程包括除油、水洗两个工序，所述除油是指将通用的金属清洗剂加热，然后电化学阴极除油3min，电化学阳极除油2min；除油后经过两次水洗，一次水洗是采用50～80℃热水进行水洗，二次水洗采用常温水喷淋水洗即可。

所述活化过程包括活化、水洗两个工序，所述活化是指将被镀件浸入含有质量分数为5%～10%的硝酸钠水溶液的阳极活化槽内，进行电化学阳极活化2～6min；活化后经两次水洗，一次水洗是采用50～80℃热水进行水洗，二次水洗则采用溶解件固体总含量少于 50×10^{-6}

的纯水进行喷淋水洗。

（4）电镀纳米晶体镍打底镀层：将作为阴极的镀件和作为阳极的镍金属直接置入装有 pH 值为 3.8～4.5 的电镀纳米晶体镍打底电镀液的电镀槽中，通入阶梯方波正负脉冲大功率电镀电源进行电镀，设定电流密度为 3～5A/dm^2，脉冲频率 50～210Hz，保持电沉积温度 50～60℃，电沉积时间 30～60min，占空比为 30%～60%；最终获得粒径小于 10nm 的纳米晶体镍打底镀层。

所述阶梯方波正负脉冲大功率电镀电源是指电压为 12V、电流 500～10000A、波形为阶梯方波的正负脉冲电源。

（5）电镀纳米晶体镍打底后处理：将电镀后的镀件进行水洗，以清除镀件表面镀液。

所述水洗是先采用 50～80℃热水进行，再使用常温的溶解性固体总含量少于 50×10^{-6} 的纯水进行喷淋水洗。

（6）电镀无裂纹微硬铬镀层：将作为阴极的经过水洗的镀过纳米晶体镍打底的镀件和作为阳极的铅锡合金金属直接置入装有表面张力 30～40dyn/cm(1dyn/cm=10^{-3}N/m)的电镀无裂纹硬铬电镀液的电镀槽中，通入阶梯方波正负脉冲大功率电镀电源进行电镀，设定电流密度为 30～70A/dm^2，脉冲频率 50～210Hz，保持电沉积温度 50～60℃，电沉积时间 30～60min，占空比为 30%～60%；最终获得无裂纹光亮微硬铬镀层。

所述阶梯方波正负脉冲大功率电镀电源是指电压为 15V、电流 500～10000A、波形为阶梯方波的正负脉冲电源。

（7）电镀无裂纹光亮硬铬镀层后处理：将电镀后的镀件进行水洗，以清除镀件表面镀液。

所述水洗是先采用 50～80℃热水进行，再使用常温的溶解性固体总含量少于 50×10^{-6} 的纯水进行喷淋水洗。

（8）干燥去氢：将水洗后的镀件置入温度条件为 160～220℃的烘箱内加热保温 1～3h。

原料配伍 本品各组分配比范围为：包括用于打底镀层的电镀纳米晶体镍打底电镀液 A，以及用于电镀于打底镀层之上的复合镀层的电镀无裂纹微硬铬镀层电镀液 B。

所述电镀纳米晶体镍打底电镀液 A，组成如下：氨基磺酸镍 380～650mL；氯化镍 5.7～14g；硼酸 30～55g；高速氨基磺酸镍 HS 添加剂

1.3～3mL；高速氨基磺酸镍 HS 润湿剂 1～3mL，水加至 1L。

所述电镀无裂纹硬铬镀层电镀液 B，组成如下：铬酸 220～300g；纯硫酸 2.5～5g；三价铬 1～3g；硬铬 3N 催化剂 100～200mL，水加至 1L。

产品应用 本品主要用作高耐蚀纳米镍加无裂纹微硬铬复合镀层电镀液。

产品特性

（1）本产品使用添加了高速氨基磺酸镍 HS 添加剂的高速镀镍电镀液，通过阶梯方波正负脉冲大功率电镀电源进行电镀作业，其中频率和占空比连续可调，生成高性能的电镀纳米晶体镍打底镀层。

（2）本产品还使用添加了硬铬 3N 催化剂的普通镀铬电镀液，通过阶梯方波正负脉冲大功率电镀电源进行电镀作业，其中频率和占空比连续可调，在电镀纳米晶体镍打底镀层上复合上一层高性能的电镀无裂纹微硬铬镀层。

（3）本产品用于替代普通硬铬镀层的高耐蚀纳米镍加无裂纹微硬铬复合电镀层生产工艺，既可以使用目前硬铬电镀所有的基础设施，同时还有着卓越的完全可取代普通硬铬涂层的性能。

（4）电流效率高，沉积速率快，最高可达 60μm/h，镀同等厚度能耗只有普通镀硬铬的 1/3。

（5）深镀能力好，一次镀厚可达 2000μm 以上，深镀能力是镀硬铬的 10～18 倍。

（6）耐腐蚀效果好，中性盐雾试验最高可以达到 1000h 以上，远远超过镀硬铬的最高 200h。

（7）摩擦系数和镀硬铬相当或略低。

高耐蚀性 γ 晶相的锌镍合金电镀液

原料配比

原料	配比								
	1#	2#	3#	4#	5#	6#	7#	8#	9#
ZnO	7.5g	7g	11g	9.5g	10g	12g	8g	7.6g	8.4g
NaOH	90g	110g	96g	105g	116g	130g	118g	107g	122g
锌配位剂	72mL	75mL	55mL	40mL	46mL	57.5mL	70mL	68mL	60mL

续表

原料		配比								
		1#	2#	3#	4#	5#	6#	7#	8#	9#
镍配位剂		50mL	36mL	45mL	38mL	30mL	46mL	48mL	42mL	41mL
镍补加剂		30mL	35mL	25mL	20mL	15mL	29mL	32mL	27mL	24mL
光亮剂		0.6mL	0.2mL	0.9mL	2mL	1.9mL	1.1mL	1.5mL	1mL	1.4mL
水		加至1L	加至1L	加至1L	加至1L	加至1L	加至1L	加至1L	加至1L	加至1L
锌配位剂	1,10-邻二氮菲(质量分数)/%	11	8	14	7	10	15	5	9	12
	酒石酸锑钾(质量分数)/%	4	2.7	2.25	0.8	0.5	1.2	2.8	2	3.2
	巯基化合物（二甲基巯基乙酸）(质量分数)/%	28	—	—	—	—	—	—	—	—
	巯基化合物（3-巯基丙酸）(质量分数)/%	—	23	—	—	—	—	—	—	—
	巯基化合物（巯基乙酸，半胱氨酸）(质量分数)/%	—	—	22	—	—	—	—	—	—
	巯基化合物（二甲基巯基乙酸，3-巯基丙酸，半胱氨酸）(质量分数)/%	—	—	—	30	—	—	—	—	—
	巯基化合物（二甲基巯基乙酸，巯基乙酸，半胱氨酸）(质量分数)/%	—	—	—	—	21	—	—	—	—
	巯基化合物（二甲基巯基乙酸，3-巯基丙酸）(质量分数)/%	—	—	—	—	—	20	—	—	—
	巯基化合物（3-巯基丙酸，巯基乙酸）(质量分数)/%	—	—	—	—	—	—	25	—	—
	巯基化合物（3-巯基丙酸，巯基乙酸，半胱氨酸）(质量分数)/%	—	—	—	—	—	—	—	27	—
	巯基化合物（二甲基巯基乙酸，3-巯基丙酸，巯基乙酸，半胱氨酸）(质量分数)/%	—	—	—	—	—	—	—	—	26
	水(质量分数)/%	加至100	加至100	加至100	加至100	加至100	加至100	加至100	加至100	加至100
镍配位剂	乌洛托品(质量分数)/%	15	12	10	5	7	13	8	9	8.5
	胺类化合物[二甲基（氨基）丙胺](质量分数)/%	29	—	—	—	—	—	—	—	—

续表

原料		配比								
		1#	2#	3#	4#	5#	6#	7#	8#	9#
镍配位剂	胺类化合物（二甲基乙醇胺）(质量分数)/%	—	36	—	—	—	—	—	—	—
	胺类化合物（五乙烯六胺、多巴胺）(质量分数)/%	—	—	20	—	—	—	—	—	—
	胺类化合物（多巴胺）(质量分数)/%	—	—	—	42	—	—	—	—	—
	胺类化合物（二甲基乙醇胺，多巴胺）(质量分数)/%	—	—	—	—	28	—	—	—	—
	胺类化合物[二甲基（氨基）丙胺，多巴胺] (质量分数)/%	—	—	—	—	—	40	—	—	—
	胺类化合物[二甲基（氨基）丙胺，二甲基乙醇胺，五乙烯六胺] (质量分数)/%	—	—	—	—	—	—	35	—	—
	胺类化合物[二甲基（氨基）丙胺，五乙烯六胺，多巴胺] (质量分数)/%	—	—	—	—	—	—	—	50	—
	胺类化合物（二甲基乙醇胺，五乙烯六胺，多巴胺）(质量分数)/%	—	—	—	—	—	—	—	—	48
	苯并三氮唑(质量分数)/%	8	6	7	4	4.8	5.5	6.2	7.4	6.8
	水(质量分数)/%	加至100	加至100	加至100	加至100	加至100	加至100	加至100	加至100	加至100
镍补加剂	硫酸镍(质量分数)/%	40	36	38	30	32	20	24	28	31
	三乙醇胺(质量分数)/%	9	11	11	8	7	5	14	15	12
	低分子量聚乙烯亚胺(质量分数)/%	7.5	10	9	8.5	6.4	5	6.8	7.2	8.4
	水(质量分数)/%	加至100	加至100	加至100	加至100	加至100	加至100	加至100	加至100	加至100
光亮剂	糖精(质量分数)/%	15	18	14	20	10	11	16	12	17
	2-巯基噻唑啉(质量分数)/%	9	8.2	6.4	4	3	5	7	6	8
	乙烯基磺酸钠(质量分数)/%	—	4	—	—	—	—	—	—	—
	烯丙基磺酸钠(质量分数)/%	5	—	—	—	—	—	—	—	—

续表

原料		配比								
		1#	2#	3#	4#	5#	6#	7#	8#	9#
光亮剂	脂肪醇（C_{14}）聚氧乙烯醚磺酸(质量分数)/%	—	—	2	—	—	—	—	—	—
	脂肪醇（C_{12}）聚氧乙烯醚磺酸钠(质量分数)/%	—	—	—	9	—	—	—	—	—
	磺酸盐[脂肪醇（C_{18}）聚氧乙烯醚磺酸钠](质量分数)/%	—	—	—	—	8	—	—	—	—
	磺酸盐[乙烯基磺酸钠、脂肪醇（C_{13}）聚氧乙烯醚磺酸钠](质量分数)/%	—	—	—	—	—	10	—	—	—
	磺酸盐（烯丙基磺酸钠、乙烯基磺酸钠）(质量分数)/%	—	—	—	—	—	—	6.4	—	—
	磺酸盐[烯丙基磺酸钠、乙烯基磺酸钠、脂肪醇（C_{16}）聚氧乙烯醚磺酸钠](质量分数)/%	—	—	—	—	—	—	—	6	—
	磺酸盐[烯丙基磺酸钠、脂肪醇（C_{15}）聚氧乙烯醚磺酸钠](质量分数)/%	—	—	—	—	—	—	—	—	7
水(质量分数)/%		加至100	加至100	加至100	加至100	加至100	加至100	加至100	加至100	加至100

制备方法 将计算量的氢氧化钠和氧化锌的固体加入镀槽中，搅拌均匀，再加入镀液体积的1/4的水溶解，在不断搅拌下使之完全溶解；加水至所需体积，充分搅拌；或者直接将碱性镀锌槽液中的添加剂通过低电流电解的方式消耗掉，即可用于锌镍合金电镀用基础液。

原料配伍 本品各组分配比范围为：ZnO 7～12g，NaOH 90～130g，锌配位剂40～75mL，镍配位剂30～50mL，镍补加剂15～35mL，光亮剂0.2～2mL，水加至1L。

所述锌配位剂按质量分数计算的组成为：1,10-邻二氮菲 5%～15%，酒石酸锑钾0.5%～4%，巯基化合物20%～30%，水加至100%。

所述巯基化合物为二甲基巯基乙酸，3-巯基丙酸，巯基乙酸，半胱氨酸中的一种或几种。

所述镍络合剂按质量分数计算的组成为：乌洛托品 5%～15%，胺类化合物 20%～50%，苯并三氮唑 4%～8%，水加至 100%。

所述胺类化合物为二甲基（氨基）丙胺、二甲基乙醇胺、五乙烯六胺、多巴胺中的一种或几种。

所述镍补加剂按质量分数计算的组成为：硫酸镍 20%～40%，三乙醇胺 5%～15%，聚乙烯亚胺 5%～10%，水加至 100%。

所述聚乙烯亚胺的分子量为 500～1500。

所述光亮剂按质量分数计算的组成为：糖精 10%～20%，2-巯基噻唑啉 3%～9%，磺酸盐 2%～10%，水加至 100%。

所述磺酸盐为烯丙基磺酸钠、乙烯基磺酸钠、脂肪醇聚氧乙烯醚磺酸钠中的一种或几种，其中，脂肪碳链的长度为 C_{12}～C_{18}。

产品应用 本品是一种高耐蚀性 γ 晶相的锌镍合金电镀液。本品可用于制备镍含量在 10%～15%之间的 γ 晶相锌镍合金镀层，其使用流程为：金属基材—碱性化学除油（除油灵）—热水洗—酸性除油除锈—清洗—流动冷水洗—碱性锌镍合金电镀—回收—清洗—钝化—清洗—封闭（非必要）—干燥固化（60～70℃）。其使用方法为：先将金属基材用碱性除油剂清洗，水洗除去基材表面的油污，再用盐酸除油除锈，然后再次用水冲洗，洗净的基材直接在加有添加剂的基础液中（温度为 10～40℃），电镀 20～60min 后，即可得不同厚度的镀层镍含量在 10%～15%的锌镍合金镀层。该镀层防腐性能优异，当镀层厚度大于 8μm 时，镀层在 850h 以上出现红锈。添加剂可在 5～50℃下使用，最佳使用温度为 20～35℃，电流密度 0.5～5A/dm^2。电镀时间一般为 10～60min，当对镀层厚度要求较薄或较厚时，可根据需要适当缩短或延长电镀时间。

产品特性 本品使用周期长，可在各种金属基材包括钢铁、镁合金、铝合金等金属基材表面形成镍含量在 10%～15%的锌镍合金镀层。该锌镍合金镀层具有极好的防腐蚀性能，并且具有低氢脆、耐磨损、抗热冲击良好等优异性能。并且，可直接实现从碱性镀锌向锌镍合金的转变，可充分利用原有槽液，节省了成本，而镀层的防腐性能却有显著提高，是传统镀锌的 7～10 倍。可在 5～50℃的温度范围内进行电镀，上镀快，电流效率高，镀层防腐性能优异。

高耐蚀性锌镍合金电镀液

原料配比

原料		配比								
		1#	2#	3#	4#	5#	6#	7#	8#	9#
氯化钾		150g	176g	168g	185g	214g	220g	200g	180g	190g
乙酸钾		35g	38g	43g	70g	52.5g	68g	62g	50g	55g
氯化锌		54g	50g	58g	62.5g	75g	61g	72g	65g	68g
氯化镍		57g	67.5g	55g	62g	69g	80g	73g	76g	79g
配位剂		62mL	60mL	82mL	74mL	90mL	82mL	80mL	75mL	68mL
光亮剂		23mL	24mL	25mL	20mL	17mL	16mL	15mL	18mL	19mL
走位剂		3mL	3.5mL	4mL	3.8mL	1mL	5mL	1.6mL	2.0mL	4mL
水		加至1L	加至1L	加至1L	加至1L	加至1L	加至1L	加至1L	加至1L	加至1L
配位剂	乙酰水杨酸(质量分数)/%	7	7.5	5	8	10	9	6.6	7.2	7.8
	己内酰胺(质量分数)/%	42	—	—	—	—	—	—	—	—
	β-丙内酰胺(质量分数)/%	—	35	—	—	—	—	—	—	—
	4-硝基咪唑(质量分数)/%	—	—	—	50	—	—	—	—	—
	杂环胺类化合物(己内酰胺，咪唑)(质量分数)/%	—	—	—	—	48	—	—	—	—
	杂环胺类化合物(己内酰胺，*β*-丙内酰胺)(质量分数)/%	—	—	—	—	—	34	—	—	—
	杂环胺类化合物(咪唑，4-硝基咪唑)(质量分数)/%	—	—	—	—	—	—	36	—	—
	杂环胺类化合物(己内酰胺，*β*-丙内酰胺，咪唑)(质量分数)/%	—	—	—	—	—	—	—	45	—
	杂环胺类化合物(*β*-丙内酰胺，咪唑，4-硝基咪唑)(质量分数)/%	—	—	—	—	—	—	—	—	41
	咪唑(质量分数)/%	—	—	30	—	—	—	—	—	—
	水(质量分数)/%	加至100	加至100	加至100	加至100	加至100	加至100	加至100	加至100	加至100

续表

原料		配比								
		1#	2#	3#	4#	5#	6#	7#	8#	9#
光亮剂	羟甲基磺酸钾(质量分数)/%	20	—	—	—	—	—	—	—	—
	炔丙基磺酸钠(质量分数)/%	—	29	—	—	—	—	—	—	—
	烯丙基磺酸钠(质量分数)/%	—	—	18	—	—	—	—	—	—
	乙氧基丙氧基嵌段化合物磺酸钾(质量分数)/%	—	—	—	10	—	—	—	—	—
	有机物改性的磺酸盐（羟甲基磺酸钾，烯丙基磺酸钾）(质量分数)/%	—	—	—	—	15	—	—	—	—
	有机物改性的磺酸盐（羟甲基磺酸钠，炔丙基磺酸钠）(质量分数)/%	—	—	—	—	—	30	—	—	—
	有机物改性的磺酸盐（烯丙基磺酸钠，炔丙基磺酸钾）(质量分数)/%	—	—	—	—	—	—	28	—	—
	有机物改性的磺酸盐（羟甲基磺酸钠，炔丙基磺酸钠，烯丙基磺酸钾）(质量分数)/%	—	—	—	—	—	—	—	26	—
	有机物改性的磺酸盐（炔丙基磺酸钠，烯丙基磺酸钾，乙氧基丙氧基嵌段化合物磺酸钠）(质量分数)/%	—	—	—	—	—	—	—	—	22
	二氨基脲聚合物(质量分数)/%	5	4.2	2.6	—	1	3	3.2	3.8	4.6
	氨基脲聚合物(质量分数)/%	—	—	—	1.4	—	—	—	—	—
	水(质量分数)/%	加至100	加至100	加至100	加至100	加至100	加至100	加至100	加至100	加至100
走位剂	顺丁烯二酸酐(质量分数)/%	6	5	8	7.3	6.4	4.8	5.4	5.8	4
	分散剂NNO（亚甲基双萘磺酸钠）(质量分数)/%	3.5	5.4	4	1	6	1.8	5.1	2.8	3.6

续表

原料		配比								
		1#	2#	3#	4#	5#	6#	7#	8#	9#
走位剂	烟酸(质量分数)/%	16	—	—	—	—	—	—	—	—
	烟酸胺(质量分数)/%	—	10	—	—	—	—	—	—	—
	2-氯烟酸(质量分数)/%	—	—	13	—	—	—	—	—	—
	烟酸甲酯(质量分数)/%	—	—	—	8	—	—	—	—	—
	烟酸及其衍生物（烟酸，烟酸甲酯）(质量分数)/%	—	—	—	—	12	—	—	—	—
	烟酸及其衍生物（烟酸，2-氯烟酸）(质量分数)/%	—	—	—	—	—	11	—	—	—
	烟酸及其衍生物（烟酸胺，烟酸）(质量分数)/%	—	—	—	—	—	—	9	—	—
	烟酸及其衍生物（2-氯烟酸，烟酸胺）(质量分数)/%	—	—	—	—	—	—	—	14	—
	烟酸及其衍生物（2-氯烟酸，烟酸甲酯）(质量分数)/%	—	—	—	—	—	—	—	—	15
水(质量分数)/%		加至100	加至100	加至100	加至100	加至100	加至100	加至100	加至100	加至100

制备方法 将计算量的氯化钾、乙酸钾、氯化锌和氧化镍的固体加入镀槽中，加 2/3 体积的水搅拌至完全溶解后，充分搅拌；再加入所需量的添加剂后，补水至最终体积搅拌均匀，即可得弱酸至中性锌镍合金电镀液。

原料配伍 本品各组分配比范围为：氯化钾 150～220g；乙酸钾 35～70g；氯化锌 50～75g；氯化镍 55～80g；配位剂 60～90mL；光亮剂 15～25mL；走位剂 1～5mL；水加至 1L。

所述配位剂组成（质量分数）为：乙酰水杨酸 5%～10%，杂环胺类化合物 30%～50%，余量为水。

所述杂环胺类化合物为己内酰胺、β-丙内酰胺、咪唑、4-硝基咪唑中的一种或几种。

所述光亮剂按质量分数计，组成为：磺酸盐 10%～30%，二氨基脲聚合物 1%～5%，余量为水，加至 100%。

所述磺酸盐为羟甲基磺酸钠、磺酸盐为羟甲基磺酸钾、炔丙基磺酸钠、炔丙基磺酸钾、烯丙基磺酸钠、烯丙基磺酸钾、乙氧基丙氧基嵌段化合物磺酸钠、乙氧基丙氧基嵌段化合物磺酸钠钾中的一种或几种。

所述走位剂组成为：顺丁烯二酸酐 4%～8%，分散剂 NNO 1%～6%，烟酸及其衍生物 8%～16%，余量为水，加至 100%。

所述烟酸及其衍生物为烟酸、烟酸胺、2-氯烟酸、烟酸甲酯等中的一种或几种。

产品应用　本品主要用作高耐蚀性锌镍合金电镀液。

上述锌镍合金电镀用基础液及添加剂可用于制备镍含量在 10%～15%的 γ 晶相锌镍合金镀层，其使用流程为：金属基材—碱性化学除油（除油灵）—热水洗—酸性除油除锈—清洗—流动冷水洗—酸性锌镍合金电镀—回收—清洗—钝化—清洗—封闭（非必要）—干燥固化（60～70℃）。其使用方法为：先将金属基材用碱性除油剂清洗，水洗除去基材表面的油污，再用盐酸除油除锈，然后再次用水冲洗，洗净的基材直接在加有添加剂的基础液中（温度为 15～50℃），电镀 10～60min 后，即可得不同厚度的镀层镍含量在 10%～15%之间的锌镍合金镀层。该镀层防腐性能优异，当镀层厚度大于 8μm 时，镀层在 850h 以上出现红锈。添加剂可在 15～50℃下使用，最佳使用温度为 25～35℃，电流密度 0.5～5A/dm^2。电镀时间一般为 10～60min，当对镀层厚度要求较薄或较厚时，可根据需要适当缩短或延长电镀时间。

产品特性

（1）所述电镀液中乙酸钾替代硼酸起到缓冲 pH 的作用，极易溶于水，不需加热即可溶解，不像硼酸需要加热至 70℃以上才能溶解，而温度较低时又容易析出。用乙酸钾作为 pH 缓冲剂，pH 值较硼酸作为缓冲剂高，可减少对设备的腐蚀；工作温度范围较宽，不需加热即可在常温下电镀，可在 15～50℃下电镀，并且乙酸钾的加入，可增加电流密度范围，电流密度 0.5～5A/dm^2 下可获得均匀光亮的锌镍合金镀层。配位剂可在整个电流密度范围内确保镀液的稳定性及合金分布，使镀液中锌镍比(1.0～1.5):1，镀层镍含量在 10%～15%。光亮剂可细化结晶，在提高低区电流密度及覆盖力的同时，增加镀层的光亮性。不含烟酸及其衍生物时，镀层结合力较差，经骤冷易起泡，加入烟酸及其衍生物后，镀层的结合力明显增强。

（2）本产品所提供电镀锌镍合金用基础液及添加剂性质稳定，使用周期长，可在各种金属基材包括钢铁、镁合金、铝合金等表面形成镍含量在 10%～15%的锌镍合金镀层。该锌镍合金镀层具有极好的防腐蚀性能，并且具有低氢脆、耐磨损、抗热冲击良好等优异性能。并且，提供一种不含硼酸及氯化铵的弱酸性具有高耐蚀性锌镍合金镀层用高效基础液及添加剂，其电镀电流效率可高达 95%以上。因基础液中不含硼酸，用溶解度非常好的乙酸钾代替需热水溶解的硼酸，使电镀液 pH 值较高且稳定性更好，降低了对设备的腐蚀，增加设备使用寿命。并且由于乙酸钾的引入，该添加剂体系可在 0.5～5A/dm^{2}的电流密度范围和 20～50℃的温度范围内进行电镀而不会有结晶析出，上镀快，电流效率高达 95%以上，镀层防腐性能优异。所得镀层只需 8μm 左右中性盐雾实验即可达到 850h 以上。

高锡铜锡合金电镀液

原料配比

原料		配比				
		1#	2#	3#	4#	5#
焦磷酸盐	焦磷酸钾	200g	200g	100g	250g	180g
可溶性铜盐	乙酸铜	10g	—	—	—	15g
	焦磷酸铜		10g	—	—	—
	硫酸铜	—	—	10g	—	—
	氯化铜	—	—	—	15g	—
可溶性锡盐	硫酸亚锡	14g	—	—	—	—
	氯化亚锡	—	14g	—	—	—
	焦磷酸亚锡	—	—	18g	13g	8g
稳定剂		1g	2g	6g	10g	8g
导电盐		40g	75g	100g	60g	120g
复配添加剂	添加剂 A	1mL	3.2mL	4.0mL	0.4mL	0.6mL
	添加剂 B	2.4mL	1.0mL	0.8mL	4.8mL	0.4mL
	添加剂 C	1.2mL	2.8mL	0.6mL	1.6mL	1.2mL
水		加至 1L	加至 1L	加至 1L	加至 1L	加至 1L

制备方法 将各组分原料混合均匀即可。

原料配伍 本品各组分配比范围为：焦磷酸盐 100～350g，磷酸二氢钾 40～120g，可溶性铜盐 3～20g，可溶性锡盐 3～20g，稳定剂 1～12g，复配添加剂 1～20mL，水加至 1L。

所述溶液中包括包括作为配位剂的焦磷酸盐，作为导电盐的磷酸二氢钾，作为主盐的可溶性铜盐、可溶性锡盐，作为镀液 pH 调节剂的磷酸和氢氧化钾，镀液稳定剂和适量的复配添加剂。

所述焦磷酸盐为焦磷酸钾、焦磷酸钠中的一种。

所述可溶性铜盐采用至少一种选自如下的物质：焦磷酸铜、硫酸铜、氯化铜、甲磺酸铜、乙酸铜、氨基磺酸铜、2-羟基丙磺酸铜。

所述可溶性锡盐采用至少一种选自如下的物质：焦磷酸亚锡、硫酸亚锡、氯化亚锡、氟硼酸亚锡、2-羟基丙磺酸亚锡、烷基磺酸亚锡。

所述添加剂是以下三种添加剂复配：第一类 A 为胺类，包括一种、两种或者多种选自如下的物质或是缩合得到的物质：氨、二甲胺、乙二胺、二甲氨基丙胺、二亚乙基三胺、正丙胺、异丙醇胺、三乙醇胺、四乙烯五胺、六亚甲基二胺、六亚甲基四胺、哌嗪、咪唑；第二类 B 为含硫类化合物，包括一种、两种或者多种选自如下的物质或是缩合得到的物质：硫代水杨酸、丁基或异丙基黄原酸盐、2-苯并噻唑磺酸、烯丙基硫脲、铋酮、二甲氨基苯甲基碱性蕊香红、甲基硫脲间二吡啶、红氨酸、硫代丙二酰代尿素；第三类 C 为胺类与环氧化合物的缩合物，胺类为第一种添加剂可能包含的物质，环氧化合物为环氧乙烷、环氧丙烷、环氧氯丙烷、环氧树脂。

所述稳定剂为含两个羟基的化合物，包括对苯二酚、邻苯二酚、间苯二酚、β-萘酚、抗坏血酸、柠檬酸、羟基苯磺酸中的一种。

产品应用 本品主要用作高锡铜锡合金电镀液。

电镀工艺，所述超声波除油是采用 HN-E10 电解除油粉 50～70g/L，温度保持在 65～85℃；化学除油是采用 HN-132 强力除油粉 40～60g/L，温度保持在 50～80℃；酸洗除锈过程是在 c(HCl)=15%～25%的溶液环境中进行的；弱酸活化过程是在 c(HCl)=3%～8%的溶液环境下进行的；钝化是采用 25～35g/L K_2CrO_4 溶液进行的，温度为 55～65℃，钝化时间为 15～30s。

在所述的电镀液中，阴极电流密度为 0.2～3A/dm^2，电镀液的温度控制在 15～35℃，pH 值控制在 8.0～9.0，滚筒转速 15r/min，循环过滤，电镀 1min～3h 均可获得光亮的高锡铜锡合金镀层。

产品特性 本产品组分简单，易于维护，可适用于较宽电流密度范围，镀层光亮，可得到与基体结合力良好的光亮的高锡铜锡合金镀层。

高效低毒锡铅合金电镀液

原料配比

原 料	配 比
甲基磺酸	120g
甲基磺酸锡	10g
甲基磺酸铅	12g
邻氯苯甲醛	0.15mL
水杨醛烷基醚	0.2g
吡啶甲酸	0.18g
硝酸铋	0.1g
去离子水	加至 1L

制备方法

（1）称取甲基磺酸溶解于 35～50mL 去离子水中。

（2）然后，向（1）溶液中加入硝酸铋搅拌直至完全溶解，再依次向以上溶液中加入一定量的甲基磺酸锡、甲基磺酸铅、邻氯苯甲醛、水杨醛烷基醚、吡啶甲酸、余量水，混合均匀即可。

原料配伍 本品各组分配比范围为：甲基磺酸锡 8～10g；甲基磺酸铅 9～12g；甲基磺酸 120～150g；邻氯苯甲醛 0.15～0.18mL；水杨醛烷基醚 0.1～0.2g；吡啶甲酸 0.18～0.2g；硝酸铋 0.1～0.15g；去离子水加至 1L。

产品应用 本品是一种高效低毒锡铅合金电镀液。在室温下，阳极采用石墨作为电极，阴极为施镀零件，电流密度为 4～6A/dm^2 的条件下进行电镀，即可得到光亮的锡铅合金镀层。

产品特性 本品具有低毒、废水易处理，化学需氧量小特点；无明显水解，不易引起重金属离子的氧化；镀层可焊性好，外观光亮不易变色。

铬镍合金电镀液

原料配比

原料		配比（质量份）					
		1#	2#	3#	4#	5#	6#
六水合三氯化铬		90	120	105	95	110	100
六水合硫酸镍		25	50	38	30	40	35
溴化铵		50	70	60	65	68	65
柠檬酸		130	140	135	132	134	134
甲酸		55	70	63	60	65	62
乳化剂	OP-9	—	—	—	0.35	—	—
	OP-10	5	—	—	—	0.32	0.36
	NP-10	—	0.5	—	—	—	—
	NP-9	—	—	0.4	—	—	—
DMF 和水体积比		0.8	1.05	0.93	0.95	1.05	1
溶剂		加至 1000	加至 1000	加至 1000	加至 1000	加至 1000	加至 1000

制备方法 将体积比为(0.8～1.05):1 的 DMF 和水混合成溶剂，取适量溶剂，向其中加入 90～120g 的六水合三氯化铬、25～50g 的六水合硫酸镍、50～70g 的溴化铵、130～140g 的柠檬酸、55～70g 的甲酸、0.3～0.5g 的乳化剂使其溶解后，加入溶剂兑成 1L。

原料配伍 本品各组分质量份配比范围为：六水合三氯化铬 90～120，六水合硫酸镍 25～50，溴化铵 50～70，柠檬酸 130～140，甲酸 55～70，乳化剂 0.3～0.5，溶剂加至 1000。所述溶剂为由体积比为(0.8～1.05):1 的 DMF 和水组成的混合液。

所述乳化剂为非离子型乳化剂。

选用 DMF 和水的混合液为溶剂，其中的 DMF 的化学全名为 *N*,*N*-二甲基甲酰胺，此乃质子惰性、既非碱也非酸的物质。较单纯的水作溶剂，DMF 可以使析氢过电位上升，阴极析氢量减小，pH 值变化小，施镀电流密度范围增宽，电流效率提高。但 DMF 过多，会使镀液电导率降低。

选用溴化铵为导电盐，其中的铵根离子可以提高电流效率而且稳定镀液及改善镀层质量；其中的溴离子可以抑制六价铬离子的生成和氯气的析出。电镀过程中阳极析出的具有毒性的氯气不仅会污染环境，而且会增加镀层内应力使之缓慢脱落。电镀过程中在阳极生成的六价铬离子会阻碍铬单质的沉积，影响镀层的质量。

选用柠檬酸作为主配位剂，甲酸作为次配位剂。金属铬的标准电极电位（−0.74V）比镍的标准电极电位（−0.25V）要负得多。欲使两种金属共同沉积，必须满足动力学条件，即使两者在溶液中的电极电位趋于相同。配位剂中的配体可与金属离子配位，从而降低金属离子的有效浓度，一般电位较正金属的平衡电位负移程度大于电位较负金属，以使它们的平衡电位趋于接近。另外，由于配离子在阴极放电活化能增加，阴极极化增强，也有利于共沉积电位趋于接近。柠檬酸可与镍离子和三价铬离子形成稳定的配合物。甲酸可作为三价铬离子配位柠檬根离子的催化剂。柠檬酸和甲酸同时也可以作为缓冲剂，两者的缓冲 pH 值分别大致为 3.13 和 3.75，相比于镍电镀液所用的硼酸，可以更好地满足铬镍合金电镀液的施镀的 pH 值要求。

选用非离子型乳化剂，如烷基酚聚氧乙烯醚，具体的产品有 OP 系列、NP 系列，其可以减少镀层的针孔，提高镀层的质量。

质量指标

测试项目	分散能力/%	深镀能力/%	孔隙率/（个/cm^2）	硬度/HV
1#	11.5	85.2	4.2	853
2#	13.3	90.2	3.6	1018
3#	14.7	92.0	4.0	937
4#	16.9	94.1	3.8	950
5#	17.6	93.7	3.7	997
6#	18.3	96.4	3.4	1080

产品应用 本品主要用作铬镍合金电镀液。

电镀的方法，包括以下步骤：

（1）配制电镀液。

（2）阳极采用碳棒，其规格为直径 8mm，电镀前用砂纸将其打磨平滑，用蒸馏水将其冲洗干净，去除表面杂质，烘干后即可使用。

（3）将被镀工件先用 200 目水砂纸初步打磨后再用 600 目水砂纸打磨至表面露出金属光泽。依次用氢氧化钠/碳酸钠的热碱液除油、95%乙醇除油、蒸馏水清洗、5%的稀盐酸浸泡的活化处理后置入电镀槽，调节电镀液的温度为 30～60℃，pH 值为 2～4。将转速调节为 200～500r/min。接通脉冲电源，脉冲电流的频率为 100～1000Hz，占空比为15%～30%，平均电流密度为10～30A/dm²。80～250min电化学沉积后，切断电镀装置的电源。取出被镀工件，用蒸馏水清洗，烘干。

产品特性 本产品以DMF和水组成的混合液为镀液的溶剂，以柠檬酸和甲酸为复合的配位剂，选用柠檬酸和甲酸为缓冲剂来代替硼酸，简化了配方，可以增强镀层的硬度和耐腐蚀性，也可以提高电镀液的分散能力和深镀能力。

钴钨镍合金电镀液

原料配比

原　料	配比（质量份）			
	1#	2#	3#	4#
钨酸钠	30	43	53	70
硫酸钴	10	13	16	20
硫酸镍	40	51	63	75
氯化钠	50	73	96	120
硫酸钾	40	50	60	70
缓冲剂	20	27	34	40
稳定剂	20	30	40	50
抗氧化剂	1	2.5	4	5
去离子水	加至1000	加至1000	加至1000	加至1000

制备方法 取适量去离子水置于容器中，按配方称取适量的稳定剂、抗氧化剂，搅拌至溶解；再称取适量的钨酸钠、硫酸钴、硫酸镍加入到溶液中，常温下搅拌至溶解；再将氯化钠、硫酸钾加入到溶液中，然后将上述溶液加热至55～65℃，边加热边搅拌，再用缓冲剂调节溶液的pH值，加去离子水至1L。

原料配伍 本品各组分质量份配比范围为：钨酸钠 30～70，硫酸钴10～20，硫酸镍40～75，氯化钠50～120，硫酸钾40～70，缓冲剂20～40，稳定剂20～50，抗氧化剂1～5，加去离子水至1000。

所述缓冲剂为硼酸。

所述稳定剂选自乙二醇、甲酸甲酯、草酸钠中的一种。

所述抗氧化剂是抗坏血酸。

产品应用 本品主要用作钴钨镍合金电镀液。

产品特性 电镀液形成的镀层均镀和深镀能力强，耐磨、耐腐蚀性强，电流效率高，环境污染小，镀层高密度区不会烧焦。加入缓冲剂可以很好地调节溶液的酸碱度；加入稳定剂可以提高容易的稳定性；加入抗氧化剂可以防止物件所电镀的镀层被氧化腐蚀。

环保型锡铅合金电镀液

原料配比

原　料	配　比
BD-1 配位剂	100mL
BD-2 配位剂	15mL
柠檬酸	100g
氢氧化钾	30g
乙酸铵	80g
氯化亚锡	70g
乙酸铅	7g
去离子	加至 1L

制备方法

（1）配制混合配位剂。分别称取 BD-1 和 BD-2 配位剂，将其混合。

（2）在常温状态下，称取柠檬酸、氢氧化钾、乙酸铵、氯化亚锡、乙酸铅，先将上述材料分别用少量蒸馏水溶解，然后混合稀释至 800mL。

（3）将（1）中配制混合好的配位剂溶液与（2）中配制好的溶液混合，加入蒸馏水至 1000mL，溶液的 pH 值控制在 5～6。

原料配伍 本品各组分配比范围为：柠檬酸 80～100g；氢氧化钾 20～30g；乙酸铵 80～100g；氯化亚锡 50～70g；乙酸铅 2～10g；BD-1 50～100mL；BD-2 14～16mL；去离子水加至 1L。

产品应用 本品是一种环保型锡铅合金电镀液。

产品特性 该环保型锡铅合金电镀液具有无毒、无腐蚀性、对环境有利、镀液稳定性高、原料经济、镀层光亮区宽、分散能力及深镀能力高等特点。

活塞环电镀液

原料配比

原　　料	配比（质量份）		
	1#	2#	3#
硫酸镍	100	165	135
硫酸钴	80	136	110
硼酸	40	50	45
氯化钾	3	9	6
纳米二硫化钨镀浆	5	38	21
糖精	3	5	4
十二烷基硫酸钠	0.3	0.7	0.5
柠檬酸钠	20	20	20
水	加至 1000	加至 1000	加至 1000

制备方法　将各组分原料混合均匀即可。

原料配伍　本品各组分质量份配比范围为：硫酸镍 100～165，硫酸钴 80～136，硼酸 40～50，氯化钾 3～9，纳米二硫化钨镀浆 5～38，糖精 3～5，十二烷基硫酸钠 0.3～0.7，柠檬酸钠 20，水加至 1000。

产品应用　本品是一种活塞环电镀液。

工艺过程包括如下步骤：

（1）镀前检验：检查活塞环无表面划伤，无麻坑等不良缺陷。

（2）产品上挂：将活塞环分别用夹具进行上挂。

（3）高温除油：将活塞环浸于脱脂液中，其温度为 80～90℃，浸渍时间为 30min。

（4）电解除油：目的是彻底除去活塞环表面油渍，其温度为 40～50℃，阴极电流密度 10～30A/dm^2，作业方式为阳极电解处理，时间为 4～6min。

（5）去离子水清洗：以清除镀件表面杂质。

（6）弱酸活化：活化是将活塞环经抛光并经水洗后，投入 5%～10%的硫酸溶液中浸泡 1～3min，取出去离子水漂洗干净后再投入冲击镍液中。

（7）预镍：将经前处理后的活塞环进行预镀镍。

（8）电镀：将经前处理后的活塞环放入装有电镀液的镀槽内进行电镀. 操作工艺条件为：搅拌方式为连续过滤，镀液 pH 值为 3.8～4.5，温度为 50℃，电流密度 1～10A/dm²，电镀时间为 10～60min，平均脉冲电流密度 0.7～1.1A/dm²，频率为 800Hz，占空比为 95%，阳极面积与阴极面积之比为 $S_{阳}$:$S_{阴}$>2:1，阳极采用 99.99%的电解镍。

（9）清洗回收。

（10）热处理除氢：随后将电镀后产品置于 200～500℃热处理 1～2h，最终自然冷却后得成品。

产品特性

（1）本产品通过使用镍钴硫化钨纳米晶合金电镀液，通过脉冲自润滑纳米复合镀进行电镀作业，大大提高了活塞环的耐磨性，减少缸套的磨损；同时，由于纳米微粒的存在，大大提高了活塞环的抗胶合能力，其网络裂纹可增加表面储油能力，减小拉缸概率，降低机油消耗。

（2）本产品用于活塞环采用镍钴硫化钨纳米晶合金电镀代替镀硬铬的生产工艺，镍钴硫化钨合金电镀工艺的物料利用率> 95%，电流效率>95%，生产成本比镀铬工艺低。镍钴硫化钨合金电镀技术是一种成本最低，涂层综合性能中等，结合先进的自动控制系统，在生产过程中完全可实现清洁化生产的一种环保电镀技术。它对周围环境不造成公害，因此，实现镍钴硫化钨合金清洁化的生产，是对电镀工艺改革的重大突破。无论对现代工业可持续发展，还是对环境保护都能起重大的促进作用，可望全面取代镀硬铬。

（3）镀层：0.03～0.05mm（单边），加镀后可达 0.1～0.2mm。

（4）硬度：热处理前（镀后）650～750HV，硬度波动范围大；热处理后 850～1400HV。

（5）表面光泽：与不锈钢颜色相近，弱暗，手感比镀铬细腻。表面粗糙度：超精加工后可达 Ra 0.2μm，镀层与镀硬铬相比表层色彩不一样，稍逊于镀硬铬。

（6）盐雾实验后，耐蚀性比镀铬要好。

（7）活塞环装配后，运动中镀层与密封件摩擦系数大大优于铬层；摩擦系数为 0.06 左右。

（8）节能：电镀时电流密度 3～5A/dm²，比镀硬铬时要小的多，只有镀硬铬时的 1/10～1/20。镀前处理比镀硬铬要求高。

（9）环保：镍钴硫化钨合金镀层整个过程中无六价铬，主要是镍盐、钴盐、硫化钨，只要对电镀过程中产生的气体稍做处理，且气体里不含刺激性气味，因此，环保处理费用小。

碱性溶液电镀白铜锡电镀液

原料配比

原料		配比				
		1#	2#	3#	4#	5#
焦磷酸盐	焦磷酸钾	350g	400g	300g	350g	300g
可溶性铜盐	焦磷酸铜	—	15g	—	—	15g
	硫酸铜	20g	—	10g	—	—
	氯化铜	—	—	—	20g	—
可溶性锡盐	硫酸亚锡	—	35g	—	—	—
	氯化亚锡	40g	—	—	—	40g
	甲磺酸亚锡	—	—	35g	—	—
	焦磷酸亚锡	—	—	—	30g	—
导电盐	磷酸氢二钾	60g	40g	20g	—	—
稳定剂	β-萘酚	0.5g	—	—	—	—
	柠檬酸	—	—	0.2g	—	—
	对苯二酚	—	0.5g	—	—	1g
	抗坏血酸	—	—	—	0.4g	—
添加剂		1.8mL	2.0mL	3.0mL	3.6mL	2.0mL
水		加至1L	加至1L	加至1L	加至1L	加至1L

制备方法　将各组分原料混合均匀即可。

原料配伍　本品各组分配比范围为：焦磷酸盐 250～500g，可溶性铜盐 5～25g，可溶性锡盐 25～40g，导电盐 20～80g，稳定剂 0.01～2g，添加剂 1～10mL，水加至 1L。

所述焦磷酸盐为焦磷酸钾、焦磷酸钠中的一种。

所述可溶性铜盐采用至少一种选自如下的物质：焦磷酸铜、硫酸铜、氯化铜、甲磺酸铜、氨基磺酸铜、2-羟基乙磺酸铜、2-羟基丙磺酸铜。

所述可溶性锡盐采用至少一种选自如下的物质：焦磷酸亚锡、硫酸亚锡、氯化亚锡、氟硼酸亚锡、2-羟基乙磺酸亚锡、2-羟基丙磺酸亚锡、烷基磺酸亚锡。

所述导电盐为氯化钾、氯化钠、磷酸氢二钾、氯化铵、硫酸钾、硫酸钠、碳酸钾、碳酸钠中的一种、两种或多种。

所述添加剂中含有胺类，包括一种、两种或者多种选自如下的物质或是缩合得到的物质：氨、二甲胺、乙二胺、二甲氨基丙胺、二亚乙基三胺、正丙胺、异丙醇胺、三乙醇胺、四乙烯五胺、六亚甲基二胺、六亚甲基四胺、哌嗪、咪唑。

所述稳定剂包括对苯二酚、邻苯二酚、间苯二酚、β-萘酚、抗坏血酸、柠檬酸、羟基苯磺酸等中的一种。

产品应用 本品主要是碱性溶液电镀白铜锡电镀液。

电镀工艺：在对作为阴极的金属基材进行了前处理（除油、酸洗、碱洗、活化）后，再在电镀溶液中通以合适的电流，使经过前处理的阴极金属基体表面沉积出白亮的白铜锡镀层。在所述的电镀液中，阴极电流密度为0.2～3A/dm^2，电镀液的温度控制在15～35℃，pH值控制在8.0～9.0，采用空气搅拌或阴极移动，电镀2min～3h均可获得白铜锡镀层。

产品特性 本产品组分简单，易于维护，可适用于较宽电流密度范围，镀层白亮如铂金颜色，可电镀3h以上仍保持光亮，对锌铝合金件不会产生基材腐蚀。

碱性溶液电镀光亮白铜锡电镀液

原料配比

原料		配比					
		1#	2#	3#	4#	5#	6#
焦磷酸盐	焦磷酸钾	350g	400g	300g	350g	300g	300g
铜盐	硫酸铜	20g	—	10g	—	—	—
	焦磷酸铜	—	15g	—	—	15g	15g
	氯化铜	—	—	—	20g	—	—
锡盐	硫酸亚锡	40g	—	—	—	—	—

续表

原料		配比					
		1#	2#	3#	4#	5#	6#
锡盐	氯化亚锡	—	35g	—	—	40g	—
	焦磷酸亚锡	—	—	35g	30g	—	20g
稳定剂		1.0g	1.5g	1.3g	0.5g	0.7g	2.0g
添加剂		1mL	2mL	1.5mL	2.5mL	1.5mL	3mL
水		加至1L	加至1L	加至1L	加至1L	加至1L	加至1L

制备方法 将各组分原料混合均匀即可。

原料配伍 本品各组分配比范围为：焦磷酸盐 200～400g，铜盐 3～20g，锡盐 3～40g，稳定剂 0.01～2g，添加剂 1～10mL，水加至 1L。

所述焦磷酸盐为焦磷酸钾、焦磷酸钠中的一种。

所述可溶性铜盐采用至少一种选自如下的物质：焦磷酸铜、硫酸铜、氯化铜、甲磺酸铜、氨基磺酸铜、2-羟基乙磺酸铜、2-羟基丙磺酸铜。

所述可溶性锡盐采用至少一种选自如下的物质：焦磷酸亚锡、硫酸亚锡、氯化亚锡、氟硼酸亚锡、2-羟基乙磺酸亚锡、2-羟基丙磺酸亚锡、烷基磺酸亚锡。

所述添加剂中含有胺类，包括一种、两种或者多种选自如下的物质或是其缩合得到的物质：氨、二甲胺、乙二胺、二甲氨基丙胺、二亚乙基三胺、正丙胺、异丙醇胺、三乙醇胺、四乙烯五胺、六亚甲基二胺、六亚甲基四胺、哌嗪、咪唑。

所述稳定剂为含两个羟基的化合物，包括对苯二酚、邻苯二酚、间苯二酚、β-萘酚、抗坏血酸、柠檬酸、羟基苯磺酸等中的一种。

产品应用 本品主要用作碱性溶液电镀光亮白铜锡电镀液。

电镀工艺：阴极的金属基材进行了前处理（除油、酸洗、碱洗、活化）后，先用酸铜打底，利用酸铜良好的整平性能和光亮度；清洗干净后，再在电镀溶液中通以合适的电流，使经过酸铜打底的阴极金属基体表面沉积出光亮的白铜锡镀层。

所述酸铜打底时阴极电流密度为 3A/dm^2，电镀温度为常温，电镀 10min；在所述的电镀液中，阴极电流密度为 0.2～3A/dm^2，电镀液的温度控制在 15～35℃，pH 值控制在 8.0～9.0，采用空气搅拌或阴极移动，电镀 1min～3h 均可获得光铜锡镀层。

产品特性 本产品组分简单，易于维护，可适用于较宽电流密度范围，镀层光亮，解决了单独电镀白铜锡时容易发雾的缺点。

碱性锌钴合金电镀液

原料配比

原　料	配比（质量份）		
	1#	2#	3#
氧化锌	7～20	10～16	13～14
氢氧化钠	130～170	140～160	150
硫酸钴	3～12	6～9	7～8
三乙醇胺	15～25	17～23	20
柠檬酸胺	5～10	7～8	7～8
酒石酸	30～35	31～34	32～33
苄基吡啶鎓羧酸钠	0.1～0.6	0.2～0.5	0.3～0.4
植酸钠	0.1～0.5	0.2～0.4	0.3
二甲胺	2～5	3～4	3～4
硫脲	0.3～0.5	0.3～0.5	0.4
洋茉莉醛	0.02～0.05	0.03～0.04	0.03～0.04
水	加至1000	加至1000	加至1000

制备方法 将各组分原料混合均匀即可。

原料配伍 本品各组分质量份配比范围为：氧化锌 7～20，氢氧化钠 130～170，硫酸钴 3～12，三乙醇胺 15～25，柠檬酸胺 5～10，酒石酸 30～35，苄基吡啶鎓羧酸钠 0.1～0.6，植酸钠 0.1～0.5，二甲胺 2～5，硫脲 0.3～0.5，洋茉莉醛 0.02～0.05，水加至1000。

产品应用 本品是一种碱性锌钴合金电镀液。

产品特性 本产品具有良好的深镀能力和均镀能力，镀层脆性小，合金成分钴含量容易控制等优点，电镀操作更方便，镀液使用寿命长。经中试试验，通过本产品的电镀液配方得到的电镀产品，中性盐雾试验 300h 不出白锈。本品具有合金成分钴含量容易控制，镀液深镀能力、均镀能力好，操作方便，镀液稳定等优点。

碱性锌镍合金电镀液（1）

原料配比

原料		配比						
		1#	2#	3#	4#	5#	6#	7#
氢氧化钠		150.0g	100.0g	120.0g	150.0g	150.0g	150.0g	150.0g
氧化锌		12.0g	10.0g	16.0g	12.0g	12.0g	12.0g	12.0g
硫酸镍		8.0g	6.0g	12.0g	8.0g	8.0g	8.0g	8.0g
四乙烯五胺		10.0mL	6.0mL	15.0mL	10.0mL	10.0mL	10.0mL	10.0mL
配位剂		22.7g	212.5g	21.7g	22.7g	22.7g	22.7g	22.7g
A剂	亚苄基丙酮:苯甲酸钠:吡啶:肉桂酸=1.3:0.55:0.4:0.6	2.5g	—	—	2.5g	2.5g	2.5g	2.5g
	亚苄基丙酮:苯甲酸钠:吡啶:肉桂酸=1.2:0.6:0.45:0.65	—	3.0g	—	—	—	—	—
	亚苄基丙酮:苯甲酸钠:吡啶:肉桂酸=1.1:0.65:0.35:0.55	—	—	3.5g	—	—	—	—
B剂	大茴香醛:酒精:苯甲酸钠:邻氯苯甲醛=3.5:0.8:1.3:1.3	5.5g	—	—	5.5g	5.5g	5.5g	5.5g
	大茴香醛:酒精:苯甲酸钠:邻氯苯甲醛=3.4:0.85:1.2:1.1	—	7.0g	—	—	—	—	—
	大茴香醛:酒精:苯甲酸钠:邻氯苯甲醛=3.6:0.75:1.1:1.2	—	—	4.0g	—	—	—	—
水		加至1L	加至1L	加至1L	加至1L	加至1L	加至1L	加至1L
配位剂	酒石酸钾钠	9.1g	10.8g	12.1g	12.1g	—	9.1g	12.1g
	柠檬酸三钠	10.9g	7.4g	5.7g	—	10.9g	5.7g	—
	乙二胺四乙酸二钠	2.7g	3.3g	3.9g	2.7g	3.9g	—	—

制备方法

（1）准确称取配方量的氧化锌和氢氧化钠，先将氧化锌加入2%～5%的水中调成糊状，再将氢氧化钠加入15%～20%的水中，溶解完全后加入到糊状的氧化锌中，搅拌，待氧化锌溶解完全后加水至设定体积的45%～50%，冷却至室温，加入2～3.5g/L的锌粉，搅拌

1.5～2.0h 后过滤除渣备用。

（2）准确称取配方量的硫酸镍、四乙烯五胺和配位剂，加入15%～20%的水中搅拌，溶解完全后将其加入步骤（1）制得的溶液中搅拌均匀备用。

（3）准确称取配方量的 A 剂和 B 剂，在步骤（2）制得的溶液中加入 A 剂、B 剂搅拌均匀，补充水至所需体积即得。

原料配伍 本品各组分配比范围为：氢氧化钠 100.0～150.0g，氧化锌 10.0～16.0g，硫酸镍 6.0～12.0g，四乙烯五胺 6.0～15.0mL，配位剂 10.0～30.0g，A 剂 2.5～3.5g，B 剂 4.0～7.0g，水加至 1L。

所述的 A 剂由按照质量比为亚苄基丙酮:苯甲酸钠:吡啶:肉桂酸=(1.1～1.3):(0.55～0.65):(0.35～0.45):(0.55～0.65)的组分组成；优选的，所述的 A 剂由按照质量比为亚苄基丙酮:苯甲酸钠:吡啶:肉桂酸=1.2:0.6:0.4:0.6 的组分组成。

所述的 B 剂由按照质量比为大茴香醛:酒精:苯甲酸钠:邻氯苯甲醛=(3.4～3.6):(0.75～0.85):(1.1～1.3):(1.1～1.3)的组分组成。优选的，所述的 B 剂由按照质量比为大茴香醛:酒精:苯甲酸钠:邻氯苯甲醛=3.5:0.8:1.2:1.2 的组分组成。

所述的配位剂为酒石酸钾钠、柠檬酸三钠、乙二胺四乙酸二钠中的一种或其任意组合。

所述的配位剂由按照质量比为酒石酸钾钠:柠檬酸三钠:乙二胺四乙酸二钠=(9.1～12.1):(5.7～10.9):(2.7～3.9)的组分组成。

质量指标

测试项目	耐盐雾时间/h	膜厚/μm	镍含量/%	结合强度/（热震实验周期）	表面显微硬度/（0.025HV）
1#	>1000	9.83	13.83	>10	488
2#	>1000	16.71	14.06	>10	496
3#	>1000	13.46	13.76	>10	512
4#	>1000	10.35	13.92	>10	488
5#	>1000	9.97	12.67	>10	506
6#	>1000	10.67	13.37	>10	519
7#	>1000	10.33	13.25	>10	483

产品应用 本品主要用作碱性锌镍合金电镀液。使用方法：将电镀液加入电镀槽中，阳极板采用面积比为 1:(1.5～4)的锌板和镍板，待镀件

作为阴极，设置电流密度为 2.5～5.0A/dm²，温度为 25～35℃，电镀 20～40min 即得锌镍合金镀层。

产品特性

（1）电镀液具有金属分布均匀、合金组成稳定的特性，在电流密度 2.5～5A/dm² 的范围内镀层镍含量稳定在 12%～15%，镀层中超过 80%的锌含量使得该镀层具有与镀锌层相似的钝化性能。

（2）镀层具备良好的耐蚀性，中性盐雾试验表明镀层钝化后产生红锈的时间≥1000h。

（3）镀液电镀效率高，在选定的电流密度范围内，30min 镀层厚度≥12μm。

（4）通过测试镀层表面显微硬度（维氏硬度）可以达到 480（HV0.025）以上，从而保证镀层具有较高的耐磨性，适用于高压电器轴类零件的耐磨性要求。

（5）本产品制备方法简单、易操作，成本低，适于大规模生产应用。

碱性锌镍合金电镀液（2）

原料配比

原料		配比（质量份）		
		1#	2#	3#
氧化锌		8	9	10
氢氧化钠		100	120	150
硫酸镍		8	13	15
配位剂	葡萄糖酸钠、磷酸和不饱和甲基丙烯酸胺的缩合物（摩尔比 4:0.5:5）	30	—	—
	葡萄糖酸钠、磷酸和不饱和甲基丙烯酸胺的缩合物（摩尔比 3.5:0.8:3）	—	40	—
	葡萄糖酸钠、磷酸和不饱和甲基丙烯酸胺的缩合物（摩尔比 3:1:4）	—	—	50
添加剂		2	3	4
水		加至 1000	加至 1000	加至 1000

制备方法　将各组分原料混合均匀即可。

原料配伍 本品各组分质量份配比范围为：氧化锌 8～10，氢氧化钠 100～150，硫酸镍 8～15，配位剂 30～50，添加剂 2～4，水加至 1000。镀液中配位剂和添加剂的摩尔比(7.5～3.5):(2.5～1.5)。

常用的配位剂有脂肪族胺类、胺醇类、多胺类、羧酸类、多元醇化合物等，各有优缺点。本产品选用的配位剂为葡萄糖酸钠、磷酸和不饱和甲基丙烯酸胺按照摩尔比(4～3):(1～0.5):(5～3)的缩合物。

常用的添加剂是脂肪族胺类、胺醇类、多胺类、氨基羧酸类、羟基羧酸类、多元醇化合物等，各有优缺点。本产品选用的添加剂为：将含氮杂环有机物和环氧氯丙烷的缩合产物，用溴代羧酸进行季铵化反应，然后加入烟酸钠和硫脲，其中溴代羧酸、烟酸钠、硫脲的摩尔比为(15～9):(1.5～0.5):(1.5～0.3)。

1#配方添加剂是将咪唑和环氧氯丙烷的缩合产物，用溴代乙酸进行季铵化反应，然后加入烟酸钠和硫脲，三种物质摩尔比为 15:1:1.5。

2#配方添加剂是将吡啶和环氧氯丙烷的缩合产物，用溴代丙酸进行季铵化反应，然后加入烟酸钠和硫脲，三种物质摩尔比为 14:0.5:0.3。

3#配方添加剂是将吡唑和环氧氯丙烷的缩合产物，用溴代乙酸进行季铵化反应，然后加入烟酸钠和硫脲，三种物质摩尔比为 9:1.5:1.4。

产品应用 本品是一种碱性锌镍合金电镀液。用于钢铁材料和其他金属的表面镀覆工艺。

产品特性 采用本产品获得的镀层平整，晶粒细小，镍含量适中，镀层盐雾试验表明未经钝化的锌镍合金镀层抗红锈时间也可达 1600h，镀层结合力良好；并且该配合物和添加剂能够使强碱镀液稳定，阴极电流效率高达 85%，电流密度范围宽，晶粒细至 200～300nm。

金钯合金电镀液

原料配比

原料		配比（质量份）				
		1#	2#	3#	4#	5#
金盐浓缩液（以单质金含量计）		7.5	9	10	3	20
钯盐浓缩液（以单质钯含量计）		3	4	2	6	1
螯合剂	一乙烯二胺	60	—	—	5	5

续表

原料		配比（质量份）				
		1#	2#	3#	4#	5#
螯合剂	三乙醇胺	—	60	100	—	—
导电盐	乙酸钠导电盐	20	—	—	—	—
	乙酸铵导电盐	—	20	—	—	—
	柠檬酸钾导电盐	—	—	10	10	20
助剂		5	30	20	10	20
去离子水		加至 1000	加至 1000	加至 1000	加至 1000	加至 1000

制备方法 配制金浓缩液和钯浓缩液，将所述金浓缩液与所述钯浓缩液按金属单质质量之比为(0.5～20):1 的比例混合，再加入螯合剂和导电盐，定容、混匀。

原料配伍 本品各组分质量份配比范围为：金盐 0.1～20，以单质钯含量计，钯盐 0.1～15，螯合剂 30～300，导电盐 10～30，助剂 5～30，水加至 1000。以金属单质含量计算，所述金盐与所述钯盐的质量比为(0.5～20):1。

所述金盐为水溶性的一价金或三价金，选自氯化金钾、氯化金钠、氯化金氨、氰化金钾、氰化金钠、氰化金氨、氢氧化金和氧化金中的一种或几种。

所述金盐为氯化金（Ⅲ）钾[$KAuCl_4$]、氯化金（Ⅲ）钠[$NaAuCl_4$]，氯化金（Ⅲ）氨[NH_4AuCl_4]、氯化金（Ⅰ）钾[$KAuCl_2$]、氯化金（Ⅰ）钠[$NaAuCl_2$]、氯化金（Ⅰ）氨[NH_4AuCl_2]、氰化金（Ⅲ）钾[$KAu(CN)_4$]、氰化金（Ⅲ）钠[$NaAu(CN)_4$]、氰化金（Ⅲ）氨[$NH_4Au(CN)_4$]、氰化金（Ⅰ）钾[$KAu(CN)_2$]、氰化金（Ⅰ）钠[$NaAu(CN)_2$]、氰化金（Ⅰ）氨[$NH_4Au(CN)_2$]、氢氧化金（Ⅲ）[$Au(OH)_3$]和氧化金（Ⅲ）[Au_2O_3]中的一种或几种。

所述钯盐选自硫酸四氨钯、硫酸二氨钯、氯化四氨钯、氯化二氨钯、四氯化氨钯、硫酸-乙烯二氨钯、硫酸二乙烯三氨钯、硫酸三乙烯氨钯、硫酸四乙烯五氨钯、氯化-乙烯二氨钯、氯化二乙烯三氨钯、氯化三乙烯四氨钯和氯化四乙烯五氨钯中的一种或几种。

所述金盐与所述钯盐的质量之比为(1.2～5):1。金属钯的价格比金便宜，而许多功能却与金类似，例如耐腐蚀性；同时，钯的硬度和热稳定性都高过金，因此用金钯合金镀层代替纯金镀层，能大量节省金的用量，节约生产成本，还能保证镀层的各方面优越性能。良好控制合金镀层的金钯比例，可使得金钯合金镀层在保持较高金含量以确保合金镀层具有导电性高、可焊性好、抗腐蚀性能强等优良特性的同时，还可实现合金镀层的外表为金属白色。

所述螯合剂选自氰离子化合物、氯离子化合物、亚硫酸根化合物、氨水、二乙醇胺、三乙醇胺、三乙胺、一乙烯二胺、二乙烯三胺、乙二胺四乙酸和氨基三乙酸中的一种或几种。所述螯合剂 40～200g/L。螯合剂的存在可以降低钯金属的沉积速率，使金钯合金镀层中金的比例维持在 55%以上。另外，在电镀过程中，电荷在镀件的表面分布是不均匀的，这种高低电位差最终会引起不同区域镀层在厚度上的差异。螯合剂的另一个功能，是使得被镀工件在不同电位区的镀层厚度分布较为平均。

为了增加电镀液的导电性能，保证电镀效率，在所述金钯合金电镀液中加入导电盐。导电盐的加入，还可以提高电镀液的密度，维持镀层有一定的厚度。

所述导电盐选自二元羧酸盐、一元羧酸盐、磷酸盐、磷酸氢盐、磷酸二氢盐、碳酸盐和碳酸氢盐中的一种或几种。

所述二元羧酸盐为柠檬酸钾。

所述一元羧酸盐为乙酸钾、乙酸钠和乙酸铵。

所述磷酸盐为磷酸钾、磷酸钠和磷酸铵。

所述磷酸氢盐为磷酸氢钾、磷酸氢钠和磷酸氢铵。

所述磷酸二氢盐为磷酸二氢钾、磷酸二氢钠和磷酸二氢铵。

所述碳酸盐为碳酸钾和碳酸钠。

所述碳酸氢盐为碳酸氢钾和碳酸氢钠。

为了得到功能性更好的镀层，所述金钯合金电镀液的组分还可包括助剂。

所述助剂为光亮剂和缓冲剂。

产品应用 本品主要用作金钯合金电镀液。电镀工艺：

（1）将镀件的表面清洁干净。所述清洗是指在电镀工序开始前，将镀件用溶剂浸泡、电解或擦拭等方法进行清洁，以达到除油的目的。如果有需要，对镀件进行去氧化处理或活化处理；对于活泼金属材质的镀件，由于表面通常有氧化层覆盖，需将表面进行去除氧化层处理；

对于某些惰性金属镀件，需对其进行活化处理，以保证后续的电镀正常进行。

（2）在经（1）处理后的镀件上预镀一层或多层金属。所述金属为铜、铜合金、镍、镍合金、银、银合金、锌、锌合金、锡、锡合金、钯、钯合金和纯金中的一种或多种。

（3）将金钯合金电镀在经（2）处理后的镀件上得到金钯合金电镀层。所述电镀过程通过一步电镀或两步电镀完成。通常情况下，一步电镀所得的金钯合金镀层中，金钯在整个合金镀层中的的比例是恒定的；而两步电镀，则可以根据应用的要求，通过电镀金钯比例不同的两层电镀层，来加强和突出某种性能，如防腐、耐磨或者颜色外观。例如，两步电镀可以通过第一步金含量高的镀层保证整个合金镀层具备金的耐腐蚀性、导电性和可焊性等优良特性，同时通过第二步钯含量高的镀层保证整个合金镀层有较高的耐磨性，并且膜层的外观为金属白色。

所述电镀过程中的电镀参数为：pH 值为 7.5～9.5，温度为 20～70℃，电流密度为 1～100A/dm^2，线速为 0.3～80m/min，阴极与阳极面积之比为(1～50):1，电镀时间为 1～250s。

所述金钯合金电镀层的含金量为 55%～99.99%，镀层的厚度为 0.05～2μm；所述镀层外观，在镀层中金含量为 55%～95%时，为金属白色；在镀层中金含量为 95%～99.99%时，为浅金黄色。

产品特性

（1）与纯金电镀层相比，本产品金钯合金电镀层大大降低了生产成本，产生了较大的经济效益。

（2）本品在保持较高金含量以确保合金镀层具有导电性高、可焊性好、抗腐蚀性能强等优良特性的同时，还通过工艺控制实现了当镀层中金的比例为 55%～95%时，合金镀层的外表为金属白色，而当镀层中金含量为 95%～99.99%时，为浅金黄色。

（3）本产品金钯合金电镀工艺简单，易于扩大生产。

（4）本产品所得金钯合金电镀层同时拥有金和钯的优点，能在“焊线结合”工艺中得到广泛应用，其中，合金中的金可以和基板（电路板、导线架等）形成牢固的键合，而合金中的钯在空气中易氧化，氧化后的钯较易与胶黏剂（如环氧胶等）形成牢固的化学键。

（5）本产品还可广泛地用于电气接点和连接器的接点表面处理、

装饰性表面涂饰，例如首饰的表面处理等。

金锡共晶焊料电镀液

原料配比

原料		配比（质量份）		
		1#	2#	3#
金盐	柠檬酸金（Ⅰ）钾	7	4	10
锡盐	硫酸亚锡（Ⅱ）	7	3	11
缓冲剂	柠檬酸	30	10	—
配位剂	柠檬酸铵	—	20	50
	草酸钾	5	—	—
	焦磷酸钾	35	—	40
	HEDTA	—	10	10
抗氧化剂	茶多酚	0.5	—	—
	叔丁基对苯二酚	—	0.1	—
	抗坏血酸	—	—	1
光亮剂	聚乙烯亚胺	0.5	—	1
	吡啶磺酸	—	0.1	—
去离子水		加至1000	加至1000	加至1000

制备方法 将金盐、锡盐、缓冲剂、配位剂，光亮剂和抗氧化剂以及去离子水混合得到，加热40℃。稳定10min后方可使用。

原料配伍 本品各组分质量份配比范围为：金盐4～10，锡盐3～11，缓冲剂10～50，配位剂30～50，光亮剂0.1～1，抗氧化剂0.1～1，调节剂为调节镀液，所述的调节镀液的pH值为4.5～6，去离子水加至1000。

所述的金盐是柠檬酸金钾，所述的锡盐是硫酸亚锡或氯化亚锡。

所述的调节镀液为硫酸或盐酸。

所述的缓冲剂是柠檬酸或其盐，草酸或其盐，酒石酸或其盐，葡萄糖酸或其盐，亚胺基二乙酸，甘氨酸中的一种或一种以上的混合物。

所述的配位剂可以是葡萄糖酸钠、柠檬酸铵、焦磷酸钾或草酸钾中的两种或两种以上的混合物。

所述的光亮剂为聚乙烯亚胺、二联吡啶、吡啶磺酸中的一种或所述两种以上的混合物。

所述的抗氧化剂是抗坏血酸、邻苯二酚、对苯二酚、钨酸钠、叔丁基对苯二酚、*N*,*N*′-二仲丁基对苯二胺、1-苯基-3-吡唑酮、茶多酚中的一种或一种以上的混合物。

产品应用 本品主要用作金锡共晶焊料电镀液。广泛地适用于通信、卫星、遥感、雷达、汽车、航空等领域的光电器件的焊接及封装。

产品特性 本产品所有原料均不含重金属，不使用含氰化物镀液，不会造成环境污染。而且镀液可用电流密度范围较宽，镀液的均镀性能强，镀层不受基体材料的复杂外形的影响，可实现图形电镀，镀层较光亮，镀速在 19μm/h 以上，镀层金锡组成稳定，熔点 280℃±2℃。且相比较传统制备金锡合金焊料，电化学制备方法操作简单，不需要大型的仪器，同时镀液所有成分均可采用国产原料，使得生产成本大幅度降低。

可降解锡铅合金电镀液

原料配比

原　料	配　比
甲基磺酸	150g
甲基磺酸锡	18g
甲基磺酸铅	10g
邻氯苯甲醛	0.16mL
水杨醛烷基醚	0.2g
环氧乙烷	10g
硝酸铋	0.1g
去离子水	加至 1L

制备方法

（1）称取甲基磺酸溶解于 500mL 去离子水中。

（2）在常温状态下，称取甲基磺酸锡、甲基磺酸铅、邻氯苯甲醛、水杨醛烷基醚、环氧乙烷、硝酸铋。

（3）向（1）溶液中加入硝酸铋搅拌直至完全溶解，再依次向以上溶液中加入称好的甲基磺酸锡、邻氯苯甲醛、水杨醛烷基醚、环氧乙烷、壬基酚，余量为去离子水。

原料配伍 本品各组分配比范围为：甲基磺酸锡 12～20g；甲基磺酸

铅 12～15g；甲基磺酸 130～180g；邻氯苯甲醛 0.18～0.22mL；水杨醛烷基醚 0.1～0.2g；环氧乙烷 10～15g；壬基酚 5～10g；硝酸铋 0.1～0.2g；去离子水加至 1L。

产品应用 本品是一种可降解锡铅合金电镀液。

产品特性 将本产品加必要的电镀光亮剂按常规方法电镀，即可得到镀层均匀且不易变色，不易引起重金属离子的氧化，电解液可通过生物降解，可循环率高；镀层可焊性好，外观光亮不易变色的光亮锡铅合金镀层。

铝镁合金电镀液

原料配比

原料	配比（质量份）		
	1#	2#	3#
硫酸镍	30	20	35
硫酸铬	20	15	25
硫酸铜	25	30	15
乙酸钴	2.5	4	3
四氢噻唑硫酮	60	70	55
柠檬酸	15	18	12
抗坏血酸	3	4.5	2
草酸钠	25	20	15
硼酸钠	45	42	40
柠檬酸钾	28	25	35
去离子水	加至 1000	加至 1000	加至 1000

制备方法 将各组分原料混合均匀即可。

原料配伍 本品各组分质量份配比范围为：硫酸镍 20～35、硫酸铬 15～25、硫酸铜 15～35、乙酸钴 1～5、四氢噻唑硫酮 50～80、柠檬酸 10～20、抗坏血酸 1～5、草酸钠 10～40、硼酸钠 40～50 和柠檬酸钾 20～35，去离子水加至 1000。

产品应用 本品主要用作铝镁合金电镀液。

产品特性 本产品能够给铝镁合金电镀上一层性质稳定的镍铬铜镀层，其中电镀液中加入了缓蚀剂四氢噻唑硫酮，解决铝镁合金在电镀施工中的极易腐蚀的问题，并且能够提高镀层的结合力。

锰铋铁磷永磁合金电镀液

原料配比

原　料	配比（质量份）				
	1#	2#	3#	4#	5#
硼酸	40	35	45	38	42
次亚磷酸钠	40	45	30	35	42
柠檬酸钠	40	35	42	45	38
氯化亚铁	10	5	15	8	13
氯化锰	60	55	65	62	58
氯化铋	6	2	10	4	7
抗坏血酸	3	1	5	2	4
水	加至1000	加至1000	加至1000	加至1000	加至1000

制备方法　先将硼酸溶解于总体积1/2的温水中，搅拌时加入次亚磷酸钠、柠檬酸钠，溶解后得到溶液A；调整溶液A的pH值为2，然后依次加入氯化亚铁、氯化锰、氯化铋和抗坏血酸，加入适量的水，充分搅拌2h后即可进行电镀。

原料配伍　本品各组分质量份配比范围为：硼酸35～45，次亚磷酸钠30～45，氯化亚铁5～15，氯化锰55～65，氯化铋2～10，柠檬酸钠35～45，抗坏血酸1～5，水加至1000。由上所述配方制备的锰铋铁磷永磁合金镀层中各组分的质量分数为锰2%～27%，铋3%～20%，铁50%～75%，磷10%～21%。

产品应用　本品主要用作锰铋铁磷永磁合金电镀液。

所述锰铋铁磷永磁合金电镀液的制备方法，以Pt片为阳极，以待电镀工件为阴极，在电镀液中进行电镀的温度为20～35℃，电镀时的电压为2～5V。所述锰铋铁磷电镀液的最佳温度为28℃。电镀所用的电源可优选用直流电源，电镀制得的锰铋铁磷永磁合金镀层的厚度由电镀时间决定。

产品特性　本锰铋铁磷永磁合金电镀液，由于不需要通气保护，镀液放置时间长，化学稳定性高；由于不含添加剂、所选取的材料本身价格低、电镀设备简单，因此成本低廉；镀液中不含腐蚀性物质，施镀过程中无蒸汽排放，对环境友好；本锰铋铁磷永磁合金电镀液所获得的锰铋铁磷永磁合金镀层表面较平整，可应用于实际生产中，与传统的 MnBi 合金膜制备方法如真空蒸镀、溅射法等相比，具有独特的优势。所制备的锰铋铁磷永磁合金镀层中各组分中由于磷的含量高了，该合金镀层具有强耐蚀性，同时合金稳定性好，安全环保，与传统的 MnBi 合金膜相比，其性能更加优越；同时，铁有很强的铁磁性，并有良好的可塑性和导热性，锰铋合金也具有磁性能。按本产品制备的锰铋铁磷永磁合金主要用于日用五金制品等的表面精饰和磁性材料。

摩托车配件电镀光亮镍钛合金的电镀液

原料配比

原料	配比		
	1#	2#	3#
硫酸镍	220g	200g	250g
氯化镍	80g	50g	100g
硫酸氧钛	8g	3.5g	10.5g
硼酸	42g	40g	45g
光亮剂	10mL	8mL	10mL
柔软剂	10mL	5mL	10mL
湿润剂	0.8mL	0.5mL	1mL
蒸馏水或去离子水	加至 1L	加至 1L	加至 1L

制备方法　将各组分原料混合均匀即可。

原料配伍　本品各组分配比范围为：硫酸镍 200～250g，氯化镍 50～100g，硫酸氧钛 3.5～10.5g，硼酸 40～45g，光亮剂 8～10mL，柔软剂 5～10mL，湿润剂 0.5～1mL，蒸馏水或去离子水加至 1L。

所述光亮剂为 2,5-二甲基己炔二醇、苯磺酰胺和磺基水杨酸中的至少一种。

所述光亮剂中 2,5-二甲基己炔二醇、苯磺酰胺和磺基水杨酸的质量比为 1:(17～100):(0.7～20)。

所述润湿剂为 2-乙基己基硫酸钠和丁二酸二己酯磺酸钠中的至少一种。

所述润湿剂中为 2-乙基己基硫酸钠和丁二酸二己酯磺酸钠的质量比为(0.5～12.5):1。

产品应用 本品主要用作摩托车配件电镀光亮镍钛合金的电镀液。

电镀方法，其步骤如下：

（1）将金属镍板、不锈钢板或钌钛合金板放入电镀溶液中，作为阳极。

（2）将工件放入镍的电镀溶液中，作为阴极。

（3）通入直流电源，阴极电流密度 2.0～8.0A/dm^2，电镀液温度 50～60℃，电镀时间 30～45min。

产品特性

（1）本产品能够达到无氰、无铬以及无污染，其镀液的性能和镀层的性能均能达到“镀镍+镀铬”以及“镀亮铜+镀亮镍+镀铬（用六价铬盐）”的镀层的效果。

（2）本产品具有镀液成分简单；无毒、无污染、无 Cr^{6+}。

（3）镀液稳定、不浑浊、抗杂质能力强。

（4）性能好，易操作；深镀能力（Φ10mm×100mm 管内）达 50%～60%。

（5）NiTi 合金镀层中 Ti 的含量（视 T、pH、Dk、镀液中 Ti 盐含量而定）可达 5%～35%（质量）；NiTi 合金镀层的 Ti 含量随溶液中 Ti 盐浓度、溶液温度、溶液的 pH、阴极电流密度的提高而上升，反之则下降。

纳米 WC 复合镀 Ni-Fe 合金的电镀液

原料配比

原　料	配比（质量份）					
	1#	2#	3#	4#	5#	6#
$NiSO_4\cdot 6H_2O$	200	260	230	210	250	240
$NiCl_2\cdot 6H_2O$	40	60	50	45	55	50
$FeSO_4\cdot 7H_2O$	55	85	70	65	80	78
H_3BO_3	40	70	55	50	50	50
柠檬酸钠	25	50	37	32	45	40
邻苯二酚	8	16	12	10	13	12
纳米 WC	1	10	4	3.5	7	5
糖精钠	5	10	7	6	9	8

续表

原料	配比（质量份）					
	1#	2#	3#	4#	5#	6#
羟基丙烷磺酸吡啶鎓盐	0.5	0.7	0.6	0.55	0.65	0.60
十二烷基三甲基溴化铵	0.06	0.024	—	0.15	—	—
十六烷基三甲基溴化铵	—	—	0.15	—	0.23	0.2
十二烷基硫酸钠	0.024	0.06	0.05	—	—	—
十二烷基苯磺酸钠	—	—	—	0.038	0.06	0.05

制备方法

（1）纳米分散液的制备。采用自制经除杂的纳米 WC。将脂肪烷基多甲基卤化盐和烷基苯磺酸盐或烷基硫酸盐加入三口烧瓶中溶解后，用搅拌机低速搅拌几分钟。然后，转移至大烧杯中并安装剪切分散机后，将纳米 WC 的粉体加入三口烧瓶中，调节剪切分散机的转速为 300～500r/min，剪切分散时间为 5～10min 后，调节转速至 1500～2000r/min，剪切分散时间为 10～15min，即得到纳米浆。采用激光粒度分析仪对纳米分散液的平均粒径进行测试。

（2）用适量水分别溶解各组分原料并将其混合均匀倒入烧杯中，加入纳米分散液，采用多频超声波细胞粉碎仪进行超声波分散，设定功率为 600～1000W，分散时间为 3～6min，然后，加水调至预定体积，加酸调节 pH 值至 3～4。

原料配伍　本品各组分质量份配比范围为：$NiSO_4 \cdot 6H_2O$ 200～260，$NiCl_2 \cdot 6H_2O$ 40～60，$FeSO_4 \cdot 7H_2O$ 55～85，H_3BO_3 40～70，柠檬酸盐 25～50，稳定剂 8～16，纳米 WC 1～10，糖精钠 5～10，羟基丙烷磺酸吡啶鎓盐 0.5～0.7，脂肪烷基多甲基卤化盐 0.06～0.24 和烷基苯磺酸盐 0.024～0.06。

所述纳米 WC 的平均粒径为 100～150nm。

所述稳定剂为对苯二酚、邻苯二酚、邻苯二胺和对苯二胺中的一种或至少两种。

所述烷基苯磺酸盐选自十二烷基苯磺酸钠、十六烷基苯磺酸钠、十八烷基苯磺酸钠中的一种或至少两种；所述脂肪烷基多甲基卤化盐选自十六烷基三甲基溴化铵、十二烷基三甲基溴化铵、十二烷基二甲基溴化铵中的一种或至少两种。

选用的纳米WC粉体的密度为$1.2g/cm^3$，为立方晶系结构，比表面积为$40m^2/g$，平均粒径为50nm。将纳米WC分散于镀液中有两方面的作用，一方面，纳米WC均匀分布在镀层的晶粒和晶界之间，减小镀层的孔隙尺寸而增加镀层致密度，防止腐蚀液浸润镀层内的微孔；或者通过缠绕覆盖于晶粒表面以把腐蚀介质和晶粒隔离。另一方面，纳米WC的化学活性很低，此时纳米WC的电位较之镍、铁更正。当镍/铁合金和碳相接触后，此时合金作为阳极发生阳极极化，可能促进合金的钝化过程，减少合金在介质中的腐蚀，使合金层对基体金属的保护作用增强。由此，提高了镀层的耐腐蚀性。

选用柠檬酸盐为配位剂，柠檬酸盐优选为柠檬酸盐钾或柠檬酸钠。柠檬酸根与亚铁离子和二价镍离子有较强的配位能力，一方面可缩小亚铁离子和二价镍离子的标准电极电位差，另一方面可稳定亚铁离子防止其被氧化成三价的铁离子。

稳定剂可以通过其还原性将由二价铁离子被镀液中的空气氧化成的三价铁离子还原为二价铁离子。本品的稳定剂优选为苯二酚、邻苯二酚、邻苯二胺和对苯二胺。它们除具备较强的还原性外，还因含有的氧原子和氮原子含有孤对电子，因而具有较强的配位能力，可与亚铁离子配位以防止其被氧化。

选用$NiCl_2$为镍的辅盐，其中的氯离子主要起活化的作用，防止阳极发生钝化，促进阳极正常溶解；还能增大溶液的导电能力和阴极电流效率，使镀层晶粒细化。

选用H_3BO_3缓冲剂，起pH值缓冲作用，稳定镀液特别是阴极双电层内的pH值，与添加剂有协同作用，有利于获得光滑的镀层。

选用羟基丙烷磺酸吡啶鎓盐为次级光亮剂，主要起增强高、中阴极电流密度区阴极极化，提高光亮填平，长效等作用。选用糖精钠作为初级光亮剂，可消除镀层内应力，增强延展性，提高低电位分布能力。羟基丙烷磺酸吡啶鎓盐和糖精钠的复合使用可获得宽阴极电流密度范围的光亮镀层。

阳离子表面活性剂起润湿剂的作用，降低阴极表面张力，防止镀层表面产生针孔，有利于氢气的逸出。

质量指标

测试项目	1#	2#	3#	4#	5#	6#
分散能力/%	30.2	29.3	34.1	36.6	37.5	39.4
深镀能力/%	84.7	85.6	87.9	89.6	91.2	92.5
电流效率/%	81.04	83.47	82.94	83.26	84.84	86.37
镀层厚度/μm	19.6	20.1	24.9	27.7	30.7	32.8
镀层 Fe 含量/%	36.7	40.1	42.3	47.7	50.1	53.9
硬度/HV	1005	1000	1034	1100	1137	1193
腐蚀速率/[$10^{-3}g/(m^2·h)$]	12.56	11.48	10.94	10.11	9.78	9.31
磨损量/$10^{-3}mm^3$	23.5	21.4	18.7	16.2	13.5	12.4
孔隙率/（个/cm^2）	4	4	4	4	3	3
结合力	不剥落	不剥落	不剥落	不剥落	不剥落	不剥落
镀层外观	C	C	C	C	B	B

产品应用 本品是一种纳米 WC 复合镀 Ni-Fe 合金的电镀液。电镀方法：

（1）阴极采用 10mm×10mm×0.2mm 的钛板。将钛板先用 200 目水砂纸初步打磨后再用 W28 金相砂纸打磨至表面露出金属光泽。依次经温度为 50～70℃的碱液除油、蒸馏水冲洗、95%乙醇除油、蒸馏水冲洗。碱液的配方为 40～60g/L NaOH、50～70g/L Na_3PO_4、20～30g/L Na_2CO_3 和 3.5～10g/L Na_2SiO_3。

（2）以直径为 6mm 的碳棒为阳极，电镀前先用砂纸打磨平滑，然后用去离子水冲洗及烘干。

（3）将预处理后的阳极和阴极浸入电镀槽中的电镀液中，调节水浴温度使得电镀液温度维持在 50～60℃。将机械搅拌转速调为 100～400r/min。接通脉冲电源，脉冲电流的脉宽为 1～3ms，占空比为 5%～30%，平均电流密度为 6～10A/dm^2。待通电 20～40min 后，切断电镀装置的电源。取出铜锌板，用蒸馏水清洗，烘干。

以钛箔作为阴极，是为了 Ni-Fe 合金更好地从被镀的基体上剥离分开。预处理包括对阴极用砂纸打磨及其后的除油。该用砂纸打磨可以打磨两次，第一次可以用粗砂纸例如 200 目的砂纸打磨，第二次可以用细砂纸，例如可以用 W28 金相砂纸。该除油可以采用碱液除油，也可以用 95%乙醇除油。

产品特性 本产品镀液中含有纳米 WC，由于纳米 WC 自身的刚性，提高了镀层的硬度和耐磨性；纳米 WC 一方面可通过填充镀层的孔隙和缠绕覆盖于合金金属晶粒表面以阻止腐蚀液的渗入，另一方面通过与合金金属微晶体构成微型原电池，促进 Ni-Fe 合金的钝化，由此提高了耐腐蚀性。

纳米 ZrO_2 复合镀 Ni-P 合金的电镀液

原料配比

原　料	配比（质量份）					
	1#	2#	3#	4#	5#	6#
$NiSO_4 \cdot 6H_2O$	200	260	230	220	250	240
$NiCl_2 \cdot 6H_2O$	30	60	50	40	60	45
H_3PO_3	20	50	30	25	40	35
H_3BO_3	30	50	40	35	45	40
NaF	25	45	30	30	40	35
柠檬酸钠	25	50	38	30	37	40
糖精钠	5	10	7	6	7	8
羟乙基炔丙基醚	0.5	0.7	0.6	0.55	0.58	0.6
纳米 ZrO_2	3	7	5	4	6.5	6
氟碳表面活性剂	0.3	0.44	0.37	0.32	0.40	0.36
水	加至 1000	加至 1000	加至 1000	加至 1000	加至 1000	加至 1000

制备方法

（1）纳米分散液的制备。采用北京德科岛金科技有限公司生产 DK417 纳米 ZrO_2。将氟碳表面活性剂加入三口烧瓶中溶解后用搅拌机低速搅拌几分钟，转移至大烧杯中并安装成都新都永通机械厂的 GR-I 型剪切分散机后，将纳米 ZrO_2 的粉体加入三口烧瓶中，调节剪切分散机的转速为 300～500r/min，剪切分散时间为 5～10min 后，调节转速至 1500～2000r/min，剪切分散时间为 10～15min 即得到纳米浆。采用激光粒度分析仪对纳米分散液的平均粒径进行测试。

（2）用适量水分别溶解该组分原料并将其混合均匀倒入烧杯中，加入纳米分散液，采用多频超声波细胞粉碎仪进行超声波分散，设定功率为 600～1000W，分散时间为 3～6min，加水调至预定体积，加酸调节 pH 值至 3～4。

原料配伍 本品各组分质量份配比范围为：$NiSO_4 \cdot 6H_2O$ 200～260，$NiCl_2 \cdot 6H_2O$ 30～70，H_3PO_3 20～50，H_3BO_3 30～50，氟化物 25～45，柠檬酸盐 25～50，纳米 ZrO_2 3～7，氟碳表面活性剂 0.30～0.44，糖精钠 5～10 和羟乙基炔丙基醚 0.5～0.7，水加至 1000。

所述纳米 ZrO_2 的平均粒径为 30～60nm。

选用的纳米 ZrO_2 粉体为单斜相的晶系结构，平均粒径为 20nm。将纳米 ZrO_2 分散于镀液中有两方面的作用，一方面，纳米 ZrO_2 均匀分布在镀层的晶粒和晶界之间，减小镀层的孔隙尺寸而增加镀层致密度，防止腐蚀液浸润镀层内的微孔；或者通过缠绕覆盖于晶粒表面以把腐蚀介质和晶粒隔离。另一方面，纳米 ZrO_2 的化学活性很低，此时纳米 ZrO_2 的电位较之镍、铁更正。当镍/铁合金和碳相接触后，此时合金作为阳极发生阳极极化，可能促进合金的钝化过程，减少合金在介质中的腐蚀，使合金层对基体金属的保护作用增强。由此，提高了镀层的耐腐蚀性。

选用柠檬酸盐为配位剂，柠檬酸盐优选为柠檬酸盐钾或柠檬酸钠。镍离子在镀液中较易水解成多核聚合物，而该多核聚合物将富集于阴极表面阻碍二价镍的放电沉积，多核聚合物由于含有较长的分子链难以放电沉积成镍单质。柠檬酸根与二价镍离子有较强的配位能力，当柠檬酸在镀液中的浓度达到一定时，柠檬酸根能与水发生竞争，可争夺水分子与镍离子的配位，形成更稳定的且可放电沉积的镍柠檬酸的配合物。此外，该配合物可提高阴极放电的活化能，增强二价镍离子在阴极的极化，减缓阴极的析氢现象。

选用亚磷酸为镀层中单质磷的来源。相比于次磷酸体系的磷源，亚磷酸体系可承受更大范围的阴极电流密度，不会出现镀层的发黑或发灰，镀层质量较为稳定。亚磷酸在阳极可被氧化成酸性较强的正磷酸，从而在一定程度上能减缓镀液在电镀过程中因氢离子的消耗而导致的酸性的下降。

选用 $NiCl_2$ 为镍的辅盐，其中的氯离子主要起活化的作用，防止阳极发生钝化，促进阳极正常溶解；还能增大溶液的导电能力和阴极电流效率，使镀层晶粒细化。本产品中镍离子的含量为 230～330g/L，当含量较低时，即使亚磷酸的浓度再大，镀液中的析氢也较为严重。只有当镍离子维持在该范围时，方能够保证镍与磷的共沉积。镍含量过高，会使得镀层中磷含量过低，从而影响镀层的耐腐蚀性等综合性能。

选用 H_3BO_3 缓冲剂，起 pH 值缓冲作用，稳定镀液所需的酸性环境。选用氟化物为导电盐，氟化物优选为可溶性的氟化物，例如氟化钠或氟化钾。氟离子可与硼酸根离子配位形成氟硼酸根配离子，因而可促进硼酸的缓冲作用，提高阴极极限电流密度。

选用羟乙基炔丙基醚为次级光亮剂，主要起增强高、中阴极电流密度区阴极极化，提高光亮填平，长效等作用。选用糖精钠作为初级光亮剂，可消除镀层内应力，增强延展性，提高低电位分布能力。羟乙基炔丙基醚和糖精钠的复合使用可获得宽阴极电流密度范围的光亮镀层。

选用氟碳表面活性剂作为润湿剂。氟碳表面活性剂的分子结构中含有碳氟键，碳氟键的高键能和低极性使得氟碳表面活性剂具有高表面活性、高热力学和化学稳定性。本产品选用的氟碳表面活性剂为上海亚孚化学有限公司的 AF-8850P，它是一种非离子型氟碳表面活性剂，固含量为 25%，与水互溶。氟碳表面活性剂最重要的作用是在镀液中包覆于纳米粒子外，从而降低纳米粒子的比表面能，防止纳米粒子的团聚。此外，氟碳表面活性剂还可防止镀层表面产生针孔，有利于氢气的逸出。

质量指标

测试项目	1#	2#	3#	4#	5#	6#
分散能力/%	53.2	52.3	57.1	59.6	60.5	62.4
深镀能力/%	87.7	88.6	90.9	92.6	94.9	95.5
电流效率/%	77.04	79.47	78.94	79.26	80.84	82.37
沉积速率/（μm/h）	20.4	27.1	31.4	37.2	35.6	40.7
硬度/HV	1204	1264	1295	1321	1387	1421
耐 10%NaOH 腐蚀性/[10^{-3}g/(m^2·h)]	16.1	14.3	13.8	12.7	11.5	10.8
耐 3.5% NaCl 腐蚀性/[10^{-3}g/(m^2·h)]	0.68	0.63	0.60	0.57	0.52	0.46
耐磨损性/$10^{-3}mm^3$	18.6	16.9	15.8	13.7	12.9	11.5
P 含量/%	9.4	10.8	11.1	11.8	12.6	13.3
镀层外观	B	B	B	B	A	A

产品应用　本品是一种纳米 ZrO_2 复合镀 Ni-P 合金的电镀液。

使用所述配方配制的电镀液进行电镀的方法：

（1）阴极采用 10mm×10mm×0.2mm 规格的紫铜板。将钛板先用 200 目水砂纸初步打磨后再用 W28 金相砂纸打磨至表面露出金属光泽。依次经温度为 50～70℃的碱液除油、蒸馏水冲洗、95%乙醇除油、蒸馏水冲洗。碱液的配方为 40～60g/L NaOH、50～70g/L Na_3PO_4、20～30g/L Na_2CO_3 和 3.5～10g/L Na_2SiO_3。

（2）以 10mm×10mm×0.2mm 规格的纯镍板为阳极，电镀前先用砂纸打磨平滑，然后用去离子水冲洗及烘干。

（3）将预处理后的阳极和阴极浸入电镀槽中的电镀液中，调节水浴温度使得电镀液温度维持在 50～70℃。将机械搅拌转速调为 100～400r/min。接通脉冲电源，脉冲电流的脉宽为 1～3ms，占空比为 5%～30%，平均电流密度为 2～5A/dm^2。待通电 20～40min 后，切断电镀装置的电源。取出紫铜板，用蒸馏水清洗，烘干。

产品特性 本产品镀液中含有纳米 ZrO_2，由于纳米 ZrO_2 自身的刚性，提高了镀层的硬度和耐磨性；纳米 ZrO_2 一方面可通过填充镀层的孔隙和缠绕覆盖于合金金属晶粒表面以阻止腐蚀液的渗入，另一方面通过与合金金属微晶体构成微型原电池，促进 Ni-P 合金的钝化，由此提高了耐腐蚀性。

镍铬合金电镀液

原料配比

原料	配比				
	1#	2#	3#	4#	5#
六水硫酸镍	35g	30g	25g	25g	30g
六水三氯化铬	80g	80g	90g	100g	90g
甲酸	40mL	35mL	30mL	30mL	40mL
硼酸	30g	28g	20g	20g	30g
尿素	30g	40g	60g	1g	40g
氯化铵	60g	50g	30g	30g	40g
氯化钾	40g	50g	60g	60g	60g
柠檬酸	60g	50g	30g	30g	30g
十二烷基硫酸钠	0.1g	0.11g	0.1g	0.12g	0.12g

续表

原料	配比				
	1#	2#	3#	4#	5#
糖精	1.5g	2g	2.5g	2.5g	2.5g
791 镀镍光亮剂	2mL	3mL	3mL	3mL	2mL
水	加至 1L	加至 1L	加至 1L	加至 1L	加至 1L

制备方法 按所述配方，准确取各原料，先将十二烷基硫酸钠煮沸15～20min 备用，而后将其他原料依次放于容器中，加水 800mL 加热80～90℃搅拌溶解，继续搅拌 5min 后冷却，最后加入煮沸的十二烷基硫酸钠溶液和 791 镀镍光亮剂，加水稀释为 1L，搅拌均匀，控制温度在 60～70℃，试镀 1h 即可。

原料配伍 本品各组分配比范围为：六水硫酸镍 25～35g，六水三氯化铬 80～100g，甲酸 30～40mL，硼酸 20～30g，尿素 1～60g，氯化铵 30～80g，氯化钾 40～60g，柠檬酸 30～60g，十二烷基硫酸钠 0.1～0.12g，糖精 1.5～2.5g，791 镀镍光亮剂 2～4mL，水加至 1L。

产品应用 本品主要用作镍铬合金电镀液。

产品特性

（1）本产品由于选择尿素为添加剂，改善了镀液的性能，使尿素与铬的配合物吸附在阴极表面，改变了阴极极化，提高了阴极电流效率，同时改善了阴极的覆盖能力和分散能力。

（2）本产品由于选择尿素为添加剂，增加了镀液的稳定性，是尿素与铬形成配合物，阻碍了三价铬的水解，避免了桥式大分子配合物的形成，因此使镀液稳定性增加。

（3）本产品由于选择尿素为添加剂，镀层性能提高，是尿素与铬形成配合物，阻碍了三价铬的水解，避免了桥式大分子配合物的形成，在阴极及表面放电过程改变，减少了铬的氢氧化物水合物的放电，使得阴极表面较干净，提高镀层质量。

（4）本产品由于选择尿素为添加剂，减少污染状况，氯离子在阳极很容易放电析出氯气，造成环境污染，加入尿素后，尿素在阳极附近可与生成的氯气部分反应，以减少氯气放出，改善环境。

（5）本产品工艺配方简单，施镀槽电流小，阴极的覆盖能力和分散能力好，镀层铬含量分布均匀，镀层质量明显提高，生产管理易掌握，生产效率提高。

镍铬铜钴合金电镀液

原料配比

原料	配比		
	1#	2#	3#
硫酸镍	10g	20g	16g
硝酸镍	23g	28g	25g
十二水合硫酸铬	12g	18g	15g
六水合硫酸铜	8g	12g	10g
乙酸钴	1g	3g	2g
光亮剂	5mL	9mL	6mL
抗坏血酸	0.2g	0.5g	0.3g
柠檬酸	6g	10g	8g
水	加至1L	加至1L	加至1L

制备方法

（1）按照所述电镀液的组分进行备料。

（2）在30~40℃条件下将所有组分混合在一起，加水至全部溶解，定容；得到混合液；先将硫酸镍，硝酸镍，十二水合硫酸铬，六水合硫酸铜，乙酸钴，抗坏血酸，柠檬酸加水溶解，最后加入光亮剂。

（3）调节混合液pH值至5~6；即得到所述镍铬铜钴合金电镀液。用氨水调节pH值。所述氨水的体积分数为25%。

原料配伍 本品各组分配比范围为：硫酸镍10~20g，硝酸镍23~38g，十二水合硫酸铬12~18g，六水合硫酸铜8~12g，乙酸钴1~3g，光亮剂5~9mL，抗坏血酸0.2~0.5g，柠檬酸6~10g，水加至1L。pH值为5~6。

所述光亮剂为0.1mol/L的氯化亚锡盐酸溶液。

产品应用 本品主要用作镍铬铜钴合金电镀液。

产品特性 本品稳定性好；由于添加了铜、铬、钴，不仅能够提高电镀层的耐腐蚀性，镀层不易脱落，而且添加了钴盐，能增加镍镀层的光泽。

镍磷合金电镀液（1）

原料配比

原　　料	配比（质量份）			
	1#	2#	3#	4#
氯化胆碱	500	500	500	500
乙二醇	450	450	600	850
$NiCl_2$	3.5	9.5	9	6
$NaH_2PO_2 \cdot H_2O$	0.3	0.8	4	4

制备方法　称取氯化胆碱和乙二醇，将氯化胆碱和乙二醇在80℃下搅拌、混合均匀，形成混合溶液；再按比例向混合溶液中加入 $NiCl_2$ 和 $NaH_2PO_2 \cdot H_2O$，溶解后形成镍磷合金电镀液。

原料配伍　本品各组分质量份配比范围为：以 $NiCl_2$ 和 $NaH_2PO_2 \cdot H_2O$ 为溶质，以氯化胆碱与乙二醇的混合溶液为溶剂，所述的混合溶液中氯化胆碱与乙二醇的摩尔比为1:(2～4)；所述的 $NiCl_2$ 的浓度为0.3～1.5mol/L，所述的 $NaH_2PO_2 \cdot H_2O$ 的浓度为0.05～0.5mol/L。

所述的镍磷合金电镀液中，$NiCl_2$ 为主盐，氯化胆碱为镍离子配位剂。

产品应用　本品主要用作镍磷合金电镀液。

镍磷合金电镀液在制备镍磷合金镀层中的应用，以纯镍为阳极，以待电镀工件作为阴极，在所述的镍磷合金电镀液中进行电镀，所述的镍磷合金电镀液的温度为20～40℃，电镀时的电压为0.5～2V。

电镀液温度升高可加快镀液中粒子的运动速率，从而减少电镀的时间，但温度过高，会使镀液中出现大量的气泡，导致镀层的质量变差，为使镀层表面平整均匀，所述的电镀时镍磷合金电镀液的温度优选为25～35℃。更优选地，所述的镍磷合金电镀液的温度为30℃。

施镀电源可选用直流电源，电镀制得的镍磷合金镀层的厚度由电镀时间决定。

产品特性　本产品以氯化胆碱作为镍离子配位剂，制备出非水性镍磷合金电镀液，制备工艺简单可控；镍磷合金电镀液化学稳定性高，硬度高，环保无污染，与水性电镀液相比，具有独特优势：不含腐蚀性物质，施镀过程无蒸汽排放，对环境友好；本产品制得的镍磷合金镀层表面平整，不易产生裂纹。

镍磷合金电镀液（2）

原料配比

原料		配比（质量份）		
		1#	2#	3#
硫酸镍		200	210	230
氯化镍		35	40	45
硼酸		38	42	41
次磷酸钠		62	64	70
氟化氢铵		34	41	47
稀土可溶盐	铈可溶盐	1.0	—	2.0
	镧可溶盐	—	1.5	—
表面活性剂	十二烷基醚硫酸钠	0.08	—	—
	十二烷基苯磺酸钠	—	0.12	—
	壬基酚聚氧乙烯醚	—	—	0.09
水		加至1000	加至1000	加至1000

制备方法 将各组分原料混合均匀即可。

原料配伍 本品各组分质量份配比范围为：硫酸镍200～250，氯化镍35～45，硼酸38～42，次磷酸钠50～70，氟化氢铵34～47，稀土可溶盐1～2，表面活性剂0.08～0.12，水加至1000。

所述的表面活性剂为十二烷基苯磺酸钠、十二烷基醚硫酸钠、烷基酚聚氧乙烯醚、脂肪醇聚氧乙烯醚中的一种。

产品应用 本品主要用作镍磷合金电镀液。使用方法，调节电镀液的pH值至2.0～3.5，再把电镀液加热到60～75℃，将作为阴极的工件放入其中，阳极为镍金属，阴极的电流密度为1～2A/dm^2。

产品特性 本产品中添加了一定量的稀土元素，能够显著改善镀液的性能，如提高电流效率，分散能力，能够提高电沉积过程的阴极极化度，最后得到的镀层致密、均匀、结合力良好、硬度高、耐蚀性能优良。

镍磷锰系电镀液

原料配比

原料	配比（质量份）										
	1#	2#	3#	4#	5#	6#	7#	8#	9#	10#	11#
$NiSO_4 \cdot 6H_2O$	280	290	300	310	320	300	285	295	305	315	300
氯化镍	40	40	40	40	40	40	40	40	40	40	40
$NaH_2PO_2 \cdot H_2O$	40	30	50	45	35	40	32	36	42	46	36
硼酸	35	40	35	35	40	45	35	35	35	35	41
氯化锰	5	5	15	20	30	30	20	12	18	18	10
氟化氢铵	15	20	20	15	25	15	18	24	21	16	18
水	加至1000	加至1000	加至1000	加至1000	加至1000	加至1000	加至1000	加至1000	加至1000	加至1000	加至1000

制备方法 把硫酸镍、氯化镍、硼酸、氯化锰和氟化氢铵加水溶解并混合均匀形成电镀液，把次磷酸钠加水溶解，在搅拌的条件下，将次磷酸钠溶液缓缓倒入电镀液中，并搅拌均匀，向电镀液加水至规定体积，继续搅拌均匀，即制备得到电镀液。

原料配伍 本品各组分质量份配比范围为：$NiSO_4 \cdot 6H_2O$ 280～320，氯化镍 40，$NaH_2PO_2 \cdot H_2O$ 30～50，硼酸 35～45，氯化锰 5～30，氟化氢铵 15～25，水加至 1000。采用稀硫酸调节电镀液 pH 值为 3.0～5.0。

质量指标

序号	粗糙度/μm	显微硬度/HV	腐蚀电流密度/（$\mu A/cm^2$）	腐蚀电位/V
1#	0.462	351	5.614	−0.421
2#	0.397	422	4.388	−0.377
3#	0.512	330	7.179	−0.455
4#	0.321	473	2.643	−0.287
5#	0.537	318	8.371	−0.553
6#	0.329	397	3.299	−0.316
7#	0.443	354	5.437	−0.412
8#	0.289	552	1.431	−0.254
9#	0.165	691	0.968	−0.227

续表

序　　号	粗糙度/μm	显微硬度/HV	腐蚀电流密度/（$\mu A/cm^2$）	腐蚀电位/V
10#	0.455	386	5.211	−0.416
11#	0.438	408	4.637	−0.377

产品应用　本品主要用作镍磷锰系电镀液。

采用本产品镍磷锰系电镀液的材料表面制备Ni-P-Mn合金镀层的方法，具有如下步骤：

（1）金属工件表面的预处理：采用砂纸对金属工件进行打磨，除去金属工件表面的氧化物膜层，并对金属工件进行机械抛光处理，使金属工件表面具有镜面金属光泽；优选采用砂纸打磨金属工件表面，砂纸型号的打磨顺序依次是：600#—1000#—2000#，然后将金属工件在金相试样抛光机上抛光，使金属工件表面具有镜面金属光泽。

（2）金属工件表面除油：采用丙酮对经过上述步骤（1）打磨好的金属工件进行除油。

（3）镀层制备：采用镍磷锰系电镀液，用质量分数为5%～10%的稀硫酸调节镍磷锰系电镀液的pH值至3.0～5.0，然后把镍磷锰系电镀液加热至45～65℃，再将经过上述步骤（2）处理后的金属工件放入镍磷锰系电镀液中，以金属工件作为阴极，以镍金属作为阴极，控制阴极电流密度为2～$3A/dm^2$，对镍磷锰系电镀液进行电磁搅拌，维持镍磷锰系电镀液温度 45～65℃，优选维持镍磷锰系电镀液温度50～60℃；

（4）镀层热处理：金属工件经过上述步骤（3）电镀完成后，在500～700℃进行热处理，最后在金属工件表面得到致密的Ni-P-Mn合金镀层。

产品特性

（1）本产品利用锰离子的加入对镀层致密度、耐蚀性的提高，以及镀后热处理的结晶细化作用，提供一种新型的高耐蚀、高致密度且操作工艺简单的电镀镍锰工艺。

（2）本产品得到的镀层耐蚀性增强，致密度增大，硬度明显提高，本产品具有低能耗、高质量、并且简单易操作，性能优良的一系列优点，广泛应用于电子工业中。

（3）本产品在电镀镍磷合金液中加入了锰离子和氟化氢铵，并对电镀后的工件有热处理，使电镀层具有孔隙小，致密度高，减少阴极析氢，明显改善电沉积层的耐蚀性，并使镀层力学性能有明显提升。

镍铁合金电镀液

原料配比

原料	配比	
	1#	2#
硫酸镍	180g	200g
氯化镍	30g	30g
硫酸亚铁	12g	10g
硼酸	40g	45g
抗坏血酸	30g	20g
糖精	5g	3g
烯丙基磺酸钠	0.4g	0.5g
光亮剂	5mL	5mL
十二烷基硫酸钠	0.1g	0.1g
水	加至1L	加至1L

制备方法 将各组分原料混合均匀即可。

原料配伍 本品各组分配比范围为：硫酸镍180～200g，氯化镍28～30g，硫酸亚铁10～15g，硼酸40～45g，抗坏血酸20～30g，糖精3～5g，烯丙基磺酸钠0.3～0.5g，光亮剂2～5mL，十二烷基硫酸钠0.1～0.2g，水加至1L。所述镍铁合金电镀液pH=3.2～3.5。

所述镍铁合金电镀液电流密度为3～4A/dm^2。所述镍铁合金电镀液温度为55～65℃。

产品应用 本品主要用作镍铁合金电镀液。

产品特性 本产品在存放和使用过程中稳定性好，利用该电镀液进行电镀后，镀件外表面的毛刺粗糙、白色或暗灰色云雾状花斑等缺陷基本消除。光亮度和整平性有明显的提高，镀层的韧性有明显的改善。

镍钴合金电镀液

原料配比

原料		配比					
		1#	2#	3#	4#	5#	6#
硫酸镍		260g	300g	280g	290g	285g	285g
氯化镍		60g	40g	50g	55g	55g	52g
硼酸		25g	40g	33g	35g	30g	32g
硫酸钴		15g	5g	10g	12g	10g	12g
乳化剂	十二烷基硫酸钠	0.2g	—	—	—	0.1g	0.06g
	十二烷基苯磺酸钠	—	0.05g	1.2g	0.075g	—	—
光亮剂		0.5mL	2mL	1.2mL	0.75mL	1mL	1.2mL
光亮剂	BE 镀镍光亮剂	200mL	500mL	350mL	300mL	250mL	400mL
	丙炔醇乙氧基化合物	5g	15g	10g	12g	7g	10g
	炔丙基磺酸盐	40g	60g	50g	40g	55g	50g
	糖精	130g	100g	115g	105g	120g	115g
水		加至 1L	加至 1L	加至 1L	加至 1L	加至 1L	加至 1L

制备方法　量取计量体积的 BE 镀镍光亮剂，用水溶解；将丙炔醇乙氧基化合物、炔丙基磺酸盐和糖精用水溶解；混合这两种溶液加水调制预设的体积，即配成光亮剂的溶液。将硫酸镍、氯化镍、硫酸钴在烧杯中溶解；将乳化剂用少量水溶解；将硼酸用 60℃的温水溶解；充分混合这三种溶液，加入计量的光亮剂的溶液混合后，转移到大容器中加水定容，用酸或碱调节 pH 值至 3.5～4.5，用电动搅拌机搅拌 2h 即配成镍钴合金电镀液。

原料配伍　本品各组分配比范围为：硫酸镍 60～300g，氯化镍 40～60g，硼酸 25～40g，硫酸钴 5～15g，光亮剂 0.5～2mL，乳化剂 0.05～1.2g，水加至 1L。

所述光亮剂为 BE 镀镍光亮剂、丙炔醇乙氧基化合物、炔丙基磺酸盐和糖精的混合物。

所述光亮剂为由 200～500mL 的 BE 镀镍光亮剂、5～15g 的丙炔醇乙氧基化合物、40～60g 的炔丙基磺酸盐、100～130g 的糖精组成的混合物。

所述乳化剂为烷基硫酸盐或烷基苯磺酸盐的阴离子乳化剂。

所述镍钴合金电镀液的pH值为3.5～4.5。

BE镀镍光亮剂是由1,4-丁炔二醇和环氧氯丙烷的缩聚物，为琥珀色的微稠液体，密度为1.140～1.200g/mL，溶于水。它作为一种镍电镀液的添加剂，能提高镀层的光泽度与光亮度。

产品应用 本品主要用作镍钴合金电镀液。电镀时的镍钴合金电镀液的温度为50～65℃。电流密度为3～5A/dm^2。

产品特性 本产品中含有的二价钴离子在阴极与二价镍离子共同沉积于被镀工件的表面，镀层中引入的钴元素降低了镀层的孔隙率，提高镀层硬度、耐磨性、亮度。

镍磷/纳米V_8C_7复合电镀液

原料配比

原料	配比（质量份）	
	1#	2#
纳米V_8C_7粉末	8	10
酒石酸	0.1	0.1
十二烷基苯磺酸钠	0.1	0.1
硫酸镍（$NiSO_4·6H_2O$）	150	140
氯化镍（$NiCl_2·6H_2O$）	15	22
次磷酸钠（$NaH_2PO_2·H_2O$）	30	35
硼酸（H_3BO_3）	20	15
碘化钾	0.2	0.2
氯化钾	0.1	0.1
去离子水	加至1000	加至1000

制备方法

（1）纳米V_8C_7粉末的预处理，先称取适量的纳米V_8C_7粉末加入15%～25%（质量分数）的盐酸溶液中，在水浴锅中加热至60～80℃，搅拌30min，将V_8C_7粉末过滤后用去离子水清洗2～4次。

（2）先称取适量的配位剂，加入1000mL的去离子水，在水浴锅中加热至90℃，搅拌至十二烷基苯磺酸钠溶解；然后称取适量的硫酸镍、氯化镍、次磷酸钠、硼酸加入到上述溶液，常温下搅拌至溶解：

再加入清洗后的 V_8C_7 粉末，连续搅拌 1～3h，再加入适量的光亮剂，搅拌溶解后，滴入盐酸溶液至 pH 值 1～3。然后用水浴锅将溶液加热至 70℃，以高纯石墨作为阳极，工件作阴极，电流密度为 2.5A/dm^2，即可得到镍磷非晶合金/纳米 V_8C_7 复合镀层。

原料配伍 本品各组分质量份配比范围为：硫酸镍 120～180，氯化镍 10～30，次磷酸钠 30～50，硼酸 10～25，配位剂 0.1～0.5，光亮剂 0.1～0.5，纳米 V_8C_7 粉末 5～20，去离子水加至 1000。

所述的配位剂为酒石酸和十二烷基苯磺酸钠按质量比 1:1 的混合物。

所述的光亮剂为碘化钾和氯化钾按质量比 2:1 的混合物。

产品应用 本品主要用作镍磷/纳米 V_8C_7 复合电镀液。

产品特性

（1）与液态急冷法等方法制备菲品材料相比，电镀法在常温下进行，且具有设备投资少、镀液成分简单、稳定性高、寿命较长、原材料利用率高等特点；而与内生复合法制备非晶复合材料相比，能源消耗更少、组织更均匀。

（2）该电镀液配方不含氰化物、六价铬、镉等有毒物质，可降低电镀液回收处理的成本和难度，可实现绿色生产。

（3）利用 V_8C_7 的高硬度以抑制非晶变形时单一剪切带的滑移，促使多重剪切带的产生和滑移，提高非晶复合镀层的宏观塑性和冲击韧性，同时也增强复合镀层的耐磨性；利用 V_8C_7 对晶粒长大的高效抑制作用，提高组织的稳定性。

（4）可通过调整电镀液主要成分的浓度配比及两种微粒的大小配比，获得不同成分的复合镀层，满足不同场合的性能要求。

镍铁磷/纳米 V_8C_7 复合电镀液

原料配比

原料		配比	
		1#	2#
清洗后的 V_8C_7 粉末	纳米 V_8C_7 粉末	8g	10g
	15%盐酸溶液	500mL	500mL
酒石酸		0.1g	0.1g
十二烷基苯磺酸钠		0.1g	0.1g

续表

原料	配比	
	1#	2#
硫酸镍（$NiSO_4·6H_2O$）	100g	80g
氯化镍（$NiCl_2·6H_2O$）	15g	10g
硫酸亚铁（$FeSO_4·7H_2O$）	50g	40g
氯化亚铁（$FeCl_2·4H_2O$）	10g	15g
次磷酸钠（$NaH_2PO_2·H_2O$）	30g	35g
抗坏血酸	3g	3g
硼酸（H_3BO_3）	20g	10g
碘化钾	0.2g	0.2g
氯化钾	0.1g	0.1g
去离子水	加至 1L	加至 1L

制备方法

（1）纳米 V_8C_7 粉末的预处理：先称取适量的纳米 V_8C_7 粉末加入15%～25%的盐酸溶液中，在水浴锅中加热至 60～80℃，搅拌 30min，将 V_8C_7 粉末过滤后用去离子水清洗 2～4 次。

（2）先称取适量的配位剂，加入适量的去离子水，在水浴锅中加热至 90℃，搅拌至十二烷基苯磺酸钠溶解；然后称取适量的硫酸镍、氯化镍、硫酸亚铁、氯化亚铁、次磷酸钠、硼酸、抗坏血酸加入到上述溶液，常温下搅拌至溶解；再加入清洗后的 V_8C_7 粉末，连续搅拌 1～3h，再加入适量的光亮剂，搅拌溶解后，滴入盐酸溶液至 pH 值 1～3，去离子水加至 1L。然后再用水浴锅将溶液加热至 75℃，以高纯石墨作为阳极，工件作为阴极，电流密度为 8A/dm^2，即可得到镍铁磷非晶合金/纳米 V_8C_7 复合镀层。

原料配伍 本品各组分配比范围为：硫酸镍 70～120，氯化镍 10～20，硫酸亚铁 40～80，氯化亚铁 10～20，次磷酸钠 20～40，硼酸 10～25，配位剂 0.1～0.5，光亮剂 0.1～0.5，稳定剂 2～5，纳米 V_8C_7 5～20，去离子水加至 1L。

所述的配位剂为酒石酸和十二烷基苯磺酸钠按质量比 1:1 的混合物。

所述的光亮剂为碘化钾和氯化钾按质量比 2:1 的混合物。

所述的稳定剂为抗坏血酸；所述用 pH 值调节的盐酸溶液为 10%

（质量分数）。

产品应用 本品主要是一种镍铁磷/纳米 V_8C_7 复合电镀液。

产品特性

（1）与液态急冷法等方法制备非晶材料相比，电镀法在常温下进行，且具有设备投资少、镀液成分简单、稳定性高、寿命较长、原材料利用率高等特点；而与内生复合法制备非晶复合材料相比，能源消耗更少、组织更均匀。

（2）该电镀液配方不含氰化物、六价铬、镉等有毒物质，可降低电镀液回收处理的成本和难度，可实现绿色生产。

（3）利用 V_8C_7 的高硬度以抑制非晶变形时单一剪切带的滑移，促使多重剪切带的产生和滑移，提高非晶复合镀层的宏观塑性和冲击韧性，同时也增强复合镀层的耐磨性；利用 V_8C_7 对晶粒长大的高效抑制作用，提高组织的稳定性。

（4）可通过调整电镀液主要成分的浓度配比及两种微粒的大小配比，获得不同成分的复合镀层，满足不同场合的性能要求。

镍钨碳化硅氧化铝复合电镀液

原料配比

原　料	配　比		
	1#	2#	3#
柠檬酸	40g	67g	54g
甘氨酸	20g	33g	26g
硫酸镍	140g	200g	160g
钨酸钠	30g	10g	20g
糖精与 3,5-二甲基-1-己炔-3-醇的混合物（质量比为 1:3）	2mL	1mL	1.5mL
碳化硅	10g	40g	20g
氧化铝	5g	20g	15g
去离子水	加至 1L	加至 1L	加至 1L

制备方法

（1）将配位剂加入到去离子水中，搅拌至溶解；

（2）将硫酸镍加入到步骤（1）所得溶液中，搅拌至溶解；

（3）将步骤（2）所得溶液加热至45～65℃，先加入钨酸钠搅拌至溶解，再加入表面活性剂，用氨水调节镀液的pH值至2～4；

（4）向步骤（3）所得溶液中加入碳化硅和氧化铝，即得镍钨碳化硅氧化铝复合电镀液。

原料配伍 本品各组分配比范围为：钨酸钠10～30g，硫酸镍140～200g，碳化硅10～40g，氧化铝5～20g，配位剂60～100g，表面活性剂1～2mL，去离子水加至1L。

所述配位剂为柠檬酸与甘氨酸的混合物，混合质量比为2:1。采用柠檬酸与甘氨酸作为复合配位剂，既可以保证较快的电镀速率。又可以保证镀液的稳定性。

所述表面活性剂为糖精和3,5-二甲基-1-己炔-3-醇的混合物，混合质量比为1:3。采用糖精和3,5-二甲基-1-己炔-3-醇作为复合表面活性剂，既可防止针孔，还可以使颗粒较长时间保持悬浮状态，不会很快沉淀。

产品应用 本品主要用作镍钨碳化硅氧化铝复合电镀液。

所述镍钨碳化硅氧化铝复合电镀液在电镀过程中的应用，是以石墨作为阳极，以石油机械工件作为阴极，将镍钨碳化硅氧化铝复合电镀液温度控制在50～70℃，电流密度为4～12A/dm^2，电镀时间为2～4h，镀液pH值为2～4。

产品特性

（1）本产品克服了使用单一耐磨材料杂质多的缺点，充分融合两种颗粒大小不同的特点，在原镍钨合金电镀层的基础上，加入碳化硅和氧化铝，采用柠檬酸与甘氨酸作为复合配位剂，并采用糖精和3,5-二甲基-1-己炔-3-醇作为复合表面活性剂，对石油机械工件进行电镀，得到了颗粒密度较高、颗粒分布均匀、表面无微裂纹及耐腐蚀、耐磨性均得到显著提升的镍钨碳化硅氧化铝复合电镀层。制备镍钨碳化硅氧化铝复合电镀液的过程中，采用特定的加料顺序和工艺参数，克服了镀层结块的现象。电镀液在工作过程中无酸雾放出，电流效率高。

（2）本产品原料易得、对环境危害小，配置后可以长期存放。

（3）本产品制备方法简单易行、利于实现工业化。

（4）本产品对石油机械进行电镀时，电镀液无酸雾放出，电流效率高，得到的复合镀层颗粒密度较高，颗粒分布均匀，表面无微裂纹，耐腐蚀、耐磨性均得到显著提升。

钕镍钨合金电镀液

原料配比

原料	配比（质量份）		
	1#	2#	3#
硫酸镍	80	100	160
钨酸钠	15	20	25
氧化钕	0.1	0.5	1
硼酸	20	15	20
配位剂	65	70	80
光亮剂	4	5	8
去离子水	加至 1000	加至 1000	加至 1000

制备方法

（1）将配位剂 65～80g 加入到去离子水中搅拌至溶解形成溶液。

（2）向该溶液中加入钨酸钠 15～25g、硼酸 10～20g、硫酸镍 80～160g 搅拌溶解制成混合液。

（3）向该混合液中加入氧化钕 0.05～1g 和光亮剂 4～8g 搅拌溶解，再加入去离子水至总体积为 1L，得到钕镍钨合金电镀液。

原料配伍 本品各组分质量份配比范围为：硫酸镍 80～160、钨酸钠 15～25，氧化钕 0.05～1、硼酸 10～20、配位剂 65～80、光亮剂 4～8，去离子水加至 1000。

所述配位剂为柠檬酸钠和乙二酸的混合物，所述光亮剂为糖精和甲醛的混合物。

柠檬酸钠和乙二酸的质量比为 2:1，糖精和甲醛的质量比为 8:1。

所述钕镍钨合金电镀液的 pH 值为 3。

产品应用 本品主要用作钕镍钨合金电镀液。

产品特性 本产品对环境危害小、配制后可长期存放、电流效率高；

制得的镀层表面无微裂纹，耐蚀性好。

铈镍磷合金电镀液

原料配比

原　料	配比（质量份）		
	1#	2#	3#
硫酸镍	60	120	160
亚磷酸	30	50	80
氧化铈	0.1	0.1	0.5
硼酸	10	15	20
有机羧酸	10	15	25
糖精	3	5	8
去离子水	加至1000	加至1000	加至1000

制备方法

（1）向去离子水中加入有机羧酸 10～25g、亚磷酸 30～80g、硼酸 10～20g、镍盐 60～160g 搅拌溶解制成混合液。

（2）向该混合液中加入氧化铈 0.05～1g 和光亮剂 3～8g 搅拌溶解，再加入去离子水至总体积为 1L，得到铈镍磷合金电镀液。氧化铈先酸化处理，再加入到混合液中。

原料配伍　本品各组分质量份配比范围为：镍盐 60～160、亚磷酸 30～80、氧化铈 0.05～1、硼酸 10～20、有机羧酸 10～25、光亮剂 3～8，去离子水加至 1000。

所述镍盐为硫酸盐，所述有机羧酸为酒石酸、丁二酸或乙二酸，所述光亮剂为糖精、甲醛、二甲基己炔醇中一种或至少两种的混合物。

所述铈镍磷合金电镀液的 pH 值为 2～4，所述铈镍磷合金电镀液工作温度为 60～70℃。

产品应用　本品主要用作铈镍磷合金电镀液。

产品特性　本产品稳定性好；得到的镀层色泽美观、耐蚀性好。

酸性电镀锌镍合金电镀液

原料配比

原料	配比		
	1#	2#	3#
锌离子浓度	45g	20g	35g
镍离子浓度	40g	20g	40g
氯离子浓度	230g	130g	180g
硼酸	25g	15g	20g
光亮剂（亚苄基丙酮）	12mL	3mL	10mL
走位剂（壬基酚聚氧乙烯醚）	30mL	5mL	25mL
基础剂（乙二胺四乙酸二钠）	50mL	20mL	30mL
水	加至1L	加至1L	加至1L

制备方法　将各组分原料混合均匀即可。

原料配伍　本品各组分配比范围为：锌离子浓度20～45g，镍离子浓度20～40g，氯离子浓度130～230g，硼酸15～25g，光亮剂（亚苄基丙酮）1～12mL，走位剂（壬基酚聚氧乙烯醚）3～30mL，基础剂（乙二胺四乙酸二钠）10～50mL，水加至1L。

产品应用　本品是一种酸性电镀锌镍合金电镀液。

产品特性

（1）比传统碱性镀锌效率提升30%以上，提高工厂的产能及能源利用率。

（2）由于本产品采用的酸性锌镍溶液pH值（5.1～5.8）比传统的酸性锌镍工艺的pH较高，可大大延长设备的使用寿命，优化作业人员操作环境。

酸性无氰铜锡合金电镀液

原料配比

原料	配比（质量份）				
	1#	2#	3#	4#	5#
盐酸	50	75	100	150	100
氯化铜	10	20	15	25	20

续表

原料	配比（质量份）				
	1#	2#	3#	4#	5#
氯化亚锡	10	20	15	25	20
OP-9	2.5	—	—	—	—
O-20	—	—	5	—	—
OP-10	—	5	—	—	5
O-15	—	—	—	10	—
对氯苯甲醛	0.5	0.5	—	—	—
胡椒醛	—	—	0.5	—	—
α-氯代苯乙酮	—	—	—	1	—
苯甲酰丙酮	—	—	—	—	0.5
水	加至 1000	加至 1000	加至 1000	加至 1000	加至 1000

制备方法 将氯化铜和氯化亚锡溶解于盐酸水溶液中，搅拌下加入分散剂和光泽剂，搅拌至完全溶解，加水定容即得。

原料配伍 本品各组分质量份配比范围为：盐酸 50～150，氯化铜 10～25，氯化亚锡 10～25，分散剂 2.5～10，光泽剂 0.5～1，水加至 1000。

所述分散剂为烷基酚聚氧乙烯醚 OP-9、OP-10、脂肪醇聚氧乙烯醚 O-15、O-20 中的至少一种。

所述光泽剂为对氯苯甲醛、胡椒醛、α-氯代苯乙酮、苯甲酰丙酮中的至少一种。

所述电镀液的操作条件为：电流密度 0.5～2A/dm^2，温度 20～40℃。

产品应用 本品是一种酸性无氰铜锡合金电镀液。

电镀操作：阴极为铜片，阳极为磷铜板，pH 值小于 1，电流密度为 1A/dm^2，温度为 30℃，电镀 2min 后在铜片上镀上均匀光亮的铜锡合金，厚度为 1μm，硬度为 380HV。镀层外观光亮，将镀层置于 120℃烘烤 60min 不起泡。

产品特性

（1）本产品为酸性体系，主盐为无机盐，不使用配位剂，能有效提高工艺的电流效率，从而提高镀层的沉积速率，克服碱性无氰铜锡合金镀层偏薄的缺点。

（2）本产品操作简单，成本低，电流密度范围宽，所得镀层外观均匀光亮，结合力好，耐蚀能力好。

（3）本产品无氰、无铅，且无其他重金属添加剂，安全环保，有效避免了其对生态环境的危害，有效降低废水处理成本。

（4）本品采用无机盐为主盐，在酸性条件下使锡离子更易析出；再配合良好的分散剂，调整金属铜离子、锡离子在镀液中的析出电位，使铜离子和锡离子在每个电区均匀析出，达到共沉积效果；并采用光泽剂使镀层结晶细化，提高镀层的平整性和光泽度；该体系能有效提高工艺的电流效率，从而提高镀层的沉积速率，克服了碱性无氰铜锡合金镀层偏薄的缺点。本产品电镀液操作简单，成本低，电流密度范围宽，所得镀层外观均匀光亮，结合力好，耐蚀能力好。本产品的电镀液无氰、无铅，且无其他重金属添加剂和有机配位剂，安全环保，有效避免了其对生态环境的危害，有效降低了废水处理成本。

钛锰合金电镀液

原料配比

原料		配比（质量份）					
		1#	2#	3#	4#	5#	6#
钛化合物	三钛酸钠	—	—	—	5	5	10
	氢氧化钛	10	10	5	5	5	—
锰化合物	硫酸锰	10	5	5	5	—	—
	磷酸锰	—	—	—	—	5	5
氢氯酸		1	3	3	3	2	3
氢氟酸		3	1	1	1	2	1
硫酸铵		3.75	7.75	7.75	7.75	5	7.75
硫氰酸		3	7	7	7	4.5	7
氯化铵		5	10	10	10	6.5	10
水		加至100	加至100	加至100	加至100	加至100	加至100

制备方法 将各组分原料混合均匀即可。

原料配伍 本品各组分质量份配比范围为：钛化合物 5～10、锰化合物 5～10、氢氯酸 1～3、氢氟酸 1～3、氯化铵 5～10、硫酸铵 3.75～7.75、硫氰酸 3～7，水加至 100。

其中，钛化合物与锰化合物的质量比为(1～2):1。

所述钛化合物为三钛酸钠、氢氧化钛和氟化钛中的一种或多种。

所述锰化合物为硫酸锰、磷酸锰、氯化锰、碳酸锰和柠檬酸锰中的一种或多种。

质量指标

产品	镀层厚度	镀层努氏硬度/HK	镀 层 状 态
1#	0.254mm	900	表面均匀但不光亮，无手感颗粒
2#	0.0679mm	835	表面均匀光亮
3#	0.0254mm	800	表面均匀光亮
4#	0.105mm	878	表面均匀但较粗糙，有手感颗粒
5#	0.153mm	886	表面均匀但不光亮，无手感颗粒
6#	0.0312mm	821	表面均匀但不光亮，无手感颗粒

产品应用 本品主要用作钛锰合金电镀液。电镀钛锰合金在以下条件下进行：

使用之前先用氢氧化钠将电镀液的pH值调节至4～5，然后向电镀液通入氩气或氦气 20～24h，使电镀液中的含氧度（液体中溶解氧的质量浓度）降至0.1×10^{-6}～0.05×10^{-6}，再将电镀液加热至25～90℃，插入钛涡轮叶片镀件，以钛锰合金为阳极，电流密度为3～28A/dm^2，阴极与阳极的间距为2.5cm，电镀1h，整个电镀过程在封闭的电镀槽中进行，且电镀槽处于氩气或氦的保护气氛下，电镀上钛锰合金层后，依次用5%硫酸和2%氢氧化钠浸洗镀件表面。

产品特性 在镀件表面镀上一层0.0254～0.254mm厚的均匀的钛锰合金镀层，可使镀件（如钛涡轮叶片）努氏硬度由原来的300～400HK提高至800～900HK，使镀件具有良好耐蚀性，提高了镀件的使用效率。

替代硬铬镀层的电沉积纳米晶钴磷合金电镀液

原料配比

原　料	配比（质量份）					
	1#	2#	3#	4#	5#	6#
硫酸钴	100	150	—	—	—	125
氯化钴	—	—	80	120	100	—
硼酸	30	40	35	35	35	35

续表

原　料	配比（质量份）					
	1#	2#	3#	4#	5#	6#
磷酸	10	50	30	30	30	30
十二烷基硫酸钠	0.1	0.3	0.2	0.2	0.2	0.2
去离子水	加至 1000	加至 1000	加至 1000	加至 1000	加至 1000	加至 1000

制备方法 将各组分原料混合均匀，溶于水。

原料配伍 本品各组分质量份配比范围为：钴离子 80～150g/L，硼酸 30～40，磷酸 10～50，十二烷基硫酸钠 0.1～0.3，去离子水加至 1000。

所述钴离子来源于硫酸钴、氯化钴等可溶性钴盐中的至少一种。

产品应用 本品主要用作替代硬铬镀层的电沉积纳米晶钴磷合金电镀液。

电沉积纳米晶钴磷合金镀层的生产工艺，包括镀件的预处理和脉冲电沉积处理过程，其特殊之处在于所述电沉积处理过程是将经过预处理的镀件作为阴极，将钛金属作为阳极，直接置入 pH 值为 2～3 的电沉积纳米晶钴磷合金电镀液中进行单脉冲电沉积处理；电沉积工艺参数包括电沉积时间 30～60min，电沉积温度 30～60℃，单脉冲电流密度为 3～5A/dm^2，单脉冲频率 50～210Hz，占空比为 30%～60%；最终获得粒径小于 10nm 的纳米晶钴磷合金镀层。

具体工艺过程如下：

（1）配制电沉积纳米晶钴磷合金电镀液。

（2）镀件的预处理：将被镀件表面经除油、活化等预处理去除被镀件表面的油、污垢层和氧化层。

上述除油过程包括除油、水洗两个工序，所述除油是指将通用的金属清洗剂加热，然后电化学阴极除油 3min，电化学阳极除油 2min；除油后经过两次水洗，一次水洗是采用 20～80℃热水进行水洗，二次水洗采用常温水喷淋水洗即可。

上述活化过程包括活化、水洗两个工序，所述活化是指将被镀件浸入含有质量分数为 5%～10%的硝酸钠水溶液的阳极活化槽内，进行电化学阳极活化 2～6min；活化后经两次水洗，一次水洗是采用 20～80℃热水进行水洗，二次水洗则采用溶解性固体总含量少于 50×10^{-6} 的纯水进行喷淋水洗。

（3）电沉积过程：将作为阴极的镀件和作为阳极的钛金属直接置

入装有 pH 值为 2～3 的电沉积纳米晶钴磷合金电镀液的电镀槽中，通入单脉冲方波大功率电镀电源进行电沉积，设定电流密度为 3～5A/dm^2，单脉冲频率 50～210Hz，保持电沉积温度 30～60℃，电沉积时间 30～60min，占空比为 30%～60%；最终获得粒径小于 10nm 的纳米晶钴磷合金镀层。

所述单脉冲方波大功率电镀电源是指电压为 12V、电流 500～10000A、波形为标准方波的单脉冲电源。

（4）电沉积后处理：将电沉积后的镀件进行水洗，以清除镀件表面杂质。

所述水洗是先采用 20～80℃热水进行，再使用常温的溶解性固体总含量少于 50×10^{-6} 的纯水进行喷淋水洗。

（5）干燥去氢：将水洗后的镀件置入温度为 160～240℃的烘箱内加热保温 1～3h。

产品特性

（1）本产品使用钴及钴化合物电镀液，通过单脉冲方波大功率电镀电源进行电沉积作业，其中频率和占空比连续可调，可生成高性能的电沉积纳米晶钴磷合金镀层。

（2）本产品用于替代铬镀层的电沉积纳米晶钴磷合金镀层生产工艺，既可以使用目前硬铬电镀所有的基础设施，同时还有着卓越的完全可取代硬铬涂层的性能。尤其重要的是，这是一项完全环保型和低能耗新技术，不会对环境造成任何危害，节约大量的能源。本产品的目标就是用先进的纳米镀层技术来代替传统的镀硬铬技术，超过现有硬铬的整体性能和生命周期，并达到环保，节能的目的。

（3）电流效率高，沉积速率快，最高可达 60μm/h，镀同等厚度能耗只有镀硬铬的 1/3。

（4）深镀能力好，一次镀厚可达 2000μm 以上，深镀能力是镀硬铬的 10～18 倍。

（5）环保效果好，废液中不含六价铬，金属离子全部可以回收，而且回收简单容易，排放完全达标。

（6）耐腐蚀效果好，中性盐雾试验最高可以达到 1000h，远远超过镀硬铬的最高 200h。

（7）镀层的摩擦系数比镀硬铬的低，从而使得同等条件下磨损量也只有镀硬铬的 1/2。

铜线表面电镀液

原料配比

原　料	配比（质量份）				
	1#	2#	3#	4#	5#
硫酸镍	12	8	8.8	12	9.4
柠檬酸	6	8	7.4	8	6.6
硼酸	6	4	4.6	4	5.4
乙酸铅	0.2	0.4	0.26	0.2	0.28
硫酸亚锡	38	36	37.8	38	37.2
硫酸	12	14	12.2	12	12.4
次磷酸钠	8.2	6.4	6.6	6.4	7.6
丙烯酸	4.2	4.8	4.6	4.2	4.4
水	加至1000	加至1000	加至1000	加至1000	加至1000

制备方法　将各组分原料混合均匀即可。

原料配伍　本品各组分质量份配比范围为：硫酸镍8～12、柠檬酸6～8、硼酸4～6、乙酸铅0.2～0.4、硫酸亚锡36～38、硫酸12～14、次磷酸钠6.4～8.2、丙烯酸4.2～4.8、水加至1000。

产品应用　本品主要用作对铜线表面电镀液。

产品特性　本产品在铜线表面进行电镀处理后抗腐蚀性好，导电性、导热性良好，耐磨损，由于增加了镍、铅、磷等元素，有效地防止了铜原子向电镀液扩散，保证了电镀的效果，降低了锡的浪费，降低了成本。

无氟化锡铅合金电镀液

原料配比

原　料	配比（质量份）
磺化乙氧基化合物	1.5
氨基磺酸锡	70
氨基磺酸铅	30

续表

原　料	配比（质量份）
氨基磺酸	50
氧乙基化脂肪酸	1
去离子水	加至 1000

制备方法

（1）称取磺化乙氧基化合物，用少量去离子水溶解。

（2）在常温状态下，称取氨基磺酸锡、氨基磺酸铅、氨基磺酸、氧乙基化脂肪酸、先将上述材料分别用少量蒸馏水溶解，然后混合稀释至 800mL。

（3）将（1）中配制混合好的磺化乙氧基化合物与（2）中配制好的溶液混合，加入蒸馏水至 1000mL，溶液的 pH 值控制在 5～6。

原料配伍　本品各组分质量份配比范围为：氨基磺酸锡 35～70；氨基磺酸铅 15～30；氨基磺酸 50～100；氧乙基化脂肪酸 0.5～1；磺化乙氧基化合物 1～2；去离子水加至 1000。

产品应用　本品主要用作无氟化锡铅合金电镀液。

在室温条件下，阳极采用石墨作为电极，阴极作为施镀零件，电流密度为 6～8A/dm^2 下进行电镀，即可得到光亮的锡铅合金镀层。

产品特性　该无氟化锡铅合金电镀液具有无氟化污染，废水易处理，对环境危害小，镀液导电性高，能获得平整、光洁的镀层，镀层光亮区宽，分散能力及深镀能力高等特点。

无氰 Au-Sn 合金电镀液

原料配比

原　料		配　比		
		1#	2#	3#
非氰可溶性一价金盐	一价亚硫酸金钠{$Na_3[Au(SO_3)_2]$}	0.02mol	—	—
	亚硫酸金铵{$(NH_4)_3[Au(SO_3)_2]$}	—	0.05mol	—
	一价亚硫酸金钾{$K_3[Au(SO_3)_2]$}	—	—	0.01mol
可溶性二价锡盐	氯化亚锡（$SnCl_2$）	0.01mol	—	—
	硫酸亚锡（$SnSO_4$）	—	0.05mol	—
	焦磷酸亚锡	—	—	0.01mol

续表

原料		配比		
		1#	2#	3#
亚硫酸盐	亚硫酸铵$[(NH_4)_2SO_3]$	0.48mol	—	—
	亚硫酸钾（K_2SO_3）	—	2.4mol	—
	亚硫酸钠（Na_2SO_3）	—	—	0.96mol
有机多元酸	羟基亚乙基二膦酸（HEDP）	0.09mol	—	—
	二乙基三胺五乙酸（DTPA）	—	0.1mol	—
	乙二胺四乙酸（EDTA）	—	—	0.02mol
焦磷酸盐	焦磷酸钾	0.12mol	—	0.03mol
	焦磷酸钠（$Na_4P_2O_7$）	—	0.15mol	—
锡离子氧化抑制剂	对苯二酚	15g	—	—
	邻苯二酚	—	20g	—
	间苯二酚	—	—	10g
磷酸氢二盐	磷酸氢二钠	30g	—	—
	磷酸氢二钾	—	20g	—
	磷酸氢二铵	—	—	50g
钴盐	硫酸钴	0.5g	—	—
	氯化钴	—	0.1g	—
	硝酸钴	—	—	1g
去离子水		加至1L	加至1L	加至1L

制备方法

（1）取去离子水置于烧杯中，向烧杯中依次加入焦磷酸盐、可溶性二价锡盐、锡离子氧化抑制剂、磷酸氢二盐和钴盐，得溶液Ⅰ。

（2）取去离子水置于烧杯中，向烧杯中依次加入亚硫酸盐、有机多元酸和非氰可溶性一价金盐，搅拌均匀，得溶液Ⅱ。

（3）将溶液Ⅰ缓慢加入到溶液Ⅱ中，搅拌均匀，调节pH值，得到无氰Au-Sn合金镀液。

原料配伍 本品各组分配比范围为：非氰可溶性一价金盐0.01～0.05mol，亚硫酸盐0.48～2.4mol，有机多元酸0.02～0.1mol，可溶性二价锡盐0.01～0.05mol，焦磷酸盐0.03～0.15mol，锡离子氧化抑制剂10～20g，磷酸氢二盐20～50g，钴盐0.1～1g，去离子水加至1L。

所述Au-Sn合金电镀液中有机多元酸指能够与金属离子配位的有机多元酸，如EDTA、有机多磷酸、有机羧酸化合物等；锡离子氧化抑制剂指羟基苯化合物，如苯酚、对甲酚磺酸、间苯二酚、均苯三酚、连苯三酚、邻苯二酚、儿茶酚、对苯二酚等，本镀液体系中锡离子氧化抑制剂（羟基苯化合物）不仅能够抑制镀液中二价锡离子的氧化，而且能够促进锡的析出。

所述的合金电镀液优选的 pH 值为 7～9。镀液的稳定性受 pH 值的影响较大，本产品所述 Au-Sn 合金电镀液在 pH 值为 7～9 保持稳定，操作中可用 NaOH、KOH、H_2SO_4 或 HCl 等调节镀液的 pH 值。

所述合金电镀液中非氰一价可溶性金盐是亚硫酸金钠{$Na_3[Au(SO_3)_2]$}、亚硫酸金钾{$K_3[Au(SO_3)_2]$}或亚硫酸金铵{$(NH_4)[Au(SO_3)_2]$}；所述亚硫酸盐是亚硫酸钠、亚硫酸钾或亚硫酸铵。

所述可溶性二价锡盐是氯化亚锡、硫酸亚锡或焦磷酸亚锡；所述焦磷酸盐是焦磷酸钾或焦磷酸钠。

所述有机多元酸是 DTPA（二乙基三胺五乙酸）、EDTA（乙二胺四乙酸）或 HEDP（羟基亚乙基二膦酸）。

所述锡离子氧化抑制剂是邻苯二酚、对苯二酚或间苯二酚；所述磷酸氢二盐是磷酸氢二钾、磷酸氢二钠或磷酸氢二铵。

所述钴盐是硫酸钴、氯化钴或硝酸钴。

非氰可溶性一价亚硫酸金钠制备方法：欲配制 20g/L 一价亚硫酸金钠 100mL。

（1）先将 2g 金溶解于 26.6mL 王水中。

（2）将烧杯放置在加热器上，加热至 70～80℃后保温使金完全溶解，除去氮氧化物，在 70℃左右慢慢蒸发浓缩至原体积的 1/6，得到红褐色的三氯化金。

（3）三氯化金用 5 倍水稀释后，用浓度为 40%的氢氧化钠溶液、10%的氢氧化钠溶液调 pH 值至 6～7。

（4）将得到的溶液逐滴加入到 40～50℃、66g/L 亚硫酸钠溶液中（体积为 150mL），并搅拌，同时控制溶液 pH 值为 8～9，继续加热到 50～60℃，保温一段时间，得到无色的亚硫酸金钠溶液。再将溶液体积调整至 200mL，得到 20g/L 的一价亚硫酸金钠溶液。

产品应用 本品主要用作无氰 Au-Sn 合金电镀液。本产品可应用于微电子和光电子工业中，如发光二极管（LED）芯片的连接与封装、倒装芯片连接，半导体器件或类似器件的表面形成焊盘或图案等。

可采用换向脉冲或变幅脉冲电镀方法利用上述电镀液进行 Au-Sn 合金电镀。在电镀过程中合金电镀液的温度优选 25～55℃，所用阳极优选不锈钢、纯金或铂金钛网。

电镀的温度影响镀液的稳定性，同时影响电镀的速率。本产品Au-Sn合金电镀液在25～55℃之间保持稳定，电镀温度的升高有利于电镀速率的提高。

电镀的阳极影响镀层的性能。本产品Au-Sn合金电镀液，在电镀过程中可使用的阳极为不锈钢、纯金或铂金钛网。

产品特性 本镀液稳定、镀速快、操作简单，镀层Au-Sn合金成分易于控制，适用于生产。

无氰镀金镍合金电镀液

原料配比

原料		配比（质量份）					
		1#	2#	3#	4#	5#	6#
金的有机盐	柠檬酸金钾	3.5	3.5	4	4	3.5	4
镍的无机盐	硫酸镍	35	35	40	40	40	35
配位剂柠檬酸及柠檬酸盐	柠檬酸	50	50	60	60	55	50
	柠檬酸钾	60	60	—	—	70	—
	柠檬酸钠	—	—	80	80	—	—
	柠檬酸铵	—	—	—	—	—	60
支持电解质	KCl	6	—	6	—	7	8
	NaCl	—	5	—	5	—	—
镀金镍合金添加剂	丙氨酸	0.8	—	—	—	—	0.7
	苯丙氨酸	—	0.7	—	—	—	—
	色氨酸	—	—	0.9	—	—	—
	谷氨酸	—	—	—	0.9	—	—
	天冬氨酸	—	—	—	—	0.8	—
水		加至1000	加至1000	加至1000	加至1000	加至1000	加至1000

制备方法 将各组分原料混合均匀即可。

原料配伍 本品各组分质量份配比范围为：金的有机盐3～5，镍的无机盐30～50，配位剂柠檬酸及柠檬酸盐30～140，支持电解质1～10，镀金镍合金添加剂0.7～0.9，水加至1000。

其中所述无氰镀金镍合金电镀液配位剂为柠檬酸及柠檬酸盐中的一种或几种。

所述金的有机盐为柠檬酸金钾。

所述镍的无机盐为硫酸镍。

所述镀金镍合金添加剂体系为丙氨酸、苯丙氨酸、色氨酸、谷氨酸、天冬氨酸中的一种或者几种。

镀金镍合金添加剂体系为丙氨酸、苯丙氨酸、色氨酸、谷氨酸、天冬氨酸中的一种或者几种。其中丙氨酸浓度为30～5000mg/L；苯丙氨酸浓度为5～1200mg/L；色氨酸浓度为10～2000mg/L；谷氨酸浓度为10～1800mg/L；天冬氨酸浓度为10～800mg/L。

产品应用 本品主要是无氰镀金镍合金电镀液。

使用电镀液的操作条件为：pH 值范围为 4～5，电流密度为 1～5A/dm^2，温度为 30～50℃。

电镀步骤为：先将配位剂、支持电解质和电镀液 pH 调节剂按照所述原料配方混合均匀，加入镍的无机盐，搅拌溶解，最后在搅拌溶液的情况下加入到金的有机盐溶液，制成无氰镀金镍合金电镀液。在电镀过程中，先将镀液温度维持在 30～50℃，然后，将处理好的金属基底置于电路组成部分的阴极上，将阴极连同附属基底置于电镀液中，并通以电流，所通的电流大小与时间要根据实际要求而定。

产品特性 本产品不含有毒性强的氰化物或者其他毒性强的有害物质，因此不会污染环境及面临废液处理困难等问题。本产品化学稳定性很好，而且在电镀过程中不需要除氧，操作简单，金镍合金镀层的晶粒细致、光亮且结合力好，能满足装饰性电镀和功能性电镀等多领域的应用。

无氰型铜锡合金电镀液

原料配比

原　料	配比（质量份）			
	1#	2#	3#	4#
焦磷酸亚锡	34.3	33	44	16.5
焦磷酸铜	12.5	13.5	16	6
焦磷酸钠	200	—	—	108
焦磷酸钾	—	250	320	—
丁二酰亚胺	100	100	128	48
磷酸氢二钾	49	—	—	49
磷酸氢二钠	—	40	40	—
水杨醛	8.5	—	—	—

续表

原料	配比（质量份）			
	1#	2#	3#	4#
甲醛	—	9.5	7.9	—
乙醛	—	—	—	4.7
水	加至1000	加至1000	加至1000	加至1000

制备方法 将各组分原料混合均匀即可。

原料配伍 本品各组分质量份配比范围为：所述的锡的无机盐为焦磷酸亚锡15～45，铜的无机盐为焦磷酸铜5～20，水加至1000。

主配位剂为焦磷酸钾盐或焦磷酸钠盐100～350，所述含氮的杂环化合物为丁二酰亚胺40～150。

pH缓冲剂为磷酸氢二钾30～55或磷酸氢二钠30～50。

可溶性醛为甲醛、乙醛、丙醛或水杨醛。

可溶性醛的量为：甲醛0.4～10；乙醛0.4～11；丙醛0.5～11；水杨醛0.4～9.5。

可溶性醛的量优选为4～10。

产品应用 本品主要用作无氰型铜锡合金电镀液。

应用无氰型铜锡合金电镀液电镀的步骤为：将锡的无机盐和铜的无机盐分别溶解在主配位剂中形成溶液，在搅拌的条件下向上述两份溶液中分别依次加入pH缓冲剂、辅助配位剂溶解。将配制好的溶液放置一段时间（当溶液变成深蓝色，即达到稳定配位），备用。然后将两份已加入pH缓冲剂和辅助配位剂的溶液混合，调节pH并在搅拌条件下加入所需的添加剂并定容。最后，将处理好的金属基底置于电路组成部分的阴极上，将对电极置于电镀液中，根据需要选择合适的电流大小与时间。无氰型铜锡合金电镀液的操作条件为：pH 7.0～9.5，电流密度0.3～2.5A/dm^2，温度20～40℃。

产品特性

（1）本产品不含有毒性强的氰化物或其他毒性强的有害物质。本产品操作简单，成本低，电流密度范围宽，且所得铜锡合金层细致、光亮并且结合力好，能够满足装饰性电镀和功能性电镀等多领域的应用。

（2）本产品所用盐为锡的无机盐和铜的无机盐，提供该电镀液所需要的金属离子，主配位剂为可溶性焦磷酸盐，与锡的无机盐和铜的无机盐配位增加过电位，辅助配位剂为含氮的杂环化合物，与两种无机盐配位能够缩小两种主盐的过电位差，pH 缓冲剂为可溶性磷酸氢二盐，能够提供一个相对稳定的 pH 操作条件，添加剂为可溶性醛，可以细化镀层颗粒，增加镀层的光亮性。

稀土镍钴硼多元合金电镀液

原料配比

原　料	配比（质量份）			
	1#	2#	3#	4#
硫酸镍	250	200	220	180
硫酸钴	20	30	40	50
硼酸	50	40	40	30
氯化镍	30	40	50	60
柠檬酸钠	30	—	—	10
柠檬酸	—	20	20	—
酒石酸钠	3	4	4	5
三氧化二钐	—	—	1	—
三氧化二镧	0.1	0.5	—	—
三氧化二铈	—	—	—	2
二甲基胺硼烷	2	3	4	4
去离子水	加至 1000	加至 1000	加至 1000	加至 1000

制备方法

（1）将 650mL 去离子水加热至 50～60℃，加入 180～250g 硫酸镍，20～50g 硫酸钴，30～50g 硼酸和 30～60g 氯化镍，充分搅拌至完全溶解；将所得溶液用氨水或稀硫酸调节 pH=4～5，加入柠檬酸钠或柠檬酸 10～30g，酒石酸钠 3～5g，充分搅拌，制得混合液Ⅰ。

（2）取 0.1～2g 稀土，酸化后加入混合液Ⅰ中，充分搅拌，制得混合液Ⅱ；酸化时先用去离子水将稀土调成糊状，再加入稀硫酸或稀盐酸充分搅拌至溶液澄清。所述的稀土为 La_2O_3、Sm_2O_3 或 Ce_2O_3。

（3）取 2～4g 二甲基胺硼烷，用 50%氨水调 pH=10，加入混合液Ⅱ中，加去离子水至 1L，并充分搅拌，即制得稀土镍钴硼多元合金电镀液。

原料配伍　本品各组分质量份配比范围为：硫酸镍 180～250；硫酸钴 20～50；氯化镍 30～60；二甲基胺硼烷 2～4；硼酸 30～50；稀土 0.1～

2；酒石酸钠 3～5；柠檬酸钠或柠檬酸 10～30；去离子水加至 1000。

镀层为非晶态夹杂纳米晶结构，显微硬度为 700～1300HV；钴在镀层中的质量分数为 1%～40%，硼为 0.1%～1.5%，余量为镍及微量稀土。

稀土镍钴硼多元合金防腐耐磨镀层的显微硬度为 1150～1300HV。

产品应用　本品主要用作稀土镍钴硼多元合金防腐耐磨镀层的电镀液。可广泛应用于机械零部件的表面处理。

施镀方法：

（1）碳钢工件 50mm×50mm×1.2mm 镀件预处理：手工除锈—水洗—除油—水洗—活化—去离子水清洗；

（2）将电镀液倒入 1L 的电镀槽，阳极用纯镍板 3mm×50mm×100mm 两块，将电镀液加热至 55℃；

（3）施镀工件作为阴极，放入电镀槽中在电流密度 4mA/cm^2 下进行施镀，时间为 40min，电镀完成后，用水冲洗，吹干，施镀时电流效率为 95%。

产品特性　本产品中同时加入了胺硼烷和稀土元素，胺硼烷可以与 Ni、Co 共沉积并形成纳米晶体及非晶体结构；而稀土元素添加剂可降低沉积层内应力，增加耐蚀性，溶液中不含有毒盐类和极难降解的添加剂，节能环保，且制备方法操作简单，而且电流效率高。用该镀液施镀得到的镀层外观光亮、平整、无裂纹、孔隙率极低；镀层硬度 700～860HV，经过热处理后镀层硬度可达 1000～1300HV；镀层与基材的结合力好，对硫酸、盐酸、硫化氢具有很好的耐腐蚀性，镀层具有很好的耐磨性。

锡钴合金装饰性代铬电镀液

原料配比

原料	配比（质量份）					
	1#	2#	3#	4#	5#	6#
氯化亚锡	40	50	45	40	50	42
氯化钴	40	30	35	38	40	36
氯化钾	60	90	70	80	80	85

续表

原料	配比（质量份）					
	1#	2#	3#	4#	5#	6#
EDTA二钠盐	10	12	11	10	11	10
酒石酸钾钠	10	5	6	8	7	9
丙烯酸-2-乙基己酯	0.5	0.2	0.3	0.4	0.4	0.2
亚苄基丙酮	0.1	0.2	0.1	0.15	0.1	0.1
聚氧丙烯甘油醚	0.2	0.1	0.1	0.15	0.2	0.1
香豆素	0.05	0.02	0.02	0.03	0.04	0.05
去离子水	加至1000	加至1000	加至1000	加至1000	加至1000	加至1000

制备方法 将各组分原料混合均匀即可。

原料配伍 本品各组分质量份配比范围为：氯化亚锡40～50，氯化钴30～40，氯化钾60～90，EDTA二钠盐10～12，酒石酸钾钠5～10，丙烯酸-2-乙基己酯0.2～0.5，亚苄基丙酮0.1～0.2，聚氧丙烯甘油醚0.1～0.2，香豆素0.02～0.05，去离子水加至1000。

主盐为氯化亚锡和氯化钴，以氯化亚锡为主盐的酸性镀锡液连续工作半个月就会发生浑浊，难以镀出合格产品，需加一定稳定剂。酒石酸钾钠（$C_4O_6H_4KNa$）具有配位性，能与铝、铍、镉、钴、钼、铌、铅、镍、钯、铂、铑、锑、锡、钽、钨、锌、（铜）及硒、碲等金属离子在碱性溶液中形成可溶性配合物，乙二胺四乙酸二钠是一种常用配位剂，用于配位金属离子和分离金属。这两种物质复配作为锡钴合金电镀的配位剂尚未见报道，并且在连续生产的情况下，加入这种配位剂复配物的镀液能保持半年以上的时间清亮不浊，明显延长了现有锡钴合金电镀液的使用寿命。

基质为去离子水。

为了使锡钴合金电镀液的镀层外观更接近于装饰性镀铬层，在电镀液中加入光亮剂，光亮剂由主光剂、辅助光亮剂、载体光亮剂复配制成，本产品选用丙烯酸-2-乙基己酯作为主光剂。

因为主光剂均只能在某一电流密度范围内发挥光亮作用，所以单独使用是不能获得理想镀层的，但是如果和辅助光亮剂配合使用就能起到协同效应，从而使镀层结晶细化、光亮电流密度区域进一步扩大，本产品采用亚苄基丙酮作为辅助光亮剂与丙烯酸-2-乙基己酯主光剂复配使用能显著拓宽光亮区，有效消除镀层白雾。

有机光亮剂的光亮作用主要表现为在阴极上的吸附，阴极上的吸附过强或过弱均无法获得理想的光亮镀层。因为吸附太强，脱附电位太负，析氢严重，易形成针孔；吸附过弱时，脱附电位相对较正，镀层结晶粗糙。只有适当的吸附才能达到好的光亮效果。大多数有机光亮剂在水中的溶解度非常小，因而在阴极处被吸附的量也少，所以不宜单独加入镀液；有些有机光亮剂在电镀过程中因发生氧化、聚合等反应，容易从镀液中析出，因此，如果要使光亮剂的效果得到充分发挥，就必须加入一些表面活性剂，利用其增溶作用来提高光亮剂在镀液中的含量，这些表面活性剂称为载体光亮剂，亦称为分散剂，本产品采用聚氧丙烯甘油醚作为载体光亮剂。由于聚氧丙烯甘油醚本身属于表面活性剂，同时它还具有润湿和细化结晶等功能，具有降低溶液与阴极间的界面张力，使氢气泡容易脱离阴极表面，从而防止镀层产生针孔的显著效果。

导电盐选用氯化钾，用以提高镀液的导电率，导电盐的含量受到溶解度的限制，而且大量导电盐的存在还会降低其他盐类的溶解度，对于含有较多表面活性剂的溶液，过多的导电盐会降低它们的溶解度，使溶液在较低的温度下发生乳浊现象，严重的会影响镀液的性能，所以导电盐的含量也应适当。

整平剂采用香豆素，该物质具有使镀层将基体表面细微不平处填平的作用。

质量指标

实施例编号	测试结果		
	镀层外观	镀液稳定性	镀层附着力
1#	蓝银白光亮，酷似镀铬层	8个月内清亮无浑浊现象、镀层正常	百格法镀层脱落率1%，附着力优
2#	蓝银白光亮，酷似镀铬层	7个月内清亮无浑浊现象、镀层正常	百格法镀层脱落率1%，附着力优
3#	蓝银白光亮，酷似镀铬层	8个月内清亮无浑浊现象、镀层正常	百格法镀层脱落率2%，附着力优
4#	蓝银白光亮，酷似镀铬层	9个月内清亮无浑浊现象、镀层正常	百格法镀层脱落率2%，附着力优
5#	蓝银白光亮，酷似镀铬层	7个月内清亮无浑浊现象、镀层正常	百格法镀层脱落率1%，附着力优
6#	蓝银白光亮，酷似镀铬层	9个月内清亮无浑浊现象、镀层正常	百格法镀层脱落率2%，附着力优

产品应用 本品主要用作锡钴合金装饰性代铬电镀液。

锡钴合金装饰性代铬电镀液的电镀方法：以不锈钢作为阳极，放入电镀液中，将工件按照常规镀前处理进行清洗和活化后电镀光亮镍，将上述电镀过光亮镍的工件放入所述的锡钴合金装饰性代铬电镀液中作为阴极，在温度为 50～60℃、pH 值为 8～9、阴极电流密度为 0.3～1.0A/dm^2 的条件下进行电镀。

产品特性 镀层外观光亮，呈银白色，酷似装饰铬的外观，可以广泛应用于装饰性代铬工艺中；并且本产品具有镀层光亮平整、均匀致密、附着力好、电镀液使用寿命长等优点。

锡铜铋合金电镀液

原料配比

原　　料	配　　比
柠檬酸	150g
十二烷基二甲基氨基乙酸甜菜碱	2mL
抗坏血酸	1g
硫酸锡	20g
对苯酚磺酸锡	50g
硫酸铜	15g
硫酸铋	10g
硫酸	80g
甲烷磺酸	100g
对苯酚磺酸	150g
葡萄糖酸钠	150g
硝基三乙酸	20g
二丁基萘磺酸钠	2mL
离子水	加至 1L

制备方法 将柠檬酸溶解于 35～50mL 的水中，配制成柠檬酸水溶液，然后向此溶液中加入十二烷基二甲基氨基乙酸甜菜碱、抗坏血酸，搅拌直至完全溶解，再依次向以上溶液中加入硫酸锡、对苯酚磺酸锡、硫酸铜、硫酸铋、硫酸、甲烷磺酸、对苯酚磺酸、葡萄糖酸钠、硝基三乙酸、二丁基萘磺酸钠、去离子水，混合均匀即可。

原料配伍 本品各组分配比范围为：硫酸锡 15～20g；对苯酚磺酸锡 20～50g；硫酸铜 2～15g；硫酸铋 2～10g；硫酸 80～100g；甲烷磺酸 80～100g；对苯酚磺酸 120～150g；柠檬酸 150～200g；葡萄糖酸

钠 150～200g；硝基三乙酸 15～20g；二丁基萘磺酸钠 1～2mL；十二烷基二甲基氨基乙酸甜菜碱 1～2mL；抗坏血酸 0.5～1.0g；离子水加至 1L。

产品应用 本品主要用作锡铜铋合金电镀液。

使用方法：在室温条件下，阳极采用石墨作为电极，阴极为施镀零件，电流密度为 50～150A/dm^2 下进行电镀，即可得到光亮的锡铜铋合金镀层。

产品特性 该锡铜铋合金电镀液具有镀层无晶须、成本低：镀层抗裂性和可焊性能优良；无铅、低毒等特点。

锡锌合金电镀液

原料配比

原料	配比
柠檬酸	100g
对苯酚磺酸锡	120g
硫酸亚锡	40g
硫酸锌	50g
硫酸铵	80g
十二烷基二甲基氨基乙酸甜菜碱	8mL
抗坏血酸	1g
去离子水	加至 1L

制备方法 将柠檬酸 50～100g 溶解于 35～50mL 的水中，配制成柠檬酸水溶液，然后，向此溶液加入对苯酚磺酸锡 120～150g，搅拌直至完全溶解，再依次向以上溶液中加入硫酸亚锡 30～40g、硫酸锌 30～50g、硫酸铵 50～80g、葡萄糖酸钠 100～150g、十二烷基二甲基氨基乙酸甜菜碱 5～8mL、抗坏血酸 0.5～1g，去离子水加至 1L，混合均匀即可。

原料配伍 本品各组分配比范围为：硫酸亚锡 30～40g；对苯酚磺酸锡 120～150g；硫酸锌 30～50g；硫酸铵 50～80g；柠檬酸 50～100g；葡萄糖酸钠 100～150g；十二烷基二甲基氨基乙酸甜菜碱 5～8mL；抗坏血酸 0.5～1.0g；去离子水加至 1L。

产品应用 本品主要用作锡锌合金电镀液

所述镀液的沉积条件为：以锡锌合金为阳极，铁板为阴极，电镀在室温下进行，控制阴极电流密度在 0.2～5A/dm^2。

产品特性 采用本方案后，避免了氟硼酸盐体系污染大的缺点，而且通过添加面活性剂对镀层有配位作用。该锡锌合金电镀液具有镀液稳定性高，沉积速率快，耐腐蚀性能和力学性能优异等特点。

亚磷酸体系镀 Ni-P 合金的电镀液

原料配比

原料	配比（质量份）					
	1#	2#	3#	4#	5#	6#
$NiSO_4 \cdot 6H_2O$	200	260	230	220	250	240
$NiCl_2 \cdot 6H_2O$	30	70	50	40	60	45
H_3PO_3	20	50	30	25	40	35
H_3BO_3	30	50	40	35	45	40
NaF	25	45	30	30	40	35
柠檬酸钠	25	50	38	30	37	40
糖精钠	5	10	7	6	7	8
羟乙基炔丙基醚	0.5	0.7	0.6	0.55	0.58	0.6
十二烷基硫酸钠	0.05	0.2	0.12	—	—	—
十二烷基苯磺酸钠	—	—	—	0.10	0.12	0.16
去离子水	加至 1000	加至 1000	加至 1000	加至 1000	加至 1000	加至 1000

制备方法 根据配方用电子天平称取各原料组分。用适量去离子水分别溶解各组分原料并混合均匀，加水调至预定体积。加稀盐酸调节 pH 值至 0.5～2。

原料配伍 本品各组分质量份配比范围为：$NiSO_4 \cdot 6H_2O$ 含量为 200～260，$NiCl_2 \cdot 6H_2O$ 含量为 30～70，H_3PO_3 含量为 20～50，H_3BO_3 含量为 30～50，氟化物含量为 25～45，柠檬酸盐含量为 25～50，糖精盐含量为 5～10，羟乙基炔丙基醚含量为 0.5～0.7 和阳离子表面活性剂含量为 0.05～0.2。

所述阳离子表面活性剂为十二烷基硫酸钠和/或十二烷基苯磺酸钠。

选用柠檬酸盐为配位剂，柠檬酸盐优选为柠檬酸盐钾或钠。镍离子在镀液中较易水解成多核聚合物，而该多核聚合物将富集于阴极表面阻碍二价镍的放电沉积，多核聚合物由于含有较长的分子链难以放电沉积成镍单质。柠檬酸根与二价镍离子有较强的配位能力，当柠檬酸在镀液中的浓度达到一定时，柠檬酸根能与水发生竞争，可争夺水分子与镍离子的配位，形成更稳定的且可放电沉积的镍柠檬酸的配合物。此外，该配合物可提高阴极放电的活化能，增强二价镍离子在阴极的极化，减缓阴极的析氢现象。

选用亚磷酸为镀层中单质磷的来源。相比于次磷酸体系的磷源，亚磷酸体系可承受更大范围的阴极电流密度，不会出现镀层的发黑或发灰，镀层质量较为稳定。亚磷酸在阳极可被氧化成酸性较强的正磷酸，从而在一定程度上能减缓镀液在电镀过程中因氢离子的消耗导致的酸性的下降。

选用 $NiCl_2$ 为镍的辅盐，其中的氯离子主要起活化的作用，防止阳极发生钝化，促进阳极正常溶解，还能增大溶液的导电能力和阴极电流效率，使镀层晶粒细化。本产品中镍离子的含量为230～330g/L，当镍离子含量较低时，即使亚磷酸的浓度再大，镀液中的析氢仍然较为严重。只有当镍离子维持在该范围时，方能够保证镍与磷的共沉积。镍含量过高，会使得镀层中磷含量过低，从而影响镀层的耐腐蚀性等综合性能。

选用 H_3BO_3 作为缓冲剂，起 pH 缓冲作用，稳定镀液所需的酸性环境。选用氟化物为导电盐，氟化物优选为可溶性的氟化物，例如氟化钠或氟化钾。氟离子可与硼酸根离子配位形成氟硼酸根配离子，因而可促进硼酸的缓冲作用，提高阴极极限电流密度。

选用羟乙基炔丙基醚为次级光亮剂，主要起增强高、中阴极电流密度区阴极极化，提高光亮填平，长效等作用。选用糖精盐（钠盐）作为初级光亮剂，可消除镀层内应力，增强延展性，提高低电位分布能力。羟乙基炔丙基醚和糖精盐的复合使用可获得宽阴极电流密度范围的光亮镀层。

阳离子表面活性剂起润湿剂的作用，降低阴极表面张力，防止镀层表面产生针孔，有利于氢气的逸出。

质量指标

项　　目	1#	2#	3#	4#	5#	6#
分散能力/%	55.2	54.3	59.1	61.6	62.5	64.4
深镀能力/%	83.7	84.6	86.9	88.6	91.8	91.5
电流效率/%	78.04	80.47	79.94	80.26	81.84	83.37
沉积速率/（μm·h）	24.4	31.1	35.4	41.2	39.6	44.7
硬度/HV	423	457	475	495	517	546
耐 10%NaOH 腐蚀性/[10^{-3}g/(m^2·h)]	46.1	44.3	43.8	42.7	41.5	40.8
耐 3.5% NaCl 腐蚀性/[10^{-3}g/(m^2·h)]	8.7	7.3	6.5	5.7	4.6	4.2
耐磨损性/$10^{-3}mm^3$	27.6	25.9	23.8	21.7	20.9	19.5
P 含量/%	10.4	11.8	12.1	12.8	13.6	14.3
镀层外观	C	C	C	C	B	B

产品应用　本品是一种亚磷酸体系镀 Ni-P 合金的电镀液。

使用所述配方配制电镀液电镀的方法：

（1）阴极采用 10mm×10mm×0.2mm 规格的紫铜板。将紫铜板先用200目水砂纸初步打磨后再用W28金相砂纸打磨至表面露出金属光泽。依次经温度为 50～70℃的碱液除油、蒸馏水冲洗、95%乙醇除油、蒸馏水冲洗。碱液的配方为 40～60g/L NaOH、50～70g/L Na_3PO_4、20～30g/L Na_2CO_3 和 3.5～10g/L Na_2SiO_3。

（2）以 10mm×10mm×0.2mm 规格的纯镍板为阳极，电镀前先用砂纸打磨平滑，然后用去离子水冲洗及烘干。

（3）将预处理后的阳极和阴极浸入电镀槽中的电镀液中，调节水浴温度使得电镀液温度维持在 50～70℃。将机械搅拌转速调为 100～400r/min。接通脉冲电源，脉冲电流的脉宽为 1～3ms，占空比为 5%～30%，平均电流密度为 2～5A/dm^2。待通电 20～40min 后，切断电镀装置的电源。取出紫铜板，用蒸馏水清洗，烘干。

产品特性　本产品选用柠檬酸盐为配位剂，有利于镍和磷的共沉积，较好地控制镀层中镍与磷的含量；复合选用羟乙基炔丙基醚和糖精盐作为光亮剂，由此使 Ni-P 合金镀层的硬度大、耐磨损性强、耐腐蚀性高。

用于形成镍钼稀土二硅化钼复合镀层的电镀液

原料配比

稀土盐溶液的制备

原料	配比							
	1#	2#	3#	4#	5#	6#	7#	8#
氧化镧	2.3456g	—	—	—	—	—	—	—
氧化钕	—	3.4992g	—	—	—	—	—	—
氧化钇	—	3.8100g	—	—	—	—	—	—
氧化铒	—	—	5.7175g	—	—	—	—	—
氧化钐	—	—	—	2.8991g	—	—	—	—
氧化镥	—	—	—	—	0.5686g	—	—	—
氧化镨	—	—	—	—	—	4.6813g	—	—
氧化铽:氧化镝(1:1)	—	—	—	—	—	—	5.7463g	—
氧化铈:氧化钆(1:1)	—	—	—	—	—	—	—	2.9049g
37%盐酸	12mL	—	—	15mL	—	15mL	—	—
浓硝酸	—	60mL	30mL	—	3mL	—	30mL	22mL
水	加至100mL	加至200mL	加至100mL	加至50mL	加至50mL	加至100mL	加至100mL	加至100mL

二硅化钼微粒预处理

原料	配比							
	1#	2#	3#	4#	5#	6#	7#	8#
二硅化钼(10μm)	5g	—	—	—	—	—	—	—
二硅化钼(10nm)	—	60g	—	—	—	—	—	—
二硅化钼(1μm)	—	—	32.5g	—	—	—	—	—
二硅化钼(2μm)	—	—	—	7g	—	—	—	—
二硅化钼(100nm)	—	—	—	—	45g	—	—	—
二硅化钼(4μm)	—	—	—	—	—	30g	—	—
二硅化钼(80nm)	—	—	—	—	—	—	35g	—
二硅化钼(500nm)	—	—	—	—	—	—	—	40g

续表

原料	配比							
	1#	2#	3#	4#	5#	6#	7#	8#
丙酮	10mL	50mL	35mL	10mL	50mL	30mL	40mL	40mL
2mol/L 盐酸	10mL							
6mol/L 盐酸	—	50mL	—	—	—	—	—	—
3mol/L 盐酸	—	—	50mL	—	—	—	50mL	—
5mol/L 盐酸	—	—	—	10mL	—	—	—	—
2.5mol/L 盐酸	—	—	—	—	50mL	—	—	—
3.5mol/L 盐酸	—	—	—	—	—	30mL	—	—
4.5mol/L 盐酸	—	—	—	—	—	—	—	40mL

混合液制备

原料	配比							
	1#	2#	3#	4#	5#	6#	7#	8#
硝酸镍	10g	—	150g	—	50g	50g	100g	100g
氯化镍	—	—	50g	100g	50g	—	150g	100g
硫酸镍	—	200g	—	—	50g	—	—	100g
钼酸钠	10g	—	—	—	—	200g	—	—
磷钼酸铵	—	800g	—	300g	—	—	200g	—
钼酸铵	—	—	200g	300g	100g	—	300g	300g
柠檬酸	—	50g	—	—	—	—	—	—
甲酸	2g	—	—	—	—	—	—	—
乙酸	—	—	—	—	35g	—	—	—
草酸	3g	—	52.5g	—	—	—	—	—
钼酸	—	—	200g	—	—	—	—	—
酒石酸	—	—	—	20g	—	—	—	—
苹果酸	—	—	—	—	35g	—	30g	—
乳酸	—	—	—	—	—	30g	—	—
氨基乙酸	—	—	—	—	—	30g	—	—
羟基乙酸	—	—	—	—	—	—	—	30g
丁二酸	—	—	—	—	—	—	—	10g
氯化镍	—	200g	—	—	—	—	—	—
氯化铵	10g	—	155g	150g	—	—	150g	100g
氯化钾	—	50g	—	—	50g	200g	150g	200g
氯化钠	—	50g	—	150g	—	—	—	—
稀土盐溶液	2.5g	200g	60g	3g	5g	75g	50g	40g

续表

原料	配比							
	1#	2#	3#	4#	5#	6#	7#	8#
水	加至1L	加至1L	加至1L	加至1L	加至1L	加至1L	加至1L	加至1L
碳酸钠溶液	适量	适量	适量	适量	适量	适量	适量	适量

成品制备

原料	配比							
	1#	2#	3#	4#	5#	6#	7#	8#
分子量为6000的聚乙二醇	0.01g	—	0.0569g	—	0.1g	—	0.2g	0.2g
十六烷基三甲基溴化铵	—	0.5g	0.2845g	—	—	0.5g	—	—
曲拉通X-100	—	0.4g	—	—	0.1g	—	0.2g	0.2g
溴化十六烷基吡啶	—	—	—	0.4g	—	—	—	—
二硅化钼微粒	5g	60g	32.5g	7g	45g	30g	35g	40g
混合液	1000g	1000g	984g	1000g	1000g	1000g	1000g	1000g

制备方法

（1）稀土盐溶液的配制：将稀土氧化物溶于硝酸或盐酸中，配制成稀土的浓度为 10～50g/L 稀土盐溶液；其中稀土氧化物为镧、铈、镨、钕、钐、铕、钆、铽、镝、钬、铒、铥、镱、镥、钇、钪中的一种或两种以上的稀土元素的氧化物组成的混合物；稀土盐为稀土硝酸盐、稀土氯化物或稀土硝酸盐与稀土氯化物组成的混合物。

（2）二硅化钼微粒的预处理：将粒径为 10nm～10μm 的二硅化钼微粒先用丙酮清洗，再浸泡于 2～6mol/L 的盐酸溶液中 0.2～1h，抽滤，水洗至中性，在 50～100℃下干燥 0.5～5h，即得预处理后的二硅化钼微粒。

（3）用水将镍盐、含钼杂多酸盐、配位剂和氯化物溶解后，加入步骤（1）制备的稀土盐溶液，用碳酸钠水溶液调 pH 值为 7.5～9.0，即得镍盐-钼杂多酸盐-配位剂-氯化物-稀土盐混合液，控制其中镍盐、含钼杂多酸盐、配位剂、氯化物、稀土的浓度分别为 10～400g/L、10～800g/L、5～100g/L、10～300g/L、0.05～6g/L。

（4）将步骤（1）所得的预处理后的二硅化钼微粒、步骤（2）制备的镍盐-钼杂多酸盐-配位剂-氯化物-稀土盐混合液体积的 1%～6.5% 与表面活性剂混合后，在研钵中研磨，然后转入新的容器继续添加步骤（2）所得的余量的镍盐-钼杂多酸盐-配位剂-氯化物-稀土盐混合液，控制搅拌转速为 100～900r/min 进行搅拌 4～12h 后，用超声波处理 0.2～1h，即得用于形成镍钼稀土二硅化钼复合镀层的电镀液；上述所用的镍盐-钼杂多酸盐-配位剂-氯化物-稀土盐混合液、二硅化钼和表面活性剂的量，按镍盐-钼杂多酸盐-配位剂-氯化物-稀土盐混合液∶二硅化钼∶表面活性剂为 11∶(5～60)∶(0.01～0.9)的比例计算。

原料配伍 本品各组分配比范围为：镍盐为 10～400g、含钼杂多酸盐为 10～800g、配位剂为 5～100g、氯化物为 10～300g、稀土为 0.05～6g、二硅化钼为 5～60g、表面活性剂为 0.01～0.9g，水加至 1L。

所述的镍盐为硝酸镍、氯化镍、硫酸镍中的一种或两种以上组成的混合物。

所述的含钼杂多酸盐为钼酸铵、钼酸钠、磷钼酸铵、钼酸中的一种或两种以上组成的混合物。

所述的配位剂为甲酸、乙酸、氨基乙酸、羟基乙酸、乳酸、草酸、丁二酸、柠檬酸、苹果酸、酒石酸中的一种或两种以上组成的混合物。

所述的氯化物为氯化铵、氯化钾、氯化钠中的一种和两种以上组成的混合物。

所述的稀土为镧、铈，镨、钕、钐、铕、钆、铽、镝、钬、铒、铥、镱、镥、钇、钪中的一种或两种以上的稀土组成的混合物。

所述的表面活性剂为曲拉通 X-100、十六烷基三甲基溴化铵、溴化十六烷基吡啶、聚乙二醇 6000 中的一种或两种以上组成的混合物。

产品应用 本品主要用作形成镍钼稀土二硅化钼复合镀层的电镀液。

用于在待镀镀件上进行电镀形成镍钼稀土二硅化钼复合镀层的方法，步骤如下：

将待镀镀件放入用于形成镍钼稀土二硅化钼复合镀层的电镀液中进行电镀并作为阴极，阳极为镍，电镀过程控制电流密度 10～25A/dm^2，电镀液 pH 值 7.5～9.0，电镀温度 40～60℃，搅拌转速 100～600r/min，电镀时间 10～60min，电镀完毕后，镀件用水冲洗，风干，即得具有镍钼稀土二硅化钼复合镀层的镀件。

所述的待镀镀件为镍合金板、镍板或镍单晶板。

产品特性 本产品的复合镀层，由于在镍钼稀土合金镀层中夹杂着固体二硅化钼微粒，二硅化钼因其具有陶瓷和金属的双重特性、良好的综合力学性能、高熔点、较低的热膨胀系数、良好的高温抗氧化性及良好的电热传导性，镍钼稀土二硅化钼复合镀层的硬度明显提高，热膨胀系数下降，其硬度为 812.5～901.2HV，热膨胀系数为 12.2×10^{-6}～$5.5\times10^{-6}K^{-1}$范围。

用于形成镍钼二硅化钼复合镀层的电镀液

原料配比

原料		配比（质量份）		
		1#	2#	3#
镍盐	硝酸镍	10	—	—
	氯化镍:硫酸镍为 1:1	—	400	—
	氯化镍:硫酸镍为 1:3	—	—	200
含钼杂多酸盐	钼酸钠	10	—	—
	磷钼酸铵	—	800	—
	钼酸铵:钼酸为 1:1	—	—	400
配位剂	甲酸:草酸为 2:3 组成的混合物	5	—	—
	柠檬酸	—	100	—
	草酸	—	—	50
氯化物	氯化铵	10	—	150
	氯化钾:氯化钠为 1:1	—	300	—
二硅化钼		5	50	27.5
表面活性剂	聚乙二醇 6000	0.01	—	—
	曲拉通 X-100:十六烷基三甲基溴化铵为 4:5	—	0.9	—
	十六烷基三甲基溴化铵:溴化十六烷基吡啶:聚乙二醇 6000 为 2:5:1	—	—	0.455
水		加至 1000	加至 1000	加至 1000

制备方法

（1）二硅化钼微粒的预处理：将粒径为 10nm～10μm 的二硅化钼微粒先用丙酮清洗，再浸泡于 2～6mol/L 的盐酸溶液中 0.2～1h，抽滤，水洗至中性，在 50～100℃下干燥 0.5～5h，即得预处理后的二硅化钼微粒。

（2）用水溶解镍盐、含钼杂多酸盐、配位剂、氯化物后，用碳酸钠水溶液调 pH 值为 7.5～9.5，即镍盐-钼杂多酸盐-配位剂-氯化物混合液。

（3）将步骤（1）所得的预处理后的二硅化钼微粒、步骤（2）所得的镍盐-钼杂多酸盐-配位剂-氯化物混合液体积的 0.5%～1%与表面活性剂混合，在研钵中研磨，然后转入新的容器继续添加余量的步骤（2）所得的镍盐-钼杂多酸盐-配位剂-氯化物混合液，并在转速为 100～900r/min 条件下机械搅拌 4～12h，再用超声波处理 0.2～1h，即得用于形成镍钼二硅化钼复合镀层的电镀液。

原料配伍 本品各组分质量份配比范围为：镍盐为 10～400、含钼杂多酸盐为 10～800、配位剂为 5～100、氯化物为 10～300、二硅化钼为 5～50、表面活性剂为 0.01～0.9，水加至 1000。

所述的镍盐为硝酸镍、氯化镍、硫酸镍中的一种或两种以上组成的混合物。

所述的含钼杂多酸盐为钼酸铵、钼酸钠、磷钼酸铵、钼酸中的一种或两种以上组成的混合物。

所述的配位剂为甲酸、乙酸、氨基乙酸、羟基乙酸、乳酸、草酸、丁二酸、柠檬酸、苹果酸、酒石酸中的一种或两种以上组成的混合物。

所述的氯化物为氯化铵、氯化钾、氯化钠中的一种和两种以上组成的混合物。

所述的表面活性剂选自曲拉通 X-100、十六烷基三甲基溴化铵、溴化十六烷基吡啶、聚乙二醇 6000 中的一种或两种以上组成的混合物。

产品应用 本品主要用作形成镍钼二硅化钼复合镀层的电镀液。

用于在待镀的镀件上形成镍钼二硅化钼复合镀层，具体步骤如下：将待镀的镀件放入上述所得的用于形成镍钼二硅化钼复合镀层的电镀液中并作为阴极，阳极为镍，进行电镀，电镀过程控制电流密度 10～25A/dm^2，电镀液 pH 值 7.5～9.5，电镀温度 40～60℃，搅拌转速 100～600r/min，电镀时间 10～60min，电镀完毕后，镀件用水冲洗，风干，即得具有镍钼二硅化钼复合镀层的镀件；所述的待镀的镀件为镍合金板或镍板或镍单晶板。

产品特性 本产品的复合镀层，由于在镍钼合金镀层中夹杂着固体二硅化钼微粒，因二硅化钼具有陶瓷和金属的双重特性，具有良好的综合力学性能、高熔点、较低的热膨胀系数、良好的高温抗氧化性及良好的电热传导性，镍钼二硅化钼复合镀层的硬度明显提高，热膨胀系数下降，硬度为 705～779. 8HV，热膨胀系数在 12.8×10^{-6}～$6\times10^{-6}K^{-1}$ 范围。

制备纳米晶镍合金镀层的电镀液

原料配比

原料		配比（质量份）		
		1#	2#	3#
镍盐	硫酸镍	30	—	—
	氯化镍	—	35	—
	碱式碳酸镍	—	—	50
配位剂	硼酸	10	—	—
	柠檬酸钠	—	20	—
	焦磷酸钾钠	—	—	10
晶粒细化剂	水合肼	1	—	—
	甲醛	—	1	—
	次磷酸钠	—	—	1
	盐酸羟胺	9	9	1
表面活性剂	2-乙基己基硫酸钠	0.1	—	—
	乙基己基硫酸钠	—	0.2	—
	十二烷基硫酸钠	—	—	0.1
去离子水		加至 1000	加至 1000	加至 1000

制备方法 将各组分原料混合均匀即可。

原料配伍 本品各组分质量份配比范围为：镍盐 30～80，晶粒细化剂 1～10，配位剂 10～20，表面活性剂 0.1～1，水加至 1000。

所述的晶粒细化剂为次磷酸钠、盐酸羟胺、硼氢化钠、甲醛、氨基硼烷、水合肼中的至少两种。

所述的配位剂通过与镍离子配位，使得镍离子在电镀液中容易分散，优选为柠檬酸、柠檬酸钠、硼酸、硼酸钠、焦磷酸钾钠、焦磷酸钠和乙二胺四乙酸（EDTA）中的至少一种。

所述的电镀液以去离子水作为溶剂。

所述的电镀液的 pH 值为 3～6。

所述的晶粒细化剂包含两种以上的物质，具体的比例无特殊要求，总浓度范围保持在1～10g/L即可，会在溶液中引入非金属元素氮、碳、硼中的至少一种，阻碍镍沉积过程中晶粒的生长，形成超细纳米晶结构，纳米晶结构晶粒的细化，会显著提高镀层的综合力学性能，使得镀层的耐磨损性和硬度提高，可以用作代替铬酸镀硬铬的镀层。

所述的镍盐为在弱酸性条件下，易溶于去离子水中的镍盐，优选为硫酸镍、氯化镍和碱式碳酸镍中的至少一种，此时，在所述的晶粒细化剂的作用下，优选的镍盐在沉积过程中形成的晶粒更细小，而且镍盐中的阴离子（如 Cl^-）在电沉积时起着防止阳极钝化的作用；质量浓度进一步优选为30～60g/L，浓度越低，电沉积时需要的电压越大，浓度越高，电沉积的速率越快，晶核越容易形成，得到的晶粒越细小，但是速率太快，会降低镀层的紧密程度。

所述的表面活性剂在电沉积时可以使得镍离子在基底上铺展开来，起着防止出现细孔的作用，优选为2-乙基已基硫酸钠、十二烷基硫酸钠和聚氧乙烯烷基酚醚硫酸钠中的至少一种，用量进一步优选为0.1～0.2g/L，用量太少，起不到防止细孔出现的作用，用量太多，去除细孔的作用增加不明显，而且会产生泡沫覆盖于电极上。

所述的电镀液的pH值范围优选为3～6，在进行电沉积时，pH值过低，会使得氢离子浓度过高，过高的氢离子浓度会使得氢气优先在阴极析出，而使得镍无法沉积下来，pH值过高，会使得镍离子直接沉淀出来，影响电镀的进行。

产品应用 本品主要用作制备纳米晶镍合金镀层的电镀液。

制备纳米晶镍合金镀层的电镀方法：将经过表面除油和表面除氧化膜处理得到的金属基底作为阴极，纯镍板作为阳极插入所述的电镀液，通电进行电沉积，电沉积过程中通过阴极移动和/或空气搅拌来消除阴极电极上产生的氢气气泡，1～2h后得到所述的纳米晶镍合金镀层。

电沉积时，电镀液温度对电沉积有着重要的影响，温度升高可以提高盐类的溶解度，增加电导，提高电流效率，但是温度太高，会使得镀层容易出现细孔，所述的电镀液温度优选为30～80℃。

电沉积时，阴极电流密度对镀层的影响比较复杂，不同的电解液组成的阴极电流密度的范围选择不同，需要经过实验进行确定，本产品中的阴极电流密度优选为10～60mA/cm^2。

本产品中，镀层沉积速率为 0.2～0.8μm/min，在该沉积速率下，得到的镀层表面晶粒细致，而且微粒结合紧密，表面无细孔出现。

本产品还提供一种所述电镀方法制备得到的纳米晶镍合金镀层，所述纳米晶镍合金镀层为纳米晶结构，纳米晶的颗粒尺寸在 10nm 以下，镀层的主要成分为镍元素，还包括非金属元素氮、碳和硼中的至少一种。

产品特性

（1）使用镍盐作为电镀液，防止了使用铬酸电镀液对人体和环境造成的污染。

（2）通过向电镀液中加入晶粒细化剂，使得到的纳米晶镍合金镀层表面晶粒细致、结构紧密，具有更高的耐磨损性和硬度。

6 镀金液

仿金电镀液

原料配比

原　料	配比（质量份）			
	1#	2#	3#	4#
氰化亚铜	80	70	80	75
氰化锌	10	8	10	9
氰化钠	100	90	110	98
磷酸钠	20	10	25	23
氟化钠	3	2	5	4.5
水	加至1000	加至1000	加至1000	加至1000

制备方法　将各组分原料混合均匀即可。

原料配伍　本品各组分质量份配比范围为：氰化亚铜70～80，氰化锌8～10；氰化钠90～110；磷酸钠10～25；氟化钠2～5，水加至1000。

产品应用　本品主要用作仿金电镀液。

使用方法：将按组分配比配制好的电镀液加入阳极为铜锌合金板的电镀槽内，调节温度控制器，使电镀槽内的电镀液温度控制在20～25℃；调节电流阀，使通入电镀液的电流密度为5～10A/dm^2，然后，将需要进行电镀的零件放入电镀槽内，再向电镀槽通电对零件进行电镀处理。

产品特性

（1）本产品原料来源广，配制简单，成本低，性能稳定，电镀性能好。

（2）本产品操作简便，电镀效果好。

焦磷酸盐体系仿金电镀液

原料配比

原　　料	配　　比
焦磷酸盐	220～300g
铜盐	20～26g
锡盐	1.6～2g
添加剂	2.8～3.6mL
稳定剂	2～5g
水	加至 1L

制备方法　将各组分原料混合均匀即可。

原料配伍　本品各组分配比范围为：焦磷酸盐 220～300g、铜盐 20～26g、锡盐 1.6～2g、添加剂 2.8～3.6mL、稳定剂 2～5g、水加至 1L。

所述添加剂采用碱性镀锌整平剂及光亮剂。

产品应用　本品主要用作焦磷酸盐体系仿金电镀液。

使用本产品的镀液对黄铜片进行电镀，其操作过程如下：

（1）称取焦磷酸盐 220～300g 平分到两个烧杯中，加入少量水，用搅拌器搅拌至完全溶解；再分别在两个烧杯中加入铜盐 20～26g、锡盐 1.6～2g，快速搅拌直到两个烧杯的溶液变澄清；最后将两个烧杯的溶液混合倒入烧杯中；称取 0.8～1.2g 氨三乙酸固体，加入氢氧化钠溶液搅拌直至完全溶解，倒入上述混合溶液中，磁力搅拌片刻后，用磷酸溶液缓慢中和溶液，直到 pH 值达到 8.5～9，放置片刻等镀液变成深蓝色澄清之后，用水定容。

（2）用移液管移取 2.5～3mL 添加剂加入上述溶液中，用搅拌器搅拌片刻，待用。

（3）用量筒量取步骤（2）中镀液至体积为 267mL 的赫尔槽中，以磷铜为阳极，打磨抛光后的黄铜片为阴极，电流为 0. 4～0.6A，通气搅拌，电镀 3～8min 得到光亮金黄色铜锡合金镀层，该镀液阴极电流密度范围为 0.42～2.25A/cm^2。

所述工艺步骤（3）可替换为以下步骤：用量筒量取步骤（2）中镀液至 500mL 方槽中，以磷铜为阳极，打磨抛光后的黄铜片为阴极，电流为 0.4～0.6A，通气搅拌，电镀 9～12min 得到光亮金黄色铜锡合金镀层；将施镀结束后的试片，用水冲洗放入钝化液中钝化片刻后洗净吹干。

产品特性 （1）本产品采用专门设计的配方制备出焦磷酸盐体系仿金电镀镀液，能得到光亮金黄色铜锡合金镀层，该镀层结晶细致紧密，含锡量高达 14%～15%，近似 22K 纯金。

（2）本产品所提供的镀液不含氰化物，产品环保；所用原料易得，成本低。

（3）本产品提供的镀液工作电流密度线性范围宽，镀层形貌好。

难熔金属丝材的无氰镀金电镀液

原料配比

原料	配比		
	1#	2#	3#
氯化金	10g	20g	30g
无水亚硫酸钠	130g	140g	150g
柠檬酸钾	80g	100g	110g
氯化钾	90g	100g	120g
乙二胺四乙酸二钠	5g	10g	10g
糖精钠	0.5g	0.9g	1g
去离子水	加至 1L	加至 1L	加至 1L

制备方法 配制电镀液过程中保持溶液温度 40～60℃。首先量取 700～800mL 去离子水并加热至 40～60℃，加入无水亚硝酸钠，搅拌溶解，再加入乙二胺四乙酸二钠，搅拌溶解，搅拌同时再依次加入氯化钾、糖精钠和柠檬酸钾并溶解，此时溶液应透明无色，最后加入氯化金，搅拌溶解至金黄色液体，无沉淀，边搅拌边添加去离子水至溶液达到 1L，最后用浓氨水或氢氧化钠调节 pH 值为 8.5～9。

原料配伍 本品各组分配比范围为：氯化金 10～30g，无水亚硫酸钠 130～150g，柠檬酸钾 80～110g，氯化钾 90～120g，乙二胺四乙酸二钠 5～10g，糖精钠 0.5～1g，去离子水加至 1L。所述电镀液的 pH 值为 8.5～9。

所述电镀液中主盐为氯化金，电镀液中金离子含量直接决定了镀层的厚度和成形速度，本专利电镀液中金离子浓度为5～15g/L。

无水亚硫酸钠是金的主要配位剂，可以改善镀液的分散能力，提高镀液的导电性；柠檬酸钾作为辅助配位剂，有助于溶液的稳定；氯化钾的作用是提高镀液的导电性能和阴极电流密度，从而提高金的沉积速率；乙二胺四乙酸二钠作为光亮剂，可以有效屏蔽镀液中金属杂质离子，以获得表面光洁的镀层。

产品应用 本品主要用于难熔金属丝材的无氰镀金电镀液。

产品特性 本产品制备方法简单，采用本电镀液对难熔金属进行镀金，可以使镀金后丝材表面镀层厚度均匀、致密，针对金属微细丝材，镀层和基体结合力更大，产品表面光洁度更好，镀层厚度为2～4μm，抗氧化性能得到显著的提高，扩大了金属丝材，特别是难熔金属微细丝的在高能射线等特殊领域的应用。

巯基咪唑无氰镀金的电镀液

原料配比

原料	配比（质量份）					
	1#	2#	3#	4#	5#	6#
三氯化金（以金计）	8	12	10	9	11.5	10.5
2-巯基苯并咪唑（以巯基咪唑基计）	30	50	40	—	—	—
2-巯基-5-甲氧基-1*H*-苯并咪唑（以巯基咪唑基计）	—	—	—	35	50	42
酒石酸钾	100	150	115	—	—	—
酒石酸钾钠	—	—	—	110	135	120
水	加至1000	加至1000	加至1000	加至1000	加至1000	加至1000

制备方法 将各原料组分分别溶解于适量的水后充分混合均匀，然后，加水调至预定体积，加入酸或碱调节pH值为8～10。

原料配伍 本品各组分质量份配比范围为：三氯化金（以金计）8～12、巯基咪唑基化合物（以巯基咪唑基计）30～50，酒石酸碱金属盐100～150，水加至1000。

选用三氯化金为主盐。本产品中金离子含量可使得阴极电流密度较高而沉积速率较快。若金盐含量过高，不仅会增加电镀成本，而且会使镀层产生脆性增大的现象；若含量过低，镀层色泽较差，阴极电流密度较低，沉积速率较慢。选用巯基咪唑基化合物为主配位剂。巯基咪唑基化合物是指分子结构中含有巯基取代咪唑基团的化合物。巯基取代咪唑基中含有的硫原子和氮原子，使得其成为金离子良好的配体。以酒石酸碱金属盐作为金离子的辅助配位剂，酒石酸碱金属盐可以与巯基咪唑基化合物发挥协同作用，综合提高与金离子的配位能力。酒石酸碱金属盐可以选用酒石酸钾（例如酒石酸一钾、酒石酸二钾和酒石酸三钾）、酒石酸钠（例如酒石酸一钠、酒石酸二钠和酒石酸三钠）、酒石酸钾钠。

巯基咪唑基化合物可以为2-巯基咪唑、2-巯基苯并咪唑、2-巯基-5-甲氧基-1*H*-苯并咪唑和1-甲基-2-巯基咪唑中的一种或至少两种。

除了上述成分外，本产品在还可选用合适用量的其他在本领域所常用的添加剂，例如导电剂碳酸钾、pH缓冲剂、光亮剂等，这些都不会损害镀层的特性。

质量指标

测试项目	1#	2#	3#	4#	5#	6#
分散能力/%	75.9	77.4	79.0	77.5	82.0	84.2
深镀能力/%	82.0	84.3	86.5	85.8	88.1	90.4
电流效率/%	90.2	90.4	92.0	90.6	92.8	94.3
走光能力	光亮	光亮如镜	光亮	光亮如镜	光亮如镜	光亮如镜
整平性	低电流密度区0.5mm轻微擦痕	低电流密度区0.2mm轻微擦痕	无擦痕	无擦痕	无擦痕	无擦痕
镀速/(μm/min)	0.265	0.284	0.306	0.291	0.336	0.355
孔隙率/（个/cm^2）	5	5	5	4	4	4
结合力（划格法）	轻微脱落	无脱落	无脱落	无脱落	无脱落	无脱落
结合力（急冷法）	无气泡、无脱皮	无气泡、无脱皮	无气泡、无脱皮	无气泡、无脱皮	无气泡、无脱皮	无气泡、无脱皮
韧性	无断裂	无断裂	无断裂	无断裂	无断裂	无断裂

产品应用 本品主要用作巯基咪唑无氰镀金的电镀液。电镀方法：

（1）阴极采用10mm×10mm×0.1mm规格的铜箔。将铜箔先用200目水砂纸初步打磨后再用WC28金相砂纸打磨至表面露出金属光泽。依次经温度为50～70℃的碱液除油、蒸馏水冲洗、95%乙醇除油、蒸馏水冲洗、浸酸 1～2min、预浸铜 1～2min、二次蒸馏水冲洗。其中，碱液的配方为 50～80g/L NaOH、15～20g/L Na_3PO_4、15～20g/L Na_2CO_3 和 5g/L Na_2SiO_3 和 1～2g/L OP-10。浸酸所用的溶液组成为：100g/L 硫酸和 0.15～0.20g/L 硫脲。预浸铜所用溶液组成为：100g/L 硫酸、50g/L 无水硫酸铜和 0.20g/L 硫脲。

（2）以 15mm×10mm×0.2mm 规格的铂板为阳极，电镀前先用砂纸打磨平滑，然后用去离子水冲洗及烘干。

（3）将预处理后的阳极和阴极浸入电镀槽中的电镀液中，将电镀槽置于恒温水浴锅中，并为电镀槽安装电动搅拌机，将电动搅拌机的搅拌棒插于电镀液中。待调节水浴温度使得电镀液温度维持在 40～60℃，机械搅拌转速调为 100～250r/min 后，接通脉冲电源，脉冲电流的脉宽为 0.5～1ms，占空比为 5%～30%，平均电流密度为 0.2～0.5A/dm^2。待通电 20～40min 后，切断电镀装置的电源。取出钢板，用蒸馏水清洗，烘干。

产品特性　本产品以巯基咪唑基化合物为金离子的配位剂及以酒石酸碱金属盐作为辅助配位剂，两者协同作用而提高与金的配位能力，以三氯化金为金主盐，由此使获得的镀液具有较好的分散力和深镀能力，阴极电流效率高，镀液性能优异。采用该镀液在碱性条件下电镀获得的镀层的孔隙率低，光亮度高，镀层质量良好。

噻唑无氰镀金的电镀液

原料配比

原　料	配比（质量份）					
	1#	2#	3#	4#	5#	6#
三氯化金（以金计）	10	12	10	9	11	9.5
2-巯基噻唑（以噻唑基计）	60	90	85	—	—	—
2-巯基苯并噻唑（以噻唑基计）	—	—	—	75	85	80
柠檬酸钾	80	120	100	—	—	—
柠檬酸钾钠	—	—	—	90	105	95
水	加至 1000	加至 1000	加至 1000	加至 1000	加至 1000	加至 1000

制备方法 根据配方用电子天平称取各原料组分。将各原料组分分别溶解于适量的水后充分混合均匀，然后，加水调至预定体积，加入酸或碱调节 pH 值为 8～10。

原料配伍 本品各组分质量份配比范围为：三氯化金（以金计）8～12、噻唑基化合物（以噻唑基计）60～90 和柠檬酸碱金属盐 80～120，水加至 1000。

选用为三氯化金为主盐。本产品中金离子含量可使得阴极电流密度较高而沉积速率较快。若金盐含量过高，不仅会增加电镀成本，而且会使镀层产生脆性增大的现象；若含量过低，镀层色泽较差，阴极电流密度较低，沉积速率较慢。

选用噻唑基化合物为主配位剂。噻唑基化合物是指分子结构中含有噻唑基的化合物。噻唑基中含有的硫原子，使得其成为金离子良好的配体。以柠檬酸碱金属盐作为金离子的辅助配位剂，柠檬酸碱金属盐可以与噻唑基化合物发挥协同作用，综合提高与金离子的配位能力。柠檬酸碱金属盐可以选用柠檬酸钾（例如柠檬酸一钾、柠檬酸二钾和柠檬酸三钾）、柠檬酸钠（例如柠檬酸一钠、柠檬酸二钠和柠檬酸三钠）、柠檬酸钾钠。

噻唑基化合物可以为噻唑、氨基噻唑乙酸、2-巯基噻唑和 2-巯基苯并噻唑中的一种或至少两种。

除了上述成分外，本产品在还可选用合适用量的其他在本领域所常用的添加剂，例如导电剂碳酸钾、pH 缓冲剂、光亮剂等，这些都不会损害镀层的特性。

质量指标

测试项目	1#	2#	3#	4#	5#	6#
分散能力/%	73.9	75.4	77.0	75.5	80.0	82.2
深镀能力/%	83.0	85.3	87.5	86.8	89.1	91.4
电流效率/%	88.9	89.4	90.0	90.1	91.8	92.8
走光能力	光亮	光亮如镜	光亮	光亮如镜	光亮如镜	光亮如镜
整平性	低电流密度区 0.5mm 轻微擦痕	低电流密度区 0.2mm 轻微擦痕	无擦痕	无擦痕	无擦痕	无擦痕
镀速/（μm/min）	0.225	0.244	0.266	0.261	0.306	0.315

续表

测试项目	1#	2#	3#	4#	5#	6#
孔隙率/（个/cm^2）	5	5	5	4	4	4
结合力（划格法）	轻微脱落	无脱落	无脱落	无脱落	无脱落	无脱落
结合力（急冷法）	无气泡、无脱皮	无气泡、无脱皮	无气泡、无脱皮	无气泡、无脱皮	无气泡、无脱皮	无气泡、无脱皮
韧性	无断裂	无断裂	无断裂	无断裂	无断裂	无断裂

产品应用 本品主要用作噻唑无氰镀金的电镀液。使用方法，包括以下步骤：

（1）配制电镀液：在水中溶解各原料组分形成电镀液。

（2）阴极采用 10mm×10mm×0.1mm 规格的铜箔。将铜箔先用 200 目水砂纸初步打磨后，再用 WC28 金相砂纸打磨至表面露出金属光泽。依次经温度为 50～70℃的碱液除油、蒸馏水冲洗、95%乙醇除油、蒸馏水冲洗、浸酸 1～2min、预浸铜 1～2min、二次蒸馏水冲洗。其中，碱液的配方为 50～80g/L NaOH、15～20g/L Na_3PO_4、15～20g/L Na_2CO_3 和 5g/L Na_2SiO_3 和 1～2g/L OP-10。浸酸所用的溶液组成为：100g/L 硫酸和 0.15～0.20g/L 硫脲。预浸铜所用溶液组成为：100g/L 硫酸、50g/L 无水硫酸铜和 0.20g/L 硫脲。

（3）以 15mm×10mm×0.2mm 规格的铂板为阳极，电镀前先用砂纸打磨平滑，然后用去离子水冲洗及烘干。

（4）将预处理后的阳极和阴极浸入电镀槽中的电镀液中，将电镀槽置于恒温水浴锅中，并为电镀槽安装电动搅拌机，将电动搅拌机的搅拌棒插于电镀液中。待调节水浴温度使得电镀液温度维持在 40～60℃，机械搅拌转速调为 100～250r/min 后，接通脉冲电源，脉冲电流（单脉冲方波电流）的脉宽为 0.5～1ms，占空比为 5%～30%，平均电流密度为 0.2～0.5A/dm^2。待通电 20～40min 后，切断电镀装置的电源。取出钢板，用蒸馏水清洗，烘干。

产品特性 本产品以噻唑基化合物为金离子的配位剂及以柠檬酸碱金属盐作为辅助配位剂，两者协同作用而提高与金的配位能力，以三氯化金为金主盐，由此使获得的镀液具有较好的分散力和深镀能力，阴极电流效率高，镀液性能优异。采用该镀液在碱性条件下电镀获得的镀层的孔隙率低，光亮度高，镀层质量良好。

无氰电镀液

原料配比

原料		配比（质量份）			
		1#	2#	3#	4#
亚硫酸金液	亚硫酸金钠	10	—	10	10
	亚硫酸金钾	—	10	—	—
磷酸盐	磷酸钾	200	—	150	200
	磷酸钠	—	180	—	—
磷酸氢盐	磷酸一氢钾	100	—	120	100
	磷酸一氢钠	—	80	—	—
亚硫酸碱金属盐	亚硫酸钠	50	—	100	50
	亚硫酸钾	—	40	—	—
硬化剂	酒石酸锑钠	0.5	—	—	0.5
	锑酸钠	—	—	0.5	—
	酒石酸锑钾	—	0.2	—	—
	亚硒酸钠	—	—	—	—
	酒石酸锑钠	—	—	—	0.5
	硒代硫酸钠	—	0.3	—	—
	亚硒酸钾	—	—	1	—
配位剂	乙二胺四乙酸钠	5	—	—	5
	硫脲	—	2	—	—
	硫代硫酸钠	—	—	5	—
水		加至1000	加至1000	加至1000	加至1000

制备方法 将各组分原料混合均匀即可。

原料配伍 本品各组分质量份配比范围为：以金元素计的亚硫酸金液8～20，磷酸盐100～200，磷酸氢盐50～200，亚硫酸碱金属盐30～120，硬化剂0.01～2，配位剂0.01～5，水加至1000。

所述亚硫酸金液可以为现有的各种无氰且能够电镀得到黄金制品的含有亚硫酸根离子和金离子的物质，其具体实例包括但不限于亚硫酸金钾、亚硫酸金钠和亚硫酸金铵中的一种或多种。然而，由于所述亚硫酸金铵在电镀过程中会产生有毒的氨气，因此，所述亚硫酸金液特别优选为亚硫酸金钾和/或亚硫酸金钠。

所述磷酸盐、磷酸氢盐和亚硫酸碱金属盐均可以为本领域的常规选择。例如，所述磷酸盐可以为磷酸钾和/或磷酸钠。所述磷酸氢盐可以选白磷酸一氢钾、磷酸二氢钾、磷酸一氢钠和磷酸二氢钠中的一种或多种。所述亚硫酸碱金属盐可以为亚硫酸钾和/或亚硫酸钠。

所述硬化剂可以为现有的各种能够提高电镀黄金制品硬度的物质，优选为锑盐和/或硒盐，更优选为锑盐和硒盐的混合物，采用这种同时含有锑盐和硒盐的硬化剂能够进一步提高黄金制品的硬度。当所述硬化剂为锑盐和硒盐的混合物时，所述锑盐与硒盐的质量比特别优选为(0.25～1):1。此外，所述锑盐的实例包括但不限于酒石酸锑钠、酒石酸锑钾、锑酸钠和锑酸钾中的一种或多种。所述硒盐的实例包括但不限于硒代硫酸钠、硒代硫酸钾、亚硒酸钠和亚硒酸钾中的一种或多种。

所述配位剂可以为现有的各种能够与金离子形成配位离子的化合物，例如，可以选自乙二胺四乙酸钠、硫脲和硫代硫酸钠中的一种或多种。

产品应用 本品是一种无氰电镀液。

无氰电镀液在制备黄金制品中的应用：在由低熔点材料形成的芯轴上电镀金层；形成穿过电镀层到达所述芯轴的孔，并将所述芯轴熔化以通过所述孔排出；其特征在于，在所述芯轴上电镀金层的方法包括以所述芯轴为阴极，在含有亚硫酸金液、磷酸盐、磷酸氢盐、亚硫酸碱金属盐、硬化剂和配位剂的无氰电镀液中进行电镀。

所述芯轴主要起到成型模具的作用，从而不仅能够得到各种形状的黄金制品，而且在将所述芯轴去除之后得到的黄金制品为中空结构，从而能够显著降低生产同一大小的黄金制品时所用的黄金用量，降低了生产成本。在本产品中，所述“低熔点”是指熔点不高于200℃，优选为60～130℃。所述低熔点的芯轴的材质可以为锡铋合金和/或蜡。其中，在所述锡铋合金中，所述锡与铋的质量比可以为(0.5～1.5):1。所述蜡的实例包括但不限于：蜂蜡、矿物蜡（如褐煤蜡、地蜡、石蜡）和石油蜡等中的一种或多种。

此外，由于所述锡铋合金在高温溶出时，会腐蚀黄金，因此，在所述芯轴上电镀金层之前，优选先在所述芯轴上电镀第一铜层，然后再在所述第一铜层上电镀所述金层，并且在将所述芯轴熔化并排出之后去除所述第一铜层。此外，作为另一种可选的方式，所述芯轴也可以在电镀第一铜层之后、电镀金层之前去除。去除所述芯轴时，可以采用振动辅助所述低熔点材料的排出。

在所述芯轴或第一铜层上电镀金层时，所述电镀的条件通常可以包括：电镀液的温度为40～60℃，电镀液的pH值为6～8，阴极电流密度为0.1～1A/dm^2，电镀时间为8～20h。此外，形成的所述金层的厚度可以为50～150μm，优选为100～130μm。将所述电镀液的pH值控制在上述范围内的方法为本领域技术人员公知，例如，可以往所述电镀液中加入酸性物质或者碱性物质。所述酸性物质例如可以为硫酸、盐酸、磷酸、硝酸等中的一种或多种。所述碱性物质例如可以为氢氧化钠、氢氧化钾、碳酸钠、碳酸钾、氨水等中的一种或多种。

所述硬质黄金的制备方法还包括在形成所述孔之前，先在所述金层上依次电镀第二铜层和镍层，并且在将所述芯轴熔化并排出之后去除所述第二铜层和镍层，这样能够防止金层“溶解”，从而起到保护作用。在所述硬质黄金的具体制备过程中，形成所述第一铜层的方法通常包括将所述低熔点材料（如锡铋合金和/或蜡，当为蜡时，通常需要在蜡的表面上涂布导电油）作为阴极，将磷化铜作为阳极，在含铜电镀液中进行电镀。形成所述第二铜层的方法通常包括将电镀有金层的制品作为阴极，将磷化铜作为阳极，在含铜电解液中进行电镀。

形成所述第一铜层的电镀条件可以与形成所述第二铜层的电镀条件相同或不同，并各自独立地包括：电镀液的温度可以为15～35℃，电镀液的pH值可以为0.1～0.5，阴极电流密度可以为0.5～5A/dm^2，电镀时间可以为30～60min。此外，形成的所述第一铜层的厚度可以为40～60μm，优选为45～55μm；形成的所述第二铜层的厚度可以为40～60μm，优选为45～55μm。所述第一铜层优选是明亮且光滑的，这样能够使后续得到的金层也是明亮且光滑的。

形成所述镍层的方法通常包括将电镀有第二铜层的制品作为阴极，将金属镍作为阳极，在含镍电解液中进行电镀。所述含镍电解液可以为本领域的常规选择，在此不作赘述。形成所述镍层的电镀条件通常可以包括：电镀液的温度为35～50℃，电镀液的pH值为3.5～5，阴极电流密度为2～4A/dm^2，电镀时间为10～20min。此外，形成的所述镍层的厚度可以为5～20μm，优选为5～10μm。

所述硬质黄金的制备方法还包括将去除残留的低熔点材料以及第一铜层、第二铜层和镍层之后的黄金制品采用焊接、喷砂和抛光等方式处理以变成珠宝件。

产品特性 采用本产品提供的形成金层的无氰电镀液中亚硫酸金液的稳定性很好，由该无氰电镀液得到的黄金制品具有很高的硬度，极具工业应用前景。

无氰镀金电镀液（1）

原料配比

原料	配比（质量份）			
	1#	2#	3#	4#
氯金酸	10.2	10.2	10.2	3.4
三羟甲基氨基甲烷	21.8	—	—	7.3
三羟甲基氨基甲烷盐酸盐	—	28.4	28.4	—
糖精钠	1.6	18.3	30.8	—
糖精	—	—	—	9.2
聚乙烯亚胺	0.6	0.6	1.0	—
哌嗪	—	—	—	0.8

制备方法 将各组分原料混合均匀即可。

原料配伍 本品各组分质量份配比范围为：金的无机酸 1～30，主配位剂 5～90，辅助配位剂 1～100。

所述金的无机酸为氯金酸。

所述主配位剂烷烃化合物为三羟甲基氨基甲烷或其盐酸盐，所述辅助配位剂非营养性甜味剂为糖精或其盐类。

无氰镀金电镀液的配方中添加电镀添加剂。所述电镀添加剂为聚乙烯亚胺、哌嗪或聚乙烯吡咯烷酮。

产品应用 本品是一种无氰镀金电镀液。

所述的无氰镀金电镀液的操作条件为：pH 值为 7～9，电流密度为 0.05～0.5A/dm^2，温度为 20～60℃。

无氰镀金电镀液的电镀步骤为：先溶解三羟甲基氨基甲烷或其盐酸盐后，在搅拌的情况下把三羟甲基氨基甲烷或其盐酸盐加入到氯金酸溶液中，然后加入糖精或其盐类和水，混合均匀，镀液温度维持在 20～60℃，然后，将处理好的金属基底置于电路组成部分的阴极上，将阴极连同附属基底置于电镀液中，并通以直流电，所通的电流大小与时间要根据实际要求而定。

产品特性 本产品不含有亚硫酸根等离子，各组分的化学稳定性较好，且镀液本身具有一定的缓冲能力，镀液 pH 值不会随放置时间的增加而发生较大的变化。镀液不含有毒性强的氰化物或者其他毒性强的有害物质，因此镀液的存放不需特殊保护，镀液本身为中性或近中性溶液，在电沉积的过程中不会对镀件产生强腐蚀等作用，镀件处理相对简单，且无需预镀金，节约了成本，同时无氰化物也不会对环境和人体造成巨大的危害，污水废液处理相对简单。本产品提供的无氰镀金电镀液组成简单，所需原料价格低廉，配制方法简单易行，镀液与镍、铜等金属基底置换速率低，化学稳定性好，而且在电镀过程中无需通氮气除氧，电流密度适用范围比较宽，所得镀金层的晶粒细致、光亮且结合力好，能满足日常装饰性电镀和功能性电镀等多领域的应用。

无氰镀金电镀液（2）

原料配比

原料	配比		
	1#	2#	3#
配位剂	40～150g	50～120g	100g
金离子	4～15g	5～10g	10g
碳酸钾	60～120g	70～110g	80g
焦磷酸钾	30～70g	35～60g	40g
复配添加剂	1～10mL	2～8mL	3mL
水	加至1L	加至1L	加至1L

制备方法 将各组分溶于水，搅拌均匀即可。

原料配伍 本品各组分配比范围为：配位剂 40～150g、金离子 4～15g、碳酸钾 60～120g、焦磷酸钾 30～70g、复配添加剂 1～10mL、水加至 1L。

所述配位剂为 5,5-二甲基乙内酰脲、3-羟甲基-5,5-二甲基乙内酰脲或 1,3-二氯-5,5-二甲基乙内酰脲。

所述复配添加剂为稀土盐、有机物和表面活性剂的混合物；上述稀土盐为硝酸铈或硝酸镧；上述有机物为丁炔二醇或糖精；所述表面活性剂为乳化剂 OP-21 或土耳其红油。

产品应用 本品主要用作无氰镀金电镀液。

采用无氰镀金电镀液镀金的方法如下：用氢氧化钠调节无氰电镀金的镀液的 pH 值为 8～11，然后采用恒电流方式，在电流密度为 1～5A/dm^2、阴极与阳极的距离为 5～20cm、温度为 30～60℃的条件下施镀 1～30min，即得金镀层。

所述阴极为铜或镍；所述阳极为金、铂或钛基氧化物电极。

产品特性 本品中不含有剧毒物质，且镀液稳定性很好，镀液在使用（包括施镀和补充成分）30 天内，未发生浑浊、变色等现象。同时 10mL 镀液在连续施镀通过电量 0.15A·h 后，仍能得到表面状态优良的镀层。

无氰镀金电镀液（3）

原料配比

原料	配比/（g/L）									
	1#	2#	3#	4#	5#	6#	7#	8#	9#	10#
氯金酸钠	10.9	—	—	10.9	10.9	10.9	10.9	10.9	10.9	10.9
亚硫酸金钠	—	12.8	12.8	—	—	—	—	—	—	—
腺嘌呤	24.3	24.3	24.3	—	—	—	—	—	—	—
鸟嘌呤	—	—	—	27.2	—	—	—	—	—	—
黄嘌呤	—	—	—	—	27.4	—	—	—	—	—
次黄嘌呤	—	—	—	—	—	24.5	24.5	24.5	24.5	—
6-巯基嘌呤	—	—	—	—	—	—	—	—	—	27.4
KNO_3	10.1	8.5	10.1	10.1	10.1	10.1	—	10.1	10.1	10.1
KOH	56.1	40	56.1	56.1	56.1	56.1	67.3	56.1	56.1	67.3
硝酸铅	0.3	—	—	0.5	—	—	—	—	—	—
L-半胱氨酸	—	0.2	—	—	—	—	—	—	—	—
2-硫代巴比妥酸	—	—	—	—	0.5	1	1	—	—	—
硒氰化钾	—	—	0.12	—	—	—	—	—	—	—
甲硫氨酸	—	—	—	—	—	—	—	1.5	—	—
硫酸铜	—	—	—	—	—	—	—	—	0.2	—
酒石酸锑钾	—	—	—	—	—	—	—	—	—	1
水	加至1000	加至1000	加至1000	加至1000	加至1000	加至1000	加至1000	加至1000	加至1000	加至1000

制备方法 先将配位剂、支持电解质和电镀液 pH 调节剂混合均匀，

最后在搅拌溶液的情况下把混合液加入到金的无机盐溶液中，定容，制成无氰镀金电镀液。

原料配伍 本品各组分质量份配比范围为：金的无机盐 10.9～12.8、配位剂嘌呤类化合物及其衍生物 24.3～27.4、支持电解质 8.5～10.1、pH 调节剂 40～67.3、镀金添加剂 0.1～1、水加至 1000。

所述金的无机盐为氯金酸盐或者亚硫酸金盐。

所述配位剂为鸟嘌呤、腺嘌呤、次黄嘌呤、黄嘌呤、6-巯基嘌呤及其衍生物中的一种或几种。

所述支持电解质为 KNO_3。

所述 pH 调节剂为 KOH、氨水、硝酸和盐酸中的一种或几种。

所述镀金添加剂体系为甲硫氨酸、L-半胱氨酸、2-硫代巴比妥酸、硫酸铜、硝酸铅、硒氰化钾、酒石酸锑钾中的一种或者几种。

产品应用 本品主要用作无氰镀金电镀液。

本品的电镀方法：在电镀过程中，先将镀液温度维持在 20～60℃，然后将处理好的金属基底置于电路组成部分的阴极上，将阴极连同附属基底置于电镀液中，并通以电流，所通的电流大小与时间要根据实际要求而定。

产品特性 本品镀金电镀液不含有毒性强的氰化物或者其他毒性强的有害物质，因此不会污染环境及面临废液处理困难等问题。本品的无氰镀金电镀液化学稳定性很好，而且在电镀过程中不需要除氧，操作简单，镀金层的晶粒细致、光亮且结合力好，能满足装饰性电镀和功能性电镀等领域的应用。

无氰镀金电镀液（4）

原料配比

化学除油

原　料	配　比
氢氧化钠	12g
无水碳酸钠	25g
磷酸钠	60g
表面活性剂	1mL
水	加至 1L

电解除油

原　料	配　比
氢氧化钠	12g
无水碳酸钠	12g
磷酸钠	15g
表面活性剂	1mL
水	加至 1L

电镀镍

原　料	配　比
硫酸镍	180g
硫酸钠	60g
硫酸镁	40g
硼酸	0
氯化镍	50g
水	加至 1L

无氰镀金液

原　料	配　比
开缸剂	100L
柠檬酸金钾	17g
酸性调整剂	适量
氨水	适量

制备方法 将 100L 开缸剂加热至 65℃，边搅拌边加入 1500～1800g 柠檬酸金钾，搅拌至完全溶解得到镀液；用烧杯取 500mL 镀液并降温至 25℃，测定 pH 值，当 pH 值大于 5.2 时，加入酸性调整剂艾丝得 9500（ACID 9500）调整，当 pH 值小于 4.8 时，加入氨水调整，调整 pH 值至 4.8～5.2。

原料配伍 本品各组分配比范围为：柠檬酸金钾 15～18g、开缸剂 100L、酸性调整剂适量、氨水适量。

产品应用 本品主要用作无氰镀金电镀液。

电镀金装置：与常规电镀相同，包括电镀槽、加热管、阴极杠、阳极杠、阳极板、直流电源，其中电镀槽用 PP 板或 PVC 板，加热采用聚四氟乙烯包裹电加热管，阴极和阳极杠用钛包铜管。

电镀金过程：将无氰镀金液加温至60℃，将清洗干净的工件作为阴极，用导电铜丝连接，挂到阴极杠上，工件浸没到溶液中。阳极板用铂钛网（或金板），用导电铜丝连接，挂到阳极杠上。给阴、阳极之间施加电压，调节电压使阴极电流密度在 $0.5A/dm^2$（阴极电流密度=阴极总电流除以工件面积），根据镀层厚度确定电镀时间，电镀完毕用去离子水将工件清洗干净，热风吹干，工件上即可获得所需要的金镀层。

产品特性 本品利用有氰镀金的开缸剂与无氰金盐进行配型，形成一种新的无氰镀金配方，主要成分为腾扑克斯9500（Temperex 9500）和金盐。其中腾扑克斯9500（Temperex 9500）为市场公开销售的氰化镀金的专用开缸剂；金盐为柠檬酸金钾，由三门峡恒生科技研发有限公司合成。本品实现无氰电镀，工艺的可操作性及镀层质量达到有氰电镀的水平，且有利于环境保护，减轻对操作人员的伤害。

无氰镀金电镀液（5）

原料配比

原料	配比（质量份）					
	1#	2#	3#	4#	5#	6#
亚硫酸金钠	12.8	—	—	—	—	—
氯金酸钠	—	10.9	10.9	10.9	10.9	10.9
巴比妥	33	37.1	37.1	37.1	37.1	37.1
ATMP	30	30	30	30	30	—
HEDP	—	—	—	—	—	10.3
$NaNO_3$	8.5	—	—	—	—	—
KNO_3	—	10.1	10.1	10.1	10.1	10.1
NaOH	24	44.9	—	—	—	—
KOH	—	—	44.9	44.9	44.9	44.9
酒石酸锑钾	0.12	—	—	—	—	—
硫代硫酸钠	—	1.58	—	—	—	—
聚乙烯亚胺	—	—	0.3	—	—	0.3
硫酸镍	—	—	—	15.5	—	—
硫酸钴	—	—	—	—	15.5	—
水	加至1000	加至1000	加至1000	加至1000	加至1000	加至1000

制备方法　先溶解巴比妥或其盐，后在搅拌的情况下把巴比妥或其盐加入到金的无机盐溶液中，然后加入所需的碱、支持电解质和有机多膦酸，混合均匀，即为成品。

原料配伍　本品各组分质量份配比范围为：金的无机盐 10～20、主配位剂巴比妥或其盐 30～40、辅助配位剂有机多膦酸 10～30、支持电解质 5～50、pH 调节剂 0～50、水加至 1000。

所述金的无机盐，为氯金酸钠或者亚硫酸金钠。

所述主配位剂为巴比妥或其盐，辅助配位剂为羟基亚乙基二膦酸（HEDP）、氨基三亚甲基膦酸（ATMP）中的一种。

所述支持电解质为 KNO_3、$NaNO_3$、KOH 中的一种或几种。

所述 pH 调节剂为 KOH、NaOH、氨水、硝酸、硫酸和盐酸中的一种或几种。

产品应用　本品主要用作无氰镀金电镀液。

本品操作条件为：pH 值范围为 10～14，电流密度 0.05～0.4A/dm^2，温度 20～50℃。然后，将处理好的金属基底置于电路组成部分的阴极上，将阴极连同附属基底置于电镀液中，并通以电流，所通的电流大小与时间要根据实际要求而定。

产品特性　本品不含有毒性强的氰化物或者其他毒性强的有害物质，因此不会面临污染环境及废液处理困难等问题。本品化学稳定性好，配制简单，镀液成本低廉，而且在电镀过程中不需要除氧，所得镀金层的晶粒细致、光亮且结合力好，能满足装饰性电镀和功能性电镀等多领域的应用。

无氰仿金电镀液

原料配比

原　料	配　比			
	1#	2#	3#	4#
硫酸铜	50g	30g	35g	45g
硫酸锌	13g	15g	12g	18g
硫酸亚锡	7g	6g	5g	8g
硫酸	5mL/L	4mL/L	3mL/L	5mL/L
焦磷酸钾	270g	250g	260g	280g

续表

原料	配比			
	1#	2#	3#	4#
乙二胺	55mL/L	50mL/L	60mL/L	45mL/L
柠檬酸钾	18g	18g	18g	18g
氨三乙酸	25g	20g	22g	25g
氢氧化钾	15g	15g	20g	20g
水	加至1L	加至1L	加至1L	加至1L

制备方法

（1）将焦磷酸钾溶解于蒸馏水中，蒸馏水的温度不超过40℃。

（2）将硫酸铜、硫酸锌和硫酸亚锡分别用蒸馏水溶解。

（3）将焦磷酸钾溶液在搅拌下加入到硫酸铜、硫酸锌和硫酸亚锡溶液中，分别形成稳定的配合物溶液，在溶解硫酸亚锡时，必须将硫酸亚锡先添加到硫酸中，否则发生水解反应。

（4）在搅拌下，将硫酸铜、硫酸锌和硫酸亚锡三种配合物溶液倒入镀槽内。

（5）将氨三乙酸用少量蒸馏水调成糊状，然后用氢氧化钾溶液在搅拌下慢慢加入直至生成透明溶液。同时将柠檬酸钾用蒸馏水溶解。

（6）在搅拌下，将乙二胺、柠檬酸钾和氨三乙酸溶液分别加入镀槽，与其他配合物溶液均匀混合。

（7）调整镀液pH值至8～10，低电流密度下电解6～8h后进行电镀。

原料配伍　本品各组分配比范围为：主盐硫酸铜35～50g、硫酸锌12～20g、硫酸亚锡4～8g、焦磷酸钾240～280g、乙二胺40～60mL、柠檬酸钾15～25g、氨三乙酸20～30g、硫酸3～5mL、pH值调整剂氢氧化钾15～25g。

产品应用　本品主要用作无氰仿金电镀液。

本电镀液的使用方法，阴极电流密度为1～3A/dm^2；电流密度较低时，铜析出量较多，仿金镀层外观色泽为红色。电流密度较高时，锌、锡析出量增大，金黄色变淡，外观色泽发白，也会出现边缘烧焦。电流密度适中时，外观色泽为金黄色。

本电镀液的使用方法，电镀时间为60～90s。电镀时间延长，仿金镀层外观色泽由金黄色向浅黄色至红色变化。

本电镀液的使用方法，在基体表面进行预镀光亮镍处理后才能进行仿金电镀；仿金电镀时采用机械搅拌或阴极移动，以保证电镀液分散均匀并降低浓差极化。搅拌速度为100r/min或阴极移动速度为1～2m/min。

产品特性

（1）电镀液为无氰镀液，废水废液处理容易，环境污染小，对身体没有危害。

（2）镀液配方简单，易于控制，工艺参数范围宽，外观色泽好，镀液稳定，均镀和覆盖力强，使用寿命长，批次生产稳定性高。

（3）仿金镀层结晶细致，孔隙率低，与预镀的光亮镍结合牢固，无起皮、脱落及剥离。

（4）通过添加乙二胺和柠檬酸钾两种辅助配位剂，镀液的深镀能力提高到80%以上，电流效率提高到82%以上，镀态下溶液的电导率为低于0.0465Ω/m。同时镀层外观色泽明显改善。

（5）仿金镀层经钝化后，防变色能力强。在配制的5g/L 氯化钠+6mL/L 氨水+7mL/L 冰醋酸的仿人工汗液中，浸泡3h仍不变色。

（6）可以代替现有的氰化物仿金电镀工艺，用作首饰、钟表及工艺品等装饰性物品表面仿9K、18K和24K金使用。

无氰电镀金液

原料配比

原　料	配比（质量份）		
	1#	2#	3#
三氯化金	12	20	10
主配位剂亚硫酸钠	70	—	50
主配位剂亚硫酸钾	—	130	—
辅助配位剂EDTA	70	—	50
辅助配位剂柠檬酸钠	—	80	—
氯化钠	60	—	50
氯化钾	—	80	—
水	加至1000	加至1000	加至1000

制备方法 将各组分溶于水，搅拌均匀即可。

原料配伍 本品各组分质量份配比范围为：三氯化金 10～20、主配位剂亚硫酸钠或亚硫酸钾 50～130、辅助配位剂 EDTA（乙二胺四乙酸）或柠檬酸钠 50～80、氯化钠或氯化钾一种或两种 50～80、水加至 1000。

产品应用 本品主要用作无氰电镀金液。

使用本无氰电镀金液进行电镀时，阴极为铜丝，阳极为金丝，在温度为 35℃，pH 值为 9，电流密度为 $0.2A/dm^2$ 下电镀金 180s。

产品特性 本品具有极好的经济效益和社会效益。

7 镀锡液

电镀液（1）

原料配比

原料		配比									
		1#	2#	3#	4#	5#	6#	7#	8#	9#	10#
二价锡离子		20g	45g	30g	28g	23g	50g	25g	35g	40g	38g
自由酸		145mL	120mL	160mL	180mL	130mL	170mL	140mL	150mL	155mL	165mL
湿润剂		45mL	48mL	50mL	43mL	40mL	55mL	52mL	60mL	57mL	50mL
光亮剂		9mL	11mL	10mL	13mL	12mL	14mL	10mL	9mL	8mL	15mL
水		加至1L	加至1L	加至1L	加至1L	加至1L	加至1L	加至1L	加至1L	加至1L	加至1L
湿润剂	硫酸	20%	20%	20%	20%	20%	20%	20%	20%	20%	20%
	烷基磺酸盐系列的阴离子表面活性剂	30%	30%	30%	30%	30%	30%	30%	30%	30%	30%
	C_{13}脂肪醇聚氧乙烯醚系列的非离子表面活性剂	20%	20%	20%	20%	20%	20%	20%	20%	20%	20%
	邻苯二酚	20%	20%	20%	20%	20%	20%	20%	20%	20%	20%
	水溶性消泡剂	10%	10%	10%	10%	10%	10%	10%	10%	10%	10%
光亮剂	DPM（二丙二醇甲醚）	20%	—	—	—	—	—	—	—	—	—
	丙酮	10%	—	—	—	—	—	—	—	—	—
	苯乙酮	—	10%	—	—	—	—	—	—	—	—
	环已酮	—	—	10%	—	—	—	—	—	—	—
	丁酮	—	—	—	10%	—	—	—	—	—	—
	2-戊酮	—	—	—	—	10%	—	—	—	—	—
	戊酮	—	—	—	—	—	10%	—	—	—	—

续表

原料		配比									
		1#	2#	3#	4#	5#	6#	7#	8#	9#	10#
光亮剂	己酮	—	—	—	—	—	—	10%	—	—	—
	丙酮和戊酮	—	—	—	—	—	—	—	10%	—	—
	环己酮和丁酮	—	—	—	—	—	—	—	—	10%	—
	2-己酮	—	—	—	—	—	—	—	—	—	10%
	阴离子型表面活性剂	10%	10%	10%	10%	10%	10%	10%	10%	10%	10%
	有机酸	3.5%	3.5%	3.5%	3.5%	3.5%	3.5%	3.5%	3.5%	3.5%	3.5%
	光剂拓展剂（脂肪醛类辅助光亮剂）	5.2%	5.2%	5.2%	5.2%	5.2%	5.2%	5.2%	5.2%	5.2%	5.2%
	聚氧化乙烯类的非离子型表面活性剂	1.5%	1.5%	1.5%	1.5%	1.5%	1.5%	1.5%	1.5%	1.5%	1.5%
	水溶性消泡剂	1.5%	1.5%	1.5%	1.5%	1.5%	1.5%	1.5%	1.5%	1.5%	1.5%

制备方法 往电镀槽内加入所需量一半的水，按二价锡的浓度要求加入甲基磺酸锡溶液、按浓度要求加入湿润剂和光亮剂，调节自由酸和总酸量的浓度（一般加入甲基磺酸进行调节），添加水至规定体积并混合均匀。

原料配伍 本品各组分配比范围为：二价锡离子 20～50g、自由酸 120～180mL、湿润剂 40～60mL 和光亮剂 8～15mL，电镀液的总酸量为 185～285mL，水加至 1L。

所述的二价锡离子可以通过向电镀液中加入由锡和有机酸形成的锡盐得到，如甲基磺酸锡溶液。为控制电镀液中二价锡、自由酸和总酸量的浓度，甲基磺酸锡在电镀液中的最佳含量为 100mL/L，甲基磺酸在电镀液中最佳含量为 160mL/L。由此，可以同时调节二价锡、自由酸和总酸量的浓度，使得操作更加简单、容易控制。

本产品中的湿润剂可以使用在市场上直接购买的镀锡时常用的湿润剂，也可以使用下述配方，包括以下物质的水溶液：硫酸、湿润剂载体 A、湿润剂载体 B、邻苯二酚和水溶性消泡剂。湿润剂载体 A 为烷基磺酸盐系列的阴离子表面活性剂；湿润剂载体 B 为 C_{13} 脂肪醇聚氧乙烯醚系列的非离子表面活性剂。各物质的质量分数优选为：硫酸 20%、湿润剂载体 A 30%、湿润剂载体 B 20%、邻苯二酚 20%、水溶性消泡剂 10%。由此，可以使得电镀后的工件具有更加优良的可焊性；可以进一步降低了镀层间的压应力，抑制锡须生长，符合 JESD201 要求；可以增强电镀液的抗氧化性，使电镀液中不易产生四价锡，减小维护费用；可以进一步抑制泡沫的产生，减少药水外溢。

本产品中的光亮剂可以使用在市场上直接购买的镀锡时常用的光亮剂，也可以使用下述配方，包括以下物质的水溶液：DPM（二丙二醇甲醚）、碳原子个数为 3～8 的酮、添加剂 A、有机酸、光剂拓展剂、添加剂 B 和水溶性消泡剂。添加剂 A 可以为阴离子型表面活性剂，添加剂 B 可以为聚氧化乙烯类的非离子型表面活性剂，光剂拓展剂可以为脂肪醛类辅助光亮剂。各物质的质量分数优选为：DPM（二丙二醇甲醚）20%、酮 10%、添加剂 A 10%、有机酸 3.5%、光剂拓展剂 5.2%、添加剂 B 1.5%、水溶性消泡剂 1.5%。由此，可以使得电镀后的工件具有更加优良的可焊性；可以进一步降低了镀层间的压应力，抑制锡须生长，符合 JESD201 要求；可以增强电镀液的抗氧化性，使电镀液中不易产生四价锡，减小维护费用；可以进一步抑制泡沫的产生，减少药水外溢。

质量指标

序号	质量指标
1#	可焊性测试：采用焊槽法测试镀层的可焊性，所得的镀层可焊性面积为 46.5cm²/g，镀液稳定性测试：采用储存、蒸汽老化及热测试方法考察镀液中 Sn^{2+}的稳定性及稳定剂的作用，还利用连续电镀模拟工业化生产的方式考察镀液中添加剂和 Sn^{2+}的稳定性，定时取样采用化学滴定的方法测量镀液中 Sn^{2+}、Sn^{4+}以及甲基磺酸的浓度，并利用电化学方法测量极化性能的变化，表现出较少的变色，消耗较少的添加剂，镀层较少锡须生长，产生较少的泡沫，药水无外溢
2#	可焊性测试：采用焊槽法测试镀层的可焊性，所得的镀层可焊性面积为 47.1cm²/g，镀液稳定性测试：采用储存、蒸汽老化及热测试方法考察镀液中 Sn^{2+}的稳定性及稳定剂的作用，还利用连续电镀模拟工业化生产的方式考察镀液中添加剂和 Sn^{2+}的稳定性，定时取样采用化学滴定的方法测量镀液中 Sn^{2+}、Sn^{4+}以及甲基磺酸的浓度，并利用电化学方法测量极化性能的变化，表现出较少的变色，消耗较少的添加剂，镀层较少锡须生长，产生较少的泡沫，药水无外溢
3#	可焊性测试：采用焊槽法测试镀层的可焊性，所得的镀层可焊性面积为 46.7cm²/g，镀液稳定性测试：采用储存、蒸汽老化及热测试方法考察镀液中 Sn^{2+}的稳定性及稳定剂的作用，还利用连续电镀模拟工业化生产的方式考察镀液中添加剂和 Sn^{2+}的稳定性，定时取样采用化学滴定的方法测量镀液中 Sn^{2+}、Sn^{4+}以及甲基磺酸的浓度，并利用电化学方法测量极化性能的变化，表现出较少的变色，消耗较少的添加剂，镀层较少锡须生长，产生较少的泡沫，药水无外溢
4#	可焊性测试：采用焊槽法测试镀层的可焊性，所得的镀层可焊性面积为 46.3cm²/g，镀液稳定性测试：在 35℃的烘箱中连续 30 天无浑浊出现，保持镀液清澈透明，260℃，60s 下，加热平台试验，表现出较少的变色。较少的添加剂消耗，镀层较少锡须生长，产生较少的泡沫，药水无外溢

续表

序号	质量指标
5#	可焊性测试：采用焊槽法测试镀层的可焊性，所得的镀层可焊性面积为 46.9cm²/g，镀液稳定性测试：在 35℃的烘箱中连续 30 天无浑浊出现，保持镀液清澈透明，260℃，60s 下，加热平台试验，锡层无发黄现象。较少的添加剂消耗，镀层较少锡须生长，产生较少的泡沫，药水无外溢
6#	可焊性测试：采用焊槽法测试镀层的可焊性，所得的镀层可焊性面积为 46.8cm²/g，镀液稳定性测试：在 35℃的烘箱中连续 30 天无浑浊出现，保持镀液清澈透明，260℃，60s 下，加热平台试验，表现出较少的变色。较少的添加剂消耗，镀层较少锡须生长，产生较少的泡沫，药水无外溢
7#	可焊性测试：采用焊槽法测试镀层的可焊性，所得的镀层可焊性面积为 47.5cm²/g，镀液稳定性测试：在 35℃的烘箱中连续 30 天无浑浊出现，保持镀液清澈透明，260℃，60s 下，加热平台试验，锡层无发黄现象。较少的添加剂消耗，镀层较少锡须生长，产生较少的泡沫，药水无外溢
8#	可焊性测试：采用焊槽法测试镀层的可焊性，所得的镀层可焊性面积为 47.4cm²/g，镀液稳定性测试：在 35℃的烘箱中连续 30 天无浑浊出现，保持镀液清澈透明，260℃，60s 下，加热平台试验，锡层无发黄现象。较少的添加剂消耗，镀层较少锡须生长，产生较少的泡沫，药水无外溢
9#	可焊性测试：采用焊槽法测试镀层的可焊性，所得的镀层可焊性面积为 47.0cm²/g，镀液稳定性测试：在 35℃的烘箱中连续 30 天无浑浊出现，保持镀液清澈透明，260℃，60s 下，加热平台试验，表现出较少的变色。较少的添加剂消耗，镀层较少锡须生长，产生较少的泡沫，药水无外溢
10#	可焊性测试：采用焊槽法测试镀层的可焊性，所得的镀层可焊性面积为 46.9cm²/g，镀液稳定性测试：在 35℃的烘箱中连续 30 天无浑浊出现，保持镀液清澈透明，260℃，60s 下，加热平台试验，表现出较少的变色。较少的添加剂消耗，镀层较少锡须生长，产生较少的泡沫，药水无外溢

产品应用 本品主要用作电镀液。

应用电镀液的镀锡工艺：根据电镀液的制备方法制备出本产品的电镀液，在电流密度为 5～40A/dm²、温度为 12～25℃的条件下，以需电镀的工件为阴极，金属板为阳极，进行电镀。此工艺为连续端子、金属壳类和导线架电镀所设计，得到的镀层效果甚佳。电镀过程中要随时检测电镀液的情况，进行槽液维护。对于要求添加的甲基磺酸锡浓缩液和甲基磺酸的数量，一般应根据时电镀溶液的化学分析结果而定。湿润剂和光亮剂，可在建浴和持续补充中使用。湿润剂需要在光亮剂的共同作用下才能产生完全光亮的锡镀层。湿润剂主要是通过带出消耗，一般的消耗速率为 0.15～0.30L/(kA·h)。光亮剂主要是通过电解和带出消耗，一般的补充要求 0.4～0.6L/(kA·h)。

产品特性

（1）具有宽广的操作范围（现有的镀锡工艺电流密度为 5～25A/dm²、温度为 15～25℃，本产品的镀锡工艺电流密度为 5～40A/dm²、温度为 12～25℃），能在宽广的操作范围内得到光亮的镀层。

（2）含碳量极低，电镀后的工件具有优良的可焊性。

（3）储存、蒸汽老化及热测试后表现出较少的变色。

（4）电镀液中稳定的添加剂体系有效减少添加剂的消耗。

（5）电镀液中独特的添加剂体系间的协同作用降低了镀层间的压应力，从而抑制锡须生长，符合 JESD201 要求（锡和锡合金表面涂层的锡须灵敏度环境验收要求）。

（6）电镀液具有一定的抗氧化性，使电镀液中不易产生四价锡，减小维护费用。

（7）电镀液具有抑泡功能（使电镀液属于低泡型），可以有效减少药水外溢。

（8）电镀液为简单的两剂型（湿润剂和光亮剂），操作简单、容易控制。

电镀液（2）

原料配比

原料	配比（质量份）	
	1#	2#
氯化锰	7.2	6
钼酸铵	3.8	5
硫酸	13	14
氯化钾	6	6
水	50	62
丙烷磺酸锡	8	8
甲烷磺酸锡	1	2

制备方法 将各组分原料混合均匀即可。

原料配伍 本品各组分质量份配比范围为：氯化锰 5～8，钼酸铵 3～5，硫酸 12～15，氯化钾 5～7，水 50～65，丙烷磺酸锡 7～12，甲烷磺酸锡 1～3，调节电镀液 pH 值为 2.8～5.5。

产品应用 本品主要用作电镀液。用于钢板的电镀，电镀时以钢板为阴极，惰性材料作为阳极，用于钢板表面镀锡。

电镀采用恒流电镀方式，电流大小为 2.5～4mA。

产品特性 本产品提供的电镀液通过多种锡盐复合而成，可以提高电镀液的流动性和导电性，提高电镀的均匀性，并且提高镀层的稳定性和致密度，提高金属的防腐性能，而且电镀过程中使用恒流电镀方式，效率高、更安全，电镀层均匀性也得到提升。

高速电镀光亮镀锡电镀液

原料配比

原料		配比 1#	配比 2#
甲基磺酸锡		140mL	170mL
70%甲基磺酸		120mL	150mL
光亮剂	苯甲醛:丙烯醛（5:1）	2g	—
	苯甲醛:丙烯醛（2:1）	—	3g
导电盐	硫酸钠:甲基磺酸钠（2:3）	45g	—
	甲基磺酸钠:苯磺酸钠（1:2）	—	35g
晶粒细化剂	噻二唑:甲基苯胺:水杨酸甲酯（1:3:4）	5g	—
	噻二唑:2-甲胺基-4-甲基-6-甲氧基-1,3,5-三嗪（2:3）	—	5.5g
抗氧剂	对甲苯磺酰胺:邻磺酰苯酰亚胺:2,6二叔丁基对甲酚（2:1:1）	10g	—
	对甲苯磺酰胺:邻磺酰苯酰亚胺（4:1）	—	10g
润湿剂	月桂醇聚氧乙烯醚:十二烷基磺酸钠（2:1）	1g	—
	十六醇聚氧乙烯醚:十二烷基磺酸钠（2:1）	—	1g
防泡剂	甲基硅油	0.001g	0.001g
水	蒸馏水	加至1L	加至1L

制备方法

（1）分别将计算量的甲基磺酸锡溶于70%甲基磺酸。

（2）将步骤（1）所得的溶液加入计算量的水。

（3）将计算量的光亮剂、导电盐、晶粒细化剂、抗氧剂、润湿剂、防泡剂加入到步骤（2）所得的混合溶液中，搅拌均匀后经布氏漏斗控制真空度为0.06Pa进行抽滤，所得的滤液即为成品。

原料配伍 本品各组分配比范围为：甲基磺酸锡120～200mL，70%甲基磺酸 100～175mL，光亮剂 0.03～5g，导电盐 30～45g，晶粒细化剂 1～10g，抗氧剂 5～20g，润湿剂 0.5～2g，防泡剂 0.0005～0.001g，水加至 1L。

所述的光亮剂为苯甲醛及丙烯醛组成的混合物；优选按质量比即苯甲醛:丙烯醛为(2～5):1。

所述的导电盐为硫酸钠、甲基磺酸钠或苯磺酸钠中的一种或几种组成的混合物；优选硫酸钠、甲基磺酸钠及苯磺酸钠，按质量比即硫酸钠:甲基磺酸钠:苯磺酸钠为(0～2):3:(0～2)。

所述的晶粒细化剂为噻二唑、烷基苯胺、三嗪衍生物或水杨酸衍生物中的一种或两种以上组成的混合物；优选噻二唑、烷基苯胺、三嗪衍生物或水杨酸衍生物按质量比即噻二唑:烷基苯胺:三嗪衍生物:水杨酸衍生物为 1:(0～3):(0～4):(0～1.5)。

所述的烷基苯胺优选为甲基苯胺。

所述的三嗪衍生物优选为 2-甲氨基-4-甲基-6-甲氧基-1,3,5-三嗪。

所述的水杨酸衍生物优选为水杨酸甲酯。

所述的抗氧剂为对甲苯磺酰胺、邻磺酰苯酰亚胺、2,6-二叔丁基对甲酚中的一种或两种以上组成的混合物；优选对甲苯磺酰胺、邻磺酰苯酰亚胺、2,6-二叔丁基对甲酚按质量比即对甲苯磺酰胺:邻磺酰苯酰亚胺:2,6-二叔丁基对甲酚为(2～4):1:(0～1)。

所述的润湿剂为月桂醇聚氧乙烯醚与十二烷基磺酸钠或十六醇聚氧乙烯醚与十二烷基磺酸钠组成的混合物。

所述的防泡剂为甲基硅油。

产品应用 本品主要用作高速电镀光亮镀锡电镀液。其使用的电流密度为 5.0～50.0A/dm^2，优选为 15A/dm^2，温度为 14～35℃，优选为 25℃。

产品特性

（1）本产品由于采用了甲基磺酸锡作为主盐，与现在商用的硫酸锡相比，本产品具有更低的应力，这为解决镀层间结合力差的问题提供了一个基础。同时又由于本产品具有优良的电镀速率、分散能力和抗泡能力，镀液可以完全适合高速电镀工艺。

（2）本产品由于精心选取了光亮剂、晶粒细化剂，电镀过程中在达到同样镀层厚度的情况下，相对于目前商业高速电镀光亮锡产品可提高电镀速率，同时也减少添加剂的用量，这样也可以减少高速电镀光亮镀锡的生产成本。

磺酸型半光亮纯锡电镀液

原料配比

原　料	配比（质量份）		
	1#	2#	3#
甲基磺酸	100	60	150
甲基磺酸亚锡	200	180	230
光亮剂（BNO-12）	2	10	0.1
润湿剂（NP-12）	2	1	10
晶粒细化剂（GENAPOLC-050）	1	6	3
稳定剂对苯二酚	2	10	0.5
去离子水	加至 1000	加至 1000	加至 1000

制备方法

（1）用 10%甲基磺酸滤洗镀槽、过滤泵、阳极和阳极袋，然后用水冲洗，再用去离子水彻底清洗干净；加入去离子水至槽体积的 25%。

（2）一边搅拌一边加入所需烷基磺酸。

（3）一边搅拌一边依次加入光亮剂、润湿剂、晶粒细化剂和稳定剂至完全溶解。

（4）一边搅拌一边加入甲基磺酸亚锡。

（5）加去离子水至最终体积。

原料配伍 本品各组分质量份配比范围为：烷基磺酸 60～150，烷基磺酸亚锡 150～280，光亮剂 0.1～10，润湿剂 1～20，晶粒细化剂 0.1～6，稳定剂 0.5～10，去离子水加至 1000。

烷基磺酸组分为磺酸型半光亮纯锡电镀液提供酸性环境，起到溶剂和电解质的作用。该烷基磺酸组分的浓度和种类对磺酸型半光亮纯锡电镀液的稳定性和导电性有重要影响。因此，当烷基磺酸浓度为 60～150g/L 时，烷基磺酸优选为甲基磺酸、乙基磺酸中一种或两种复配时，该烷基磺酸能使得其他组分充分的溶解，所配制的磺酸型半光亮纯锡电镀液的稳定性能最好，导电性更强。

所述烷基磺酸亚锡优选为甲基磺酸亚锡和/或乙基磺酸亚锡，其含量优选为 180～230g/L。该优选的烷基磺酸亚锡能更好地电离出亚锡离子，在电镀时，还能稳定磺酸型半光亮纯锡电镀液中的亚锡离子含量的稳定，降低电镀时对烷基磺酸亚锡组分补充的频率。同时进一步提高镀层均匀性，并使得镀层具有优良的可焊性和延展性。另外，在电镀过程中，由于随着电镀的进行，亚锡离子的含量会随之降低，因此，需要根据情况适当补充该烷基磺酸亚锡组分，保证该磺酸型半光亮纯锡电镀液中的亚锡离子浓度。

所述光亮剂优选为 β-萘酚乙氧基化物，如 BASF 公司的 Lugalvan BNO-12，其优选含量为 2～6g/L。对现有的锡电镀液而言，光亮剂可以使锡镀层光亮。本领域常用的光亮添加剂一般是由醛、酚之类的有机物和增溶的表面活性剂等组成的。但是科研人员在研究中发现，该类现有的光亮添加剂含量太多会降低阴极电流效率，同时过多的光亮添加剂在镀液中的氧化又会加速镀锡液的浑浊。优选的 β-萘酚乙氧基化物光亮剂，特别是 BNO-12 和优选含量能有效地克服现有光亮剂存在的不足，保证所述实施例磺酸型半光亮纯锡电镀液在电镀时保持很高的阴极电流效率，且防止高电流区烧焦，增加深镀能力；同时避免其自身的氧化，保证该磺酸型半光亮纯锡电镀液的清亮透明。该优选含量和种类的光亮剂与烷基磺酸亚锡主盐体系协同作用，还能获得均匀一致的半光亮纯锡镀层。

所述稳定剂优选为对苯二酚，优选含量为 0.8～3g/L。对锡电镀液来说，稳定剂能使得各组分分散均匀，保证该电镀液的稳定性，现有的稳定剂主要是配位剂、抗氧剂和还原剂的混合物，如异烟酸、硫酸亚铁等，但是该类现有的稳定剂不能很好地防止所述实施例磺酸型半光亮纯锡电镀液中的烷基磺酸亚锡的亚锡离子水解，这样会导致本实施例中的烷基磺酸亚锡电离出的亚锡离子因水解而导致电镀液呈乳状浑浊。因此，该优选的对苯二酚稳定剂在保证所述实施例磺酸型半光亮纯锡电镀液中各组分分散均匀的基础上，还能有效地防止亚锡离子水解，保证该电镀液的清亮透明。在具体地电镀过程中，稳定剂会随镀液的带出而需要及时补充，才能保持酸性光亮镀锡溶液的稳定性。

所述润湿剂优选为壬基酚聚氧乙烯醚 NP 系列，如 NP-10 至 NP-20 等非离子型表面活性剂，其中，润湿剂优选为 NP-12，优选含量为 1.5～6g/L。该润湿剂在该磺酸型半光亮纯锡电镀液中起到光亮剂等组分的溶剂和载体的作用，从而保证了电镀液稳定性和清亮透明，提高了电镀液的阴极电流效率。

所述晶粒细化剂优选为椰子油脂肪醇聚氧乙烯醚，如 Clariant 公司生产的 GENAPOL C-050，优选含量为 0.5～3g/L。该优选的椰子油脂肪醇聚氧乙烯醚，特别是 GENAPOL C-050 能提高该磺酸型半光亮纯锡电镀液各组分的分散能力，使得锡层中晶粒细化，锡层均匀，从而保证纯锡镀层均匀的哑光度和优良的性能。

产品应用　本品主要用作磺酸型半光亮纯锡电镀液。

产品特性

（1）不含氟硼酸盐和铅、铋、铈等重金属，也不含甲醛和易燃物，电镀后的废弃液处理成本低，对环境无污染，安全、环保。

（2）该磺酸型半光亮纯锡电镀液中各组分分散性好，通过各组分的协调作用，有效地避免了亚锡离子的水解和光亮剂等组分的氧化，保证了该磺酸型半光亮纯锡电镀液清亮透明，稳定性高，有效克服了现有酸性镀锡工艺所采用的锡电镀液中存在的不足。

（3）该磺酸型半光亮纯锡电镀液相容性好，通用性强。

（4）将该磺酸型半光亮纯锡电镀液进行电镀时，沉积速率快，生产效率高，而且从高区到低区宽广的电流密度范围内，均可获得外观一致的半光亮纯锡镀层，且锡电镀层中结晶细致，锡电镀层均匀，且其具有优异的耐蚀性、抗变色剂和可焊性，特别适用于电子电器的接插件、端子，以及 IC 和半导体分立器件的滚、挂镀哑光纯锡镀层等电子电镀工业领域。

降低露铜现象的纯锡电镀液

原料配比

原　料	配比（质量份）		
	1#	2#	3#
甲基磺酸与硫酸的混合溶液（体积比为 4:1）	30	60	45
氟硼酸亚锡与过氧化氢的混合溶液（体积比为 5:1）	50	—	—
甲基磺酸锡与过氧化氢的混合溶液（体积比为 7:1）	—	20	—
氟硼酸亚锡与过氧化氢的混合溶液[体积比为(5～7):1]	—	—	35
抗败血酸与配位金属离子的混合物（质量比为 3:1）	1	—	—
柠檬酸与配位金属离子的混合物（质量比为 5:1）	—	10	—

续表

原　料	配比（质量份）		
	1#	2#	3#
抗坏血酸与配位金属离子的混合物（质量比为4:1）	—	—	5
5-氯尿嘧啶	5	—	—
2-氨基腺嘌呤	—	1	—
次黄嘌呤与4-乙酰胞嘧啶的混合物（质量比为1:1）	—	—	3
邻苯二酚、10mL/L 的乳酸、甲醛、硼酸、亚苄基丙酮的混合物（质量比为2:1:1:2:1）	5	1	3
阴离子型湿润剂	1	5	3
阴离子型表面活性剂	1	1	3
水	加至100	加至100	加至100

制备方法 往电镀槽内加入所需量一半的水，加入可溶性二价锡盐与过氧化氢的混合溶液、甲基磺酸和硫酸的混合溶液、混合均匀静置30～60min 后，按所需量先加入抗氧化剂、辅助剂以及表面活性剂，混合均匀后再加入湿润剂和光亮剂以及余量的水，混合均匀。

原料配伍 本品各组分质量份配比范围为：体积比为 4:1 的甲基磺酸与硫酸的混合溶液 30～60，体积比为(5～7):1 的可溶性二价锡盐与过氧化氢的混合溶液 20～50，抗氧化剂 1～10，辅助剂 1～5，光亮剂 1～5，湿润剂 1～5，表面活性剂 1～5，水加至 100。

所述可溶性二价锡盐为氟硼酸亚锡和甲基磺酸锡中的一种或两种的混合物。

所述抗氧化剂为还原酸类化合物与配位金属离子质量比为(3～5):1 的混合物，其中还原酸类化合物为抗败血酸、柠檬酸、抗坏血酸和乳酸中的一种。

所述辅助剂 5-氯尿嘧啶、4-乙酰胞嘧啶、2-氨基腺嘌呤或次黄嘌呤中的一种或多种的混合物。

所述光亮剂为邻苯二酚、10mL/L 的乳酸、甲醛、硼酸、亚苄基丙酮的混合物，其质量比为 2:1:1:2:1。

所述湿润剂为阴离子型湿润剂。

所述表面活性剂为阴离子型表面活性剂。

产品应用 本品主要用作降低露铜现象的纯锡电镀液。

所述电镀液的使用温度为 30～55℃。

所述电镀液使用过程中每 0.5h 向电镀槽中加入吸附剂进行吸附

15～20min。

产品特性 本产品对露铜现象抑制效果明显，且使用本产品进行电镀后镀层具有柔韧性和延展性好，镀液走位性能好的效果，对镀层裂纹的出现具有很好的缓解作用，对温度承受能力较灵活，具有很强的实用价值。

降低锡须生长的纯锡电镀液

原料配比

原料	配比（质量份）		
	1#	2#	3#
甲基磺酸与硫酸的混合溶液（体积比为 3:1）	20	50	35
甲烷磺酸锡与过氧化氢的混合溶液（体积比为 5:1）	40	—	—
乙烷磺酸锡与过氧化氢的混合溶液（体积比为 7:1）	—	10	—
2-丙烷磺酸锡与过氧化氢的混合溶液	—	—	25
抗败血酸与配位金属离子的混合物（质量比为 2:1）	10	—	—
柠檬酸与配位金属离子的混合物（质量比为 4:1）	—	10	—
乳酸与配位金属离子的混合物（质量比为 3:1）	—	—	5
5-氯尿嘧啶	1	—	—
4-乙酰胞嘧啶	—	5	—
2-氨基腺嘌呤	—	—	3
光亮剂	5	1	3
阴离子型湿润剂	5	1	3
烷基芳基磺酸钠	5	—	—
仲烷基硫酸钠	—	1	—
烷基硫酸钠	—	—	3
水	加至 100	加至 100	加至 100

制备方法 往电镀槽内加入所需量一半的水，加入烷基磺酸锡盐与过氧化氢的混合溶液、甲基磺酸和硫酸的混合溶液、混合均匀静置 20～40min 后，按所需量先加入抗氧化剂、辅助剂以及表面活性剂，混合均匀后再加入湿润剂和光亮剂以及余量的水，混合均匀。

原料配伍 本品各组分质量份配比范围为：体积比为 3:1 的甲基磺酸与硫酸的混合溶液 20～50、体积比为(5～7):1 的烷基磺酸锡盐与过氧化氢的混合溶液 10～40、抗氧化剂 1～10、辅助剂 1～5、光亮剂 1～5、湿润剂 1～5、表面活性剂 1～5，水加至 100。

所述烷醇基磺酸锡盐为甲烷磺酸锡、乙烷磺酸锡、丙烷磺酸锡、2-丙烷磺酸锡中的一种或多种。

所述抗氧化剂为还原酸类化合物与配金属离子质量比为(2～4):1的混合物，其中还原酸类化合物为抗败血酸，柠檬酸，抗坏血酸和乳酸中的一种。

所述辅助剂为 5-氯尿嘧啶、4-乙酰胞嘧啶、2-氨基腺嘌呤或次黄嘌呤中的一种或多种。

所述光亮剂为 15g/L 的苹果酸、8mL/L 的乳酸、8g/L 的聚乙二醇、硼酸、苄二丙酮的混合物，其质量比为 1:1:2:2:1。

所述湿润剂为阴离子型湿润剂。

所述表面活性剂为阴离子型表面活性剂。

产品应用 本品主要用作降低锡须生长的纯锡电镀液。

所述电镀液的使用温度为 30～55℃。

所述电镀液使用过程中每 0.5h 向电镀槽中加入吸附剂进行吸附10～15min。

产品特性 本产品对锡须的生长抑制效果明显，大大降低了锡须的生长速率，减少电镀件表面锡须的生长，且使用本产品进行电镀后镀层柔韧性和延展性好，对镀层裂纹的出现很好的缓解作用，对温度承受能力较灵活，具有很强的实用价值。

8 镀锌液

Zn 电镀液

原料配比

原　　料	配　　比	
	1#	2#
$ZnCl_2$	65g	60g
KCl	198g	200g
HBO_3	32g	35g
聚乙二醇	15mL	18mL
水	加至 1L	加至 1L

制备方法　将上述物料按比例混合均匀，调节 pH 值为 5.5～6.0。

原料配伍　本品各组分配比范围为：$ZnCl_2$ 50～65g，KCl 190～210g，HBO_3 30～35g，光亮剂 15～18mL，水加至 1L。

所述光亮剂选自下述中至少一种：聚乙二醇、聚乙烯醇、聚乙烯、吡咯烷酮、苯甲酸丙酮、苯乙酮、甲醛、戊醛、水杨醛、香草醛。

所述 Zn 电镀液 pH 值为 4.5～6。

所述 Zn 电镀液电流密度为 2～4A/dm^2。

所述 Zn 电镀液温度为 15～35℃。

产品应用　本品主要用作 Zn 电镀液。

产品特性　本产品具有出光快、整平性好及耐蚀性强的优点。

EDP 环保镀锌液

原料配比

原料	配比		
	1#	2#	3#
氯化锌	30g	50g	30～50g
氯化铵	150g	260g	150～260g
氯化钾	20g	35g	28g
主光亮剂	0.2mL	0.5mL	0.3mL
辅光亮剂	10mL	20mL	15mL
水	加至 1L	加至 1L	加至 1L

制备方法

（1）将计量好的氯化铵加入槽中，先用总体积 2/3 的热水溶解，其溶解过程属于吸热过程。

（2）将计量好的氯化钾直接加入到槽中，溶解即可。

（3）将计量好的氯化锌用少量水溶解后，边搅拌边加入槽中。

（4）每升溶液中加入 0.5～1mL 的双氧水（H_2O_2）且搅拌 25～35min。

（5）每升溶液中边搅拌边加入 1～2mg 的锌粉，搅拌时间为 40～80min。

（6）静置时间等于或大于 2h 后、过滤。

（7）加入主光亮剂、辅光亮剂，搅拌均匀后，用瓦楞板电解 6～8h 后，试镀。

（8）根据点读出来的产品质量情况适当调整电流密度和光亮剂使用量，确保一次合格率。

原料配伍 本品各组分配比范围为：氯化锌 30～50g、氯化铵 150～260g、氯化钾 20～35g、主光亮剂 0.2～0.5mL、辅光亮剂 10～20mL、水加至 1L。

产品应用 本品主要用做 EDP 环保镀锌液。

产品特性

（1）由于电镀锌过程中的电流效率较高，产生的废水较易处理（不含强络合剂），其产生的废气主要指氢气和氧气，通过简单的处理就可以防止对环境产生污染。

（2）由于锌属于两性金属，环境对锌的容量较大，而人体需要不断地补充微量的锌以维持平衡，因此对人的身体没有损害。

（3）节能，电镀同样面积的产品，由于镀铜、镍，特别是电镀铬的电压及电流度很高达到 15A/dm^2，而电镀锌仅为 1～2A/dm^2，其 EDP 环保镀锌所消耗的电能是电镀铜、镍及铬电能的 50%～60%。

（4）电镀锌不需要加温，也不需要冷却，从而节省热能 60%～70%。

电镀哑光锌的镀液

原料配比

原料	配比			
	1#	2#	3#	4#
氯化锌	75g	80g	—	—
氯化钾	230g	—	—	—
氯化铵	—	230g	—	—
硫酸锌	—	—	300g	—
氢氧化钠	—	—	—	140g
氧化锌	—	—	—	8～12g
硼酸	30g	25g	30g	—
月桂醇聚氧乙烯醚	5g	5g	—	—
哑光锌添加剂 A	20mL	20mL	20mL	8mL
哑光锌添加剂 B	20mL	20mL	20mL	10mL
脂肪醇聚氧乙烯醚硫酸钠（AES）	—	—	4	—
水	加至 1L	加至 1L	加至 1L	加至 1L

制备方法

（1）亚甲基二萘的制备：①将甲基萘 9.0～12.8g 和硫酸 11.2～13.8g 混合后加入装有温度计、电动搅拌的三口瓶，强烈搅拌下反应 3～4h；②将①得到的混合液常温自然冷却结晶；③将②得到的结晶物加入装有 6～9g 甲醛的缩合反应罐中在 168～196kPa 的条件下缩合 2～3h；④向缩合反应罐中加入质量分数为 40%的 NaOH 调 pH 值到 8～10；⑤将④得到的混合液常温自然冷却结晶；⑥过滤得到⑤中的结晶物，干燥，然后用蒸馏水配制质量分数为 40%的溶液即得到亚甲基二萘。

（2）聚（丙烯酰胺/丙烯酸钠/*N*-辛基丙烯酰胺）的制备：①将三

乙胺0.024～0.028mol和正辛胺0.022～0.024mol溶于20～40mL四氢呋喃中；②将①得到的混合液倒入装有温度计、通氮管、电动搅拌的四口瓶，控温0～5℃，将丙烯酰氯0.022～0.023mol缓缓滴入四口瓶，滴毕升温至10～15℃，在剧烈搅拌的条件下，保温2～4h；③将②得到的混合液用减压蒸馏装置去溶剂；④将去溶剂后的混合液在-5℃的丙酮中结晶，丙酮和去溶剂后的混合液的体积比为2:1；⑤将④得到的结晶物和去离子水20～30mL、丙烯酰氯0.022～0.0024mol、0.5～0.59SDS（soaium dodecyl sulfate）加入装备有电动搅拌、导氮管的三口瓶中，并在冰浴下，加入2～4g碳酸氢钠；⑥在常压通氮条件下，剧烈搅拌0.5～1h，加入2～4g硫酸铵作为引发剂并将冰浴换成20～25℃的水浴，继续通常压氮恒温1～2h，得到母液；⑦将母液去SDS和水，得中间体，并用蒸馏水配制为40%的溶液即得到聚（丙烯酰胺/丙烯酸钠/*N*-辛基丙烯酰胺）。

（3）哑光锌中间体的制备：①取正辛醇480～520g加入带搅拌的三口瓶，加入5～8g的NaOH和5～10g水；②剧烈搅拌逐渐加热升温；③在-0.05MPa的真空下脱水；④升温至110～120℃，直至脱水完全后继续升温至150～200℃；⑤抽除空气并通入氮气；⑥在搅拌下加入环氧乙烷，反应压力0.2～0.4MPa，反应温度160～180℃；⑦当浊点为40～50℃时出料，装入带搅拌的三口瓶，升温至60～70℃；⑧取200～240g硫酸滴入，控温在90～100℃，滴毕1h后，降温至60～70℃，取质量分数为50%的NaOH调pH值到6.5～7.5，得到母液；⑨母液静置分层，弃去下液，取上液，即得到哑光锌添加剂A的中间体。

（4）添加剂A的制备：将步骤（1）和步骤（2）的产物以1:1（质量比）的比例混配，或者将步骤（1）、（2）、（3）的产物以1:1:0.8的比例（质量比）混配，得到添加剂A。

（5）哑光锌添加剂B的制备：采用以下任何一种方法制备。

制备方法一：①取萘酸123～130g放入三口烧瓶中，加入400～440g水并搅拌；②加入质量分数为40%的NaOH调pH值到5.5～6.5；③升温至80～105℃，以2～3滴/min的速度滴入苯甲基氯126～130g；然后加温至回流温度，保持回流3h；④测pH值，若小于6.5，则用质量分数为20%的NaOH调pH值为6.5～7.5，再搅拌0.5h直至pH值稳定在6.5，冷却至室温出料，即得到哑光锌添加剂B。

制备方法二：①将 71g 丙酮加入装有搅拌器、温度计和滴液漏斗且带水浴的三口瓶中，加入催化量氟化钾和氧化铝的混合物作为催化剂和 5～7g 的 NaOH，控制水浴温度为 20～25℃，在强烈搅拌下在 30～40min 内滴加 106～112g 苯甲醛，滴毕后剧烈搅拌 30min；②用质量分数为 30%盐酸中和，抽滤，滤液中加入粉状的碳酸氢钠中和过量酸，并加入食盐进行盐析，分出有机层，水层用苯萃取 3 次，并合并有机层，用食盐水水洗；③将有机层在-0.02MPa 的条件下减压蒸馏出苯，然后冷凝干燥，即得到哑光锌添加剂 B。

（6）氯化锌镀液的制备：①用 1/2 规定体积的 80℃热水将硼酸溶解；②依次加入氯化钾和氯化锌，搅拌直到全部溶解；③加入另外 1/2 规定体积的水；④用锌粉、活性炭各 1g/L 搅拌过滤处理；⑤加入月桂醇聚氧乙烯醚搅匀；⑥加入哑光锌添加剂 A、哑光锌添加剂 B 搅拌均匀。

（7）氯化铵镀液的制备：①用 1/2 规定体积的 80℃热水将硼酸溶解；②依次加入氯化铵和氯化锌，搅拌直到全部溶解；③加入另外 1/2 规定体积的水；④用锌粉、活性炭各 1g/L 搅拌过滤处理；⑤加入月桂醇聚氧乙烯醚搅匀；⑥加入哑光锌添加剂 A、哑光锌添加剂 B 搅拌均匀。

（8）硫酸锌镀液的制备：①用 1/2 规定体积的 80℃热水将硼酸溶解；②依次加入硫酸锌，搅拌直到全部溶解；③加入另外 1/2 规定体积的水；④用锌粉、活性炭各 1g/L 搅拌过滤处理；⑤加入哑光锌添加剂 A、哑光锌添加剂 B 搅拌均匀。

（9）锌酸盐镀液的制备：①把氧化锌和氢氧化钠混合均匀；②用 1/2 规定体积的水，搅拌直到全部溶解；③用锌粉、活性炭各 1g/L 搅拌过滤处理；④加入哑光锌添加剂 A、哑光锌添加剂 B 搅拌均匀。

原料配伍　本品各组分配比范围如下。

氯化钾镀液：氯化钾 180～230g、氯化锌 50～75g、硼酸 25～30g、月桂醇聚氧乙烯醚 5～8g、哑光锌添加剂 A 20mL、哑光锌添加剂 B 20mL、水加至 1L。

氯化铵镀液：氯化铵 180～230g、氯化锌 60～80g、硼酸 25～30g、月桂醇聚氧乙烯醚 5～8g、哑光锌添加剂 A 20mL、哑光锌添加剂 B 20mL、水加至 1L。

硫酸盐镀液：硫酸锌 200～300g、硼酸 25～30g、AES 4～6g、哑

光锌添加剂 A 20～30mL、哑光锌添加剂 B 20～30mL、水加至 1L。

锌酸盐镀液：氢氧化钠 100～140g、氧化锌 8～12g、哑光锌添加剂 A 5～10mL、哑光锌添加剂 B 5～10mL、水加至 1L。

产品应用 本品主要应用于电镀哑光锌。

产品特性 在氯化钾、氯化铵、锌酸盐、硫酸盐镀液中加入本品所述添加剂，能加速晶核的形成，且促使形成了多晶面的晶粒，晶粒有一定的规则形状，晶粒之间结合紧密，但晶粒粒度较大，也正是由于粒度较大的原因，而形成了哑光，并且能直接对镀锌层进行封闭使镀层耐蚀性大大提高，超过了相同条件下的氯化钾镀锌层的耐蚀性。获得晶粒尺寸适中的哑光锌镀层是添加剂中各组分的协同作用的结果，虽然表面活性物质对晶粒细化作用较强，但在哑光锌组合添加剂中不是起主导作用的。哑光锌添加剂的加入不改变镀层晶面的择优取向，但影响了各晶面的衍射峰强度，改变了各晶面的织构系数。根据表面物理化学有关晶面指数愈低则表面能愈小的理论，低指数晶面的择优程度大，则说明具有相同能量的晶面越多，表面能越低，则镀层的表面腐蚀越均匀，因晶面能不等而引起的腐蚀也就越少，耐蚀性能也较强。

本品所述的用于电镀哑光锌的镀液可获得外观朦胧、光泽柔和、具有较好漫反射且结构细致、孔隙少、内应力低、耐腐蚀性好的哑光镀层。

（1）哑光锌不必钝化，可采用直接封闭的工艺流程，减少污染物的排放。目前大量普及的氯化钾镀锌工艺中为了提高镀层的耐蚀性能，达到需要的盐雾试验指标需要配套使用三价铬、六价铬的钝化。六价铬工艺已经是欧盟标准所禁止使用的，原因就是该工艺污染物的排放大大超出环保的要求，而哑光锌不必钝化，直接封闭就可以达到盐雾试验 96h 的耐蚀性能指标。大大超过了需要钝化工艺的氯化钾镀锌产品，而三价格、六价铬等污染物的排放量几乎为零。

（2）哑光锌镀层不炫目、漫反射的特点减少了光污染对生产生活的困扰。

在建筑装饰、灯饰、交通工具、航空航天、生产设备的电镀加工上利用哑光锌表面不炫目、强烈漫反射的光学效果减少高光亮镀层强光反射的光学效果带给人的困扰，比如建筑装饰领域，大量光亮性镀件造成的城市光污染越来越严重，已经成为继水污染、空气污染、噪声污染之后新的污染源，而哑光锌将为建筑装饰、灯饰领域减少城市光污染找到一条可行的方式与途径。再比如在交通工具、生产设备领域，哑光锌的柔和色泽减少了此前光亮镀层带来的强光刺激，避免眼睛产生疲劳，切实改善生产工作条件，减少该领域工作人员的劳动强度，从而有效减少光污染带来的交通、生产等安全事故隐患。本品成分简单，主盐含量高，镀液维护补充方便，镀层性能优越，适合工业化生产。

环保型高深镀能力镀锌液

原料配比

原料	配比	
	1#	2#
KCl	210g	210g
$ZnCl_2$	53g	75g
HAc	20g	20g
NaAc	30g	40g
季铵盐	0.8g	—
甲基红	—	0.5g
光亮剂	2mL	2mL
柔软剂	20mL	20mL
水	加至 1L	加至 1L

制备方法 将各组分溶于水混合均匀即可。

原料配伍 本品各组分配比范围为：KCl 180～320g、$ZnCl_2$ 50～85g、HAc 10～70g、NaAc 10～80g、缓蚀剂 0.05～10g、光亮剂 1～3mL、柔软剂 19～21mL、水加至 1L。

所述缓蚀剂为季铵盐、苯甲酸三乙醇铵盐、烷基苯甲酸三乙醇铵盐、咪唑衍生物及某些非离子表面活性剂，可以单独加入，也可以复配加入。

环保型高深镀能力镀锌液采用 KCl-HAc-NaAc 体系，这种镀液含有主盐 $ZnCl_2$，$ZnCl_2$ 浓度越高，允许的工作电流密度上限范围越宽，沉积速率也越快，但造成镀层结晶粗大，深镀能力下降，本品的镀锌液中 $ZnCl_2$ 浓度控制在 50～85g/L 范围内，KCl 作为导电盐及提供氯离子（Cl^{-1}）与 Zn^{2+}形成弱配合物，提高镀液的深镀能力，但浓度过高也因盐析效应使光亮剂的浊点下降，工作温度范围缩小，冬季在槽壁和阳极表面析出，本品的镀液中 KCl 浓度控制在 180～320g/L 范围内，镀液中光加 HAc 时，pH=4 附近电镀性能最好，当 pH 值升到 5 以上时大电流密度区易发生烧焦现象，当镀液中同时加入 HAc 与 NaAc，在 pH=4.5～5.5 范围内，依然可以获得较宽的电流密度上限范围，本品的镀锌液中 HAc 浓度为 10～70g/L，NaAc 浓度为 10～80g/L，缓蚀剂为甲基红、咪唑、改性植酸、平平加、OP、IMC、烷基苯甲酸三乙醇铵盐，加入量为 0.05～10g/L，可以单独加入，也可以复配加入。

产品应用　本品主要用作环保型高深镀能力镀锌液。

产品特性　本环保型高深镀能力镀锌液能提供宽广的光亮电流密度范围，宽广的工作温度范围，极强的走位能力（深镀能力）。本品既可以用于吊镀工艺，也可以用于滚镀工艺。

硫酸盐镀锌用纳米复合镀液

原料配比

原料	配比（质量份）				
	1#	2#	3#	4#	5#
硫酸锌	23	24	26	28	30
硫酸钠	2	2.5	3	3.5	4
纳米氧化锆溶胶	0.4	1	1.8	2.6	3.5
柠檬酸	0.08	0.16	0.2	0.25	0.3
蒸馏水	加至 100	—	加至 100	—	加至 100
去离子水	—	加至 100	—	加至 100	—

制备方法　将各组分溶于蒸馏水或去离子水混合均匀即可。

原料配伍　本品各组分质量份配比范围为：硫酸锌 23～30、硫酸钠 2～4、纳米氧化锆溶胶 0.4～3.5、柠檬酸 0.08～0.3、蒸馏水或去离子水加至 100。

所述的纳米氧化锆溶胶中的氧化锆的单体颗粒为 3～5nm。

所述的纳米氧化锆溶胶的质量分数为按照氢氧氧锆[$ZrO(OH)_2$]计算。

所述的纳米复合镀液的 pH 值为 2～4。

所述的水为蒸馏水或去离子水。

产品应用　本品主要用作硫酸盐镀锌用纳米复合镀液。

产品特性

（1）将钢铁构件置于本品纳米复合镀液中，通过常规的悬挂电镀方法电镀后，再使用现有的三价铬钝化溶液对镀锌钢铁构件进行室温钝化处理，得到外表光亮，平滑，具有银白色泛蓝的镀锌层。

（2）分别将使用本品纳米复合镀液和使用没有添加纳米氧化锆的现有电镀液电镀出的相同厚度的镀锌层，经三价铬钝化溶液处理后，置于浓度为 5%的氯化钠水溶液中进行全浸试验，来测试镀锌层的耐腐蚀能力。大量的测试结果表明：采用纳米氧化锆作为电镀液的添加剂，镀得的平均厚度为 3.5μm 的镀锌层，经过浓度为 5%的氯化钠水溶液 34 天的全浸试验，镀锌层的被腐蚀面积小于 5%。而使用没有添加纳米氧化锆的现有电镀液，镀得的相同厚度的镀锌层，经过 15～20 天的浓度为 5%的氯化钠水溶液的全浸试验，镀锌层的被腐蚀面积已超过 50%以上，甚至出现了红锈。

（3）使用本品纳米复合镀液，在后续的钝化处理中，不需再使用六价铬钝化溶液，既完全避免了六价铬的污染，又使镀锌层具有采用六价铬钝化锌层相同甚至更好的防锈性能。

（4）配制本品纳米复合镀液用料少，原料中也无任何污染源。

（5）使用本品纳米复合镀液电镀时不需搅拌，不仅安静，且节能。

作为有益效果的进一步体现，一是纳米氧化锆溶胶中的氧化锆的单体颗粒的粒径优选为 3～5nm，使本复合镀液更适宜与现有的三价铬钝化溶液配合使用，来增强镀锌层的防锈性能；二是纳米氧化锆溶胶的质量分数优选为按照氢氧氧锆计算，使添加纳米氧化锆溶胶时，其重量易于掌控；三是纳米复合镀液的 pH 值优选为 2～4，能确保纳米复合镀液性能的充分发挥和稳定。

电镀液

原料配比

原料	配比													
	1#	2#	3#	4#	5#	6#	7#	8#	9#	10#	11#	12#	13#	14#
锌/（g/L）	10g	12g	10.5g	11.5g	14g	12.5g	13.5g	10.8g	12.2g	13g	11.8g	11g	13.2g	12g
NaOH/（g/L）	120g	132g	145g	128g	143g	136g	127g	126g	138g	140g	135g	125g	130g	122g
碳酸钠/（g/L）	8g	19g	14g	10g	20g	25g	30g	15g	23g	26g	16g	12g	28.8g	9g

续表

原料		配比													
		1#	2#	3#	4#	5#	6#	7#	8#	9#	10#	11#	12#	13#	14#
调整剂	70%的硅酸盐	25mL	—	—	—	—	—	—	—	—	—	—	—	—	—
	85%的硅酸盐	—	27mL	—	—	—	—	—	—	—	—	—	—	—	—
	71%的硅酸盐	—	—	25.6mL	—	—	—	—	—	—	—	—	—	—	—
	72%的硅酸盐	—	—	—	28.5mL	—	—	—	—	—	—	—	—	—	—
	73%的硅酸盐	—	—	—	—	29.1mL	—	—	—	—	—	—	—	—	—
	74%的硅酸盐	—	—	—	—	—	27.7mL	—	—	—	—	—	—	—	—
	75%的硅酸盐	—	—	—	—	—	—	28mL	—	—	—	—	—	—	—
	76%的硅酸盐	—	—	—	—	—	—	—	29.6mL	—	—	—	—	—	—
	77%的硅酸盐	—	—	—	—	—	—	—	—	30mL	—	—	—	—	—
	78%的硅酸盐	—	—	—	—	—	—	—	—	—	25.8mL	—	—	—	—
	79%的硅酸盐	—	—	—	—	—	—	—	—	—	—	26mL	—	—	—
	80%的硅酸盐	—	—	—	—	—	—	—	—	—	—	—	26.8mL	—	—
	81%的硅酸盐	—	—	—	—	—	—	—	—	—	—	—	—	25.3mL	—
	83%的硅酸盐														26.4mL
开缸剂		6mL	7mL	6.7mL	7.2mL	7.3mL	8mL	7.6mL	6.5mL	7.8mL	6.1mL	7.9mL	6.9mL	7.5mL	6.2mL
主光剂		1mL	1.5mL	1.1mL	1.2mL	1.4mL	1.6mL	1.3mL	1.7mL	1.9mL	1.8mL	2mL	1.5mL	1.3mL	1.8mL
走位剂		1mL	1.2mL	1.8mL	1.6mL	1.5mL	1.1mL	1.9mL	1.8mL	1.7mL	1.6mL	1.5mL	2mL	1.3mL	1.4mL
水		加至1L	加至1L	加至1L	加至1L	加至1L	加至1L	加至1L	加至1L	加至1L	加至1L	加至1L	加至1L	加至1L	加至1L
走位剂	聚氨砜	25%	29%	26%	27%	28%	29%	28%	27%	26%	28%	27%	27%	28%	29%
	水溶性阳离子聚合物	5%	5%	1%	2%	3%	4%	5%	1%	2%	3%	4%	5%	2%	3%
	水	加至100%	加至100%	加至100%	加至100%	加至100%	加至100%	加至100%	加至100%	加至100%	加至100%	加至100%	加至100%	加至100%	加至100%
开缸剂	聚乙烯亚胺均聚物	7%	8%	9%	10%	11%	12%	11%	9%	8%	7%	12%	10%	12%	11%
	1-苄基-3-羧基吡啶鎓氯化物	3%	5%	4%	3%	5%	3%	5%	4%	5%	3%	5%	4%	5%	5%
	1-苄基吡啶鎓-3-羧酸盐	6%	10%	6%	7%	8%	9%	8%	10%	7%	9%	10%	9%	7%	10%

续表

原料		配比													
		1#	2#	3#	4#	5#	6#	7#	8#	9#	10#	11#	12#	13#	14#
开缸剂	水溶性阳离子聚合物	7%	10%	7%	8%	10%	9%	10%	7%	10%	8%	9%	10%	7%	10%
	水	加至100%	加至100%	加至100%	加至100%	加至100%	加至100%	加至100%	加至100%	加至100%	加至100%	加至100%	加至100%	加至100%	加至100%
主光剂	咪唑丙氧基缩合物	10%	12%	11%	12%	12%	10%	12%	10%	12%	10%	12%	10%	11%	10%
	烯丙氧基缩合物	8%	10%	9%	10%	10%	8%	10%	8%	10%	8%	10%	8%	9%	8%
	1-苄基吡啶鎓-3-羧酸盐	9%	10%	10%	10%	10%	9%	10%	9%	10%	9%	10%	9%	10%	9%
	水	加至100%	加至100%	加至100%	加至100%	加至100%	加至100%	加至100%	加至100%	加至100%	加至100%	加至100%	加至100%	加至100%	加至100%

制备方法

（1）彻底清洗电镀槽、溶锌槽和过滤机滤芯。电镀槽可以是聚丙烯或聚氯乙烯树脂材料制成的电镀槽。如果电镀槽和溶锌槽是旧槽，需要彻底清洗干净才可使用，如果是新槽，则需使用10%温氢氧化钠溶液浸泡后才可使用。

（2）配备溶锌槽。在溶锌槽里加纯水2/3，加入碳酸钠至所需的浓度，搅拌下缓慢加入NaOH，此时可临时加一风管以帮助溶解，防止NaOH堆积在槽底结块。此时溶液会放热，需监控溶液温度，随时监测温度不能超过80℃，否则停止添加NaOH。将装满锌块的铁篮置入热的NaOH中开始溶锌，每4h测定一次锌的浓度，当锌的浓度达到所需的浓度时，将锌篮取出。分批次加入剩下的NaOH使其达到所需的浓度。此时，需要注意溶液温度的变化，防止槽子的变形。

（3）待温度降至40℃以下后，用泵将溶锌槽中的溶液抽出，经过过滤器，进入电镀槽，进行电镀槽与溶锌槽的溶液过滤交换。待交换均匀后，测定Zn、NaOH浓度；Zn不够则需要继续溶锌，NaOH不够则需要补加。继续过滤，待槽液澄清；若槽液很脏，需用活性炭过滤。

（4）按照所需的浓度要求依次将调整剂、开缸剂、走位剂、补充剂加入到电镀槽。

原料配伍 本品各组分配比范围为：锌10～14g、氢氧化钠120～145g、碳酸钠8～30g、调整剂25～30mL、开缸剂6～8mL、主光剂1～2mL和走位剂1～2mL，水加至1L。

所述的调整剂可以是硅酸盐-水溶液，硅酸盐的质量分数一般为70%～85%。

所述的开缸剂主要由下述物质的水溶液组成：聚乙烯亚胺均聚物、1-苄基-3-羧基吡啶鎓氯化物、1-苄基吡啶鎓-3-羧酸盐和水溶性阳离子聚合物。各物质的质量分数优选为：聚乙烯亚胺均聚物7%～12%、1-苄基-3-羧基吡啶鎓氯化物3%～5%、1-苄基吡啶鎓-3-羧酸盐6%～10%和水溶性阳离子聚合物7%～10%。

所述的主光剂主要由下述物质的水溶液组成：咪唑丙氧基缩合物、烯丙氧基缩合物和1-苄基吡啶鎓-3-羧酸盐。各物质的质量分数优选为：咪唑丙氧基缩合物10%～12%、烯丙氧基缩合物8%～10%和1-苄基吡啶鎓-3-羧酸盐9%～10%。

所述的走位剂主要由聚氨砜和水溶性阳离子聚合物的水溶液组成。各物质的质量分数优选为：聚氨砜25%～29%和水溶性阳离子聚合物1%～5%。

所述的水溶性阳离子聚合物是质量比为1:1的二氨基脲聚合物和阳离子聚合物（MOME）的混合物。

产品应用　本品主要用作电镀液。

在温度为25℃、电流密度为2.0A/dm^{2}的条件下，以需电镀的工件为阴极，金属板为阳极，阳极与阴极面积比为2:1，进行电镀。电镀开始时可用弱电解以融合各添加剂，4～6h后，开始HULL CELL（赫尔槽）试片观察，试镀成功后，再进行电镀。HULL CELL试片只需要少量镀液，经过短时间试验便能得到在较宽的电流密度范围内镀液的电镀效果，可以有效地控制电镀过程并进行维护。

产品特性

（1）本产品的开缸剂不仅能使镀层结晶细化，还具有除杂效果，能有效掩蔽槽中多种金属杂质，改进分散能力，改善均镀能力；主光剂起光亮作用，使镀层更加饱满光亮，镀层细腻；走位剂能使低电流区亮度提高，可以提高电流效率和深镀能力；而调整剂可改善镀层脆性。

（2）本产品的制备方法，可以给镀液提供优良的分布力，不影响电镀速率和阴极效率，改善传统碱性无氰镀锌的深镀能力、分散能力、镀层结合能力，使锌有更高的使用率，提高生产效益。

（3）本工艺能够减少电镀时间，提高锌的使用率，操作简单，不易烧焦。

光亮型碱性无氰镀锌电镀液

原料配比

原料		配比							
		1#	2#	3#	4#	5#	6#	7#	8#
添加剂A	柔软剂	100～500mL	100～500mL	100～500mL	100～500mL	100～500mL	100～500mL	100～500mL	100～500mL
	光亮剂	100～300mL	100～300mL	100～300mL	100～300mL	100～300mL	100～300mL	100～300mL	100～300mL
	辅助光亮剂	10～100mL	10～100mL	10～100mL	10～100mL	10～100mL	10～100mL	10～100mL	10～100mL
	增厚剂	5～15g	5～15g	5～15g	5～15g	5～15g	5～15g	5～15g	5～15g
	去离子水	加至1L	加至1L	加至1L	加至1L	加至1L	加至1L	加至1L	加至1L
柔软剂	三乙烯四胺	1～2mol	1～2mol	1～2mol	1～2mol	1～2mol	1～2mol	1～2mol	1～2mol
	哌嗪	0.5～1.5mol	0.5～1.5mol	0.5～1.5mol	0.5～1.5mol	0.5～1.5mol	0.5～1.5mol	0.5～1.5mol	0.5～1.5mol
	2,4,6-三甲基苯胺	0.3～1.5mol	0.3～1.5mol	0.3～1.5mol	0.3～1.5mol	0.3～1.5mol	0.3～1.5mol	0.3～1.5mol	0.3～1.5mol
	乙酰胺	0.8～1.5mol	0.8～1.5mol	0.8～1.5mol	0.8～1.5mol	0.8～1.5mol	0.8～1.5mol	0.8～1.5mol	0.8～1.5mol
	聚丙烯酰胺	0.5～1.5mol	0.5～1.5mol	0.5～1.5mol	0.5～1.5mol	0.5～1.5mol	0.5～1.5mol	0.5～1.5mol	0.5～1.5mol
辅助光亮剂	咪唑	1.2mol	1.2mol	1.2mol	1.2mol	1.2mol	1.2mol	1.2mol	1.2mol
	环氧氯丙烷	1mol	1mol	1mol	1mol	1mol	1mol	1mol	1mol
添加剂B	果糖	100～400g	100～400g	100～400g	100～400g	100～400g	100～400g	100～400g	100～400g
	葡萄糖	200～500g	200～500	200～500g	200～500g	200～500g	200～500g	200～500g	200～500g
	去离子水	加至1L	加至1L	加至1L	加至1L	加至1L	加至1L	加至1L	加至1L
氧化锌		10g	11g	12g	13g	14g	15g	10g	15g
氢氧化钠		100g	110g	120g	130g	140g	150g	100g	150g
锌粉		—	2g	—	—	—	—	—	—
活性炭		—	1g	—	—	—	—	—	—
添加剂B		4mL	5mL	6mL	7mL	8mL	9mL	10mL	8mL
添加剂A		10mL	11mL	12mL	12mL	14mL	15mL	16mL	10mL
去离子水		加至1L	加至1L	加至1L	加至1L	加至1L	加至1L	加至1L	加至1L

制备方法

（1）准确称量氧化锌 10～15g，氢氧化钠 100～150g，烧杯加入去离子水 250mL，将氢氧化钠倒入搅拌至完全溶解，然后将氧化锌用少许去离子水调成糊状，边搅拌边加入到氢氧化钠溶液中，直到完全溶解，冷却至室温，备用。

（2）向步骤（1）中制得的溶液中加入添加剂 B 4～10mL，然后再加入添加剂 A 10～16mL，加去离子水至 1L，混合搅拌均匀，制得无氰镀锌电镀液。

原料配伍 本品各组分配比范围为：氧化锌 10～15g，氢氧化钠 100～150g，添加剂 A 10～16mL，添加剂 B 4～10mL，去离子水加至 1L。

所述添加剂 A 由柔软剂、光亮剂、辅助光亮剂、增厚剂组成。

所述添加剂 B 由果糖、葡萄糖组成。

所述柔软剂为混合有机胺与环氧氯丙烷聚合的水溶性高分子。

所述混合有机胺为三乙烯四胺、邻苯二胺、聚丙烯胺、哌嗪、2,4,6-三甲基苯胺、乙酰胺、聚丙烯酰胺中的任意一种或两种以上的混合物。

所述柔软剂通过以下步骤制备：在反应器中，加入三乙烯四胺 1～2mol，哌嗪 0.5～1.5mol，2,4,6-三甲基苯胺 0.3～1.5mol，乙酰胺 0.8～1.5mol，聚丙烯酰胺 0.5～1.5mol，升温到 60℃，缓慢滴加环氧氯丙烷 1～4mol，待滴完环氧氯丙烷后，去离子水加至 1L，升温到 90℃，反应 12h，冷却，回收，获得柔软剂。

所述光亮剂为 1-甲基吡啶鎓-3-甲酸钠。

所述辅助光亮剂为咪唑与环氧氯丙烷的聚合物。

所述辅助光亮剂通过以下步骤制备：在反应器中，加入咪唑 1.2mol，升温到 45℃，缓慢滴加环氧氯丙烷为 1mol，待滴完环氧氯丙烷后，升温到 85℃，反应 12h，冷却，回收，获得辅助光亮剂。

所述增厚剂为咪唑、1-甲基咪唑、三聚氰胺中的任意一种或两种以上的混合物。

产品应用 本品是一种光亮型碱性无氰镀锌电镀液。

产品特性

（1）本产品采用两剂型的添加剂，工艺简单、成本低、维护方便。

（2）本产品的添加剂 A 中包含增厚剂，提高了电镀过程中的电流效率，有利于提高电镀效率，降低电镀成本。

（3）本产品的添加剂 A 中不含有三乙醇胺，添加剂 B 中不含 EDTA，废水处理方便，环保性高。

（4）本产品提供的添加剂 A 中光亮剂采用光亮剂、辅助光亮剂的有效搭配，极大地提高了镀层的光亮度，且主光亮剂水解后可溶于水，不夹杂到镀层中，降低了镀层的脆性，同时，锌层夹杂少，锌层的耐蚀性更好。

（5）本产品提供的添加剂A中通过混合有机胺的组合获得的聚合物，可以在碱性无氰镀锌电镀液中获得全片镜面光亮的锌镀层，电流密度范围宽。

（6）应用本产品电镀获得全片镜面光亮的锌镀层，电流密度范围宽，镀层结合力好，分散能力和覆盖能力佳，电镀废水处理更容易，维护简单，经济实用。

氯化钾型镀锌电镀液

原料配比

原　料	配　比
氯化锌	70g
氯化钾	200g
硼酸	35g
柔软剂	8mL
光亮剂	0.3mL
调整剂	适量
水	加至1L

制备方法

（1）清洗镀锌槽，加入1/3的水。

（2）将配方量的氯化钾加入到水中去，直至氯化钾全部溶溶解，之后将配方量的氯化锌和硼酸依次溶解。

（3）搅拌均匀后，冷却到室温下取镀液分析，如果浓度不在规定范围内，需在加添加剂前进行调整。

（4）开过滤机开始循环，用0.1～0.15A/dm^2的小电流密度电解处理镀液4～12h，直至低电流密度区镀层颜色由黑色变为浅灰色，加入所需量的柔软剂、光亮剂和调整剂，溶解，搅拌均与即可。

原料配伍　本品各组分配比范围为：氯化锌 50～80g，氯化钾 180～280g，硼酸30～40g，柔软剂6～10mL，光亮剂0.1～0.4mL，调整剂适量，水加至1L。

所述的柔软剂包括亚苄基丙酮、苯甲酸钠和烟酸。

所述的光亮剂包括邻氯苯甲醛。

所述的调整剂包括硼酸、甲醇、苯甲酸钠。

产品应用 本品是一种氯化钾型镀锌电镀液。

产品特性

（1）该工艺可以获得厚度分布均匀的镀层，所得镀层可以进行蓝色、彩色、绿色、黑色钝化处理。

（2）镀层延展性好，可以使用高电流密度电镀。

（3）同时适用于挂镀和滚镀，镀液稳定性好，不存在分解产物问题。

（4）镀层走位好，适用于电镀形状复杂的工件。

（5）耐高温，在50℃下能正常工作。

无氰型电镀液

原料配比

原　料	配　比
氧化锌	10g
氢氧化钠	120g
光亮剂	9mL
走位剂	2mL
除杂剂	2mL
调整剂	8mL
水	加至1L

制备方法

（1）清洗镀锌槽，加入1/3的水。

（2）清洗溶锌槽，加入1/4的水，之后按照5mL/L的标准加入硬水软化剂，应该保证氢氧化钠溶液的浓度能溶解氧化锌。

（3）将所需的氧化锌用冷水调成糊状边搅拌边加热，加入120g/L的氢氧化钠溶液中去，直至氧化锌全部溶解或者将所需要的高纯度锌锭装在钢阳极篮中放入溶锌槽溶解完全。

（4）稍作冷却后，将溶解好的镀锌打到镀锌槽中去，重复（2）和（3）步骤，分批进行。加入水稀释，但应保留添加剂体积的余量，搅拌均匀后，冷却到室温下取镀液测量浓度。

（5）加入所需量的光亮剂、走位剂、除杂剂和调整剂，开过滤机开始循环，并用小电流密度电解处理镀液 4～12h，直至低电流密度区镀层颜色由黑色变为浅灰色。

原料配伍 本品各组分配比范围为：氧化锌 8～15g，氢氧化钠 80～150g，光亮剂 6～10mL，走位剂 1～2mL，除杂剂 1～2mL，调整剂 5～10mL，水加至 1L。

所述的光亮剂包括 *N*,*N*,*N'*,*N'*-四甲基-1,4-苯二胺，甲醇和 *N*,*N'*-双脲。

所述的走位剂包括 1,4-二氯丁烷和 *N*,*N*-二甲基-1,4-苯二胺。

所述的除杂剂包括酒石酸钾钠和乙二胺四乙酸二钠盐。

所述的调整剂包括腐植酸和吲哚化合物。

产品应用 本品主要用作无氰型电镀液。

产品特性

（1）该工艺可以获得厚度分布均匀的镀层，所得镀层可以进行蓝色、彩色、绿色、黑色钝化处理。

（2）镀层延展性好，无脆性，可以使用高电流密度电镀。

（3）同时适用于挂镀和滚镀，镀液稳定性好，不存在分解产物问题。

（4）镀层走位好，适用于电镀形状复杂的工件。

（5）镀层的耐蚀性好，适合于钝化液可达到的多种耐蚀指标。

（6）不含强配位剂，废水处理简单，属于环保型电镀。

（7）采用氢氧化钠作为配位剂兼导电盐，靠有机添加剂增加阴极极化。镀层细致有光泽，镀液的分散能力好，镀液成分简单，操作简单，但大量的有机物夹杂，使镀层脆性增加，对杂质敏感。本光亮剂中附带一种调整剂，可以大大减轻有机物和水质中钙离子、镁离子等其他离子的干扰，从而得到完整的镀层。

9 其他镀液

电镀液

原料配比

原料	配比（质量份）		
	1#	2#	3#
硫酸钴	8	14	11
亚磷酸	7	11	9
柠檬酸钠	4	10	7
柠檬酸	2	6	4
十二烷基硫酸钠	3	8	5
乙酸钠	2	9	6
乙二胺四乙酸	5	10	7
过硼酸钠	1	5	3
柠檬酸	3	6	5
螯合剂	1	3	2
缓蚀剂	2	5	4
稳定剂	5	10	8
去离子水	20	20	20

制备方法　将各组分原料混合均匀即可。

原料配伍　本品各组分质量份配比范围为：硫酸钴 8～14，亚磷酸 7～11，柠檬酸钠 4～10，柠檬酸 2～6，十二烷基硫酸钠 3～8，乙酸钠 2～9，乙二胺四乙酸 5～10，过硼酸钠 1～5，柠檬酸 3～6，螯合剂 1～3，缓蚀剂 2～5，稳定剂 5～10，去离子水 20。

产品应用　本品主要用作电镀液。

产品特性 本产品具有很好的导电能力，电解速度快，效果好。

电镀铟的电镀液

原料配比

原料	配比（质量份）								
	1#	2#	3#	4#	5#	6#	7#	8#	9#
四氟硼酸钠	55	55	55	60	60	60	65	65	65
氯化 *N*-正丙基吡啶	145	150	140	140	145	150	140	145	150
丙酮	789	78	794	789	784	779	784	779	774
乙酸铟	3	4	6	3	4	5	3	4	5
N-甲基吡咯烷酮	4	3	2	4	3	2	4	3	2
明胶	3	2	1	3	3	1	3	2	1
糊精	1	2	3	1	2	3	1	2	3

制备方法 将各组分原料混合均匀即可。

原料配伍 本品各组分质量份配比范围为：四氟硼酸钠 55～65，氯化 *N*-正丙基吡啶 140～150，丙酮 770～800，乙酸铟 3～5，*N*-甲基吡咯烷酮 2～4，明胶 1～3，糊精 1～3。

产品应用 本品是一种电镀铟的电镀液。

用本产品电镀时，要求溶液 pH 值为 6～7，溶液温度 15～30℃，电流密度 1.5～3.5A/dm^2。

产品特性 本品可以获得高质量镀层，同时消除电沉积液对环境的危害已成为环保工业急需解决的问题，本产品的电镀工艺可以降低成本，又有利于改善电镀质量，且安全环保。

镀镓用电镀液

原料配比

原料	配比（质量份）								
	1#	2#	3#	4#	5#	6#	7#	8#	9#
四氟硼酸钠	70	70	70	75	75	75	80	80	80
氯化 *N*-正丙基吡啶	180	177	170	170	175	180	160	165	170
丙酮	744	745	750	746	740	738	750	745	742

续表

原　料	配比（质量份）								
	1#	2#	3#	4#	5#	6#	7#	8#	9#
氯化镓	2	5	5	4	4	2	4	5	3
N-甲基吡咯烷酮	2	1	2	1	3	1	1	1	3
乙二醇	2	1	1	2	1	2	4	1	1
明胶	1	2	2	2	2	2	1	3	1

制备方法 将各组分原料混合均匀即可。

原料配伍 本品各组分质量份配比范围为：四氟硼酸钠 70～80，氯化*N*-正丙基吡啶 160～180，丙酮 730～760，氯化镓 2～5，*N*-甲基吡咯烷酮 1～3，乙二醇 1～4，明胶 1～3。

产品应用 本品是一种镀镓用电镀液

用本产品电镀时，要求溶液 pH 值为 6.5～7，溶液温度 15～30℃，电流密度 2.5～3.5A/dm^2。

产品特性 本产品具有较低的熔点、良好的导电性、可以忽略的蒸气压、较宽的使用温度等特点。本产品使电镀液循环多次再利用成为可能，通过电镀液的循环使用，减少了电镀液废物、环境污染和处理成本。

钴镍磷碳化硅电镀液

原料配比

原　料	配比（质量份）		
	1#	2#	3#
柠檬酸钠	45	60	75
乳酸	15	20	25
去离子水	1000	1000	1000
硫酸钴	1	3	5
硫酸镍	120	150	180
亚磷酸	5	15	20
糖精	1	2	2
二甲基己炔醇	0.2	0.4	0.6
碳酸氢钠	10	15	20
碳化硅	10	20	40

制备方法　在容器中放入柠檬酸钠和乳酸，向容器中加入去离子水，搅拌均匀至溶解；再加入硫酸钴、硫酸镍、亚磷酸至容器中，在常温下均匀搅拌至溶解；然后将以上配置好的溶液用水浴锅加热到65℃，这时加入糖精和二甲基己炔醇搅拌均匀至溶解；接着加入碳酸氢钠调节溶液的pH值为2；最后加入碳化硅均匀搅拌至溶解，即完成电镀液的配制。

原料配伍　本品各组分质量份配比范围为：去离子水1000，硫酸钴1～5，硫酸镍120～180，亚磷酸5～20，碳化硅10～40，柠檬酸钠45～75，乳酸15～25，糖精1～2，二甲基己炔醇0.2～0.6，碳酸氢钠10～20。

产品应用　本品是一种钴镍磷碳化硅电镀液。电镀方法，包括以下步骤：

（1）将电镀液加热到65℃。

（2）用钛铱钽氧化物作为阳极，用需要电镀的工件作为阴极。

（3）在电流密度为8A/dm²的条件下进行电镀作业。

产品特性　本产品形成的镀层脆性小、耐磨性强、电沉积速率快、表面无微裂纹、镀厚无针孔。

环境友好的镀镓用电镀液

原料配比

原　　料	配比（质量份）								
	1#	2#	3#	4#	5#	6#	7#	8#	9#
硝酸*N*-正丁基吡啶	955	955	960	960	960	960	960	965	965
氯化镓	25	24	22	22	22	22	22	20	20
N-甲基吡咯烷酮	4	4	3	4	2	3	2	3	2
乙二醇	6	6	4	6	5	5	6	4	4
明胶	4	5	5	4	5	5	5	4	4
硝酸钠	6	6	6	4	6	5	5	4	5

制备方法　将各组分原料混合均匀即可。

原料配伍　本品各组分质量份配比范围为：硝酸*N*-正丁基吡啶955～965，氯化镓20～25，*N*-甲基吡咯烷酮2～4，乙二醇4～6，明胶4～5，硝酸钠4～6。

产品应用　本品是一种环境友好的镀镓用电镀液。

用本产品电镀时，要求溶液pH值为6.0～7.5，溶液温度25～30℃，电流密度 1.5～2.5A/dm^2。

产品特性 此电镀液具有一些独特的性能，如较低的熔点、良好的导电性、可以忽略的蒸气压、较宽的使用温度及特殊的溶解性等。本产品使电镀液循环多次再利用成为可能，通过电镀液的循环使用，减少了电镀液废物、环境污染和处理成本。

金属电镀液

原料配比

原料	配比（质量份）		
	1#	2#	3#
硫酸钾	30	27.5	25
次亚磷酸钠	30	27.5	25
柠檬酸钾	12	10	8
光亮剂	0.8	0.5	0.3
乙酸钠	6	5	4
去离子水	100	90	80

制备方法 将各组分原料混合均匀即可。

原料配伍 本品各组分质量份配比范围为：硫酸钾 25～30，次亚磷酸钠 25～30，柠檬酸钾 8～12，光亮剂 0.3～0.8，乙酸钠 4～6，去离子水 80～100。

所述光亮剂是苯亚甲基丙酮、氨基磺酸钾、糖精和二硫代碳酸钾中的至少一种。

产品应用 本品主要用作金属电镀液。

产品特性 本产品的优点是不污染环境、成本低、且电镀质量好。

离子液体电镀液

原料配比

原料	配比（质量份）	
	1#	2#
无水氯化镍	64	—
无水氯化锌	—	68

续表

原　料		配比（质量份）	
		1#	2#
EDTA		0.2	0.2
草酸		2	2
深度共熔型离子液体溶剂	氯化胆碱和尿素(摩尔比 1:2)	加至 1000	加至 1000

制备方法　将制备所需深度共熔型离子液体的基础物质和其他组分置于容器中油浴恒温 75～85℃，并经磁力搅拌，形成无色透明溶液，然后向此无色透明溶液中添加所需的主盐和添加剂，继续油浴恒温 75～85℃磁力搅拌，直至得到均匀溶液即为电镀液成品。

原料配伍　本品各组分质量份配比范围为：所述的深度共熔型离子液体溶剂是由基础物质和其他组分组成，所述的基础物质为氯化胆碱，所述其他组分为尿素、乙二醇、甘油、乙酰胺、硫脲、三氯乙酸、苯乙酸、丙二酸、草酸、对甲基苯磺酸、间甲基苯酚、对甲基苯酚、邻甲基苯酚、果糖中的一种或几种的混合；在深度共熔型离子液体溶剂中，其他组分的质量分数为 15%～80%，其余为基础物质。

所述的电镀液为为镍电镀液时，主盐为氧化镍、无水氯化镍、无水硫酸镍、无水氨基磺酸镍中的一种或几种的混合，主盐的物质的量浓度为 0.1～1mol/L；所述的电镀液为锌电镀液时，主盐为无水氯化锌、无水硫酸锌中的一种或两种的混合，主盐的物质的量浓度为 0.2～1mol/L。

所述的添加剂为乙醇、甘露醇、乙二醇、甘油、酒石酸、苹果酸、乙酸、草酸、柠檬酸、EDTA、葡萄糖、糖精、淀粉、蔗糖、苯并三氮唑中的一种或几种的混合。

产品应用　本品是一种离子液体电镀液。

镁合金电镀方法，包括以下步骤：

（1）镀前处理：将镁合金样片依次经有机溶剂超声波清洗、碱洗除油、酸洗活化、浸锌和吹干处理。

（2）电镀液的配制：将深度共熔型离子液体溶剂、主盐和添加剂搅拌混合制得电镀液，其中，主盐的物质的量浓度为 0.1～1mol/L，添加剂的质量分数为 0.01%～15%，其余为深度共熔型离子液体溶剂。

（3）离子液体电镀：采用脉冲电镀或直流电镀的方式，将镀前处理过的镁合金样品放置于电镀液中进行电镀，电镀的操作温度为 40～

100℃，电镀时间为 10～180 min，电流密度为 0.1～5 A/dm^2。

（4）电镀完成后将样品取出，冲洗吹干，得成品。

所述的有机溶剂超声波清洗的有机溶液选用丙酮、乙醇或正己烷。

所述的电镀液的制备过程中，采用惰性气氛保护，惰性气氛选用氮气或氩气。

产品特性

（1）本产品可在在镁合金上得到良好的镀层，且得到的镀层均匀致密，与基体结合牢固，可作为打底层使用，也可作为防护层使用。

（2）在电镀过程中使用深度共熔型离子液体作为溶剂，深度共熔型离子液体溶剂与传统的咪唑类和吡啶类离子液体不同，以氯化胆碱为基础物质的深度共熔型离子液体溶剂是一种新型的非水溶剂，此类深度共熔型离子液体溶剂除具备传统离子液体的特点之外，还具有价格低廉、原料易得、无毒、热稳定性好、不可燃、可生物降解、电导率高、电位窗口宽等优点，操作温度也比无机熔盐低得多，因而更适合于工业化应用，且镁合金不会在电镀过程中出现点蚀的风险。

（3）本产品提供的电镀方法简便易行，设备简单，原料易得，对环境友好，便于工业化的扩大生产。

铝合金真空钎焊用钎料电镀液

原料配比

原　　料	配　比
无水硫酸钠	2～6g
酒石酸	0.04～0.4mol
柠檬酸钠	0.04～0.4mol
$H_3CSi(OCH_3)_3$	0.4～4g
抗坏血酸	0.04～0.4mol
$Al(C_2H_5)_3$	12～28g
去离子水	加至 1L

制备方法

（1）电镀液的配制　取一定量去离子水，添加无水硫酸钠；磁力搅拌 2h，添加酒石酸和柠檬酸钠；磁力搅拌 2h 并调整 pH 值为 2～8；

添加 $H_3CSi(OCH_3)_3$；磁力搅拌 2h，加入抗坏血酸；磁力搅拌 2h，添加 $Al(C_2H_5)_3$，磁力搅拌 2h 并调整 pH 值为 2～5，得到该电镀液。

（2）制备电极　对该电极预处理：除油→除氧化膜→水洗→干燥。

（3）实施电沉积工艺　电沉积的工艺参数为：直流电流，数值为 0.1～1.2A；沉积时间为 10～30min；沉积温度为 20～40℃。

（4）烘烤电沉积法获得的钎料，该钎料即为该铝合金真空钎焊用钎料。烘烤工艺参数为：温度 120～150℃，时间 2～3h。

原料配伍　本品各组分配比范围为：$H_3CSi(OCH_3)_3$ 1～10g；$Al(C_2H_5)_3$ 30～70g；柠檬酸钠 0.1～1mol；酒石酸 0.1～1mol；无水硫酸钠 5～15g；抗坏血酸 0.1～1mol，去离子水加至 1L。

产品应用　本品是一种铝合金真空钎焊用钎料电镀液。

产品特性　采用本产品制备出的钎料直接附着于待焊工件上，在实施真空钎焊过程中不再另行制备焊片，不需设计焊片形状，不需进行焊接切割，也不需进行焊片装配，极大地降低了真空钎焊的成本，缩短了焊接生产时间，简化焊接生产工艺流程。此外，通过检测钎料的粒径和厚度，证明采用本产品制备方法制备的钎料晶粒尺寸极小，属于纳米材料范围，其尺寸效应可以有效地降低真空钎焊的温度。

汽车前盖的电镀液

原料配比

原　料	配比（质量份）			
	1#	2#	3#	4#
氢氧化铝	20	36	21	35
三氧化二铝	20	46	21	45
氢氧化钠	12	16	13	13
硅酸	15	18	16	16
碳酸镁	50	64	51	58
甲基丙烯酸甲酯	12	16	13	15
氯化钾	7	12	8	8
四氧化三铁	3	11	4	8
硝酸银	2	5	3	3
水	300	500	301	350

制备方法 将各组分原料混合均匀即可。

原料配伍 本品各组分质量份配比范围为：氢氧化铝 20～36，三氧化二铝 20～46，氢氧化钠 12～16，硅酸 15～18，碳酸镁 50～64，甲基丙烯酸甲酯 12～16，氯化钾 7～12，四氧化三铁 3～11，硝酸银 2～5 和水 300～500。

产品应用 本品主要用作汽车前盖的电镀液。可以使用 0.2～0.5mA 的电流进行电镀，并且电镀时间很短，可以更加方便的使用。

产品特性 本品成本低，使用的电镀电流更小，电镀时间更短，可以广泛地使用在汽车前盖的电镀过程中。

提高汞膜电极稳定性的电镀液

原料配比

原　料	配　比
氯化高汞（$HgCl_2$）	5.43mg
无水乙酸钠（分析纯）	41.015g
氯化钠	5.00g
冰醋酸	54.6mL
纯净水	加至 1L

制备方法 将各组分原料混合均匀即可。

原料配伍 本品各组分配比范围为：本品包括可溶性二价汞盐和氯化物。

所述氯化物是氯化钠、氯化钾、盐酸中的至少一种。

所述可溶性二价汞盐的浓度为 1～400mg/L。

所述氯化物的浓度为 2～150g/L。

所述电镀液中，二价汞离子浓度与氯离子浓度的比率为 1/4000～1/10。

产品应用 本品主要用作提高汞膜电极稳定性的电镀液。

产品特性 本电镀液中包含可溶性二价汞盐和氯化物等物质。电镀液中的氯离子与二价汞离子形成稳定的汞配合物，大大降低了游离二价汞离子浓度，阻断了溶液中游离二价汞离子与电极表面汞元素反应产生甘汞的路径，避免了工作电极表面甘汞的产生与累积问题，提高了镀膜稳定性，同时也避免基体电极表面活性的快速下降，大大延长了汞膜电极的维护周期。延长了工作电极的活性寿命，减少了仪表维护频率，节约了维护成本。

微钴枪色电镀液

原料配比

原料	配比（质量份）						
	1#	2#	3#	4#	5#	6#	7#
硫酸钴	1	1.2	1.5	0.8	1.5	2.5	0.5
焦磷酸亚锡	1	0.5	0.2	0.2	1	1	0.2
焦磷酸钾	110	150	250	100	250	250	230
氨基乙酸	2	5	6	2	5	4	5
甲硫氨酸	1	2	2	1	1	2	3
硫代硫酸钠	2	3	2	1	2	3	1
水	加至 1000	加至 1000	加至 1000	加至 1000	加至 1000	加至 1000	加至 1000

制备方法 将各组分原料混合均匀即可。

原料配伍 本品各组分质量份配比范围为：锡盐 0.2～1.0，钴盐 0.5～2.5，导电盐 100～250，添加剂 0.5～10，水加至 1000。

所述锡盐为锡的可溶性盐，选自硫酸亚锡、氯化亚锡、锡酸钠、焦磷酸亚锡中的一种或两种以上的混合物。

所述钴盐为钴的可溶性盐，选自硫酸钴、氯化钴、焦磷酸钴中的一种或两种以上的混合物。

所述导电盐选自焦磷酸钾、柠檬酸钠、碳酸钾、硫酸钠中的一种或两种以上的混合物。

所述添加剂选自氨基乙酸、甲硫氨酸、硫代硫酸钠、硫氰酸钾、亚硫酸钠中一种或两种以上的混合物。

所述电镀液的 pH 值为 9.5～10.5，用氨水或磷酸调整。

产品应用 本品主要用作微钴枪色电镀液。电镀方法包括以下步骤：

（1）将石墨板放入上述一种微钴枪色电镀液中，作为阳极。

（2）将工件放入上述一种微钴枪色电镀液中，作为阴极。

（3）通入直流电源，阴极电流密度 0.1～1.0A/dm^2，电镀液温度 30～45℃，电镀时间 0.5～5min。

产品特性

（1）本产品具有锡钴含量超低，镀液中钴含量可以低至 0.1～0.5g/L，锡含量可以低至 0.1～0.6g/L，镀层无磁性，镀液稳定、成本低，镀层硬度高，镀层与基体之间结合力良好等优点。

（2）本产品的镀层色调稳定，镀层硬度高，达到 450～650HV，镀层与基体之间结合力良好，满足行业需求。

无氰镀铟的电镀液

原料配比

原　　料	配比（质量份）								
	1#	2#	3#	4#	5#	6#	7#	8#	9#
硝酸-1-甲基-3-乙基咪唑	960	960	960	970	970	970	970	980	960
乙酸铟	25	25	25	15	15	15	20	10	30
N-甲基吡咯烷酮	9	9	10	7	7	8	5	5	5
明胶	0.2	0.5	0.5	0.5	0.6	0.8	0.5	0.1	0.5
糊精	4	4.5	3.5	6	4.4	4.2	3.5	3.9	3.5
硝酸钠	1.8	1	1	1.5	3	2	1	1	1

制备方法　将各组分原料混合均匀即可。

原料配伍　本品各组分质量份配比范围为：硝酸-1-甲基-3-乙基咪唑 960～980，乙酸铟 10～30，*N*-甲基吡咯烷酮 5～10，明胶 0.1～1，糊精 3.5～6，硝酸钠 1～3。

产品应用　本品主要用作无氰镀铟的电镀液。

用本产品电镀时，要求溶液 pH 值为 6.0～8.0，溶液温度 25～30℃，电流密度 1.5～2.5 A/dm^2。

产品特性　用本产品电镀可以获得高质量镀层，同时消除电沉积液对环境的危害。采用 *N*-甲基吡咯烷酮作为有机光亮剂，本产品的电镀工艺可以降低成本，又有利于改善电镀质量，且安全环保。

抑制裂缝产生的铱电镀液

原料配比

原料		1#	2#	3#	4#	5#	6#
卤素的铱(Ⅲ)配盐	六溴铱(Ⅲ)酸钠	15g	15g	15g	15g	—	10g
	六氯铱(Ⅲ)酸钠	—	—	—	—	5g	—
pH调节剂	硼酸	40g	40g	40g	40g	20g	30g
可溶性碱金属盐	丙二酸二钠	0.02mol	—	—	—	—	—
	柠檬酸二钠	—	0.05mol	—	—	—	—
	乙二酸	—	—	0.05mol	—	—	0.05mol
	乙酸	—	—	—	0.02mol	—	—
	丙二酸二钠	—	—	—	—	0.10mol	—
	氯化钾	0.1mg	—	—	—	—	—
	氯化锂	—	0.5mg	—	—	—	—
	氯化钠	—	—	0.5mg	—	—	—
	氯化镁	—	—	—	0.1mg	—	—
	氯化钙	—	—	—	—	5mg	—
	氯化钡	—	—	—	—	—	0.5mg
水		加至1L	加至1L	加至1L	加至1L	加至1L	加至1L

(表头“配比”横跨1#～6#各列。)

制备方法 将各组分原料混合均匀即可。

原料配伍 本品各组分配比范围如下。

所述铱电镀液包括：阴离子成分为卤素的铱（Ⅲ）配盐；可溶性碱金属盐或可溶性碱土金属盐；选自饱和单羧酸、饱和单羧酸盐、饱和二羧酸、饱和二羧酸盐、饱和羟基羧酸、饱和羟基羧酸盐、酰胺和尿素中的一种以上的化合物；pH调节剂。

所述可溶性碱金属盐或可溶性碱土金属盐的含量为0.1～1mg/L。

所述可溶性碱金属盐选自可溶性钾盐、钠盐或锂盐；所述可溶性碱土金属盐选自可溶性镁盐、钙盐或钡盐。

所述阴离子成分为卤素的铱（Ⅲ）配盐选自六氯铱（Ⅲ）酸盐、六溴铱（Ⅲ）酸盐或六氟铱（Ⅲ）酸盐。

所述阴离子成分为卤素的铱（Ⅲ）配盐的浓度以金属铱浓度计包含1～200g/L铱，优选以金属铱浓度计包含10～20g/L铱。

所述选自饱和单羧酸、饱和单羧酸盐、饱和二羧酸、饱和二羧酸盐、饱和羟基羧酸、饱和羟基羧酸盐、酰胺和尿素中的一种以上的化合物的浓度为0.001～1mol/L，优选为0.01～0.2mol/L。

水加至1L。

所述pH调节剂选自硼酸或氨基磺酸。

产品应用 本品主要用作抑制裂缝产生的铱电镀液。

电镀方法，在pH 1～8、温度50～98℃、电流密度0.01～3A/dm^2的条件下进行电镀。

产品特性 本产品只需要较低的可溶性碱金属盐或可溶性碱土金属盐即可取得良好的抑制镀膜裂缝产生的效果，显著降低生产成本，而且本产品的可溶性碱金属盐或可溶性碱土金属盐对环境的污染明显低于Fe、Co、Ni、Cu等。

参考文献

中国专利公告

CN－201210327048.4
CN－201510189970.5
CN－201210538054.4
CN－201410000037.4
CN－201110352626.5
CN－201110401221.6
CN－201410801014.3
CN－201110352603.4
CN－201110352605.3
CN－201210323583.2
CN－201110366717.4
CN－201310544143.4
CN－200910112476.3
CN－200810120738.6
CN－200910042266.1
CN－200610019033.6
CN－200710086887.0
CN－201210323201.6
CN－200910152494.4
CN－200910232675.8
CN－201010521848.0
CN－200810155051.6
CN－200810006671.3
CN－201410647026.5
CN－201510175987.5
CN－201310545309.4
CN－201010590188.1
CN－201310557212.5
CN－201310557269.5
CN－201310553701.3
CN－201410404971.2
CN－201310553652.3
CN－201310557211.0
CN－201210585584.4
CN－201110179505.5
CN－201310557145.7
CN－201310554432.2
CN－201110175044.4
CN－201310552442.2
CN－201310553658.0
CN－201310555086.X
CN－201310553848.2
CN－201310463909.6
CN－201410647245.3

CN－201310353529.7
CN－201210586429.4
CN－201410342029.8
CN－201410014011.5
CN－201310554571.5
CN－201310553802.0
CN－201310023120.9
CN－201310242021.X
CN－201310544302.0
CN－201410337278.8
CN－201310543119.9
CN－201110219268.0
CN－201110226274.9
CN－201310451854.7
CN－201310543127.3
CN－201210385121.3
CN－201410824384.9
CN－201310006423.X
CN－201110423948.4
CN－201410642402.1
CN－201110047040.8
CN－201310451471.X
CN－201110088379.2
CN－200710009207.5
CN－201010300505.1
CN－200810028829.7
CN－201110047040.8
CN－201210385125.1
CN－201010138114.4
CN－201010138114.4
CN－201010138113.X
CN－200710144046.0
CN－201310544274.2
CN－201410559846.9
CN－201110247140.5
CN－201210251366.7
CN－201310450036.5
CN－201110295231.6
CN－200710019511.8
CN－201010185248.1
CN－200810032542.1
CN－200810249771.9
CN－200610036266.7
CN－200710034513.4
CN－200710188180.0
CN－201110286020.6
CN－201210338800.5
CN－201110424709.0
CN－201310545344.6
CN－201310545320.0
CN－201510112342.7
CN－201410119948.9
CN－201310544365.6
CN－201210064763.3
CN－201110424699.0
CN－201110424697.1
CN－201310152436.8
CN－201310332116.0
CN－201310544322.8
CN－201410637291.5
CN－201310722627.3
CN－201410491683.5
CN－201310310400.8
CN－201410476053.0
CN－201110458634.8
CN－201410476939.5

CN—201310149587.8
CN—201410826181.3
CN—201210328233.5
CN—201410084915.5
CN—201410474945.7
CN—201210054545.1
CN—201410823229.5
CN—201310465300.2
CN—201510095969.6
CN—201510095955.4
CN—201410712640.5
CN—201210054564.4
CN—201310450701.0
CN—201410647175.1
CN—201210054596.4
CN—201410820218.1
CN—201210470281.8
CN—201410342366.7
CN—201310292225.4
CN—201310155442.9
CN—201210109208.8
CN—201210118123.6
CN—201210116227.3
CN—201210384888.4
CN—201410801019.6
CN—201410750588.2
CN—201410406559.4
CN—201310544287.X
CN—201310556274.4
CN—201210387554.2
CN—201410300764.2
CN—201210083046.5
CN—201110392874.2
CN—201410130679.6
CN—201110424196.3
CN—201310449998.9
CN—201410666170.3
CN—201410666410.X
CN—201410628198.8
CN—201410568322.6
CN—201410569006.0
CN—201410004488.5
CN—201310135480.8
CN—201210309651.X
CN—201210250207.5
CN—201410270129.4
CN—201210054599.8
CN—201210119052.1
CN—201510131940.9
CN—201110215675.4
CN—201110440062.0
CN—201210538947.9
CN—201210054568.2
CN—201210054585.6
CN—201310557213.X
CN—201310347494.6
CN—201310347414.7
CN—201210230700.0
CN—201410730737.9
CN—201410712697.5
CN—201410766909.8
CN—201410568829.1
CN—201410568665.2
CN—201410077619.2
CN—201110369733.9
CN—201010250821.2

CN—201010131810.2
CN—201110136660.9
CN—201010235190.7
CN—200910218342.X
CN—201110131872.8
CN—201310023594.3
CN—201410700034.1
CN—201110379293.5
CN—201210243504.7
CN—201410307827.7
CN—201410307826.2
CN—201110424218.6
CN—201010039740.8
CN—200810212297.2
CN—200910116971.1
CN—201310006625.4
CN—201510224573.7
CN—201110358489.6
CN—201110358488.1
CN—201410595244.9
CN—201310667512.9
CN—201310686949.7
CN—201410158338.X
CN—201310065803.0
CN—201310354962.2
CN—201210242885.7
CN—201410686235.0
CN—201410530183.8
CN—201310756071.X
CN—201410351629.0
CN—201310065884.4
CN—201410474992.1